普通高等教育“十三五”规划教材
江苏大学研究生精品课程专项基金资助

现代环境工程概论

解清杰　主编

中国石化出版社

内 容 提 要

本书通过吸收国内外的环境工程技术方面的传统内容和最新成果，紧密结合我国环境工程建设的改革实际，体现现代水污染控制、大气污染控制、固废处理与处置等方面新知识、新技术、新方法，并适当留有供自学和拓宽专业的知识内容。

本书可作为环境工程及相关专业研究生、本科生的教材，还可作为环保工程师、工程项目经理、工程技术人员和管理人员学习现代环境工程知识、进行工程设计的参考书籍。

图书在版编目（CIP）数据

现代环境工程概论／解清杰主编．—北京：中国石化出版社，2019.11(2025.1 重印)
普通高等教育“十三五”规划教材
ISBN 978-7-5114-5573-4

Ⅰ.①现… Ⅱ.①解… Ⅲ.①环境工程学-高等学校-教材 Ⅳ.①X5

中国版本图书馆 CIP 数据核字（2019）第 251109 号

中国石化出版社出版发行

地址：北京市东城区安定门外大街 58 号
邮编：100011　电话：(010)57512500
发行部电话：(010)57512575
http://www.sinopec-press.com
E-mail:press@sinopec.com
北京鑫益晖印刷有限公司印刷
全国各地新华书店经销

*

710×1000 毫米 16 开本 21.5 印张 402 千字
2019 年 12 月第 1 版　2025 年 1 月第 2 次印刷
定价：45.00 元

前　言

环境工程建设的首要内容就是要控制污染，要有效解决环境污染问题，就需要熟悉、掌握各种污染控制技术和方法。近年来涌现出了许多环保新技术，此类技术能够科学利用自然资源，有效防止和治理环境污染和破坏，有利于协调人类社会与自然环境协同发展的矛盾，从而实现技术进步、社会发展和环境保护的和谐统一，促进人类社会的可持续发展。

目前，掌握和使用环境工程中水、气、固等方向的处理技术已成为环境工程专业研究生重要技能之一。因此，拓展学生的专业知识，培养研究生的工程能力，提升学生工程技术水平，已成为环境工程专业研究生培养工作的重点，而其中教材建设又是重中之重。然而，国内外针对环境工程及相关专业研究生在水污染控制、大气污染控制及固废处理与处置等方面的新技术、新方法、新工艺等相关内容的教材还比较缺乏，而且部分教材内容陈旧。本书吸取环境工程学科的水污染控制、大气污染控制、固废处理与处置等方向的最新的研究与工程成果，本着“全面、适当、先进、简明”的编写原则，结合环境工程专业研究生教学的需要，讲究科学叙述方法，力求深入浅出。

本书第一篇由肖思思编写，第二、三、五篇由解清杰编写，第四篇由赵如金编写，依成武、李龙海为本书内容的完善提出了大量有益的建议，许焕征、周君立、苏洁、邵启运、姜姗、王帆等为本书的编写提供了帮助。

本书编写过程中引用了大量的文献和网站资料，在此对各位作者和单位表示感谢；参考文献引用中如有遗漏，深表歉意。

本书得到了江苏大学研究生精品课程专项基金的资助，特此致谢！

目　　录

第一篇　概　论

第二篇　现代水污染控制工程

第三篇 现代大气污染控制工程

第四篇 现代固体废弃物处理与处置工程

第五篇 现代环境工程前沿热点

第一篇

概　论

第1章　环境污染与现代环境工程

1.1　国内外水环境污染现状

1.1.1　我国水环境污染现状

我国水资源面临严峻形势，人均淡水资源量低，淡水资源的时空分布不均衡，水资源利用效益差、浪费严重。水污染严重，不少地区和流域水污染呈现出支流向干流延伸、城市向农村蔓延、地表向地下渗透、陆地向海洋发展的趋势。水资源已成为我国社会经济发展的短缺资源，成为制约建设小康社会的瓶颈之一。因此，对我国的水污染防治需给予高度的重视，以实现我国水资源对经济社会可持续发展的保障。

1.1.1.1　我国水环境污染的情况

(1) 河流污染

相关报道显示，我国主要河流以有机污染为主，主要污染指标是氨氮、生化需氧量、高锰酸盐指数和挥发酚等。长江、黄河、珠江、松花江、淮河、海河、辽河、浙闽片河流、西南诸河和内陆诸河十大水系监测的469个国控断面中，Ⅰ~Ⅲ类、Ⅳ~Ⅴ类和劣Ⅴ类水质断面比例分别为61.0%、25.3%和13.7%，虽然河流污染总体状况有所改善，但黄河水系、松花江水系、淮河水系、海河水系、辽河水系的水质都受到了不同程度的污染。

(2) 湖泊(水库)污染

2016年，监测的26个国控重点湖泊(水库)中，Ⅰ~Ⅲ类、Ⅳ~Ⅴ类和劣Ⅴ类水质的湖泊(水库)比例分别为42.3%、50.0%和7.7%。主要污染指标为总磷和化学需氧量(总氮不参与水质评价)。中营养状态、轻度富营养状态和重度富营养状态的湖泊(水库)比例分别为46.2%、46.1%和7.7%，湖泊(水库)富营养化问题仍突出，需要着力解决。

（3）地下水污染

2016年，全国共200个城市开展了地下水水质监测，共计4727个监测点。优良-良好-较好水质的监测点比例为45.0%，较差-极差水质的监测点比例为55.0%，占据了大部分。与2015年相比，15.2%的监测点水质变差。在首都北京，浅层地下水中普遍检测出了具有巨大潜在危害的DDT、六六六等有机农药残留和单环芳烃、多环芳烃等“三致”有机物。地下水超采与污染互相影响，形成恶性循环。水污染造成的水质性缺水，加剧了人们对地下水的超采，使地下水漏斗面积不断扩大。地下水位的下降又改变了原有的地下水动力条件，引起地面污水向地下水的倒灌，浅层污水不断向深层流动，地下水水污染向更深层发展，地下水污染的程度不断加重。

（4）海水污染

2016年，全国近岸海域一、二、三、四类及劣四类水质点位比例分别为32.4%、41.0%、10.3%、3.1%和13.2%，水质级别一般，同比保持稳定。水质超标站点主要集中在渤海湾、长江口、珠江口、辽东湾以及江苏、浙江、广东部分近岸海域。

1.1.1.2　水污染原因

对于以上所述类别的水污染，主要由以下原因所造成：

① 污水排放量大且处理率低。我国是发展中国家，为了能够发展经济使我国步入发达国家行列，已经相当长时期内实行粗放型经济发展模式，也就是在经济发展过程中不注重环境的保护，部分企业在生产经营中也不重视节能减排。同时，随着我国城镇化步伐的加快，生活污水量激增，生活污水排放量超过工业废水排放量。部分未经处理达标的废水的排放直接对地表径流或地下水造成污染。

② 农业污染问题严重。我国是农业大国，农业的发展情况直接影响着我国经济的发展，但是农业面临的水资源污染问题也是不容忽视的。当前，农民为了提高农作物产出量，使用大量的化肥和农药，不能被作物吸收的农药就附着在作物的表面，有一部分会被吸收在土壤当中，并通过地表径流进入到自然水体当中，特别是农业生产当中使用的氮肥，一旦进入水体，不仅造成水污染，还会导致温室效应的加重，对全球环境影响很大。

③ 部分地方产业布局不合理。一方面，部分地方当前产业布局不合理，高污染的企业在水源上游设厂，导致附近水源的水污染情况不断加重；另一方面，部分城市基础建设的薄弱，导致废水得不到相应的处理，进而加重了当地水资源的污染情况。

④ 社会大众环境保护意识存在一定问题。受到宣传力度不到位与地方政策

导向偏差性问题的影响，社会大众对于水资源保护与水资源污染防治工作的关注力度不够。生活垃圾的随意倾倒使得城市水体在雨水冲刷下更为严重，进而导致城市水资源污染源多样，最终使得水资源污染防治难度加大。

1.1.2 国外水环境治理技术

（1）流域水环境综合管理技术

从整体性和系统性考虑的流域环境综合管理是水环境管理的发展趋势，从以行政区域为主的水环境管理模式向“分区、分类、分级、分期”多维水环境管理模式发展，必须按照流域的自然特性、社会经济发展水平实行流域尺度的综合管理。美国在 20 世纪 70 年代根据《清洁水法》的要求，提出了控制流域污染的综合地表水管理方法(最大日负荷限值 tMDL)。多年的实践表明，tMDL 计划在恢复美国地表水体功能、改善水体水质方面起到了重要的作用。

（2）流域水环境监控与预警技术

水环境质量监测和评价是控制水污染、防止水环境退化的基本手段。美国已经建立了比较完备的流域水环境监测体系，由 USEPA、USGS 等机构实施全国水环境监测。欧盟各国共同参与实施了欧洲尺度的陆地生态系统跨国监测与评价计划，在监测网络构建、环境标志要素、环境质量基准、监测技术、评价方法、数据管理系统和预测模型分析等方面都取得了长足进展。当前流域水环境监测发展的主要趋势是注重流域生态系统的整体性，监测参数不仅包含水质指标，更重视流域生态系统结构和功能的改变，以及流域基本环境特征的变化。

（3）水污染负荷削减技术

随着生物学、材料科学、信息科学以及物理化学等一批重大基础研究成果在水污染控制方面的应用，水污染控制的理念和系统观正经历着深刻的变化。生物技术、膜技术、控制技术和监控手段的进一步融合也在有力推动着水污染控制技术水平的提升。以源分离、资源化和组团式为核心的第三代城市排水体系已初见雏形，设施的区域空间网络式综合调控技术体系也在逐步形成。环境监测生物传感器技术的发展为水污染的监测和控制提供了快速灵敏和廉价的仪器设备。大型城市污水处理技术重点集中在新的脱氮除磷工艺开发，以及以提高处理效率和节能降耗为目标的污水处理厂自动监测、运行控制与管理技术。中小型生活污水处理技术集中于处理系统的集成化和设备化，并逐步向系列化、标准化发展。工业废水处理技术发展集中于高浓度、难降解、高含盐等废水的处理，其中新型絮凝剂的开发、厌氧生物处理与好氧生物处理的结合应用以及膜分离与物料回收技术已成为发展的热点。难降解有毒有机工业废水的高级氧化技术和生物强化技术也展示了良好的发展前景。

(4) 湖泊富营养化治理与生态修复技术

早在20世纪60年代初，发达国家对湖泊富营养化问题进行了系统研究，采取流域污染控制和湖内行动相结合的途径，对湖泊污染进行系统治理。经过几十年的努力，成功地降低了一些湖泊的营养水平，富营养化趋势得到控制，同时形成了一批湖泊富营养化控制与治理技术。但是，湖泊污染治理工作具有艰巨性、复杂性和长期性，即使在欧美发达国家仍面临沉重压力。在湖内污染治理与水体修复方面，重点研究并实施了蓝藻水华和底泥污染控制技术。针对蓝藻水华控制，主要方法有：物理法除藻技术，如机械收藻技术、Plocher系统技术、磁法除藻技术和超声波除藻技术等；化学除藻技术，如化学药剂、植物提取液、化学絮凝除藻等；营养调控技术，如营养调控改变水华种类、微量营养改变优势种群；生物操纵技术，如利用滤食性鱼类控制蓝藻水华，利用食藻性浮游动物，用底栖动物控制蓝藻水华，用凶猛鱼类抑制食浮游动物的鱼类，促进浮游动物控制蓝藻水华、水生植被恢复等；生物制剂技术，如抑藻菌剂、溶藻菌剂、噬藻体等；生态学方法，如通过改变生态系统的功能与结构的稳态转换工程技术，以资源化利用为主的环境生态工程技术，利用水资源调配及生态工程相结合的局部水体净化技术等。针对湖泊底泥污染控制，如清淤法、覆盖法、固化法、隔离法和生物法等。在流域的系统管理方面，建立流域可持续发展的生态系统管理技术等。

(5) 河流水环境综合整治技术

发达国家河流治理已经完成了污染治理的过程，水质得到较好的改善，莱茵河、泰晤士河的治理就是成功的案例。近年来，先进国家在河流水污染治理技术方面，已由单纯的"污染控制"技术发展为"水生态的修复与恢复"，实现由以"水污染控制"为目标向以"流域水生态系统健康保护"为目标的转变。陆续开展了生态河床、生态堤岸等生态恢复技术研究工作，在技术体系上，河流的水质改善技术总体上呈现出多元化、集成化和系统化的发展趋势，主要是从流域污染特点出发，以流域为尺度构建水污染控制和水环境改善的技术体系，从而达到了流域水环境质量改善的最终目的。

(6) 城市水污染控制与水环境综合整治技术

发达国家将城市水环境质量的可持续改善作为水污染控制和城市生态系统建设的最重要方面之一。欧洲许多城市通过城市规划，统筹城市水体的环境功能布局，将纳污、排洪、景观等功能的水体合理安排，有效地控制城市水污染。美国城市污水采用机械格栅-沉淀-曝气生物氧化-双层滤池-消毒的处理工艺，再生水用于灌溉、植被喷洒、工业冷却水、消防、地下水补给、湖泊补充、花园观览等。作为地下水补给的再生水，需流经一个渗水河道进行深度自然净化，同时，也可作为生态和景观用水。对于解决城市水污染问题，污水处理和污泥处理处置是同等重要又紧密关联的两个系统，污泥处理处置是污水处理得以最终实施的重要保障。在经济发达国家，污泥处理处置是污水处理过程中极其重要的环节，其投资占污水处理厂总投资的比例相当大。

（7）饮用水安全保障技术

世界上多数国家对饮用水源水质评价展开大量的研究，提出了比较完善的水质指标体系、标准和评价方法。美国《安全饮用水法》要求各州和供水单位对所属饮用水水源水质进行调查、评价，确定水体遭受污染的脆弱性。新西兰地表和地下水水源地水质评价包括风险源等级评价和水源地水质等级评价、突发水污染事件的概率预测评价、污染物质在水体中的扩散行为、水体健康风险评估等。在系统评价基础上，可以针对性地开展包括有机污染、重金属污染、持久性有机物污染、富营养化等污染控制技术研究和工程实施。由于水源地水质得不到有效的保证，给饮用水净化带来极大的难题。国外一直将安全消毒作为饮用水技术研究的重点，在强化致病微生物控制、减少消毒副产物等方面做出了很大的努力。

最后需要强调的是，就具体的技术发展趋势来看，生态或生物方法是欧美修复水生态系统中最为推崇的举措之一。这种技术实际上是对水体自净能力的强化，是人们遵循生态系统自身规律的尝试。而我国的水环境复杂，引起水污染的原因更复杂，在具体实施时，更趋向于多种技术的集成。具体由哪几种技术集成，则需要根据目的水域的污染性质、程度、生态环境条件和阶段性或最终的目标而定，亦即在实施前要对目的水域作系统周密的论证，而后制定实施方案，才能达到预期的目标。

1.2 国内外大气环境污染现状

1.2.1 我国大气环境污染现状

随着生活水平的提高和环保意识的增强，人们逐步意识到大气污染对人类的危害，已经采取了许多措施进行治理，但是由于受到各种因素的制约，这一问题在我国依然严峻。就目前的形势来看，大气污染仍然很严重，我国绝大多数城市的环境质量不符合世界标准。

近年来，通过实施一系列的大气环境治理措施，我国大气环境取得明显改善，但从污染物浓度的绝对值及未来面临的压力来看，我国的大气污染依然形势严峻，主要体现在以下方面：

(1) 城市大气污染源以煤炭污染和尾气污染为主

我国是能源消耗大国，在城市所消耗的能源中，煤炭资源占到70%以上，因此，燃煤废气成为城市大气污染的主要污染源。但是，随着人们生活水平的不断提高，家庭汽车保有量不断增加，汽车尾气成为加剧大气污染的又一污染源。而且，我国汽车尾气污染具有明显的地域性，我国北方城市大气污染要比南方城市严重，尤其是冬季污染比夏季严重；经济越发达的城市，汽车使用量越大，汽车尾气对于空气污染越严重，而且汽车尾气已经上升为影响大中型城市空气质量的主要因素。

(2) 城市大气颗粒物污染严重

我国城市大气中悬浮颗粒物、可吸入颗粒物含量高，而且表现出明显的地区差异。我国北方城市以石家庄、邯郸、沈阳等城市为代表，以 PM_{10}超标为主，兼有 SO_2超标。北方地区气候干旱，冬季取暖以煤炭为主要能源，加上工业废气及机动车尾气排放，导致其悬浮颗粒物和可吸入颗粒物含量较高，但西北和东北地区城市由于地域广阔，扩散条件较好，其颗粒污染物主要以扬尘污染为主；我国东南部城市经济发达，其 PM_{10}超标主要是由工业和机动车废气排放所引起的；我国西南部城市以能源开采和资源加工为支柱产业，导致其 SO_2超标更为严重。并且我国城市中人均绿地面积不足，降低了城市环境系统自我修复能力，且使空气中细菌含量提高，人们的生活环境进一步恶化。

(3) 新兴城市污染加剧

随着我国城镇化进程不断加快，我国涌现了大批新兴的中小型城市。这些城市盲目追求经济效益，甚至以牺牲环境为代价。为了提高地区经济总产值和就业水平，一些地方政府领导降低招商引资条件，甚至将一些重污染企业引进来，在企业废气处理、机动车尾气排放、郊区秸秆焚烧等大气保护方面又重视不够，对于如何开展大气环境保护的防治工作缺乏考虑，导致新兴城市大气污染严重，走上“先污染，后治理”的道路。

1.2.2 国外大气环境治理对策

20世纪30年代以来，随着工业化进程的不断加快，欧美发达国家先后经历了煤烟型污染、光化学污染、酸雨等一系列大气污染问题。为了改善空气质量，欧美发达国家进行了几十年的治理，从中积累了大量防治对策及控制技术的经验。通过实施各种计划、执行日趋严格和完善的环境标准体系及排污许可证制度，辅以灵活的经济措施，使欧美的能源结构和工业结构逐步趋于清洁化。城市大气中的硫污染和烟尘污染基本得到解决，酸雨进一步加重的势头得以控制，环境空气质量逐年改善。

（1）美国大气污染防治对策

20 世纪 70 年代末，美国先后颁布并实施了《国家环境政策法》《清洁空气法》，并在 1977 年和 1990 年进行了重大修改。通过采取大气污染防治对策，达到国家空气质量标准(NAAQS)。①设定技术标准：清洁空气计划要求采用“最佳可用控制技术(BACT)”来控制排放。②许可证制度：1990 年的修正案要求各州在 1991 年后必须按照联邦环保局有关许可证条例的规定，制定和实施包括所有空气污染源的许可证规划，目的是把适应于每一污染源的所有联邦和州的管理规定都纳入一个许可文件中。③研发与示范：美国政府重视环保技术的产业化进程，鼓励企业、科研院校和政府间的研发合作，将环保相关技术和产品的开发和商业化融为一体。④环境税：环境税激励技术创新，并使技术更好地达到标准。⑤财政支持：对创新方案并超前达到环境标准的早期技术研发者给予奖励。目前，美国 EPA 针对清洁空气技术还在继续推行“清洁空气优秀奖”，并设有针对社区行动、宣传教育、法规政策创新和高效交通创新等方面的分类奖。

（2）欧盟大气污染防治对策

欧洲各国针对大气污染物的跨界输送问题签署了一系列跨国协议，这些协议规定了一定期限内各国的硫氧化物、氮氧化物等跨国输送的大气污染物削减量。1979 年在联合国欧洲经济委员会支持下，欧盟各国签署了远距离跨国界空气污染条约；1985 年在芬兰赫尔辛基签署了第一硫协议，对硫的排放进行了限制；1994 年签署的第二硫协议(奥斯陆协议)第一次在生态系统的沉降方面制定了若干方法，以减少实际沉降和临界沉降量之间的差距，协议形成了国家排放减少约定，不同国家的约定不同；1999 年的 Gothenburg 协议针对硫、氮氧化物、氨和有机挥发物的排放制定了 2010 年的排放限制。20 年间，欧洲空气污染控制的国际合作在减少排放和改进环境质量方面作用明显，1980~1996 年欧洲二氧化硫排放量从 6000 万吨减少到 3000 万吨，根据 Gothenburg 协议，欧洲的硫排放在 2010 年前再减少 50%。欧洲空气污染控制的下一步将继续对烟雾和细颗粒采取措施。

（3）日本大气污染控制对策

1958 年日本政府制定了《工厂排污规制法》，1962 年制定了《烟尘排放规制法》等，正式拉开了日本全国性环境保护的序幕。20 世纪 60~70 年代是日本经济飞速成长时期，也是污染问题日益显著化、社会化的时期，日本政府加大了环境保护力度，特别重视环境立法工作，强调通过依法治理环境问题。在此期间，日本先后出台了《公害对策基本法》《大气污染防治法》《恶臭防治法》和《自然环境保护法》等一系列环保法律，基本形成了环境法规体系，为治理环境问题打下了良好的法律基础。与此同时，他们还不断加强环境管理体制，在特定事业所设立了“防治公害专职管理者”。

随着各项相关法令的制定、环境管理体制的不断完善，以及企业大规模加大环保设备投资等，环境治理初见成效。到20世纪70年代后期，公害问题趋于终结。但随之而来的二次石油危机以及经济增长的停滞，又使各个企业面临新的挑战，环境治理也出现了新的课题，资源问题与地球温室效应成为日本人普遍关心的公共环境问题。1972年，日本出台了以节省能源为追求的《节能法》。

1.3 固体废弃物处理与处置现状

1.3.1 固废排放现状

固体废物可以分为工业固废、生活垃圾及危险废物，而后者的数量比重很小。2001~2009年，我国工业固废的产生量从约9亿吨激增到约21亿吨，年均复合增长率达到12%。由于生活垃圾的产生量比较难统计，在统计局给出的数据中，一般用垃圾清运量指标来代替。生活垃圾的实际产生量约为清运量的2倍，且清运比呈逐年上升趋势。2001~2008年，城市垃圾产量复合增长率为5%，而垃圾清运量的增速仅为2.03%，整体来看，垃圾清运的速度不及垃圾产生的速度，垃圾围城现象出现，垃圾处理问题开始引起民众和政府的高度重视。截至2007年，我国未经处理的城市生活垃圾累计堆存量已达70多亿吨，侵占土地面积超过5亿多平方米，全国660个城市中有约200个城市陷入垃圾包围之中。2013~2017年，我国200余个大中型城市一般工业固废产量呈逐年下降趋势，2013年全国202个大中型城市一般工业固废产生量已达23.83亿吨，截至2017年，全国202个大中型城市一般工业固废产生量下降至13.1亿吨，较上年同比下降11.49%。

随着我国城镇化进程的推进，城市生活垃圾清运量逐年增长，2016年生活垃圾清运量已经达到2.70亿吨，其中城市生活垃圾清运量2.03亿吨。县城生活垃圾清运量0.67亿吨，并在以每年4%~5%的增速逐年攀升。根据2018年中国统计年鉴数据，2017年我国城市生活垃圾清运量达2.15亿吨。

1.3.2 固体废弃物的处置

我国通过多年的实践经验总结以及不断借鉴发达国家的固体废物管理经验和治理技术，对固体废物实施全过程管理，以逐步实现无害化、减量化、资源化。主要采用的技术包括压实、破碎、分选、固化、焚烧、生物处理等。

(1) 压实技术

压实是一种通过对废物实行减容化、降低运输成本、延长填埋寿命的预处理技术。压实是一种普遍采用的固体废弃物的预处理方法，如汽车、易拉罐、塑料瓶等通常首先采用压实处理，适于压实减少体积处理的固体废弃物。某些可能引起操作问题的废弃物，如焦油、污泥或液体物料，一般不宜作压实处理。

（2）破碎技术

为了使进入焚烧炉、填埋场、堆肥系统等废弃物的外形减小，必须预先对固体废弃物进行破碎处理。经过破碎处理的废物，由于消除了大的空隙，不仅尺寸大小均匀，而且质地也均匀，在填埋过程中容易压实。固体废弃物的破碎方法很多，主要有冲击破碎、剪切破碎、挤压破碎、摩擦破碎等，此外还有专有的低温破碎和混式破碎等。

（3）分选技术

固体废物分选是实现固体废物资源化、减量化的重要手段，通过分选将有用的物体充分选出来加以利用，将有害的物体充分分离出来。一种方法是将不同粒度级别的废弃物加以分离，分选的基本原理是利用物料的某些特性方面的差异，将其分离开。例如，利用废弃物中的磁性和非磁性差别进行分离；利用粒径尺寸差别进行分离；利用比重差别进行分离等。根据不同性质，可设计制造各种机械对固体废弃物进行分选，分选包括手工捡选、筛选、重力分选、磁力分选、涡电流分选、光学分选等。

（4）固化处理

固化技术是通过向废弃物中添加固化基材，使有害固体废物固定或包容在惰性固化基材中的一种无害化处理过程，经过处理的固化产物应具有良好的抗渗透性、良好的机械性以及抗浸出性、抗干湿、抗冻融特性。固化处理根据固化基材的不同可分为沉固化、沥青固化、玻璃固化及胶质固化等。

（5）焚烧热解

焚烧法是使固体废物高温分解和深度氧化的综合处理过程，其优势在于使大量有害的废料分解而变成无害的物质。由于固体废弃物中可燃物的比例逐渐增加，采用焚烧方法处理固体的废弃物，利用其热能已成为必须的发展趋势。此种处理方法，固体废弃物占地少，处理量大。焚烧厂多设在 10 万人以上的大城市，并设有能量回收系统。日本由于土地紧张，采用焚烧法逐渐增多，焚烧过程获得的热能可以用于发电，利用焚烧炉生产的热量，可以供居民取暖，用于维持温室室温等。日本及瑞士每年把超过 65%的都市废料进行焚烧而使能源再生。但是焚烧法也有缺点，如投资较大、焚烧过程排烟造成二次污染、设备锈蚀现象严重等。热解是将有机物在无氧或缺氧条件下高温（500～1000℃）加热，使之分解为气、液、固三类产物，与焚烧法相比，热解法是更有前途的处理方法，它最显著的优点是基建投资少。

(6) 生物处理

生物处理技术是利用微生物对有机固体废物的分解作用使其无害化，可以使有机固体废物转化为能源、食品、饲料和肥料，还可以从废品和废渣中提取金属，是固化废物资源化的有效技术方法，如今应用比较广泛的有堆肥化、沼气化、废纤维素糖化、废纤维饲料化、生物浸出等。

1.4 环境问题与现代环境工程

1.4.1 环境问题及其特征

环境问题是指由于人类活动作用于周围环境所引起的环境质量变化，以及这种变化对人类的生产、生活和健康造成的影响。人类在改造自然环境和创建社会环境的过程中，自然环境仍以其固有的自然规律变化着。到目前为止已经威胁人类生存并已被人类认识到的环境问题主要有：

(1) 全球变暖

全球变暖是指全球气温升高。近 100 多年来，全球平均气温经历了冷-暖-冷-暖两次波动，总体看为上升趋势。进入 20 世纪 80 年代后，全球气温明显上升，1981~1990 年全球平均气温比 100 年前上升了 0.48℃。导致全球变暖的主要原因是人类在近一个世纪以来大量使用矿物燃料(如煤、石油等)，排放出大量的 CO_2等多种温室气体。由于这些温室气体对来自太阳辐射的短波具有高度的透过性，而对地球反射出来的长波辐射具有高度的吸收性，也就是常说的“温室效应”，导致全球气候变暖。全球变暖的后果，会使全球降水量重新分配，冰川和冻土消融，海平面上升等，既危害自然生态系统的平衡，更威胁人类的食物供应和居住环境。

(2) 臭氧层破坏

在地球大气层近地面约 20~30km 的平流层里存在着一个臭氧层，其中臭氧含量占这一高度气体总量的十万分之一。臭氧含量虽然极微，却具有强烈的吸收紫外线功能，因此，它能挡住太阳紫外辐射对地球生物的伤害，保护地球上的一切生命。然而人类生产和生活所排放出的一些污染物，如冰箱、空调等设备制冷剂的氟氯烃类化合物以及其他用途的氟溴烃类等化合物，它们受到紫外线的照射后可被激化，形成活性很强的原子，其与臭氧层的臭氧(O_3)作用，使其变成氧分子(O_2)，这种作用连锁般地发生，臭氧迅速耗减，使臭氧层遭到破坏。南极的臭氧层空洞，就是臭氧层破坏的一个最显著的标志。到 1994 年，南极上空的臭氧层破坏面积已达 2400 万平方公里。南极上空的臭氧层是在 20 亿年里形成的，可是在一个世纪里就被破坏了 60%。北半球上空的臭氧层也比以往任何时候都薄，欧洲和北美上空的臭氧层平均减少了 10%~15%，西伯利亚上空甚至减少了 35%。因此，科学家警告说，地球上空臭氧层破坏的程度远比一般人想象的要严重得多。

(3) 酸雨

酸雨是由于空气中二氧化硫(SO_2)和氮氧化物(NO_x)等酸性污染物引起的 pH 值小于 5.6 的酸性降水。受酸雨危害的地区，出现了土壤和湖泊酸化，植被和生态系统遭受破坏，建筑材料、金属结构和文物被腐蚀等等一系列严重的环境问题。酸雨在 20 世纪 50~60 年代最早出现于北欧及中欧，当时北欧的酸雨是欧洲中部工业酸性废气迁移所至，70 年代以来，许多工业化国家采取各种措施防治城市和工业的大气污染，其中一个重要措施是增加烟囱的高度，这一措施虽然有效地改变了排放地区的大气环境质量，但大气污染物远距离迁移的问题却更加严重，污染物越过国界进入邻国，甚至飘浮很远的距离，形成了更广泛的跨国酸雨。

(4) 淡水资源危机

地球表面虽然 2/3 被水覆盖，但是 97%为无法饮用的海水，只有不到 3%是淡水，其中又有 2%封存于极地冰川之中。在仅有的 1%淡水中，25%为工业用水，70%为农业用水，只有很少的一部分可供饮用和其他生活用途。然而，在这样一个缺水的世界里，水却被大量滥用、浪费和污染。加之区域分布不均匀，致使世界上缺水现象十分普遍，全球淡水危机日趋严重。世界上 100 多个国家和地区缺水，其中 28 个国家被列为严重缺水的国家和地区。预测再过 20~30 年，严重缺水的国家和地区将达 46~52 个，缺水人口将达 28 亿~33 亿人。我国广大的北方和沿海地区水资源严重不足，据统计，我国北方缺水区总面积达 58 万平方公里。全国 500 多座城市中，有 300 多座城市缺水，每年缺水量达 58 亿立方米，这些缺水城市主要集中在华北、沿海和省会城市、工业型城市。

(5) 资源、能源短缺

当前，世界上资源和能源短缺问题已经在大多数国家甚至全球范围内出现。这种现象的出现，主要是人类无计划、不合理地大规模开采所至。因此，在新能源(如太阳能、快中子反应堆电站、核聚变电站等)开发利用尚未取得较大突破之前，世界能源供应将日趋紧张。此外，其他不可再生性矿产资源的储量也在日益减少，这些资源终究会被消耗殆尽。

(6) 森林锐减

森林是人类赖以生存的生态系统中的一个重要组成部分。地球上曾经有 76 亿公顷的森林，到 20 世纪时下降为 55 亿公顷。由于世界人口的增长，对耕地、牧场、木材的需求量日益增加，导致对森林的过度采伐和开垦，使森林受到前所未有的破坏。据统计，全世界每年约有1200万公顷的森林消失，其中占绝大多数是对全球生态平衡至关重要的热带雨林。对热带雨林的破坏主要发生在热带地区的发展中国家，尤以巴西的亚马逊情况最为严重。亚马逊森林居世界热带雨林之首，但是，到20世纪90年代初期，这一地区的森林覆盖率比原来减少了11%，相当于70万平方公里，平均每5秒钟就有一个足球场大小的森林消失。此外，亚太地区、非洲的热带雨林也在遭到破坏。

(7) 土地荒漠化

目前，全球荒漠化的土地已达到3600万平方公里，占到整个地球陆地面积的1/4，相当于俄罗斯、加拿大、中国和美国国土面积的总和。全世界受荒漠化影响的国家有100多个，尽管各国人民都在进行着同荒漠化的抗争，但荒漠化却以每年(5~7)万平方公里的速度扩大，相当于爱尔兰的国土面积。到20世纪末，全球将损失约1/3的耕地。在当今诸多的环境问题中，荒漠化是最为严重的灾难之一。对于受荒漠化威胁的人们来说，荒漠化意味着他们将失去最基本的生存基础——有生产能力的土地的消失。

(8) 物种加速灭绝

物种就是指生物种类。现今地球上生存着(500~1000)万种生物。一般来说，物种灭绝速度与物种生成的速度应是平衡的，但是，由于人类活动破坏了这种平衡，使物种灭绝速度加快。世界野生生物基金会发出警告：20世纪鸟类每年灭绝一种，在热带雨林，每天至少灭绝一个物种。物种灭绝将对整个地球的食物供给带来威胁，对人类社会发展带来的损失和影响是难以预料和挽回的。

(9) 垃圾成灾

全球每年产生垃圾近100亿吨，而且处理垃圾的能力远远赶不上垃圾增加的速度，特别是一些发达国家，已处于垃圾危机之中。美国素有垃圾大国之称，其生活垃圾主要靠表土掩埋。过去几十年内，美国已经使用了一半以上可填埋垃圾的土地，30年后，剩余的这种土地也将全部用完。我国的垃圾排放量也相当可观，在许多城市周围，排满了一座座垃圾山，除了占用大量土地外，还污染环境。危险垃圾，特别是有毒、有害垃圾的处理问题(包括运送、存放)，因其造成的危害更为严重、产生的危害更为深远，而成为当今世界各国面临的一个十分棘手的环境问题。

(10) 有毒化学品污染

市场上约有(7~8)万种化学品。对人体健康和生态环境有危害的约有3.5万种，其中有致癌、致畸、致突变作用的约500余种。随着工农业生产的发展，如今每年又有1000~2000种新的化学品投入市场。由于化学品的广泛使用，全球的大气、水体、土壤乃至生物都受到了不同程度的污染、毒害，连南极的企鹅也未能幸免。自 20 世纪 50 年代以来，涉及有毒、有害化学品的污染事件日益增多，如果不采取有效防治措施，将对人类和动植物造成严重的危害。

1.4.2 现代环境工程的发展

作为解决环境问题的环境工程，一直以来都是多学科底层技术在环境修复场景下的创新式和集成式应用。尤其随着清洁技术智能化需求的不断增强，新材料和智能硬件在环保领域的应用层出不穷。目前一些发达国家在人工智能、纳米新型材料、清洁能源等前沿技术领域均取得了显著的突破，环境技术创新目前也多集中在新科技与传统环保科技的交叉领域。配合我国的环保产业发展趋势，如何将新兴科技与中国环保应用场景高效集成融合将成为我国环境技术创新的重中之重。同时打破各产业之间界限，使环保产业与生物技术、新能源、新型材料、大数据、人工智能等领域协同纵深发展，将真正促进环保技术创新突破瓶颈，加速现代环境工程的发展。

第2章　现代环境工程发展趋势

2.1　现代水污染控制技术的发展趋势

水污染的产生及其控制，并不是孤立的，它实际上反映了经济建设、城市建设和环境建设的不同步发展，是污染物排放与环境容量，废水的回收、处理和利用，分散治理和集中治理，人工处理与自然净化以及各种综合治理措施间的失调。如果抛开这些相关联因素所组成的水环境问题的整体，环境目标和投资方向就会失控，而头痛医头、脚痛医脚地去处理问题，往往无济于事或者得不偿失。为了有效地防治水污染，从防治战略看，在管理上、政策上和技术上应强调几个问题。

① 要用区域的、系统的观点来考虑水污染的防治。水是可再生的自然资源，水环境的保护必须遵循合理开发、节约使用和防治污染三者并行的方针，把水质和水量统一考虑，协调地面水和地下水的联合调蓄，工业废水与城市污水处理之间的联合运行，污水回用与新水源之间统筹分配及制定流域级水质、水量统一的规划。水的问题不仅影响水生生态，而且影响陆地生态。一项用水的分配牵动着用水的全局。要树立水污染的防治需要长期不懈努力的观点；树立在城市污水治理中作费用有效性分析，以利用要求来决定处理程度的观点以及在工业废水治理中重视闭路循环技术和无害化工艺。用区域的、系统的观点来整治水污染，是控制水污染的重要发展方向。

② 近些年来，我国在环境管理上的一大进步，就是实行了三个转变：在污染物控制方面，由浓度控制向总量控制转变；在工业污染治理方面，由末端治理向生产全过程控制转变；在城市污染治理方面，由点源治理向集中控制转变。实行这三个转变并不是要否定浓度控制、末端治理与点源治理的作用，但实践已经充分说明，要想真正改善环境质量，提高环境投入的效益，必须实行总量控制、生产全过程控制与集中控制。这三个转变应作为今后水污染防治的指导思想。

③ 因地制宜发展污水处理技术符合我国国情的水污染治理技术，即：基建

费用合理，处理流程简单；节省能耗，运行费用较低，或同样的费用，处理效率提高；尽可能将污水、废水的处理与利用相结合；去除对人体健康危害的污染要素的能力较强。鉴于我国水资源紧缺，水资源在时空分布上极不平衡，加之各地在经济发展上的差异，在水污染防治上应采取不同的对策。在南方地区，根据水环境容量相对充沛的特点，应科学地利用大江、大海的自然净化能力，通过论证，在初级处理的基础上，发展城市污水排海、排江工程。还可利用南方小河、小湖纵横交错的优势，合理规划，科学布局，适当发展一些氧化塘、氧化沟和脱氮除磷技术。在北方和中部地区，水资源短缺是突出的矛盾，应以污水资源化为重点，发展污水资源的二次利用、多次利用、重复利用。以污水回用为目标，城市排水管网和污水处理厂的设置应作相应的调整，并发展以二级生物处理为主的处理工艺。在西部高原干旱、半干旱地区，主要是发展改善生态的措施和一些污水资源化技术和土地处理技术。大、中、小城市的对策也不同，抛开当地经济条件和环境条件，盲目追求大而洋，会背上包袱。对工矿企业，应按照“谁污染谁负责”的原则，控制工业废水中的重金属、难生物降解的有机物和高浓度废水，对这些废水需要在厂内进行必要的处理并回收有用物质。对量大面广的一般有机废水，除限期治理外，在实行总量控制后，可支付一定的费用，使之通过市政排水管道与城市污水合并处理。对于城郊的食品加工工业废水，可考虑发展生态工程系统，利用工厂的废液、废渣发展家禽、家畜养殖和渔业。要有步骤地改造和整治好城市河道、湖泊，动员市民和水系附近企业、单位，划条分片负责，尽快改变市区河湖黑臭的局面。

近几年来，由于高浓度废水和难生物降解的废水不断出现，生物法与物化法相结合，生物法中厌氧工艺与好氧工艺相结合，是处理众多工业废水的发展趋势。另外，由于污水资源化和水回用的要求，废水深度处理技术亦成为水治理技术比较活跃的领域。应该说，通过这些年来水治理科技工作者的努力，我国已研究和开发了不少新工艺、新材料、新设备、新仪表和新药剂。我国治理水污染的技术和工艺已有相当的水平，试以废(污)水生物处理技术为例，已开发的工艺技术包括：生物脱氮除磷工艺可以去除氮、磷等无机营养物；厌氧生物反应器可以处理含高浓度有机物的工业废水；厌氧与好氧相结合的生物处理工艺对难降解有机物有良好的处理效果；通过微生物的培养驯化及遗传工程的应用，难降解的有机物将不难降解；采用各种填料或陶粒等生物膜法处理工艺，可以用于处理微污染水源水；废水生物处理技术与化学和物化处理工艺相配合，可满足废水回用的要求。我国治理水污染的技术和处理工艺，与国外一些发达国家相比并不逊色，只是由于各种原因，特别是缺少投资，使大量新的工艺技术应用受到限制。与工艺技术相比，我国的水污染治理设备，从总体看，无论在数量上或品种、质量上与客观要求相比差距较大，生产率低，标准化程度低，质量差、成本高，而且不能配套，远远跟不上环境保护要上新台阶的客观形势。对比国外引进的先进装备，落后很多。我国控制水污染的设备制造业，既有发展快、充满活力的特点，又有工业技术基础薄弱、体系不完善从而制约自身发展的一些困难和问题。

展望水污染控制的发展趋势，主要包括：

① 发展城市污水处理装备。为了贯彻加强集中治理的原则，近几年已有大量投资用于建设城市污水处理厂。应发展处理能力$(5\sim50)\times10^4m^3/d$的城市污水处理设备，重点解决成套供应，提高自控水平和节能指标。在城市污水处理中，除了传统的以普曝为代表的活性污泥法外，根据市场需要，要发展氧化沟活性污泥法、A^2/O活性污泥法、SBR活性污泥法、AB活性污泥法的技术及相应的设备。要开发旋流式除砂设备、螺旋式砂水分离器、螺旋输送器、各种曝气装置、自动溶剂投加装置等。在污泥处置中，要结合不同处理规模，采用不同的污泥处理和处置的技术和装备，如开发污泥浓缩脱水一体化设备。有的污泥要消化，有的沼气要利用，都涉及大量的设备和仪表。

② 发展工业废水处理装备。重点扩大水处理单元设备专业化生产规模，还要结合我国环保政策，配合清洁生产工艺和总量控制工作，研制和引进消化吸收国外的水质水量监控设备和仪表。按污染源分，重点发展以下专用设备：多功能组合式水处理设备；用于轻工、食品、饮料、医药、发酵、屠宰加工领域的中、高浓度有机废水处理设备。根据市场需求，要重点发展升流式厌氧污泥床反应器(UASB)、厌氧复合滤池、好氧生物流化床及折流式厌氧生物处理反应器等技术设备。近几年来，我国合资的啤酒厂和可口可乐厂，大多引进了国外的升流式厌氧污泥床反应器组件和沼气燃烧系统，而国内的水处理环保企业，还很少有能力提供此类定型组件和沼气系统设备。

③ 加强城市畜禽养殖业污染控制。随着“菜篮子”工程的发展，我国一些大城市畜禽养殖业的粪尿年排放量均超过1000万吨，相当于(300~400)万人口当量的污染量，大大超过这些城市工业废水、生活污水及固体废弃物的排放量，成为城市中第一大污染源，化害为利，大有文章可做。

④ 安全饮用水技术设备。包括水源水微污染处理技术和设备；乡镇和中西部地区饮水净化设备；节水技术设备等。随着我国加入世贸组织步伐的加快，国外的环保产品将首批开放大规模地进入我国市场。

2.2 现代大气污染控制技术的发展趋势

就我国大气污染的总体情况来看，大气污染控制技术的选取应当结合大气污染的实际情况进行有针对性的分析，进而采取适宜且可靠的技术来对大气污染进行控制。那么针对电站锅炉烟排放进行控制时，可以采用燃煤电站锅炉湿法烟气脱硫技术以及石膏湿法烟气脱硫技术等来实现有效的控制，针对工业锅炉及炉窑烟气排放，可以采取石灰石-石膏湿法脱硫技术以及新型催化法烟气脱硫技术等来对大气污染进行有效地控制。针对典型有毒有害的工业废气进行控制的过程中，可以采用高效吸附-脱附-催化燃烧治理技术以及活性炭吸附回收技术等来实现对工业废气的有效净化，促进大气污染问题的有效控制。针对无组织排放源进行控制时，可以采用综合扬尘技术，促进除尘效果的提升。

从总体情况来看，大气污染防治发展方向主要包括以下几方面：

① 对主体污染物的排放总量进行控制，切实将国家相关防治政策落实到位。结合我国大气污染的实际情况来看，我国大气环境污染物排放总量较大，相关部门应结合我国国情，对大气环境污染物排放量进行合理化控制，从政策以及监督措施两方面来对大气污染物排放进行有效地控制和管理，促进国家相关防治政策及措施的有效落实，从而切实提高大气污染防治的效果。尤其是针对新建及改建的项目，应当积极采取合理的措施来促进相关政策的落实，从而对大气污染物的排放进行合理地控制，将大气污染物的排放总量控制在国家相关指标范围内，逐步实现对大气污染的有效防止，切实改善社会群体的生活质量。

② 加大力度对二氧化硫及烟尘的排放进行控制。从我国大气污染的实际情况来看，我国的能源消耗以煤炭为主，清洁型能源有限，且煤炭品质较差，在此种情况下，煤炭燃烧过程中排放较多的二氧化硫，对大气环境产生严重影响。与此同时，煤炭是未来很长一段时间内我国能源需求的主要满足方式，因而在对煤炭进行使用的过程中，相关部门应当加大力度对煤炭进行质量控制，优选煤炭规格及质量，并对清洗、加工以及成型、液化等环节进行严格控制，最大程度上降低高硫分煤炭的开采，从而对二氧化硫的实际排放量进行有效控制。与此同时，应当加大对电力、风能等清洁型能源的有效使用，将二氧化硫及烟尘等的排放量控制在合理范围内，从而切实改善大气环境，促进大气污染问题的有效治理。

③ 积极采用清洁型的燃烧技术。在对大气污染进行控制的过程中，可以采用现代化的清洁燃烧技术，对多元化的低污染汽车进行开发和应用，从而对大气污染物的排放量进行有效控制，促进大气环境得以有效地改善。

④ 严格控制污染较严重的生产工艺和生产设备。在对大气污染进行控制的过程中，应当对城市化进程中产生严重污染的生产工艺和设备进行严格且有效的控制，坚决禁止落后生产工艺和淘汰设备的再次应用，切实提高新建、扩建等项目的科学化进行，从而切实提高大气污染的防治效果。

⑤ 加大力度对高效污染防治技术及设备的研究、开发和应用，确保大气污

染得到有效控制。在实际社会生活中，相关部门应当立足于我国国情，对高效化的污染防治进行研究和探索，对水煤浆以及工业固硫型煤进行有效的脱硫治理。通过现代化的高效节能技术的有效应用，研发并制造现代化的环保设备，促进大气污染治理技术的不断完善，从而切实提高大气污染的治理效果。

⑥ 对各类环保设备的制造和使用施行严格的监督管理措施，加速处理和淘汰各种低效除尘器，有效拓宽电除尘器对高浓度、高温、高电阻比烟尘和腐蚀性气体等的应用领域。开发用于各种炉窑的袋式除尘器；开发耐高温、耐腐蚀的滤料和纤维原料；重点发展高效、低阻及除尘、除硫一体化即组合式除尘器。

⑦ 推行严格的大气环境检测和污染监督技术，进一步提高检测装备和检测设施条件，增加严控区的检测频率。

2.3 现代固废处理与处置技术发展趋势

（1）进一步重视固体废物管理

固体废物管理的技术和工程方面不可能在真空中实现，决策者必须了解他们的行动所造成的政治和社会影响，要加强对固体废物的管理，加强环保、经济、财税、贸易、工商等相关部门的协调沟通，形成综合管理力量，改变目前环境监管不到位、相关制度法规不健全的状况，防范表面上发展循环经济、实际上以再次污染环境换取社会经济利益的问题发生。

（2）保障固体废物综合管理工作的实施

建立科学的、完整的固体废物法规政策体系和法律秩序，以保障综合管理的实施；加强省、市环保主管部门对固体废物管理专职人员的配备及固体废物管理基础性工作的建设，建立起完整、详实的档案和数据库，真实反映实际状况。

（3）开展固体废物基础数据调查和预测工作

在我国固体废物基础调查和研究方面，加大国家投入，尤其是战略性和前瞻性问题，加强基础调研工作，对固体废物产生源进行统计，建立起一套从国家到地方的长效与统一管理机制，为国家环境管理提供决策依据。

（4）加快关键技术研发

针对固体废物产生量大、种类多、成分复杂、性质差异很大的特点，需要研究开发不同的处理与利用技术。由于固体废物种类很多，现阶段不可能一一进行研究，应首要研究那些利用价值较高、产生量大、对环境影响程度深的固体废物，以危险废物安全处置为重点，加强固体废物污染防治技术。

（5）加强宣传，提高公众的环保意识

改进消费观念，提高公众的环保意识和环保理念，是有效利用城市固体废物的决定因素。加强对公众的宣传力度，为城市固体废物的减少及回收利用做出努力，可以从细微处着手，例如降低一次性商品的使用，选购无害的绿色包装商品，建立可操作性较强的垃圾分类及回收体系等。

2.4 其他环境工程技术的研究与发展

污染物进入生态循环系统，如果超过土壤自净作用的负荷，即形成土壤污染。土壤因吸附能力、氧化还原作用及土壤微生物分解作用，可缓冲污染物所造成的危害，以上统称为土壤自净能力。土壤自净作用的机理，既是土壤环境容量的理论依据，又是选择针对土壤环境污染调控与污染修复措施的理论基础。尽管土壤环境具有多种净化作用，而且也可通过多种措施来提高土壤环境的净化能力，但其净化能力毕竟是有限的，预防土壤污染是保护土壤环境的根本措施。

基因工程是现代生物技术最为核心的内容，主要是 DNA 重组技术。环境工程的技术核心原理在于将一系列的 DNA 进行重组、拼接，在研究对象细胞以外进行实施。主要目的在于经过人为的干涉改变原有物质的特点，产生新的物种，所以基因工程技术现已在环境工程中取得了一定的应用成果。

第二篇

现代水污染控制工程

第3章　现代水处理过程装备

3.1　新型格栅

3.1.1　回转式格栅

回转式格栅设在大型取水口、污水及雨水的提升泵站、污水处理厂进水口等处，可连续自动阻拦和清除污水中细小的纤维及悬浮杂物，以确保水泵及其他设备的正常工作。适用于城市污水、纺织、皮革、食品、造纸、榨糖、酿酒及肉类加工等作为拦污设备。一般作为污水预处理的第二道(或第二道以后)格栅，常用作细格栅用，小规格最小间隙可达1mm。当单台宽度较大(B>1550mm)时，应考虑制作成并联机(即一个驱动装置驱动多组栅面)。

(1) 工作原理

在驱动机构传动下，链轮牵引整个环形格栅组以2m/min左右的速度回转；环形格栅组的下部浸没在过水槽内，栅耙齿携水中杂物沿轨道上行，带出水面；当到达顶部时，因弯轨和链轮的导向作用，使相邻耙齿间产生相互错位推移，把附在栅面上的大部分污物外推，污物以自重卸入污物盛器内；另一部分粘、挂在齿上的污物，在回转至链轮下部时，清洗装置作反向旋转刷洗，把栅面污物清除干净。

(2) 主要结构

循环式齿耙清污机主要由机架、牵引链、传动系统、钩形齿耙组、水下导轮等装置组成。回转式格栅结构见图3-1，回转式格栅安装示图见图3-2。

① 机架。框架及机架护罩一般采用经过热浸镀锌处理的高强度低合金型钢焊接而成，焊接后整体喷涂环氧树脂进行防腐处理。同时护罩上留有适度的开启门，便于操作和维修，且开启门备有锁扣装置。

② 牵引链。牵引链条采用全不锈钢材质，保证水下工作无锈蚀，免维护。链条采用特制宽链板不锈钢，链条的安全系数不小于6，并设有链条张紧调节装

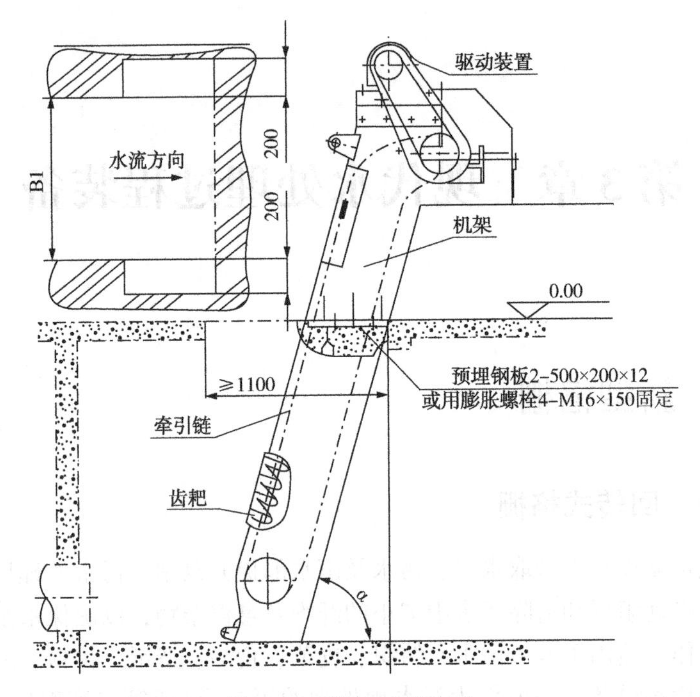

图 3-1　回转式格栅结构

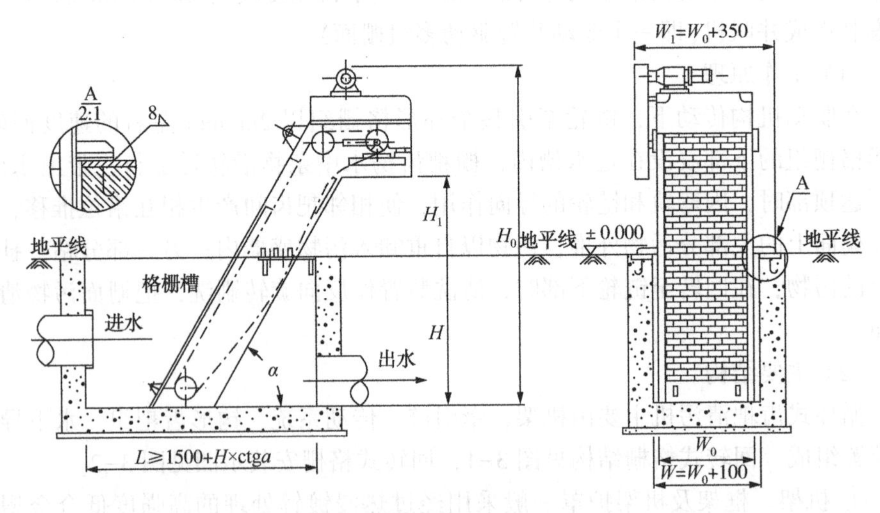

图 3-2　回转式格栅安装示图

置。链条与链槽形成封闭状态，可有效防止栅渣入链槽，避免了卡阻现象。

③ 驱动装置。驱动部分采用优质减速器，不锈钢制的传动机构用标准型链条和链轮装置带动链轮旋转，保证两侧的传力链板受力均衡，在矩形轨道上平行

向上运动，并把介于两根链板上的耙齿缓慢地向上耙污。

④ 齿耙组。齿耙可采用不锈钢或尼龙制作，并采用链条在导轨上移动的方式，将耙齿向上牵引，耙齿运行的速度不大于 5.0m/min。

(3) 特点

① 无栅条，由诸多小齿耙连接组成一个硕大的旋转面，捞渣彻底。

② 在无人看管的情况下可保证连续稳定工作，设置了电气过载安全保护装置，在设备发生故障时，可以避免设备超负荷工作损坏设备部件。

③ 该设备可以根据需要任意调节设备运行时间间隔，实现周期性运转；可以根据格栅前、后液位差自动控制设备的启停；并且有手动控制功能，以方便检修。用户可根据不同的工作需要任意选用。

④ 通过运行轨迹变化完成卸渣，效果好。

⑤ 齿耙强度高，有尼龙与不锈钢两种材质供选择。

⑥ 自动化程度高，能实现远程监控。

⑦ 运行平稳，耗能少，噪声低。

⑧ 操作简单，安装维护方便。

3.1.2 螺旋压榨格栅

又称细格栅过滤器或螺旋格栅机，该格栅是一种集细格栅除污机、栅渣螺旋提升机和栅渣螺旋压榨机于一体的设备。螺旋格栅结构示意图见图 3-3。

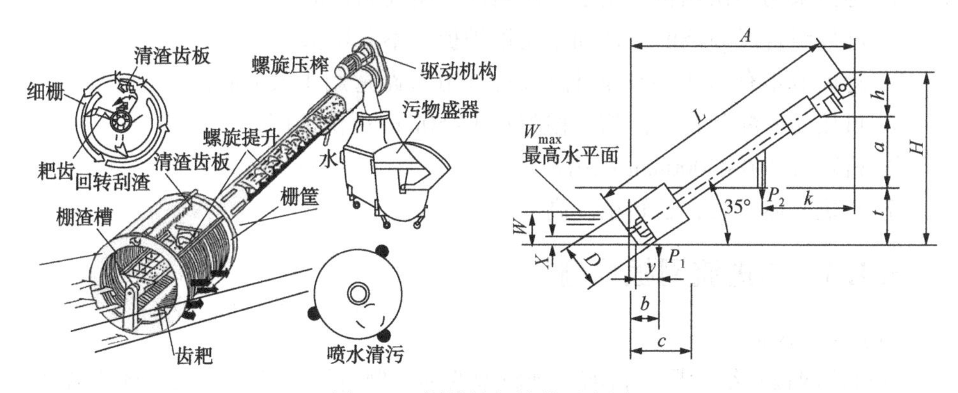

图 3-3 螺旋格栅结构示意图

(1) 工作原理

格栅片按栅间隙制成鼓形栅筐，处理水从栅筐前流入，通过格栅过滤，流向水池出口，栅渣被截留在栅面上，当栅内外的水位差达到一定值时，安装在中心轴上的旋转耙齿回转清污，当清渣耙齿把污物扒集至栅筐顶点的位置时，开始卸渣(能靠自重下坠的栅渣卸入栅渣槽)；而后又后转 150°，被栅筐顶端的清渣齿板把粘附在耙齿上的栅渣自动刮除，卸入栅渣槽。栅渣由槽底螺旋输送器提升，至上部压榨段压榨脱水后外运，栅渣含固量可达35%左右。

(2) 性能

① 污水从转鼓的端头进入鼓中，通过转鼓侧面的栅缝流出，格栅将水中的悬浮物、漂浮物等留在鼓中，转鼓旋转时将栅渣清除并通过螺旋输出运转挤干、脱水，运至上端料斗，经输送带运走。

② 正常情况下格栅除污机全自动控制间歇运行，但在水量大、污物多时能自动连续24h运行。格栅除污机设置在污水进水渠内，以收集和除去颗粒及漂浮物，并将污物排放至螺旋输送机上运走。

③ 格栅除污机运行时，自清式旋转筒作圆周运行，有效地截留污水中的栅渣，安装转筒上部的高压冲洗装置将栅渣强力喷射，将滤渣喷入位于栅筐中央的螺旋传输装置被传输出栅筒，在传输的同时栅渣被进一步脱水直至排出格栅出口。栅渣的传输、压榨是在全密封状态下完成的，有效减少了臭味并满足了环保要求。

④ 格栅除污机设计强度能承受大于1.0m的水位差，特别是紧急情况下能保证格栅除污机不变形和运行性能。

(3) 特点

① 设备自动化程度高，分离效率高，噪声低，动力消耗少。

② 耙齿采用不锈钢材料制造，耐腐蚀、耐高温性能好。

③ 耙齿组合成栅条面，外加不锈钢护板，不会堵塞。

④ 耙齿节距有100、150两种规格，150节距适用于大栅隙。

⑤ 可按需要配制各种栅隙。栅隙从1~50mm可供选用。

⑥ 机宽有300~3000mm供用户选型。

⑦ 整机一体安装，运转精度高。

3.1.3 内进流网板格栅

(1) 用途及简介

内进流网板式细格栅是目前一种新型的细格栅清污设备，采用连续拦截并清除流体中的固体杂物，可以达到极好的清污效果。如扁平的固体、杂草、瓜壳等，尤其是传统细格栅难以拦截的毛发纤维类污物，可大大降低后续处理工序的负荷。

(2) 工作原理

污水从内进流网板式细格栅一侧中间进入，从内向外通过两侧的开孔栅板排出，拦截在内部的栅渣随开孔栅板旋转提升至上部排渣区，在此栅渣被冲洗系统冲洗掉入内部的高排水压榨输送机内，压榨排出至下一道设备中，而网板也同时被冲洗干净进入下一个工作循环。

(3) 主要结构及特点

内进流式网板格栅除污机主要由驱动装置、机架、牵引链条、带提升阶梯的网板、冲洗系统及电控系统等主要部件组成。驱动电机安装在机架正向的主轴上，两侧网板在传动链条的带动下，自下而上将其长度范围内截留的污物向上提取，抵达上部时，通过链轮的转向功能，在顶置冲洗装置的冲洗水作用下，自动完成卸污工作，渣水排入两侧网板之间的集渣槽后自流排出机外。

内进流式网板格栅除污机的驱动装置位于机架上部。在机架前后两侧设置了螺旋式调节装置，调整传动链条紧松。

内进流式网板格栅除污机的机架为不锈钢板材与型钢组装、焊接成的整体式长方体刚性结构，见图 3-4。机架下部迎水端开有一个进水洞口，机架的前后壁板上设有导轨，其上部还设有一内部集渣槽，并延伸至机外。机架安装于格栅井的中央，机架的两侧与格栅井之间的间隙为格栅滤后出水的通道。在机架的迎水端两侧布置了导流挡板，其在导流的同时，可防止漂浮垃圾通过。

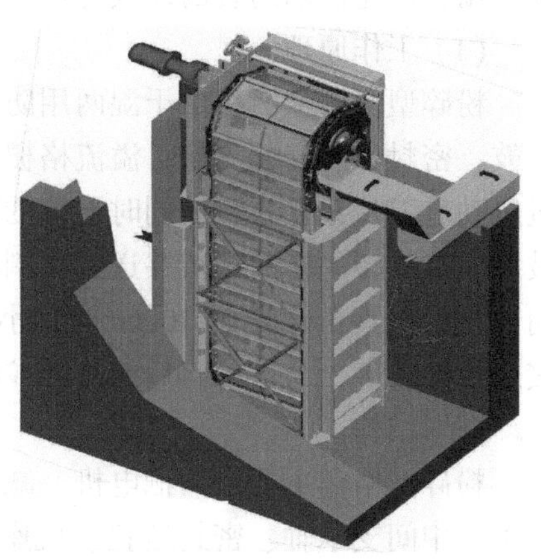

图 3-4 内进流网板格栅结构示意图

传动用的牵引链轮及导向装置，分别置于机架两侧的上部和下部。阶梯式网板采用不锈钢等材料制造，网面为规则排列的小孔，具有过水与截污的功能，台阶面能截留较大的污物。内进流式网板格栅除污机设有可靠的网板冲洗系统，中压冲洗系统与格栅同时起停，有效去除网板截留的绝大部分污物。高压冲洗系统去除一些难以去除的污物，确保网孔再生。

(4) 设备优点

① 网板过水面积大，垃圾截留率高。

② 垂直式安装，有效节省空间。

③ 运行平稳，网板提升不易过载。

④ 消除纤维及毛发缠绕等问题。

⑤ 采用转刷及冲洗机构组成的助卸系统，垃圾清除更干净。

⑥ 过滤网板摩擦力小，耐磨，不易堵塞，易清理。

⑦ 可通过时间、液位差实现全自动控制。

3.1.4 粉碎型格栅

粉碎型格栅是引进的一种地埋式的市政、水利、泵站系统中所使用的除污设备，该设备能将污水管网中的木片、空瓶、布片等杂物垃圾进行粉碎，以保护泵站中其他设备使其正常运转，由于采用地埋式泵站建设，可减少污水泵站对周边环境的破坏，如臭气、细菌等得到最大程度的抑制。

粉碎型格栅主要用于排水泵站，包括污水泵站及雨水泵站，与地埋式一体化预制泵站最为搭配，可解决垃圾过多堵塞水泵问题，避免使用提篮格栅时需要人工定时清理的不便，堪称泵站的守护天使。新建小区排水管道也可考虑安装粉碎型格栅，避免偶尔的餐厨垃圾等堵塞排水管道。

(1) 工作原理

粉碎型格栅除污机由干湿两用防爆电机、齿轮箱、传动机、切割刀片、立式转鼓、密封件、安装支架、溢流格栅、潜水电缆、备用人工格栅等部件组成。电机启动后刀片及立式转鼓同时不等的转动，污水中的固体漂浮物随着污水进入转鼓区后被旋转的格网截留并送到切割区，两组差速转动的刀片迅速进行轴向和径向切割，将其粉碎成6~10mm的细小颗粒，其他大部分的污水和足够小的颗粒直接通过转鼓区，与被粉碎后的小颗粒随水泵抽水一起流走。

(2) 结构

粉碎型格栅主要由两栖电机、减速机、机身、切割刀片、垫片、主动轴、从动轴、中间支承轴、密封装置、机座、立式旋转过水转鼓栅网、自动耦合装置、溢流格栅、检修格栅组成，见图3-5。分为几个部分：

① 驱动部分。主要用于运动部件的驱动。

② 粉碎部分。由两根轴带动刀片交叉进行运转粉碎，刀片是最重要的。硬度及工艺要求非常高，只有进口的刀片比较可靠。

③ 格栅部分。该部分是用来阻挡大颗粒垃圾的，为了避免水头损失过大，建议选择20mm左右的间隙。格栅部分又称为转鼓，内有将垃圾拨到粉碎部分的不停旋转的耙。一般分为无鼓、单转鼓和双转鼓，根据流量及渠宽来选定。

(3) 技术特点

① 整体式设计，设备紧凑，灵活的结构和安装选项，适应多种尺寸的渠选。

② 采用低转速运行，功耗低，磨损小，运用切割刀片差速运转原理，增强了撕扯垃圾效果。

③ 特殊的刀片结构设计，具有极强的自净能力，不存在缠绕和杂物堆积。

④ 合理的传动结构，使切割刀片更换方便，维护简单，降低维修费用。

⑤ 需要有可靠的保护系统，当过载时能有效地保护设备不被损坏。

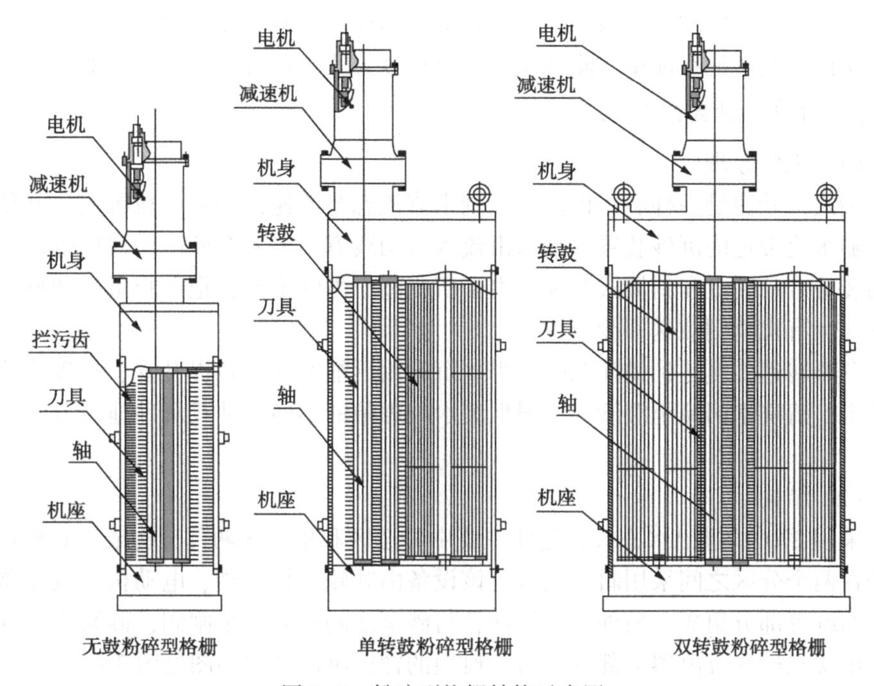

图 3-5 粉碎型格栅结构示意图

3.2 沉砂及砂水分离设备

3.2.1 旋流沉砂

近年来新建的污水厂中，旋流式沉砂池得到了越来越多的应用。从运行情况看，用户反映普遍良好，认为这类沉砂池具有占地省、除砂效率高、操作环境好、设备运行可靠等优点。

优点：①适应流量变化能力强；②水头损失小，典型的损失值仅6mm；③细砂粒去除率高，140目(0.104mm)的细砂可达73%；④动能效率高。

缺点：①搅拌桨上会缠绕纤维状物体；②砂斗内砂子因被压实而抽排困难，往往需高压水泵或空气去搅动，空气提升泵往往不能有效抽排砂粒；③池子本身虽占地小，但由于要求切线方向进水和进水渠直线较长，在池子数多于2个时，配水困难，占地也大。

目前，国际上广泛应用的旋流沉砂池主要有钟氏(Jones-Attwood Jeta)和比氏(Pista)两大类。从国内应用情况看，源自欧洲的钟氏池及其各变型占绝大多数，这种现象跟国内污水厂外资部分多来自欧洲的政府贷款有关，此类政府贷款通常会对设备的采购国别提出限制，而产自美国的比氏沉砂池在国内也有一些用户。

这两种沉砂池在池型、除砂机理以及提砂方式上均有着很大的区别。

3.2.1.1 钟式沉砂池

(1) 工作原理

钟式沉砂池是一种利用机械力控制水流流态与流速，加速砂粒沉淀，并使有机物随水流带走的沉砂装置。废水由流入口切线方向流入沉砂区，利用电动机及传动装置带动转盘和斜坡式叶片，由于所受离心力的不同，把砂粒甩向池壁，掉入砂斗，有机物则被送回废水中。

调整转速，可达到最佳沉砂效果。沉砂用压缩空气经砂提升管、排砂管清洗后排出，清洗水回流至沉砂区。根据废水处理量的不同，钟式沉砂池可分为不同型号。

(2) 结构

采用270°的进出水方式，池体主要由分选区和集砂区两部分构成，其构造特点是在两个分区之间采用斜坡连接。该设备由叶轮、转动轴、电动机、减速器和吸砂系统等部分组成。另外，在排沙管与砂泵之间安装一个闸阀，砂泵出口处用管道链接至砂水分离器上部进水口。典型的钟氏沉砂池结构图见图3-6。

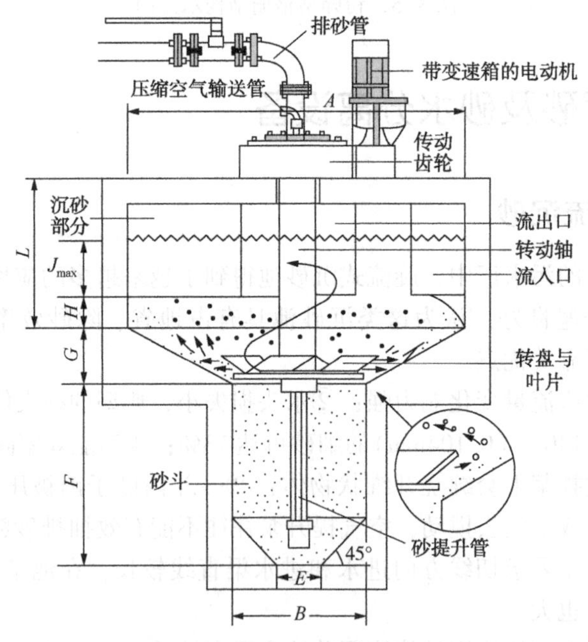

图3-6 典型的钟氏沉砂池结构

(3) 设计最高时流量的停留时间不应小于30s；设计水力表面负荷宜为150~

$200m^3/(m^2 \cdot h)$；有效水深宜为1.0~2.0m，池径与池深比宜为2.0~2.5；池中设立式浆液分离机；污水的沉砂量可按每立方米污水0.03L计算，合流制污水的沉砂量应根据实际情况确定；砂斗容积不应大于2d的沉砂量，采用重力排砂时，砂斗斗壁与水平面的倾角不应小于55°；沉砂池除砂宜采用机械方法，并经砂水分离后贮存或外运。采用人工排砂时，排砂管直径不应小于200mm，排砂管应考虑防堵塞措施。

3.2.1.2 比氏沉砂池

比氏沉砂池为20世纪60年代的产品，堪称圆形涡流式沉砂池的原型，在很多国家都出现了类似的产品。经过多年的运行、测试及改进，现已发展成为如图3-7所示的第二代池形结构。由分选区和集砂区两部分构成，其特点是分区之间没有斜坡过渡，采用360°直进直出的方式，其水力条件更为改善。典型的比氏沉砂池也是由分选区和集砂区两部分构成，其特点是分区之间没有斜坡过渡。

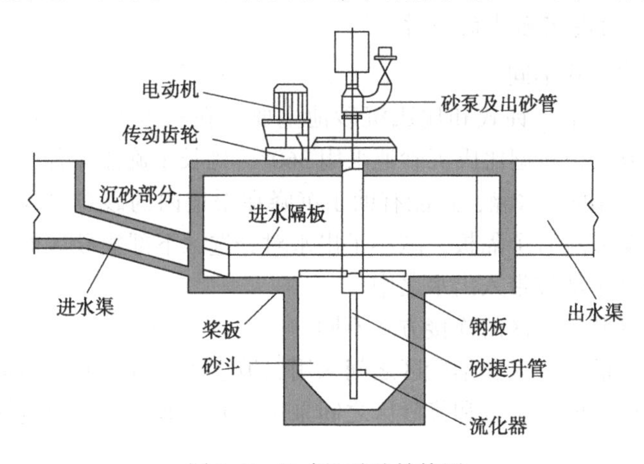

图3-7 比式沉砂池结构图

(1) 工作原理

从水力条件看，水流在比氏池中呈涡流状态，这一流态大大强化了有机物分离效果。由于没有斜坡，砂粒要落入集砂区必须依靠搅拌桨的作用，在带向池心的过程中颗粒速度逐渐变大，水流形成螺旋流态，在上升力的作用下，密度较小的有机物被剥离并带入水流中，砂粒则由环形槽落入集砂区。整个过程中，砂粒在较长时间内处于桨片的作用下，对有机物分离更为有利。

(2) 结构

比氏沉砂池包括轴向螺旋桨搅拌器及驱动装置、砂泵、真空启动装置、涡流砂粒浓缩器、螺旋砂水分离输送机、就地控制机等。比氏沉砂池采用涡流原理，含砂污水在经过平而直的自由液面进水渠道后，使得水的紊流减到最低。进水渠末端是一个能产生附壁效应的斜坡，可使部分已经沉降于渠道内的砂粒顺斜坡进入池底集砂区；还设有一个档板，使水流及砂子进入沉砂池时向池底流行。设在池中的轴向螺旋桨以一定的转速形成螺旋状环流，因而强化了砂粒沉降的附壁效应。砂粒在重力和涡流而产生的离心力共同作用下，向池内壁密集，并下滑沉至池底集砂区。由于螺旋桨产生的涡流，越靠池中心，水流断面半径越小，池内水流从池壁至池中心由慢至快旋流，最终将集砂区的沉砂卷扫于砂斗。而较轻的有机物在涡流中心与砂粒分离。池内的螺旋状环流在池壁处向下，到池中则向上，加上螺旋桨的作用，有机物在池中心部位向上升起，并随出水流至后续处理构筑物，从而完成了砂水分离的全过程。

(3) 设计参数设计流量按最高日最高时流量计算；水力停留时间不应小于30s；有效水深宜为1.0~2.0m；进水渠道流速应控制在0.6~0.9m/s；桨板转速控制在10~15r/min。

3.2.1.3 两类沉砂池的差异

(1) 进出水方式不同

在进出水方式上，钟式和比氏沉砂池主要存在三点差别：钟式沉砂池采用270°的进出水方式，新型比氏沉砂池采用360°，延长了旋流流程；比氏沉砂池进水渠道为15°倾角的进水涵，这能有助于沉降在渠道内的砂粒滑入沉砂池底；比氏沉砂池进水渠末端有个隔板，减小了出水对分选区下部集砂区的影响，有效防止已沉下的砂又重新被带入出水之中。

(2) 分选区和集砂区的连接方式不同

钟式沉砂池的分选区和集砂区之间采用斜坡过渡，沉砂通过斜坡滑落到集砂区中；比氏沉砂池的分选区和集砂区之间采用平底过渡，砂粒通过搅拌桨的作用进入集砂区。

(3) 排砂方式不同

钟式沉砂池通常采用气提方式，这限制了提升高度。比氏沉砂池采用真空启动的砂泵排砂，因此系统真空度成了排砂的关键因素。早期的比氏沉砂池在砂泵出口采用蝶阀，蝶阀常由于磨损严重而造成密封不严，影响了排砂效果。目前采用由橡胶制成的囊阀，通过空压机加压进行闭合，在一定程度上改善了排砂效果。

(4) 搅拌桨设置不同

钟式沉砂池桨板的转速可以根据进水流量的大小而调整；比氏沉砂池一般采用定速运行，但可以升降，以调节桨板与砂斗盖板的间距，这种调节方式可以保证有机物的分离效果，但对进水流量变化的适应性较差，因此比氏沉砂池对进水流速的限制比较严格，适宜的进水流速为0.6~0.9m/s。由于城市污水日变化系数较大，比氏沉砂池一般要求最小进水流速不小于 0.15m/s，最大进水流速不宜小于 0.6m/s，使小流量下沉积于渠道中的砂重新带入沉砂池中。

(5) 集水区防止砂的板结方式不同

由于旋流沉砂池采用间歇排砂方式，为防止砂粒板结，钟式沉砂池间断向集砂区供气搅拌；比氏沉砂池桨搅拌机驱动轴延伸至池底，在其上设置了砂粒流化器(叶片搅拌装置)进行连续搅拌，使集砂斗内的砂粒始终处于流化状态，有效防止了砂粒板结。

在应用上，旋流沉砂池依赖于细格栅的良好运行，如果细格栅运行不正常，带入的布条等条状物质会缠绕在搅拌桨上，同时会堵塞排砂管路，影响沉砂池的正常运行。但由于旋流沉砂池占地面积小、能耗低、对有机物分离效果好等原因，近年来得到了广泛的应用。

3.2.2 多尔沉砂

多尔沉砂池由污水入口和整流器、沉砂池、出水溢流堰、刮砂机、排砂斗及洗砂器组成。结构见图 3-8、图 3-9。

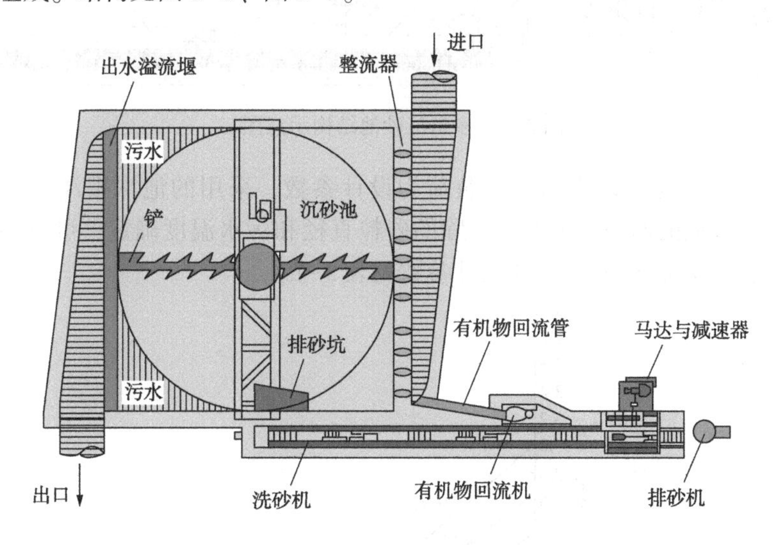

图 3-8　多尔沉砂池结构示意图一

多尔沉砂池上部为方形，底部为圆形，其沉砂机理与平流式沉砂池类似。进水经过整流器均匀分配进入沉砂池，然后通过溢流堰出水。砂粒在中心驱动的刮砂机作用下刮入集砂坑，由螺旋洗砂机刮至排砂斗，用往复齿耙沿斜面耙上，在此过程中，把附在砂粒上的有机物洗掉，使沉砂有机物含量低于 10%，使沉砂清洁。

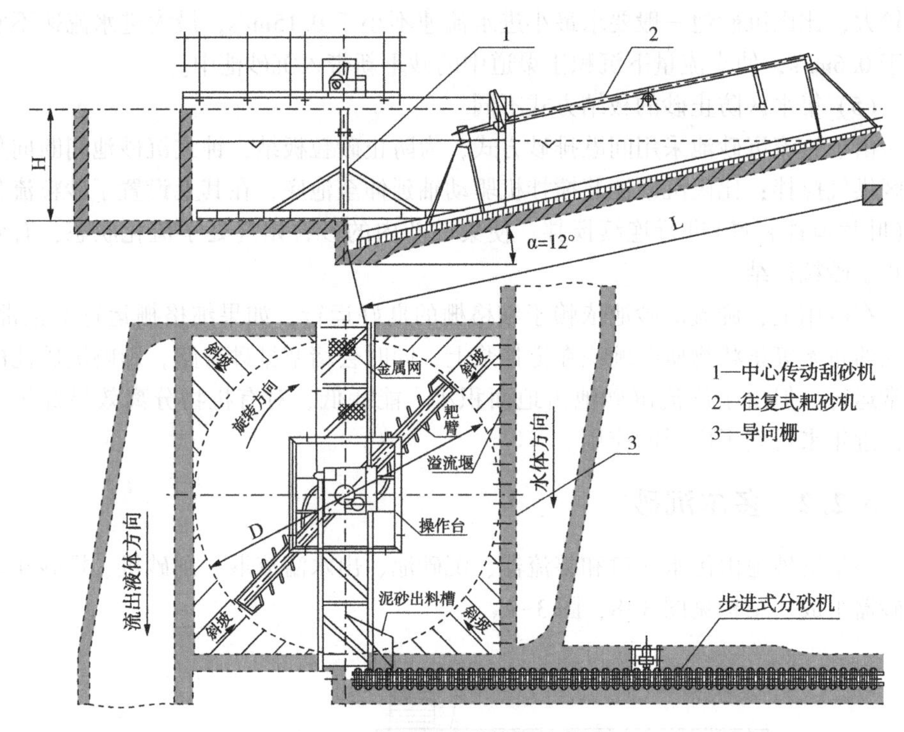

图 3-9　多尔沉砂池结构示意图二

多尔沉砂池通常以表面水力负荷为设计参数，采用的池深很浅，通常池深<0.9m。沉砂池的面积根据要求去除的砂粒直径和污水温度确定，可查图 3-10。最大设计流速为 0.3m/s。具体设计参数见表 3-1。

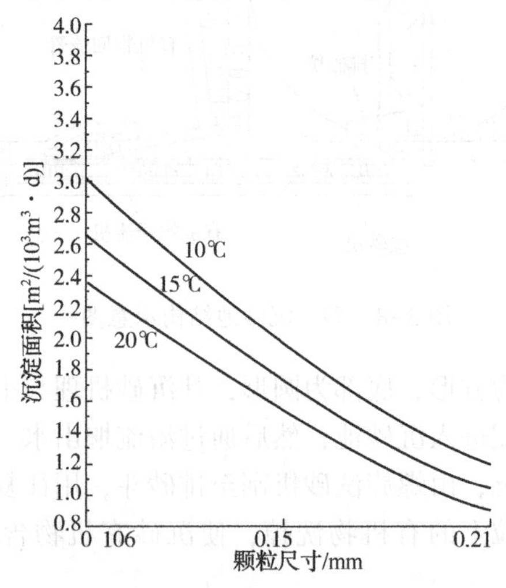

图 3-10　多尔沉砂池的参数图

表 3-1 多尔沉砂池主要设计参数

项目	设计值			
沉砂池直径/m	3.0	6.0	9.0	12.0
最大流量/(m^3/s)				
要求去除颗粒直径为 0.21mm	0.17	0.70	1.58	2.80
要求去除颗粒直径为 0.15mm	0.11	0.45	1.02	1.81
沉砂池深度/m	1.1	1.2	1.4	1.5
最大设计流量时的水深/m	0.5	0.6	0.9	1.1
洗砂机宽度/m	0.4	0.4	0.7	0.7
洗砂机斜面长度/m	8.0	9.0	10.0	12.0

3.2.3 砂水分离器

砂水分离器是沉砂池除砂系统的配套设备，其作用是将从沉砂池排出的砂水混合液进行砂水分离。砂水分离器结构示意图见图 3-11。

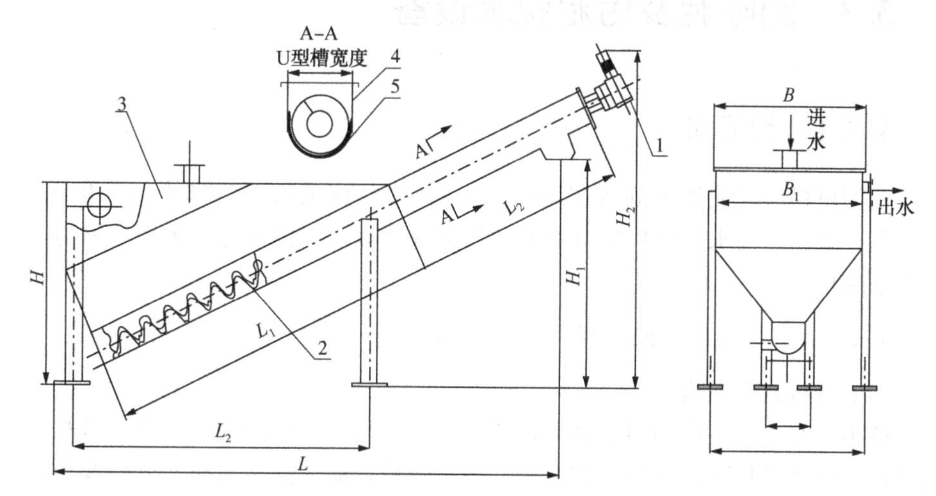

图 3-11 砂水分离器结构示意图

1—驱动装置；2—螺旋体；3—水箱；4—U 型槽；5—衬板

(1) 工作原理

砂水分离器安装倾角在 20°~30°，砂水混合液从进水管进入水箱，混合液中密度较大的颗粒(如砂粒)由于自重面下降沉积于螺旋槽底部，在螺旋的推动下，物料沿斜置的 U 型槽底部提升，离开液面后，继续上移一段距离，砂粒中的水分逐渐在螺旋槽中的间隙中流回水箱，砂粒也逐渐干化在出料口处，依靠自重落入其他输送装置。而与砂水分离后的水从溢流口排出并送往厂内进水池或提升泵坑。

(2) 主要特点

① 砂水分离机的沉淀装置和输砂装置为封闭式一体化结构，并具有结构紧凑、重量轻、高工作可靠性、维修工作量少等特点。砂水分离器分离效率可达96%~98%，可分离出粒径≥0.2mm的颗粒，砂粒分离效率达96%~98%；直径大于0.1mm的砂砾去除率不小于80%。

② 在正常情况下，砂水分离机与泵式沉砂器和储砂间的砂泵的性能相配。在必要的时候，也可以连续运行。

③ 砂水分离机的壳体、支架、输砂器等重要部件的材质多采用不锈钢制作，U型槽内的输送螺旋型式多为无轴螺旋，以保证物料流通，无堵塞；无轴螺旋体具有足够的强度和刚度，保证在工作荷载下不会变形或拉长。

④ 砂水分离机的分离池采用不锈钢加工焊接而成，底部为半圆形，用于支撑螺旋输送器。进水口和溢流管安装在容器的上部，排水管安装在下部，便于维修。驱动装置采用轴装直接驱动方式，运行平稳可靠，能耗省。

3.3 刮吸泥及污泥脱水设备

3.3.1 刮泥机

刮泥机是将沉淀池中的污泥刮到一个集中部位(或沉淀池进水端的集泥斗)的设备，多用于污水处理厂的沉淀池和污泥浓缩池，用在重力式污泥浓缩池时也称为浓缩机。

3.3.1.1 平流沉淀池刮泥设备

(1) 链板式刮泥机

链板式刮泥机是在两根主链上每隔一定间距装有一块刮板。两条节数相等的链条连成封闭的环状，有驱动装置带动主动链轮转动，链条在导向链轮及导轨的支承下缓慢转动，并带动刮板移动，刮板在池底将沉淀的污泥刮入池端的污泥斗，在水面回程的刮板则将浮渣导入渣槽。链板刮泥机结构示意图见图3-12。

链板刮泥机适用于平流式沉淀池、隔油池的排泥/除渣/除油，分为单、双列链条牵引式两种，多采用双链条式牵引形式。

链板式刮泥机的特点是：刮板移动速度可以根据不同工艺要求(不产生污泥上浮或乱流)调节，由于链条、刮板的循环动作，使刮泥保持连续，故排泥效率较高。链板式刮泥机在使用时，应特别注意双侧链条需保持同步牵引，链条必须张紧，以保证刮泥效果的可靠性。

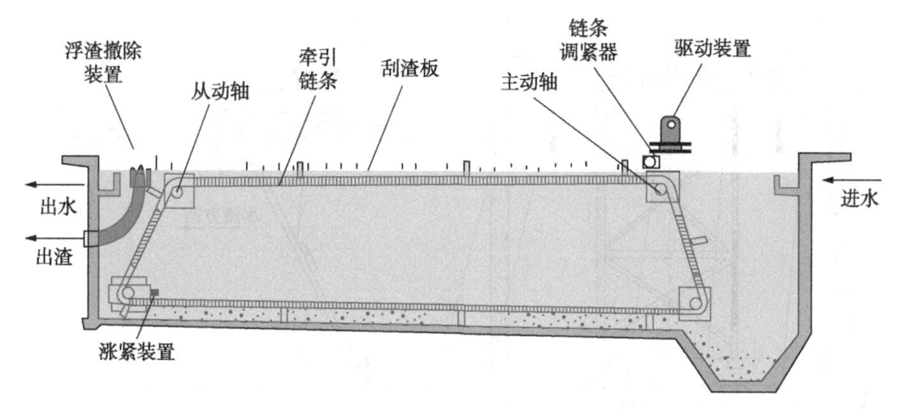

图3-12　链板刮泥机结构示意图

技术参数：适合的池宽为2~6m；适合的池长为10~30m；刮泥速度小于16mm/s；池底沿刮泥方向浇筑成1%的坡度。

（2）桁车式刮吸泥机

桁车式刮吸泥机安装在矩形平流沉淀池上，往复运动。每一个运行周期包括一个工作行程和一个不工作的返回行程。这种刮吸泥机的优点是：在工作行程中，浸没于水中的只有刮泥板及浮渣刮板，而在返回行程中全机都提出水面，给维修保养带来了很大的方便；由于刮泥与刮渣都是正面推动，因此污泥在池底停留的时间短，刮泥机的工作效率高。缺点是运动较为复杂，故障率相对较高。

桁车式泥机结构示意图见图3-12。桁车式刮泥机主要由桁车桁架、驱动机构、刮泥耙、撇渣板与刮板升降机构、程序控制及限位装置等部分组成，根据不同的要求可将集泥槽、集渣槽设置在沉淀池的同一端或分两端。桁车一般采用桁架结构，小跨度的可用梁式结构，为了便于检修和管理，在桁车上应设宽600~800mm的工作走道。驱动机构采用两端出轴的长轴集中传动型式或双边分别驱动的型式，跨距4~8m时驱动采用集中驱动，10~25m时采用两端同步驱动，驱动功率主要根据刮泥机在工作时所受的刮泥阻力、行驶阻力、风阻力和道面坡度等阻力总和计算确定。供电方式有电缆支架、滑导线、悬挂钢丝绳等三种。

刮泥部分主要由铰链式刮臂、刮板、支撑拖轮、撇渣板及卷扬机等组成。为便于更换钢丝绳或刮泥板等易损零件，还可设置刮臂的挂钩装置。刮臂的一端交接在桁车的桁架上，另一端装有刮泥板及拖轮，吊点最好设在刮臂的中心位置。当刮板放置池底时，刮臂与池底夹角为60°~65°，刮板高度为400~500mm，撇渣板高度为120~150mm。刮板提升机构有钢丝绳卷样式、螺旋式和液压推杆式三种，其中最常用的为钢丝绳卷样式提升机构。

驱动机构的布置型式同桁车式吸泥机较为类似，这里不再赘述。刮泥机的驱

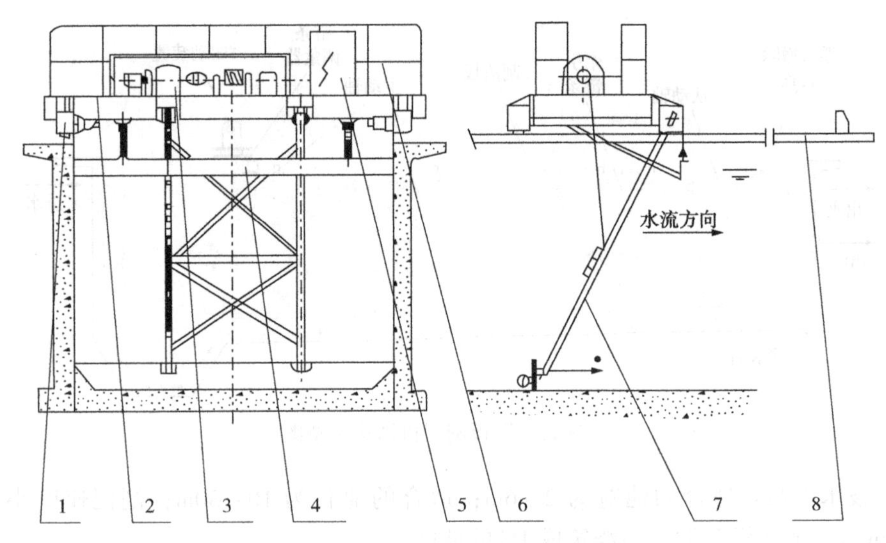

图 3-12 桁车式泥机结构示意图

1—驱动装置；2—桁车；3—卷扬机构；4—刮渣机构；5—电控箱；6—栏杆；7—刮泥耙；8—导轨

动功率主要根据刮泥机在工作时所受的刮泥阻力、行驶阻力、风阻力和道面坡度阻力等阻力总和来确定。

3.3.1.2 辐流沉淀池刮泥设备

(1) 周边传动刮泥机

工作原理：污水从池中心的进水管经导流筒扩散后，均匀地向周边呈辐射状流出，呈悬浮状的污泥经沉淀后沉积于池底，上清液通过溢流堰板由出水槽排出池外，污泥刮板将沉于池底的污泥由池周刮向中心集泥槽，依靠池内水压通过排泥管排出池外。主梁在周边驱动装置的带动下，以中心旋转支座为轴心，沿池顶以2.0m/min(至刮臂最外缘以1.5~3m/min)线速度行驶，主梁下部连接支架、污泥刮泥板等。近液面处设置浮渣刮板(根据工艺设计，可选)，沿中心稳流筒延伸至浮渣斗，当主梁旋转时，浮渣刮板将液面的浮渣由池中心撇向池周，收集在浮渣斗，通过浮渣斗排至池外。

主要分类：半桥式周边传动刮泥机和全桥式周边传动刮泥机。刮泥机主要应用于池径为13~60m的初沉池、二沉池。沉淀形式为辐流式，进、出水方式分别为中间进水、周边出水。

组成部件：周边传动刮泥机主要由工作桥、驱动端梁、中心旋转支座、稳流筒、刮泥机构、冲洗机构及刮渣系统(可选)、出水三角堰板、浮渣挡板、控制箱等部件组成。周边传动刮泥机见图3-13。

选型说明：周边传动刮泥机的选型主要取决于沉淀污泥量以及污泥沉降性

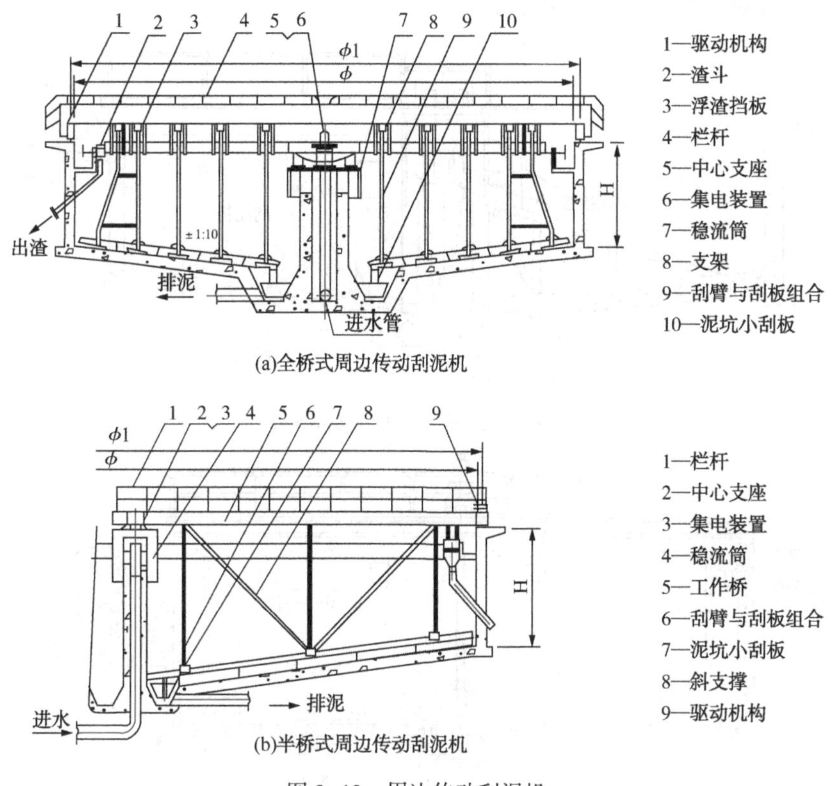

图 3-13 周边传动刮泥机

能，污泥负荷可以参考使用场合和设计手册查询来进行工艺设计。全桥式周边传动刮泥机的刮泥周期是半桥式周边传动刮泥机刮泥周期的 1/2，全桥式周边传动刮泥机适用于沉降性能好、污泥量大的场合。

周边传动刮泥机的型号选择根据设计负荷及使用场合确定采用全桥式或半桥式周边传动刮泥机。池子尺寸根据设计中水量和停留时间来定，一般工艺核算已经确定，比如池子直径为 10m，池深 4m，则选择直径为 10m 的全桥或者半桥式周边传动刮泥机。池底坡度也需要提供，所以在选型定价的时候最好提供土建图纸。

（2）中心传动刮泥机

工作原理：中心传动驱动机构推动刮泥机构沿中心旋转，固定于刮臂上的刮板将泥由池边逐渐刮至池中心的集泥斗中。刮泥板曲线对数螺旋线形，受力均匀，刮泥彻底，当池底遇有障碍时，能自动提耙，保护机器不受伤害，驱动机构可有扭矩保护装置，工作更加安全。

主要分类：中心传动刮泥机根据结构型式可以分为中心传动悬挂式刮泥机和

中心传动垂架式刮泥机，见图 3-14。

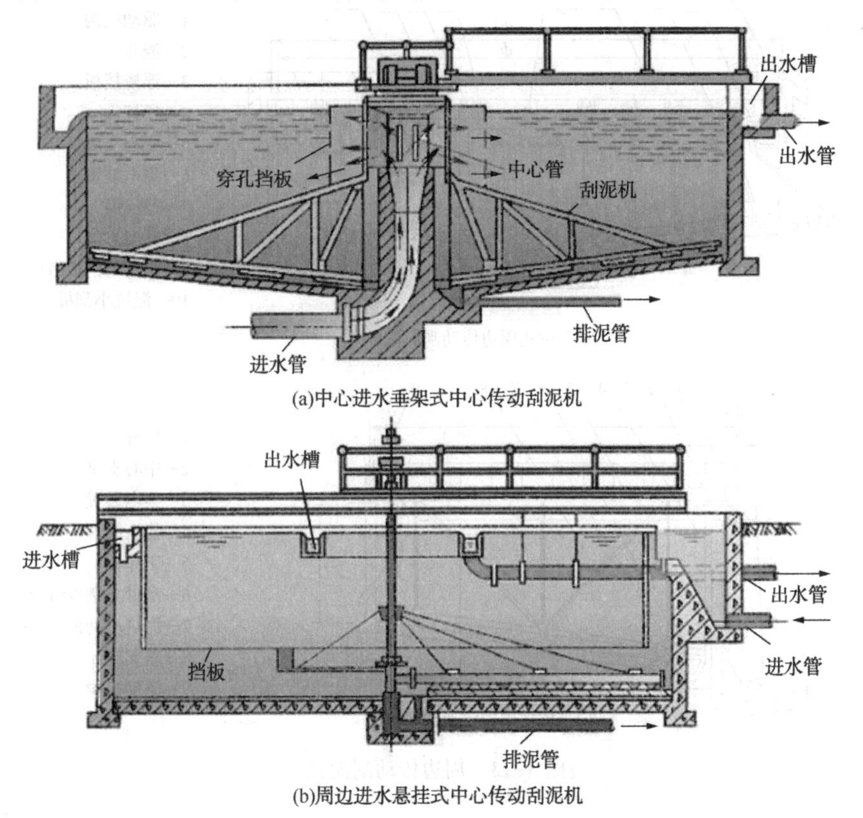

(a)中心进水垂架式中心传动刮泥机

(b)周边进水悬挂式中心传动刮泥机

图 3-14　中心传动刮泥机

中心传动悬挂式刮泥机由工作桥、驱动装置、传动轴、刮臂及刮泥板、拉索、水下轴承、泥斗搅拌桨、稳流筒和电控柜等主件组成。根据实际情况和用户要求，还可以提供出水堰板、撇渣机构、挡渣板和出渣斗等附件。

中心传动悬挂式刮泥机运行时，由安装在工作桥上的驱动装置驱动传动轴旋转，传动轴旋转时带动两侧刮臂绕池中心轴线旋转，安装在刮臂上的一组刮泥板在随刮臂旋转中，将沉降在池底的污泥刮向池中心集泥坑。同时，液面上的浮渣(如果有的话)向刮渣板和周边挡渣板形成的渐缩区域内集中，由浮渣刮耙扒到集渣斗并排出池外。

中心传动垂架式刮泥机由工作桥(通常半桥)、驱动装置(通常采用减速机、传递齿轮、回转轴承组合)、旋转垂架、刮臂及刮泥板、拉索、泥斗搅拌桨、稳流筒和电控柜等主件组成。

中心传动垂架式刮泥机运行时，安装在工作桥上的驱动系统带动悬挂在下面的垂架作旋转运动，从而带动两侧刮臂及刮板作顺时针运行，将沉淀于池底的污泥刮向池中心集泥坑，通过排泥管排出沉淀池。同时，液面上的浮渣(如果有的话)向刮渣板和周边挡渣板形成的渐缩区域内集中，由浮渣刮耙扒到集渣斗并排出池外。

传动机构：中心传动刮泥机的传动机构在沉淀池正中心上方位置，一般情况下Φ20m以下的主传动是靠坐在池上并与主传动紧固在一起的桥架担起。而大、中型Φ20m以上的传动机构是放置在能够承受大扭矩和重载的钢柱或钢筋水泥柱上，并用螺栓紧固在一起，传动轴为方笼型。

Φ20m以下的中心传动刮泥机驱动机构以具有三级保护特种组合功能的蜗轮为主，驱动耙架旋转刮泥刮渣，当负载大于设定值50%~60%时，报警并且组合在蜗轮箱上的扭矩跟踪系统(输出离散量和4~20mA信号，下文简称为4~20mA)控制通过支座同心钢接在蜗轮箱上的小型蜗轮和前级驱动机构开始启动并提升旋转耙架，以减小刮泥负载。当负载小于30%~45%时，耙架又回落至原位刮泥；当负载大于70%~90%时，电控系统报警，安全机构剪断；当负载达到100%时，机械安全销剪断，系统提耙并报警。负载不同，则设置也有所不同。

直径大于20m带中心支柱的中心传动刮泥机，因为负载大，一般最末级驱动为大模数内齿驱动，前几级驱动可以是摆针、蜗轮、行星、液压马达、链轮分别组合并配套扭矩跟踪系统，并配有机电三级保护，同时还有过载保护刮泥系统抗倾覆的提升机构，有上下行程和极限控制。其工作原理同上。

选型说明：中心传动悬挂式刮泥机主要用于池径小于20m的池体，中心传动垂架式刮泥机主要用于池径大于15m的池体。

3.3.1.3 污泥浓缩池刮泥设备

重力浓缩池中设置污泥刮泥机，刮泥机的型式有悬挂式中心传动刮吸泥机、垂架式中心传动刮吸泥机和周边传动刮吸泥机，刮泥的型式基本与辐流式沉淀池刮泥机类似。刮泥机臂外缘线一般均小于3.5m/min，而用于给水厂污泥浓缩池刮泥机刮臂外缘线速度一般均小于2m/min，中心传动刮吸泥机采用悬挂时，池径一般小于12m，采用垂架式时则适用于池径大于20m，甚至到50m，而国外生产的垂架式中心传动刮吸泥机可适用于池径100m。

浓缩机的工作原理和辐流式沉淀池刮泥机的工作原理相似，区别就是浓缩机在刮臂上面设有交叉布置的浓缩栅条，栅条随着刮臂旋转，为自由水从污泥中溢出提供通道，提高沉淀池中污泥层的浓缩效率。

(1) 浓缩池周边传动刮泥机

工作原理：周边传动浓缩机的传动装置是把电动机的运动和动力传递给挂着耙子的桁架，使桁架在池子内围绕中心均匀地旋转，并把浓缩污泥耙向池底中心的排料口，而澄清的溢流水则从池子四周溢出，再由环形溢流槽排出。

主要组成：周边传动式浓缩机主要由主梁(工作桥)、中心支座及集电装置、驱动装置、刮集泥装置、浮渣刮板、稳流筒、浮渣耙板、小刮板、栅条、溢流装置和控制柜等组成。中心支座由固定支撑座、回转轴承和机架组成，可同时承受轴向力、径向力和倾覆力矩。集电装置采用滑环式集电装置，由集电环和电刷架组成。浮渣刮板、浮渣耙板、浮渣漏斗组成撇渣机构，能有效地清除水面浮渣。主梁是连接中心支座和行走端梁的大型部件，其上有走道板和栏杆，钢梁的下面连接刮泥架、撇渣机构和小刮板等，在行走端梁的带动下来完成刮泥、刮渣工作。浓缩池周边传动刮泥机外形结构图(半桥式)见图 3-15。

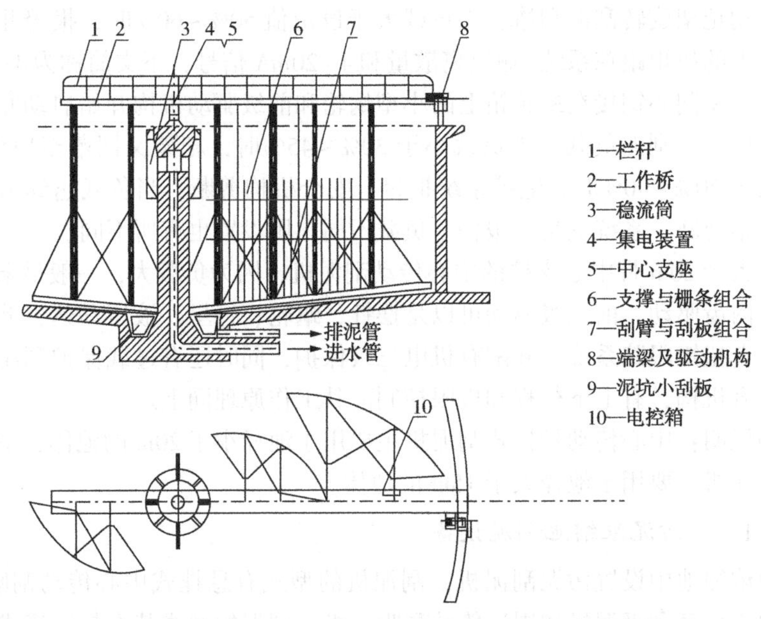

图 3-15 浓缩池周边传动刮泥机外形结构图(半桥式)

选型说明：主要用于大型(一般指水量大于 $600m^3/h$，池径大于 20m)污水厂。对初沉池及二沉池排泥进一步浓缩，浓缩污泥含量相对较多，竖向栅条主要起缓慢梳理凝聚作用，以增加污泥致密性。工艺一般为中心进水周边出水，中心排泥，一般不设浮渣刮集装置。

(2) 浓缩池中心传动刮泥机

工作原理：中心传动刮泥机在刮臂上装有垂直排列的浓集栅条，起着缓慢搅拌的作用，当栅条穿行于污泥层时，能为水提供从污泥中溢出的通道，以提高浓缩的效果。中心传动浓缩机采用中心驱动方式。刮臂在驱动装置带动下绕中心轴旋转，刮臂上的浓集栅条将污泥进行浓缩，同时底部的刮泥板将沉积在池底的污泥刮至池心集泥坑，然后通过中心排泥管将污泥排出。

主要分类：浓缩池中心传动刮泥机的型式主要有悬挂式（池径≤16m）和垂架式（池径为 18~30m）两种。由驱动装置、回转轴承、主轴、刮臂、刮板、浓集栅条、稳流筒、电控箱等组成。浓缩池中心传动（垂架式）刮泥机外形结构图见图 3-16，浓缩池中心传动（悬挂式）刮泥机外形结构图见图 3-17。

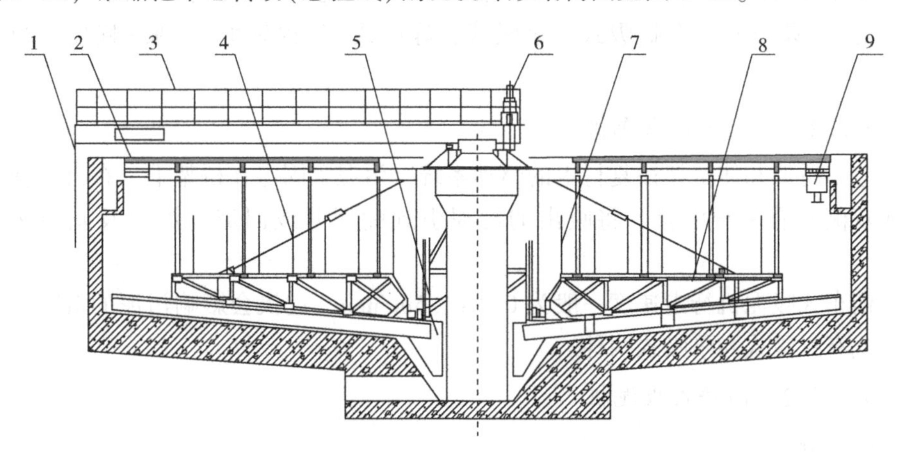

图 3-16 浓缩池中心传动（垂架式）刮泥机外形结构图

1—扶梯；2—浮渣刮板；3—工作桥；4—刮臂提拉杆；5—小刮刀；6—中心驱动装置；7—浓集栅条；8—刮泥架刮臂；9—浮渣漏斗

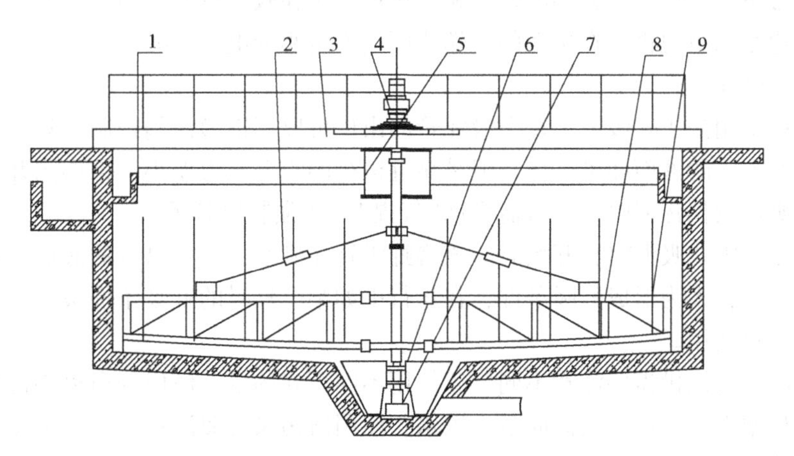

图 3-17 浓缩池中心传动（悬挂式）刮泥机外形结构图

1—出水堰板；2—拉紧调整系统；3—工作桥；4—驱动装置；5—稳流筒；6—小刮泥板；7—水下轴承总成；8—刮集装置；9—浓集栅条

选型说明：中心传动污泥浓缩机一般用在池子的直径小于 18m（也就是一般单池子的水量小于 600m^3/h）的各种圆形池底泥刮集。

3.3.2 吸泥机

吸泥机是将沉淀池池底的污泥吸出的设备，一般用于从二沉池吸出活性污泥至曝气池。大部分的吸泥机在吸泥过程中有刮板辅助，因此也称吸刮泥机。

常用的吸泥机有桁车式吸泥机(用于平流二沉池)和回转式吸泥机(用于辐流二沉池)。吸泥方式有虹吸式、泵吸式、静压式(气提辅助)、泵-虹配合吸泥四种。

3.3.2.1 桁车式吸泥机

包括桥架和使桥架往复行走的驱动系统。污泥管固定在桥架上。在沉淀池一侧或双侧装有一导泥槽，将吸出的污泥引到配泥井或回流污泥房及剩余污泥泵房。

桁车式吸泥机行走速度一般为 0.3~1.5m/min，过快会影响污泥的沉降。吸泥方式有虹吸式和泵吸式两种。

3.3.2.2 回转式吸泥机

(1) 分类

根据驱动方式分为中心驱动吸泥机和周边驱动吸泥机。

(2) 结构

中心驱动吸泥机的驱动电机、减速机都安装在吸泥机的中心平台上。

周边驱动吸泥机，在桥架的一端或两端安装驱动电机及减速机。

(3) 吸泥方式

一般采用静压式吸泥。每个吸泥管的出口可以用锥形泥阀控制。只要其液面高于中心泥管的液面即可工作。但是靠近边缘的吸泥压力差小，锥形阀开启度要大。当吸取较稠污泥时，有时需借助“气提”方式强制提升污泥。

利用虹吸式吸泥时，开始时应该将虹吸管充满水，虹吸出口的液面应低于沉淀池的液面，人为形成虹吸条件，在运行中如某个虹吸的虹吸条件被破坏，应造成虹吸后再使用。

泵吸式吸泥机需要注意不同厂家使用不同型式的泵。使用普通离心污水泵需安装在桥架上，工作之前需向泵内灌水；使用潜污泵时要注意自身振动是否影响污泥沉降。

3.3.2.3 常见吸泥原理

(1) 虹吸式

工作原理：桁车式虹吸式吸泥机一般停驻在沉淀池的出水端，首先向水封箱内注水，浸没管口上方约 100mm，同时启动真空泵抽吸吸泥管内的空气，管道内形成一定真空后，泥水则会通过吸泥管源源不断地将污泥抽向池外排出。此时电极点压力表的触点信号关闭真空泵，同时启动驱动电机使排泥机沿钢轨前进时，吸泥管不断吸泥排泥，到达沉淀池另一端，碰触返程行程开关时，驱动电机先停止然后反向运转，排泥机开始返程运行排泥，当运行到初始位置时，碰触行程开关，吸泥机停止，电磁阀自动打开，使空气进入虹吸系统，将真空破坏，则停止排泥。虹吸式排泥见图3-18。

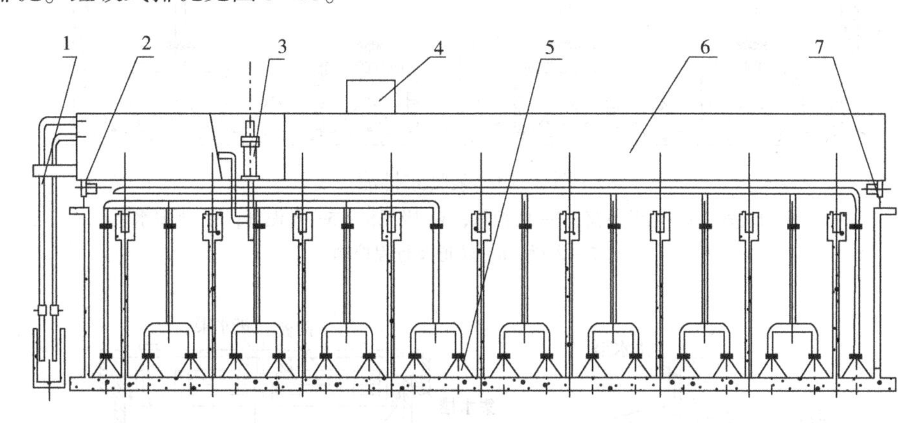

图3-18 虹吸式排泥

1—排泥管；2—驱动装置；3—抽真空装置；4—电控系统；5—虹吸装置；6—大梁；7—轨道及行程控制

主要特征：虹吸式采用潜水泵配水射器或真空泵来形成真空，利用沉淀池与排泥槽内的液位差排泥。与刮泥机相比，其优势在于被吸排污泥粒度小，难沉淀，不扰动水体，但含水率较高(一般大于99%)。

被吸污泥直接排到池外，避免了污染的位移动作，减少了污泥干涉现象，带斜板或斜管的沉淀效果会更好。具备虹吸条件(一般为2.5m水位差)可省去污泥泵，即可采用虹吸式吸泥机，反之需采用泵吸泥机。

(2) 泵吸式

工作原理：泵吸式吸泥机由多台潜污无堵塞泵组成的吸、输泥系统、断流阀、主梁、端梁及驱动装置、控制柜、轨道等组成。主梁由两端梁上的驱动装置带动，沿铺设在池顶上的轨道行驶，随主梁一同运动的潜污泵将沉积在池底的污泥吸取并经输泥管排至池外排泥沟。泵吸式排泥见图3-19。

(3) 静压排泥

静压排泥也称重力排泥，依靠静水压力通过排泥管自动将池底淤泥排出。竖流沉淀池的静压排泥见图3-20。

静压排泥优点在于整体装置结构相对简单，操作方便。但重力排泥效果不稳定，排泥口容易堵塞，形成局部排泥短路。

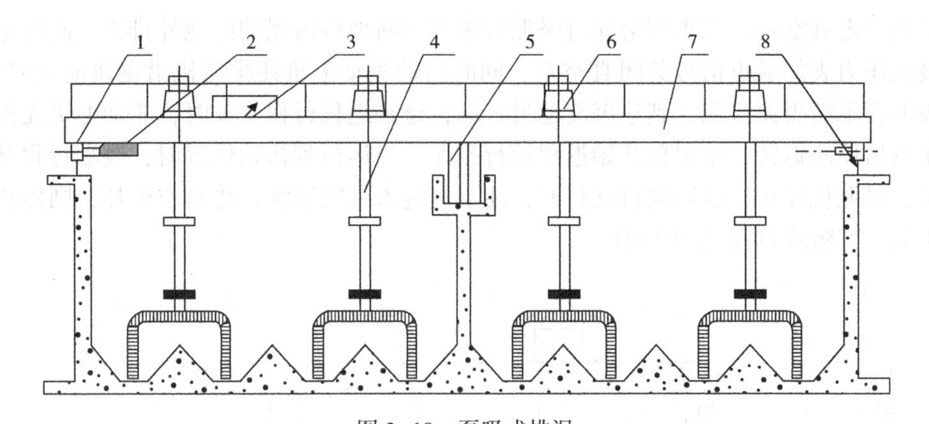

图 3-19 泵吸式排泥

1—驱动装置；2—电缆滚筒；3—电控箱；4—吸泥机；5—排泥管；6—吸泥水泵；7—大梁；8—轨道及行程控制

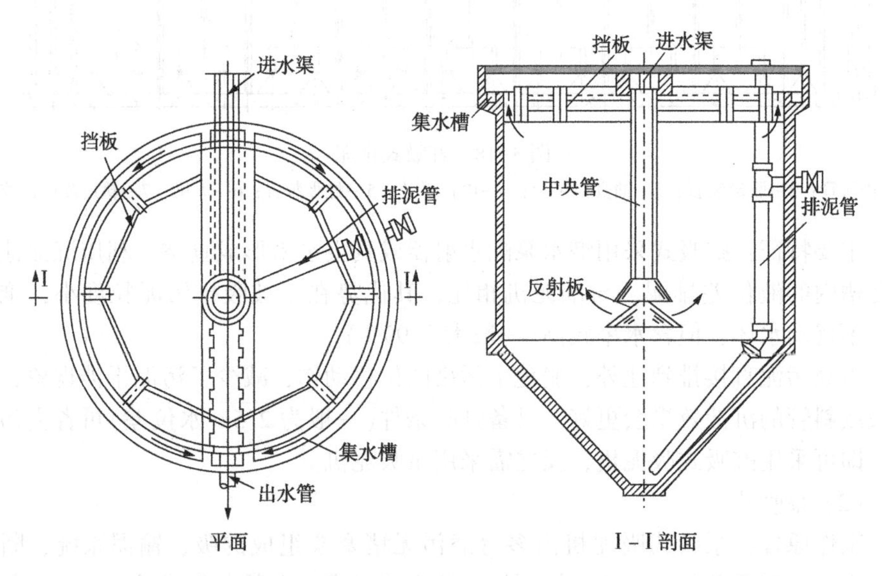

图 3-20 竖流沉淀池的静压排泥

(4) 泵-虹配合吸泥

沉淀池上同时设置排泥水泵和虹吸排泥装置，可根据实际情况采取水泵排泥和虹吸排泥相互配合，以解决水泵排泥能耗高和虹吸排泥效率低的问题。

泵-虹式吸泥机由多台潜污无堵塞泵组成的吸、输泥系统、断流阀、主梁、端梁及驱动装置、控制柜、轨道等组成。主梁由两端梁上的驱动装置带动，沿铺设在池顶上的轨道行驶，随主梁一同运动的潜污泵将沉积在池底的污泥吸取并经输泥管排至池外排泥沟。当具有虹吸条件的沉淀池(沉淀池出水堰与排泥口位差不小于 3m）在潜污泵启动排污后切断电源，排泥方式即可由泵吸切换为虹吸，当要求停止排泥时，可打开断流阀，大量空气进入输泥管道，虹吸破坏，排泥即行中断。泵-虹配合吸泥机（一泵多吸口）见图 3-21。

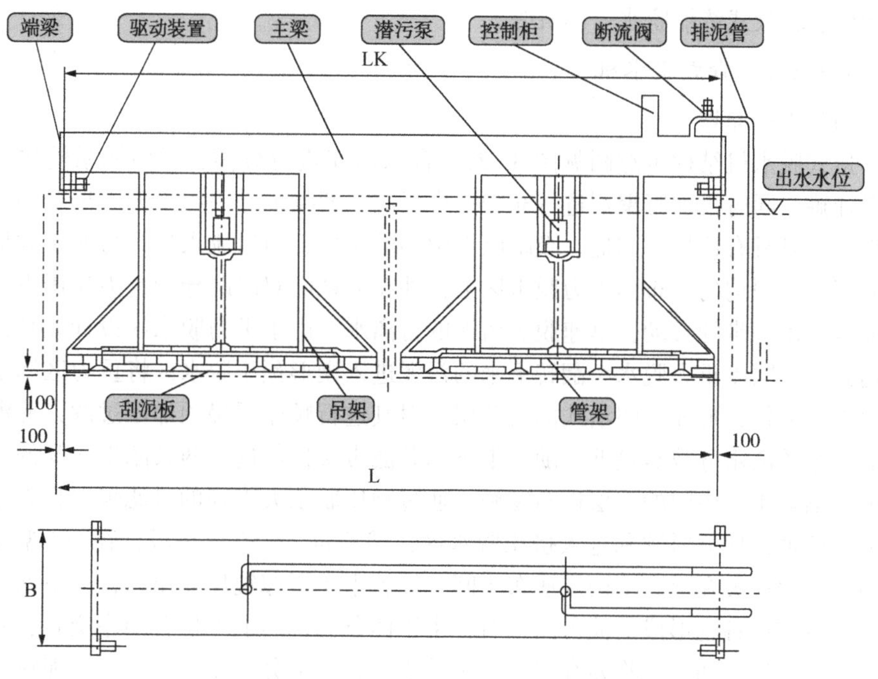

图 3-21 泵-虹配合吸泥机（一泵多吸口）

3.3.3 污泥脱水设备

污泥是污水处理厂和污水处理的必然产物。未经恰当处理的污泥进入环境后，直接给水体和大气带来二次污染，不但降低了污水处理系统的有效处理能力，而且对生态环境和人类的活动构成了严重威胁。

在污水处理过程中，产生大量污泥，其数量约占处理水量的 0.3%~0.5%左右（含水率约 97%）。污水处理厂的全部建设费用中，用于处理污泥的费用约占 20%~50%，有的甚至高达 70%。所以污泥处理是污水处理系统的重要组成部分，必须予以充分重视。

污泥经浓缩、消化后，尚有约 95%~97%的含水量，体积仍很大。为了综合利用和最终处置，需对污泥作脱水处理。所谓污泥脱水就是将流态的原生、浓缩或消化污泥脱除水分，转化为半固态或固态泥块的一种污泥处理方法。经过脱水后，污泥含水率可降低到 55%~80%，视污泥和沉渣的性质和脱水设备的效能而定。脱水的作用是去除存在于污泥颗粒间以及颗粒内的水，从而使液态污泥的物理性能改变成半固态。理想的脱水应当是最大限度地把水去除，同时污泥的固体颗粒则应当全部保留在脱水后的泥饼上，并要求这种操作投资最低。

常用的污泥脱水设备有带式脱水机、离心脱水机、板框压滤机、叠螺式污泥压滤机、转鼓式浓缩脱水一体机等。

3.3.3.1 带式脱水机

(1) 工作原理

带式脱水机结构示意图见图 3-22。含水污泥进行分离，经污泥泵输送至污泥搅拌罐，同时投加凝聚剂进行充分混合反应，絮凝剂是一种高分子聚合物，与泥浆混合时具有桥架、网捕、吸附电性中和的功能，而后流入带式污泥压滤机的布泥器，污泥均匀分布到重力脱水区上，并在泥耙的双向疏导和重力作用下，污泥随着脱水滤带的移动，迅速脱去污泥的游离水。由于重力脱水区设计较长，从而达到最大限度重力脱水。翻转下来的污泥进入楔形预压脱水区将重力区卸下的污泥缓缓夹住，形成三明治式的夹角层，对其进行顺序缓慢预加压过滤，使泥层中的残余游离水分减至最低，随着上下两条滤带缓慢前进，两条滤带之间的上下距离逐渐减小，中间的泥层逐渐变硬，通过预压脱水大直径的过滤辊，将大量的游离水脱掉，使泥饼顺利进入挤压脱水区，然后进入“S”压榨段，在“S”型压榨段中，污泥被夹在上、下两层滤布中间，经若干个压榨辊反复压榨，上下两条滤带在经过交错各辊形成的波形路径时，由于两条滤带的上下位置顺序交替，对夹持的泥饼产生剪切力，将残存于污泥中的水分绝大部分积压滤除，促使泥饼再一次脱水，最后通过刮板将干泥饼刮落，由皮带输送机或无轴螺旋输送机运至污泥存放处。带式脱水机工作原理图见图 3-23。

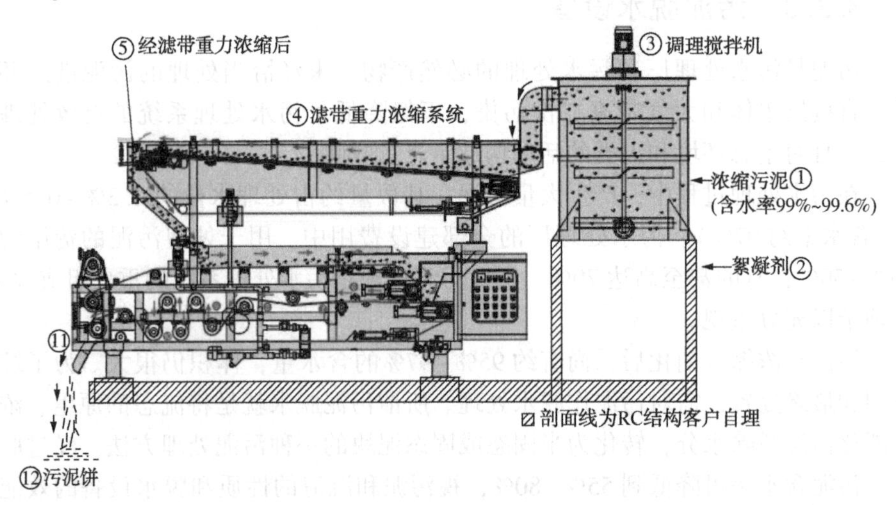

图 3-22 带式脱水机结构示意图

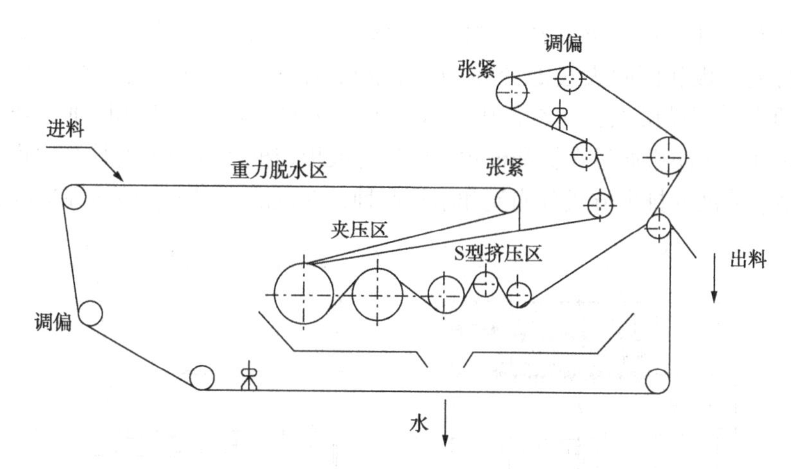

图 3-23　带式脱水机工作原理图

(2) 带式污泥脱水机组成

带式污泥脱水机由滤带、辊压筒、滤带张紧系统、滤带调偏系统、滤带冲洗系统和滤带驱动系统构成。

滤带：要求具有较高的抗拉强度、耐曲折、耐酸碱、耐温度变化等特点，同时还应考虑污泥的具体性质，选择适合的编织纹理，使滤带具有良好的透气性能及对污泥颗粒的拦截性能。

辊压筒的调偏系统：一般通过气动装置完成。

滤带的张紧系统：一般也由气动系统来控制。滤带张力一般控制在 0.3～0.7MPa，常用值为 0.3MPa。

带速控制：不同性质的污泥对带速的要求各不相同，即对任何一种特定的污泥都存在一个最佳的带速控制范围，在该范围内，脱水系统既能保证一定的处理能力，又能得到高质量的泥饼。

3.3.3.2　板框压滤机

(1) 工作原理

板框压滤机是很成熟的脱水设备，在欧美污泥脱水项目上应用很多。板框式压滤机将带有滤液通路的滤板和滤框平行交替排列，每组滤板和滤框中间夹有滤布，用压紧端把滤板和滤框压紧，使滤板与滤板之间构成一个压滤室。污泥从进料口流入，水通过滤板从滤液出口排出，泥饼堆积在框内滤布上，滤板和滤框松开后泥饼就很容易剥落下来，具有操作简单、滤饼含固率高、适用性强等优点。

(2) 设备组成

板框式压滤机主要由固定板、滤框、滤板、压紧板和压紧装置组成，外观与厢式压滤机相似，见图 3-24。制造板、框的材料有金属、木材、工程塑料和橡胶等，并有各种型式的滤板表面槽作为排液通路，滤框是中空的。多块滤板、滤框交替排列，板和框间夹过滤介质(如滤布)，滤框和滤板通过两个支耳，架在水平的两个平等横梁上，一端是固定板，另一端的压紧板在工作时通过压紧装置压紧或拉开。压滤机通过在板和框角上的通道或板与框两侧伸出的挂耳通道加料和排出滤液。滤液的排出方式分明流和暗流两种，在过滤过程中，滤饼在框内集聚。

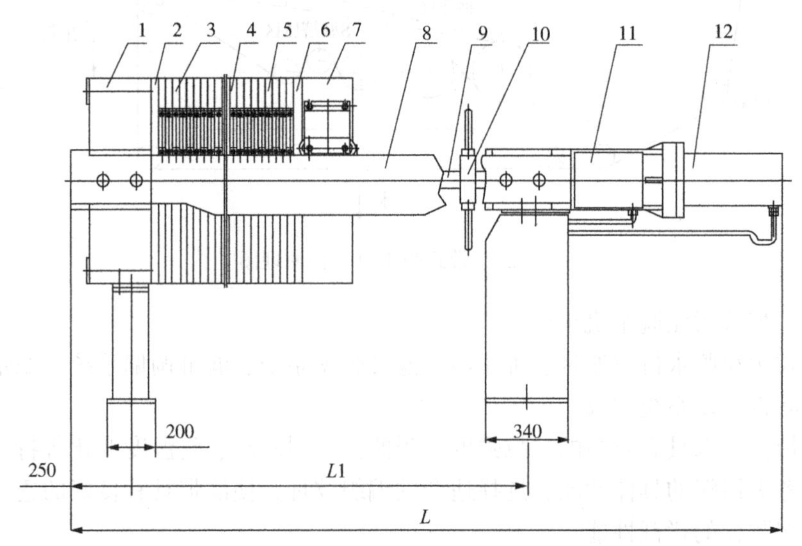

图 3-24　板框压滤机结构示意图

1—止推板；2—头板；3—滤框；4—滤布；5—滤板；6—尾板；7—压紧板；8—横梁；9—活塞杆；10—锁紧螺栓；11—液压缸座；12—液压缸

(3) 板框压滤机的工作流程

① 压紧滤板：压紧油缸(或者其他的压紧机构)工作，使动板向定板方向移动，把两者之间的滤板压紧。在相邻的滤板间构成封闭的滤室。

② 压滤过程：给料泵(隔膜泵)将待脱水污泥输送到滤室里，充满后，压滤开始，借助压力泵或压缩空气的压力，进行固液分离。

③ 松开滤板：利用拉开装置将滤板按设定的方式、设定的次序拉开。

④ 滤板卸料：拉开装置相继拉开滤板后，滤饼借助自重脱落，由下部的运输机运走。

完成上述四个步骤，就完成了压滤机的一个工作循环。

3.3.3.3　卧螺离心机

(1) 工作原理

利用固液两相的密度差，在离心力的作用下，加快固相颗粒的沉降速度来实现固液分离。具体分离过程为污泥和絮凝剂药液经入口管道被送入转鼓内混合腔，在此进行混合絮凝(若为污泥泵前加药或泵后管道加药，则已提前絮凝反应)，由于转子(螺旋和转鼓)的高速旋转和摩擦阻力，污泥在转子内部被加速并形成一个圆柱液环层(液环区)，在离心力的作用下，密度较大的固体颗粒沉降到转鼓内壁形成泥层(固环层)，再利用螺旋和转鼓的相对速度差把固相推向转鼓锥端，推出液面之后(岸区或称干燥区)泥渣得以脱水干燥，推向排渣口排出，上清液从转鼓大端排出，实现固液分离。卧螺离心机工作原理图见图3-25。

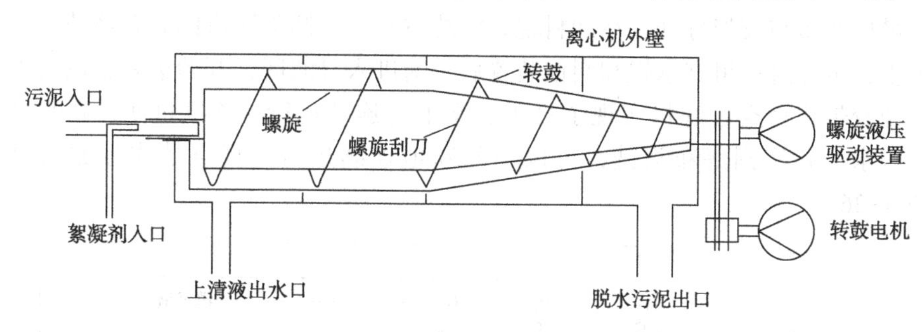

图3-25 卧螺离心机工作原理图

(2) 选型

选择合适的卧螺离心机不仅可以解决生产问题、提高工作效率，同时也节约了生产成本，降低了经营风险。影响选型的主要因素有以下几点：

① 离心机的转速：一般卧螺离心机转速应在3000r/min以上，转速越高，离心机分离因数越高，分离效果就越好。

② 离心机的材质：不同材质其耐磨性、耐蚀性等理化指标不一样，国外的卧螺离心机一般最低材质为316L，或双相不锈钢，磨蚀元件须选用陶瓷合成材料。

③ 离心机的差速控制：不同的差速器控制精度不同，且寿命及维修成本差距很大，差速精度越高，对物料的适应性越好，故宜选用差速精度高的设备。

④ 长径比：卧螺离心机的长径比越大，其处理能力也越大，含湿率则越小。

⑤ 控制系统：国内外设备厂商已基本实现了该设备的全自动化控制。

⑥ 安装功率：影响到能耗的控制，一般国内的设备能耗比高，国外的能耗比低。

⑦ 加工制作工艺：卧螺离心机属于高精度加工要求的分离设备，不具有精加工能力的企业生产的产品维修率高，处理能力有限。

3.3.3.4 真空带式过滤机

(1) 工作原理

真空带式过滤机是一种自动化程度高的新型过滤设备，以滤布为过滤介质，采用整体的环形橡胶带作为真空室。环形橡胶带由传动装置传动连续运行，滤布铺敷在胶带上与之同步运行，胶带与真空滑台接触(真空室与橡胶带间装有环形摩擦带并通入水形成水密封)，料浆由布料器均匀地分布在滤布上。当真空室接通真空系统时，在橡胶带上形成真空抽滤区，滤液穿过滤布经橡胶带上的横沟槽汇总并由小孔进入真空室，固体颗粒被截留在滤布上形成滤饼。进入真空室的液体经气水分离器排出，随着橡胶带的移动，已形成的滤饼受压力差影响逐步被脱干，最后滤布与胶带分开，在卸料辊处将滤饼卸出。卸除滤饼的滤布经清洗后获得再生，再经过一组支承辊和纠偏装置后重新进入过滤区，开始进入新的过滤周期。橡胶带式真空过滤机实现了真正意义上的连续运行、连续过滤，物料从进料、脱水、卸渣到滤布清洗，可以不间断地连续进行。真空带式过滤机结构见图 3-26。

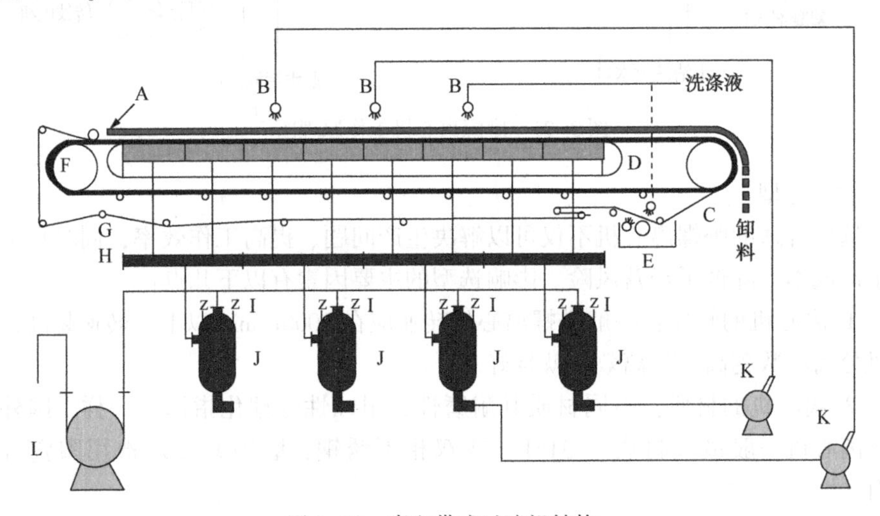

图 3-26 真空带式过滤机结构

A—污泥加料装置；B—洗涤装置；C—滤布；D—摩擦带；E—清洗装置；F—橡胶带；G—纠偏装置；H—滤液装置；I—切换阀；J—排液分离器；K—洗涤泵；L—真空泵

(2) 设备特点

① 自动化程度高：下料、过滤、洗涤、脱渣、滤布清洗均为连续自动化，提高生产效率，降低运行成本，极大减轻工人劳动强度，改善工作环境。

② 过滤速度快：物料通过沉淀区，大颗粒在底层，小颗粒在上层，滤饼结构合理，滤液通透阻力小，可进行薄层快速过滤。

③ 过滤工艺方便，滤饼厚度、洗水量、逆流洗涤级数、真空度、滤布速度任意调整，以达到最佳过滤效果。

④ 洗涤效果好，可实现多级平流或逆流洗涤，洗涤均匀彻底，母液和洗涤

液根据工艺需要可充分收集和再利用。

3.3.3.5 叠螺式污泥压滤机

(1) 工作原理

污泥在浓缩部经过重力浓缩后，被运输到脱水部，在前进的过程中随着滤缝及螺距的逐渐变小。同时，在背压板的阻挡作用下，产生极大的内压，容积不断缩小，达到充分脱水的目的。

(2) 构造原理

叠螺污泥脱水机工作原理见图3-27。叠螺污泥脱水机的主体是由多重定环和动环构成，螺旋轴贯穿其中形成的过滤装置。前段为浓缩部，后段为脱水部，将污泥的浓缩和压榨脱水工作在一个筒内完成；定环和动环之间形成的滤缝以及螺旋轴的螺距从浓缩部到脱水部逐渐变小；螺旋轴的旋转在推动污泥从浓缩部输送到脱水部的同时，也不断带动动环清扫滤缝，防止堵塞。

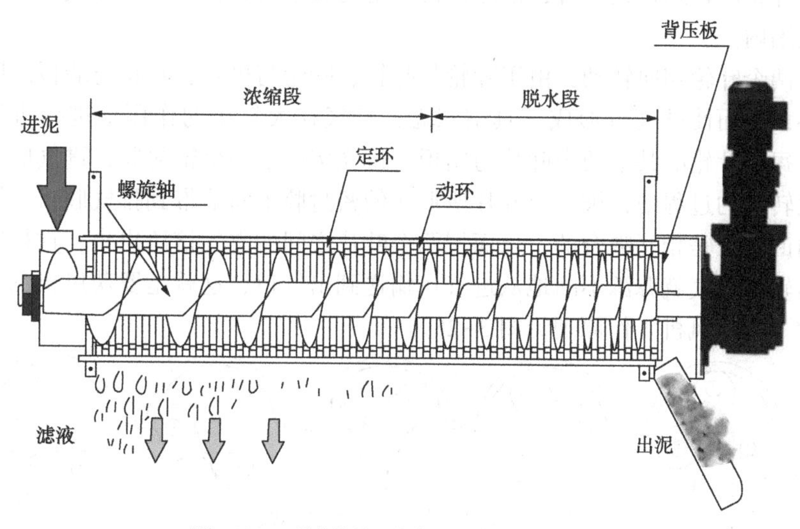

图3-27 叠螺污泥脱水机工作原理

(3) 叠螺式污泥脱水机的标准运行流程

① 污泥池内的污泥通过污泥输送泵，被输送至计量槽，通过调节计量槽内液位调整管调节进泥量，多余污泥通过回流管流到污泥池。

② 污泥和絮凝剂在絮凝混合槽内，通过搅拌机进行充分混合形成矾花，理想的矾花直径在5mm左右。

③ 矾花在浓缩部经过重力浓缩，大量的滤液从浓缩部的滤缝中排出。

④ 浓缩后的污泥沿着螺旋轴旋转的方向继续向前推进，在背压板形成的内压作用下充分脱水。

⑤ 脱水后的泥饼从背压板与叠螺主体形成的空隙排出。可以通过调节螺旋轴的转动速度和背压板的空隙来调节污泥处理量和泥饼含水率。

3.4 新型曝气风机

3.4.1 罗茨风机

(1) 工作原理

罗茨风机是容积式风机的一种，有两个三叶叶轮在由机壳和墙板密封的空间中相对转动，由于每个叶轮都是采用渐开线，或是外摆线的包络线，每个叶轮的三个叶片是完全相同的，同时两个叶轮也是完全相同的，这样就大大降低了加工难度。叶轮在加工时采用数控设备，保证了两个叶轮在中心距不变情况下，不管两个叶轮旋转到什么位置，都能保持一定的极小间隙，从而保证气体的泄漏在允许范围内。

两个叶轮相向转动，由于叶轮与叶轮、叶轮与机壳、叶轮与墙板之间的间隙极小，从而使进气口形成了真空状态，空气在大气压的作用下进入进气腔，然后，每个叶轮的其中两个叶片与墙板、机壳构成了一个密封腔，进气腔的空气在叶轮转动的过程中，被两个叶片所形成的密封腔不断地带到排气腔，又因为排气腔内的叶轮是相互啮合的，从而把两个叶片之间的空气挤压出来，这样连续不停地运转，空气就源源不断地从进气口输送到出气口，这就是罗茨风机的整个工作过程。罗茨风机工作原理见图 3-28。

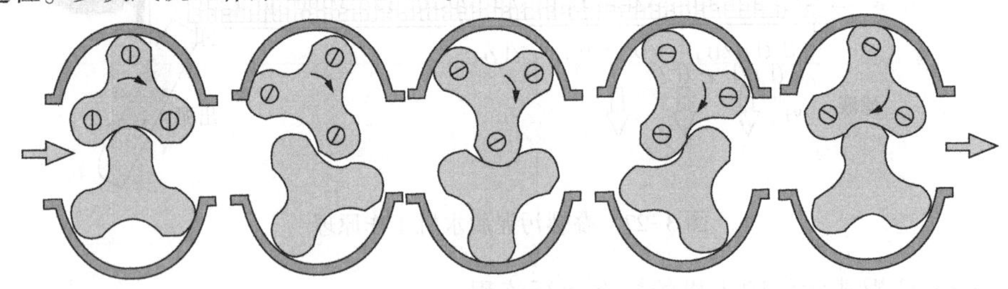

图 3-28 罗茨风机工作原理

(2) 结构组成

罗茨风机由机壳、侧板、叶轮、油箱、消声器五大部分组成。

① 机壳：主要起到支撑(侧板、叶轮、消声器)和固定的作用。

② 侧板：主要用来连接机壳与叶轮，并支撑叶轮的旋转，以及起到端面密封的效果。

③ 叶轮：是罗茨风机的旋转部分，分两叶和三叶，但由于三叶的比两叶的出气脉动更小、噪声更小、运转更平稳等很多优点，已逐渐代替两叶罗茨风机。

④ 油箱：主要用于存放用来润滑齿轮及轴承的润滑油。

⑤ 消声器：用来减小罗茨风机的进、出时由于气流脉动产生的噪音。

(3) 曝气用罗茨风机的特点

① 罗茨风机的风压是不受风机转速限制的，不论转速变化如何，其风压可以保持不变。而风量则与风机转速成正比，即：

$$Q=KN$$

式中，Q 为风量；N 为风机转速；K 为系数。

从上式可知，风量调节完全由变频器改变电机频率达到无级变速，起到调节风量的效果。

② 采用三叶直线形叶轮，进排气脉动平缓，噪音低。

③ 叶轮采用特殊曲线使啮合更加合理，泄漏小、效率高、能耗低，是一种新型节能产品。

④ 采用多种新型结构设计，使整机结构紧凑、体积小、重量轻、外形美观大方。

⑤ 采用高精度硬齿面同步齿轮，寿命长，噪音低。

⑥ 输送空气清洁，不含任何油质灰尘。

3.4.2 离心风机

离心风机是依靠输入的机械能提高气体压力并排送气体的机械，它是一种从动的流体机械。离心风机是根据动能转换为势能的原理，利用高速旋转的叶轮将气体加速，然后减速、改变流向，使动能转换成势能(压力)。

工作原理：当电动机转动时，风机的叶轮随着转动。叶轮在旋转时产生离心力将空气从叶轮中甩出，空气从叶轮中甩出后汇集在机壳中，由于速度慢、压力高，空气便从通风机出口排出流入管道。当叶轮中的空气被排出后，就形成了负压，吸气口外面的空气在大气压作用下又被压入叶轮中。因此，叶轮不断旋转，空气也就在通风机的作用下，在管道中不断流动。

根据压缩机中安装的工作轮数量的多少，分为单级式和多级式。在单级离心风机中，气体从轴向进入叶轮，气体流经叶轮时改变成径向，然后进入扩压器。在扩压器中，气体改变了流动方向并且管道断面面积增大使气流减速，这种减速作用将动能转换成压力能。压力增高主要发生在叶轮中，其次发生在扩压过程。在多级离心风机中，用回流器使气流进入下一叶轮，产生更高压力。

3.4.2.1 多级离心风机

多级离心风机随风压变化流量变化较大。当曝气池液位变化时，鼓风量会有变化。

(1) 风量调节

多级离心风机风量调节可通过变频进行，变频后风压会相应降低，变频范围受到一定限制。

(2) 结构

多级离心风机为多级、单吸入、双支承结构，由转子、机壳、进风口、出风口、轴承座、密封组、消声器、电动机、控制系统等组成。电动机和鼓风机安装在底座上，两者之间通过联轴器直接驱动。多级离心风机的结构见图 3-29。

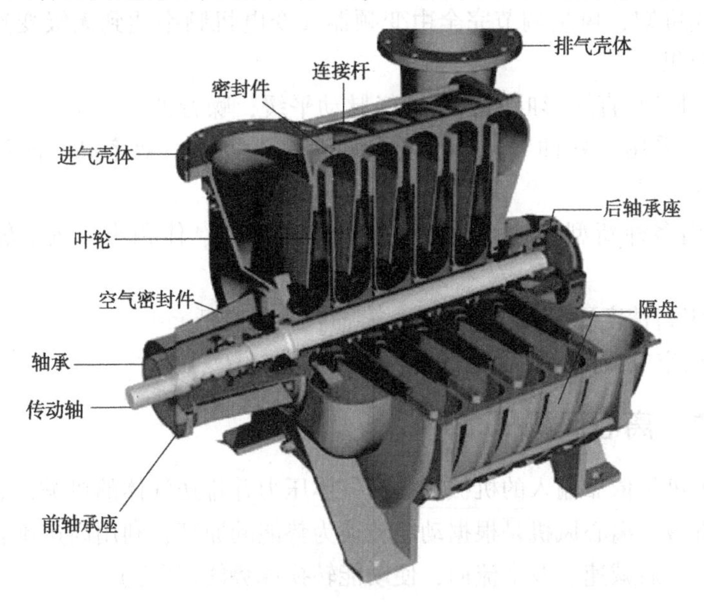

图 3-29 多级离心风机的结构

(3) 转子

转子由多个叶轮、主轴、隔套及平衡盘组成。其中，每级叶轮按新的高效鼓风机理论进行设计，出口为后向型，并且采用合理的叶片安装角度，使叶轮的流道长，稳流区相对较长；叶轮前盘为等强度锥弧状，减少了进气形成的涡流和阻力；为便于鼓风机产品系列化以及不同选型参数的选配，每级叶轮的外径均相等；考虑风机运行的稳定性，避免轴向推力对轴承寿命产生影响，风机的高压端转子上设计有平衡盘结构，大大改善风机轴承的运行条件，延长轴承使用寿命。

(4) 机壳

采用分级铆焊件结构方式，由多级叠加而成，保证了整体的强度和刚度；为了实现更换轴承而不动电动机的目的，整体又设计成水平剖分；机壳内的多级回流器和多级无叶扩压器也具有相同的叠加方式；对于有抗腐蚀要求的，在机壳内壁涂环氧树脂以增强抗腐性能。

(5) 进风口与出风口

按国家标准，风管法兰制作属于铆焊结构，特别适用于原有鼓风机的改造。

(6) 密封组

在轴端及每级叶轮前后采用多组、多级铸造迷宫密封，在进风箱和机壳尾端采用轴向迷宫密封和碳环密封组合，具有密封性能优良、结构紧凑、使用方便、更换迅速等优点。

(7) 消声器

当用户对噪声有更高要求时，风机入口及出口放空装置前配置消声器，可有效减小通过入口及出口风道向外传递的噪音，可保证在入口 1.5 倍直径处噪音明显降低。

3.4.2.2 单级高速离心风机

单级高速离心风机可提高风机转速，通过单级离心即可达到工艺的升压要求。单级高速离心风机风量大、效率高，对制造水平要求较高。单级高速离心风机随风压变化流量变化非常大。当曝气池液位发生变化时，鼓风量变化会较大。单极离心风机的结构见图 3-30。

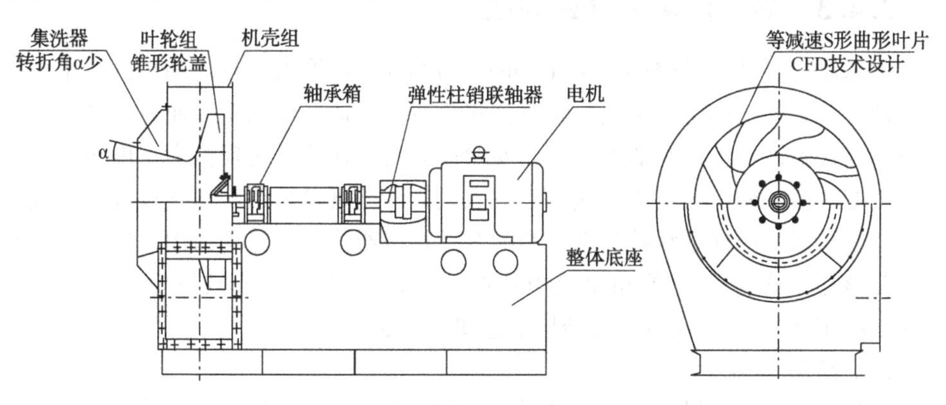

图 3-30 单极离心风机的结构

(1) 风量调节

单级高速离心风机可通过进口导叶调整，风量调整时不影响风压，同时可以降低风机轴功率，达到节能效果。由于变频调节时，风压下降幅度会较大，可能会无法满足工艺要求，单级高速离心风机一般不用变频调节风量。

(2) 单级高速离心风机的产品特点

① 叶轮型线先进、效率高。叶轮采用三元流动理论设计，应用三维软件造型后，通过计算机流动分析技术验证鼓风机的性能，从而使单级高速离心鼓风机多变效率高达 82%。

② 流量调节范围宽，可适用于多种工况。风机采用轴向进气导叶及扩压器调节装置，流量调节范围为额定流量的 60%~110%，使其在非额定工况下运行也有较高的效率。配备的防喘振装置可以有效地避免鼓风机的喘振。

③ 风机结构紧凑、体积小。采用组装式整体结构，鼓风机本体组装在齿轮增速箱的壳体上，润滑油系统、电机及齿轮增速箱紧凑地布置在共用底座上，底座兼作油箱，实现整机出厂；现场安装安全便捷，调试周期短。

④ 转子经严格动平衡后，振动小、可靠性高、整体噪音低。叶轮采用锻造铝合金经加工中心精加工而成，转子的转动惯量小，机组的启动、停车时间短，无需高位油箱和蓄能器。它与同流量和压力的多级离心鼓风机相比，能耗小、重量轻、占地面积小。

⑤ 风机结构先进合理，易损件少，安装、操作、维护方便。轴承振动温升、风机进出口压力、温度、防喘振控制、启动联锁保护、故障报警、润滑系统油压、油温控制等均采用可编程序逻辑控制，使整机运行得到实时监控。整机无易损件，日常维护方便。

3.4.3 磁悬浮离心式鼓风机

磁悬浮离心鼓风机(Magnetic Levitation Blower)是采用磁悬浮轴承的透平设备的一种。其主要结构是鼓风机叶轮直接安装在点击轴延伸端上，而转子被垂直悬浮于主动式磁性轴承控制器上。不需要增速器及联轴器，实现由高速电机直接驱动，由变频器来调速的单机高速离心鼓风机。该类风机采用一体化设计，其高速电机、变频器、磁性轴承控制系统和配有微处理器控制盘等均采用一体设计和集成。其核心是磁悬浮轴承和永磁电机技术。磁悬浮离心式鼓风机原理简图见图 3-31，磁悬浮离心式鼓风机结构示意图见图 3-32。

(1) 结构

磁悬浮离心式鼓风机是将磁悬浮轴承技术和高速电机技术融入传统风机之中所形成的一种高效、节能、环保的新型鼓风机，通过电流产生磁场，又由磁场产生吸力，从而实现转轴的悬浮。高速电机通过变频电源产生频率可控的交变电流输入电机定子产生交变磁场，带动转轴高速旋转，即同步永磁电机。随转轴一同作高速旋转的鼓风机叶轮带动空气从涡壳的进气口进入，空气在涡壳的导向与增

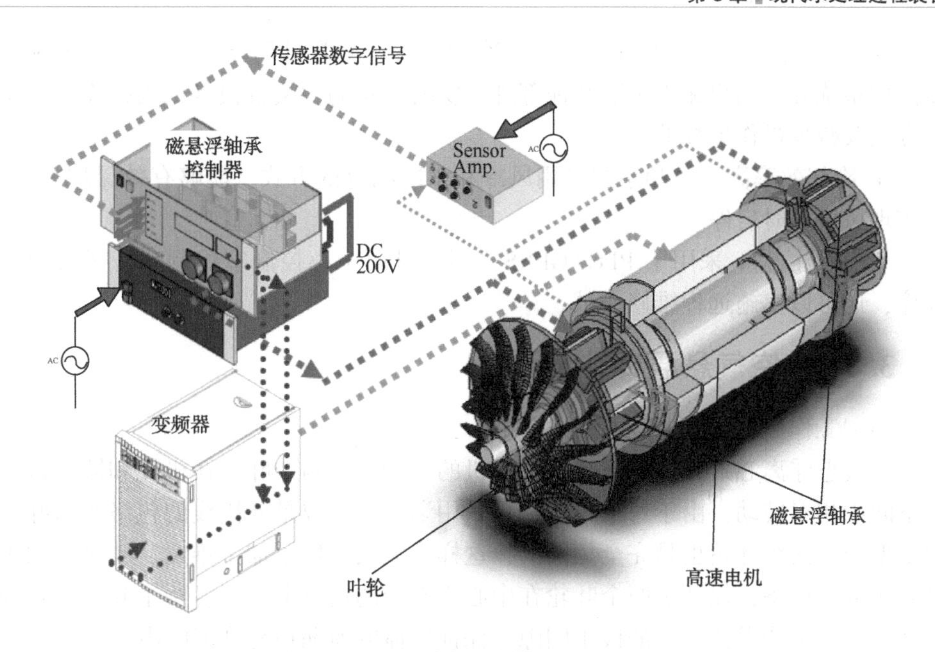

图3-31 磁悬浮离心式鼓风机原理简图

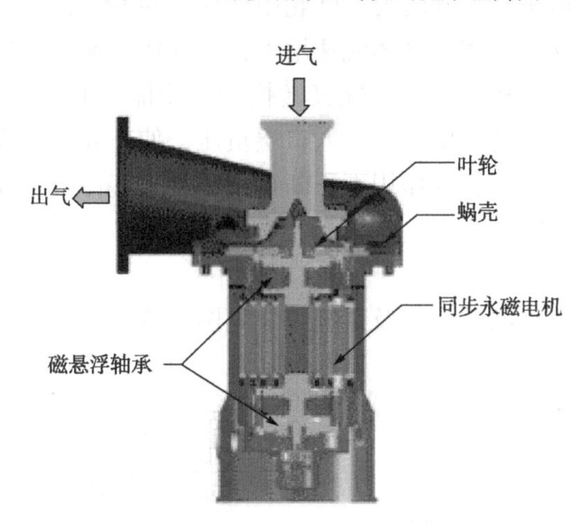

图3-32 磁悬浮离心式鼓风机结构示意图

压作用下便成为具有一定流速与压力的气体，最后从涡壳的出气口鼓出。

（2）主要技术特点

① 节能高效。采用磁悬浮轴承，无接触损失和机械损失，实现了高转速无极变速调节，使得风机运行效率可高达84.5%。

② 噪音低，安装方便。由于采用整体箱式结构，风机噪音在80dB以下，机体震动极小，无需做安装基础。

③ 系统集成性高。进口过滤器、冷却系统、全自动防喘振系统、停电和故障保护系统等，用户无需采购其他部件。实时显示的中文触摸屏，为操作工人带来方便及减少操作事故的发生。

④ 冷却效率高。冷却系统采用风冷和水冷结合的方式，能够有效保护电机，可实现风机随时启停。

⑤ 远程控制。采用了 PLC+GPRS，不但可由中心控制室控制，若风机出现故障，还可以实施远程维修调试。

3.4.4 空气悬浮离心鼓风机

(1) 工作原理

空气悬浮离心式鼓风机是容积式风机的一种。由两个叶轮在机壳和墙板密封的空间中相对转动，由于每个叶轮都是采用渐开线，或是外摆线的包络线为叶轮加工型线，两个叶轮也是完全相同的，这样就大大降低了加工难度。叶轮在加工时采用数控设备，保证了两个叶轮在中心距不变的情况下，不管两个叶轮旋转到什么位置，都能保持一定的极小间隙，保证气体的泄漏在允许范围内。

当电机转动带动风机叶轮旋转时，叶轮中叶片之间的气体也跟着旋转，并在离心力的作用下甩出这些气体，气体流速增大，使气体在流动中把动能转化为静压能，然后随着流体的增压，使静压能又转换为速度能，通过排气口排出气体，而在叶轮中间形成了一定的负压，由于入口层负压，使外界气体在大气压的作用下立即补入，在叶轮连续旋转的作用下不断排出和补入气体，从而达到连续鼓风的目的。

(2) 系统组成

空气悬浮离心鼓风机结构示意及系统组成见图 3-33。

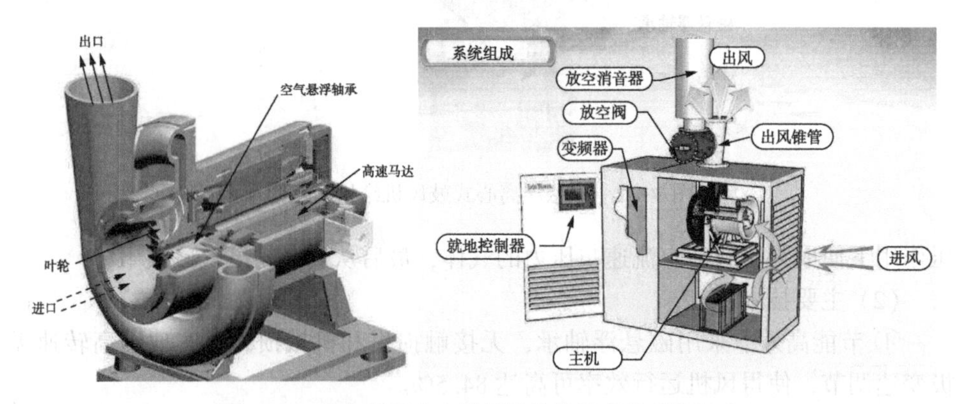

图 3-33 空气悬浮离心鼓风机结构示意及系统组成

① 叶轮。单级离心式叶轮一般选用AL7075(高强度航空铝材)、Ti、SUS等材质，具有优秀的耐磨、抗变形能力，使用寿命达30年以上。叶轮与电动机采用直联方式连接，动力传递效率为97%。根据不同需要进行叶轮铸造，可以得到特定需要的工况范围。设计采用变频调节方式而摒弃了导叶片调节方式，使鼓风机的可调节范围更宽。

② 空气悬浮轴承。空气悬浮轴承主要包括径向轴承以及止推轴承等部件。启动前回转轴和轴承之间有物理性的接触，启动时回转轴和轴承相对运动，以形成流体动力场，在径向轴承内此流体动力形成浮扬力。该浮扬力使回转轴处于悬浮状态，从而达到回转自如的目的。这种轴承与传统的滚珠轴承不同，运行时回转轴和轴承之间没有物理接触点，所以无需润滑油，能量损耗极低，效率极高，适用于多种工作环境。这种技术可以应用于转速高达100000r/min的大功率、高转速机械设备。

③ 调频电机。永磁无刷超高速电机运行时回转轴以20000~200000r/min实现高速运转，发动机的效率可达97%。永磁无刷超高速电机还配有数字控制调速装置，系统控制简单，具有高转速、无振动、低噪音、体积小、结构简单、高效节能、电磁辐射小等优点。

④ 冷却系统。空气悬浮鼓风机采用完全无油的空气强冷却以及水冷却相结合技术。冷却片材质使用了热传导性非常强的铝合金(Al)材质，无附加的能源损耗且构造简单。本鼓风机150HP以下采用空气自冷却技术，空气流道设计合理而巧妙，并配套设计有电机散热翼翅；200HP以上大机型设有水冷媒内循环系统，因此无需另设冷却风扇或补充冷却水，这种冷却设计可以确保鼓风机在炎热的夏季仍然保持其出众而可靠的工作性能。

⑤ 噪音降低技术并内置放空阀。鼓风机的内部出风口旁通管上配有放空阀及消音器，其外壳由碳钢制造，内部装有吸音材料。风机采用机体内气动放空阀，可确保风机在断电或非正常情况下安全停机无任何影响，且美观大方。它们通过弹性接管与鼓风机直接连接，以减少来自入口管路的压力损失和噪音。过滤器和消音器为钢制外壳，内设消音材料。方形或矩形的可更换过滤芯安装在进风口处，用良好吸音材料制成的薄片状结构制造的整体进口消音器，安装在鼓风机机体内进风口与过滤器之间，用以降低进口噪音。由于采用了高科技的空气悬浮轴承技术，因此完全避免了机械摩擦和振动。经过严格测定，证明在机器运行时距机器1m处的噪声等级<80dB。

⑥ 高效变频器及控制系统。空气悬浮离心鼓风机本身已集成了就地控制和变频系统于一体，不需要单独设立变频柜及操作柜。通过风机自身的控制面板就

可以实现各种功能的设定和对流体温度、电机转数、出风压力、风量、消耗功率等进行参数的查询，该系统同时支持数字式远程控制、监测功能，可由中央控制室进行控制。

(3) 主要特点

① 节能高效。空气悬浮离心鼓风机使用了空气轴承、直联技术、高效叶轮、永磁无刷直流电机，无额外的摩擦。风机根据输出的风量(风量可调范围 40%~100%)自动调整电机功率的消耗，保持设备运行的高效率。

② 无振动、低噪音。采用空气轴承及直联技术，无振动产生，风机不需要设置隔音装置；设备重量轻，不需设置特别基础，安装布置简单灵活。

③ 无润滑油。风机采用空气轴承技术，系统不需要润滑油系统，可向电子、医药、食品等特殊行业提供干净的空气。空气轴承使用温度达到 600℃，油性轴承系统的所有弊端已成功解决。

④ 无保养。没有传统风机所必需的齿轮箱及油性轴承，其所采用的一系列高新技术叶轮与电机不使用联轴器，直接连接、智能控制系统，关键部件采用 AL7075(航空铝材)，这些技术保证了设备是无保养的，降低了用户的维护成本，提高供气系统运行的稳定性。

⑤ 运转控制便利。可在个人电脑上对风机转数、压力、温度、流量等进行自检并定压运转、负荷/无负荷运转、超负荷控制，通过防喘振控制等实现无人操作。风机通过调整叶轮的转数调节流量，根据吸入空气的温度和压力变化调整转数，从而可以轻易地调节流量。可以自动和手动调整流量。

⑥ 设备安装空间小。空气悬浮离心鼓风机设备重量轻，设备尺寸小，安装简便，可以大量地节省用户的建筑及辅助电气控制系统投资。

(4) 空气悬浮风机与磁悬浮鼓风机各自优缺点

① 空气悬浮风机由于使用外部动压空气，在转速较低的情况下，主轴存在干摩擦问题，解决此问题对厂家的技术水平提出了较高要求。

② 磁悬浮风机需要对磁悬浮轴承供电来提供磁力，功耗较空浮大，并且需要一套备用电源及备用轴承，来避免突然断电对风机造成的损坏。一般来说，备用轴承都有使用次数的限制。

③ 磁悬浮轴承及控制器相对空悬轴承来说，结构复杂，故障率高。

(5)与其他风机的性能对比

风机性能对比见表 3-2。

表 3-2 风机性能对比

性能比较		罗茨鼓风机	多级离心鼓风机	单级离心鼓风机	空气悬浮鼓风机	进口磁悬浮鼓风机
轴承	轴承	滚珠轴承	滚珠轴承	可倾瓦轴承	铂片轴承	进口磁轴承，技术成熟，稳定性高
	技术来源	国产	国产	进口/国产	韩国	欧洲
	寿命	1~2 年	2~3 年	3~5 年	3~5 年	半永久性
	机械损失	轴承能耗 2%	轴承能耗 2%	滑动摩擦，能耗 3%以上	低速干摩擦，能耗大	电磁感应，轴承能耗低
叶轮	形式	铸造二叶或三叶	焊接碳钢或铸铝	铝合金三元流	铝合金三元流叶轮	铝合金三元流叶轮
	寿命	5~8 年	10 年	15 年	20 年	20 年
	空气动力学效率	低	低	较高	高	高
高速电机	电动机类型	低速异步电机	低速异步电机	异步交流电机	高速永磁电机	外购高速永磁电机
	传动形式	皮带或联轴器	联轴器	联轴器	直连	直连
	电机效率	86%	87%	94%	95%	97%
	控制转速	不能	不能	不能	调速精确	调速精确
	类型	没有调速系统，电机功率一定，转速一定，风量不变	没有调速系统，除非更换变频电机和增加变频控制器	导叶调节，机械损失	智能化直流调速系统改变轴的转速改变风量	智能化直流调速系统改变轴的转速改变风量
	工作范围	很小	很小，加变频可适当放宽	流量和压力调节幅度较小	流量和压力调节幅度比较大	流量和压力调节幅度大
安装	吊具	需要	需要	需要	不需要	不需要
	基础	需要	需要	需要	不需要	不需要
维护	润滑油	每班检查，定期添加，费用中	每班检查，定期添加，费用中	每班检查，定期添加，费用高	无需润滑油	无需润滑油
	易损件	轴承、齿轮	轴承、密封	轴承、齿轮、润滑油泵	轴承、过滤网	过滤网
	费用	低	中	高	高，国内无法维修	低，服务及时性一般
运行	运行费用	最高	高	中	低	最低
	投资费用	最低	中	高	高	高
整机效率		49%	61%	68%	73%	77%

续表

性能比较	罗茨鼓风机	多级离心鼓风机	单级离心鼓风机	空气悬浮鼓风机	进口磁悬浮鼓风机
整机价格	低	较低	进口价格高	价格适中，技术封闭	价格很高，是国产磁悬浮风机的1.3~1.5倍
售后维保	周期短，费用低，故障率高	周期短，费用高	维保周期长，费用很高	进口维保周期长，费用很高	整机进口，维保时间长，费用高

3.5 潜水搅拌器

3.5.1 潜水搅拌器

潜水搅拌器是一种安装在水下，通过叶轮旋转运动使液体获得一定流速，从而达到充分混合、防止沉淀及推流作用的设备。

工作原理：搅拌叶轮在电机驱动下旋转搅拌液体产生旋向射流，利用沿着射流表面的剪切应力来进行混合，使流场以外的液体通过摩擦产生搅拌作用，在极度混合的同时形成体积流，应用大体积流动模式得到受控流体的输送。

潜水搅拌器作为水处理工艺中的关键设备，可满足生化过程中固液二相和固液气三相的均质、流动的工艺要求。其由潜水电机、叶轮和安装系统等部分组成，根据传动方式的不同，潜水搅拌器可分为高速搅拌器和低速推流器两大系列。

潜水搅拌器由潜水电机、搅拌叶轮、密封机构、减速机构、安装系统、电控设备等部分构成。在水体推流搅拌的工作有效区域内(保持流速≥0.3m/s 的条件下)，潜水搅拌器沿轴向对水体推动的有效距离，以 L_y 表示。在水体推流搅拌的工作有效区域内(保持流速≥0.3m/s 的条件下)，潜水搅拌器对水体截面产生扰动的有效半径，以 R_y 表示。

3.5.1.1 高速潜水搅拌器

(1) 结构

高速潜水搅拌器一般是由电机直接驱动叶轮旋转的潜水机电装置，中、高转速，小直径、三叶片叶轮，主要应用于污水处理厂的厌氧池、缺氧池、调节池、选择池和污泥池。高速潜水搅拌器见图3-34。

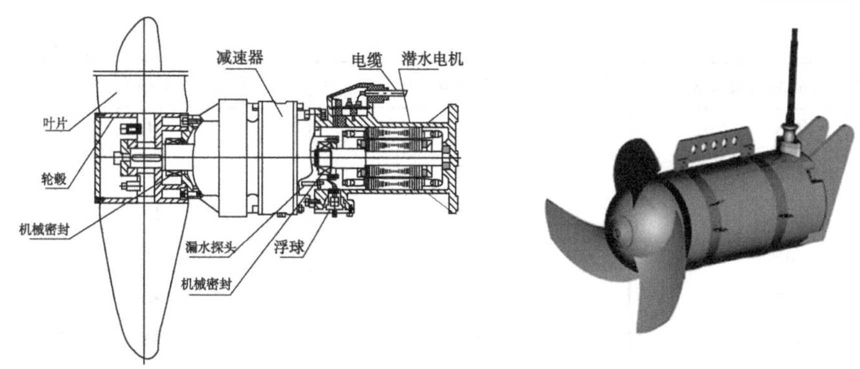

图 3-34 高速潜水搅拌器

(2) 安装要求

高速潜水搅拌器采用悬挂式水上固定安装，能沿导杆上下移动，升降自如，也可进行水平和垂直方向的调整。设备配有潜水减速机，可调节转速。

当池深 $H<4$m 时，建议采用安装系统Ⅰ。潜水搅拌器的潜水深度和水平角度可以根据需要进行调节，其在水平面内可绕导杆旋转的最大角度为±60°。起吊系统底座、支撑架和下托架与池的有关联接面均采用膨胀螺栓固定，无需预留孔。当池深 $H\geqslant4$m 时，建议采用安装系统Ⅱ。此时，需在池底做一混凝土基础(或钢结构底座)。起吊系统底座、钢绳固定架和导向底座与池的有关联接面均采用膨胀螺栓固定，无需预留孔。安装系统Ⅱ用导向钢绳替代导杆，具有运输方便、现场安装简单等优点。该系统从根本上避免了由运输引起的导杆弯曲、变形从而影响正常使用的现象，并有效改善了在池深过深情况下，由于导杆的安装误差而导致的无法正常起吊等情况。安装系统Ⅱ、Ⅲ适用于池深≥4m 的情况，导杆可沿水平方向绕导杆轴线旋转，最大转角-60°～+60°。当池深大于 4m 时，应在导杆中间增加一支撑架，支撑架和下托架与池壁、池底均用钢膨胀螺栓固定，无需预留孔。高速潜水搅拌器安装示意见图 3-35。

(3) 性能要求

在规定的试验条件下，高速潜水搅拌器的工作有效区内的流速应不小于 0.3m/s。在高速潜水搅拌器的工作有效区内(保持流速≥0.3m/s 的条件下)，潜水搅拌器的轴向有效推进距离和潜水搅拌机的水体截面有效扰动半径应符合表 3-3的规定。

表 3-3 高速潜水搅拌器性能

电机功率截面有效/kW	截面有效扰动半径 R_y/m ≥	轴向有效推进距离 L_y/m ≥
0.75	0.5	5
1.1	0.8	7.5

续表

电机功率截面有效/kW	截面有效扰动半径 R_y/m ⩾	轴向有效推进距离 L_y/m ⩾
1.5	1.0	10
2.2	1.2	12
3	1.5	15
4	2.0	25
5.5	2.5	30
7.5	2.5	35
11	4.5	50
15	5.5	60

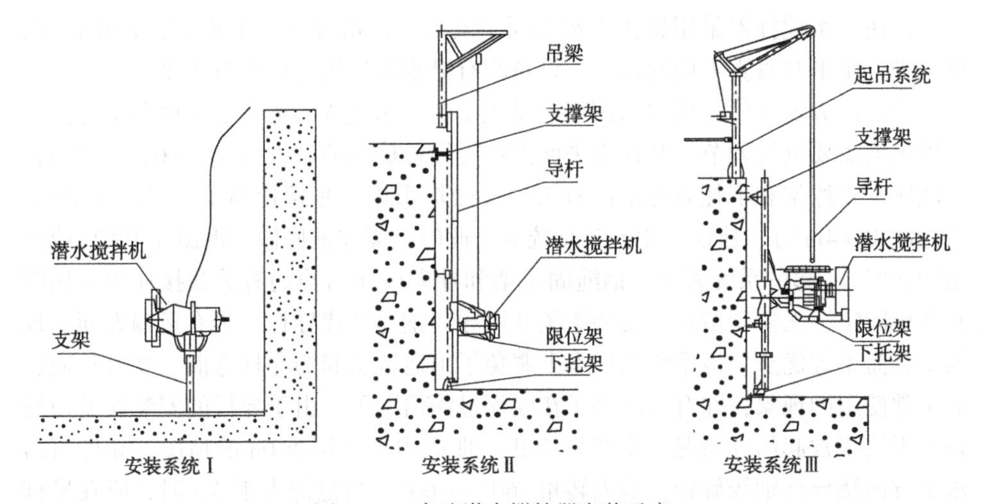

图 3-35　高速潜水搅拌器安装示意

3.5.1.2　低速潜水推流器

(1) 结构说明

低速潜水推流器是由电机直联减速机构驱动叶轮旋转的机电一体化潜水装置，拥有低转速、大直径的两叶叶轮，适用于污水处理厂平衡池、硝化/反硝化池、污泥处理和储存池，而在工业生产中常用于搅拌含有悬浮物、固杂物的液体，以防止沉淀。适用于工业和城市污水处理厂曝气池和厌氧池、大型硝化及反硝化池、圆盘式活性污泥处理池。其产生低切向开放式的强力水流，可轻易实现在大容积流体中产生水循环及硝化、脱氮和除磷阶段创建水流等。其结构紧凑、操作维护简单、安装检修方便、使用寿命长。

该设备广泛应用于氧化沟推流、各类生化池的搅拌，同时也可用于河流防冻、景观水循环等。低速潜水推流器由潜水电机、减速装置、叶桨和安装系统等组成。低速潜水推流器外观图见图3-36。

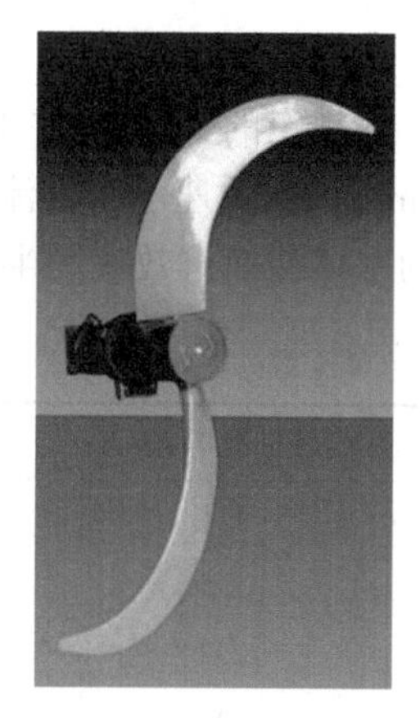

图3-36 低速潜水推流器外观图

（2）安装要求

低速潜水推流器安装示意见图3-37。潜水推流器、搅拌机采用悬挂式水上固定安装，池底预埋螺丝，确保运行稳定，且需配套锥式耦合装置，以确保潜水推流器脱离分开自如，从而便于随身起吊保养、灵活配套检修。低速潜水推流器结构中设计两个开口向上、不同锥角和坡面的型块，使推流器呈榫状被自动楔紧和夹固，实现自动对中就位、自动夹紧和定位。配有吸震装置，设置橡胶减震垫，能吸收震动，抵御冲击荷载。

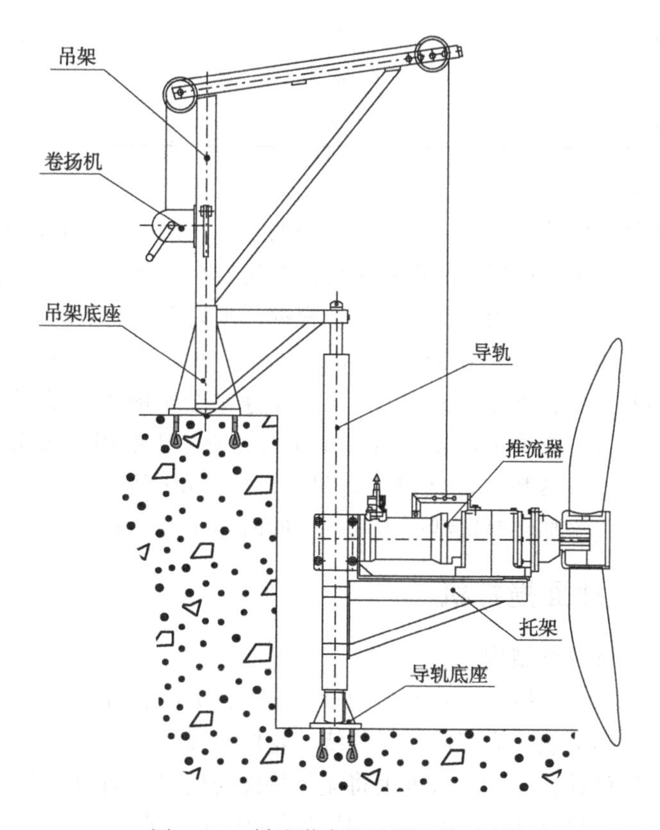

图3-37 低速潜水推流器安装示意

(3) 性能要求

在规定的试验条件下，低速潜水推流器的工作有效区内的流速应不小于0.3m/s。在低速潜水推流器的工作有效区内，推流器的轴向有效推进距离和推流器的水体截面有效扰动半径应符合表3-4的规定。

表3-4 低速潜水推流器性能

电机功率/kW	截面有效扰动半径 R_y/m ≥	轴向有效推进距离 L_y/m ≥
1.1	4	16
1.5	5	25
2.2	2.3	25
3	2.5	25
4	3.5	35
5.5	4	40
7.5	4.5	55
11	5	60
15	5.5	65
18.5	6	70

(4) 选型要求

低速潜水推流器的选型是一项比较复杂的工作，选型方案的正确与否直接影响到设备的正常使用。选型的原则就是要让推流器在适合的容积里发挥充分的推流功能，这个标准一般可用流速来确定：根据污水处理厂的不同工艺要求，推流器选型的最佳流速应保证在0.15~0.3m/s之间，如果低于0.15m/s的流速则达不到推流搅拌的效果，如果超过0.3m/s的流速则会影响工艺效果且造成浪费。因此在选型前，首先要确定推流器运用在什么场所，比如用在污水池、污泥池、生化池；其次是介质参数，如悬浮物含量、温度、pH值等；此外水池的形状、水深甚至安装方式等都将对选型产生影响，同时还应考虑节能。

3.5.2 双曲面搅拌机

(1) 工作原理及其结构

其叶轮由导流体、搅拌叶片及传动轴等组成，见图3-38。

双曲面叶轮体上表面为双曲线母线绕叶轮体轴线旋转形成的双曲面结构。其独特的叶轮结构设计，能最大限度地将流体特性与机械运动相结合。双曲线的方程为 $xy=b$。为了迎合水体流动，设计从叶轮的中心进水，这样一方面减少了进水紊流，另一方面保证了液体对叶轮表面的压力均匀，从而保证整机在运动状态

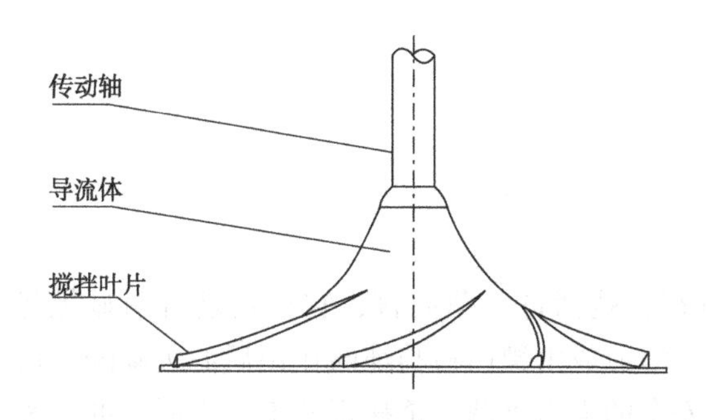

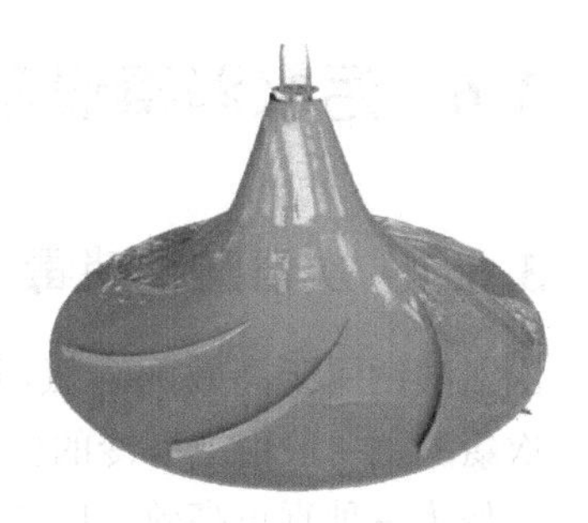

图 3-38　双曲面搅拌机结构示意图

下的平衡。在渐开双弧面上均匀布有8条导流叶片，进水借助液体自重压力而获得的势能与叶轮旋转时产生的离心势能形成动能，液体在自身重力的作用下经双曲面结构过渡沿叶轮圆周方向作切线运动，在池壁的反射作用下，形成自上而下的循环水流，故可获得在轴向(y)和径向(x)方向的交叉水流。正是由于立式波轮搅拌机叶轮的结构特性和接近池底安装的特点，其工作位置决定了它对悬浮物的防沉降作用是直接的，因此在工作中能有效地消除搅拌死角，达到理想的搅拌效果。大比表面积可获得大面积的水体交换。

（2）安装要求

双曲面搅拌机整机由驱动装置和双曲面叶轮体及安装附件组成，为了满足不同工况条件下的使用，安装分为干式(也称立轴式)和潜水式两种。干式安装将驱动装置固定在工作桥上，通过传动轴将动能传至介质中的叶轮部件，它用于含固率高、水温高、含有磨蚀性的液体中，由于叶轮具有自动纠偏功能，运行较平稳，减速机噪音小于60dB。潜水式安装可免去桥架，采用潜水动力，利用设备自重定位，安装灵活方便，适用在水深较深且水质稳定、不含磨蚀性的水体，并且水温不大于40℃，pH值6~9之间。不同安装方式的流态图见图3-39。

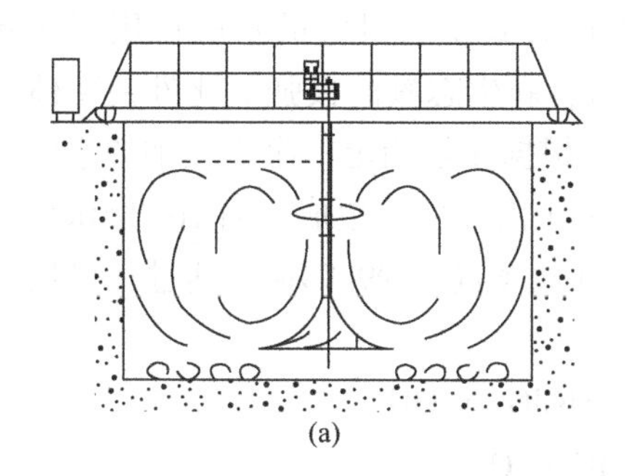
(a)

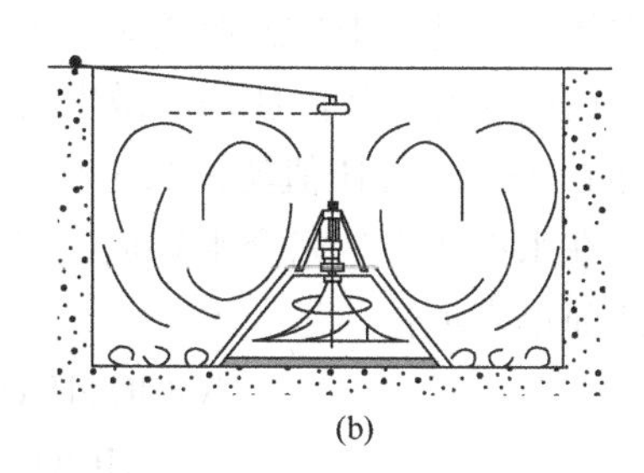
(b)

图 3-39　不同安装方式的流态图

3.6 污水消毒设备

3.6.1 次氯酸钠消毒

次氯酸钠属于高效的含氯消毒剂，就消毒杀菌而言，它还是具有明显优势的。次氯酸钠一般由电解冷的稀食盐溶液或由漂白粉与纯碱作用后滤去碳酸钙而制得。作为一种真正高效、广谱、安全的强力灭菌、杀病毒药剂，它同水的亲和性很好，能与水任意比互溶，它不存在液氯、二氧化氯等药剂的安全隐患，且其消毒杀菌效果被公认为和氯气相当。也正因这些特点，它消毒效果好，投加准确，操作安全，使用方便，易于储存，对环境无毒害，不存在跑气泄漏，可以在任意工作环境下使用。

在消毒方面，值得肯定的是，由于次氯酸钠消毒液不像氯气、二氧化氯等消毒剂一样会在水中产生游离分子氯，所以一般不会因为存在分子氯而发生氯代化合反应，而生成不利于人体健康的有毒有害物质。次氯酸钠也不会像氯气同水反应最终会形成盐酸，而严重腐蚀金属管道。尽管它同氨可以发生反应，在水中生成微量的带有气味的氯氨化合物，但这种物质也是一种安全的杀菌药剂，只是远不及次氯酸钠的杀菌能力强。

$$NH_3+HOCl \longrightarrow NH_2Cl+H_2O$$

$$NH_2Cl+HOCl \longrightarrow NHCl_2+H_2O$$

$$NHCl_2+HOCl \longrightarrow NCl_3+H_2O$$

就运行成本而言，采用次氯酸钠消毒的运行成本费用是很低的，只稍比氯气高一些。根据英国统计的数据表明，次氯酸钠同氯气成本相比大约为1.05∶1。

（1）次氯酸钠消毒原理

首先，次氯酸钠消毒杀菌最主要的作用方式是通过它的水解作用形成次氯酸，次氯酸再进一步分解形成新生态氧[O]，新生态氧的极强氧化性使菌体和病毒的蛋白质变性，从而使病原微生物致死。根据化学测定，次氯酸钠的水解会受pH值的影响，当pH值超过9.5时就会不利于次氯酸的生成，而10^{-6}级浓度的次氯酸钠在水里几乎是完全水解成次氯酸，其效率高于99.99%。其过程可用化学方程式简单表示：

$$NaClO+H_2O = HClO+NaOH$$

$$HClO \longrightarrow HCl+[O]$$

其次，次氯酸在杀菌、杀病毒过程中，不仅可作用于细胞壁、病毒外壳，而且因次氯酸分子小、不带电荷，可以渗透入菌（病毒）体内与菌（病毒）体蛋白、核酸和酶等发生氧化反应或破坏其磷酸脱氢酶，导致糖代谢失调，从而杀死病原微生物。

$$R-NH-R+HClO \longrightarrow R_2NCl+H_2O \quad (细菌蛋白质)$$

次氯酸钠的浓度越高，杀菌作用就越强。

同时，次氯酸产生出的氯离子还能显著改变细菌和病毒体的渗透压，使其细胞丧失活性而死亡。

（2）影响次氯酸钠消毒杀菌作用的因素

① pH 值：pH 值对次氯酸钠消毒杀菌作用影响最大。pH 值愈高，由于在碱性环境下，次氯酸钠以次氯酸根的形态存在，其消毒杀菌作用愈弱；pH 值降低，其消毒杀菌作用增强；

② 浓度：在 pH 值、温度、有机物等不变的情况下，有效氯浓度增加，杀菌作用增强；

③ 温度：在一定范围内，温度的升高能增强杀菌作用，此现象在浓度较低时较明显；

④ 有机物：有机物能消耗有效氯，降低其杀菌效能；

⑤ 水的硬度：水中的 Ca^{2+}、Mg^{2+} 等离子对次氯酸盐溶液的杀菌作用没有任何影响；

⑥ 氨和氨基化合物：在含有氨和氨基化合物的水中，游离氯的杀菌作用大大降低；

⑦ 碘或溴：在氯溶液中加入少量的碘或溴可明显增强其杀菌作用；

⑧ 硫化物：硫代硫酸盐和亚铁盐类可降低氯消毒剂的杀菌作用。

（3）次氯酸钠制备与投加

次氯酸钠发生系统是一套全面、完备、高效的现场制备以及投加系统，包括配水装置、发生装置、存储及投加装置、清洗装置、全自动控制装置。次氯酸钠发生器是发生装置的核心设备，主要技术指标均达到并超过国家《次氯酸钠发生器》中的 A 级指标。次氯酸钠制备与投加原理图见图 3-40。

① 盐水配水装置：自来水进水经软水器软化后，水中的钙、镁离子被去除，生成软化水。一部分软化水进入软化水箱存储，为次氯酸钠发生器提供稀释水；另一部分进入溶盐箱溶解食盐，成为饱和食盐水。饱和食盐水经计量泵与稀释水精确配水混合，进入次氯酸钠发生器；

② 发生装置：在次氯酸钠发生器中，3% 的盐水或海水通过电解反应，生成次氯酸钠溶液。总反应方程式如下：

$$NaCl+H_2O+电 \longrightarrow NaClO+H_2\uparrow$$

③ 存储及投加装置：发生器产生的次氯酸钠溶液输送至次氯酸钠储罐存储，

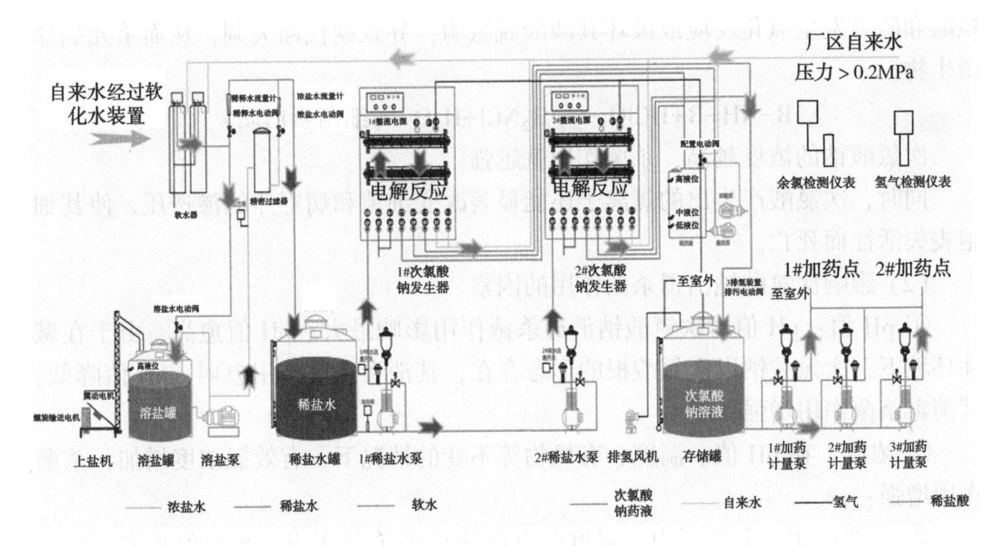

图 3-40　次氯酸钠制备与投加原理图

风机连续将储罐内氢气稀释，达到安全浓度后排放。次氯酸钠溶液按需由耐腐蚀泵投加至加药点；

④ 清洗装置：耐腐蚀泵从酸箱中吸取酸溶液，定期对次氯酸钠发生器电极进行清洗，保证设备正常运行；

⑤ 自动控制装置：系统所有装置由控制柜集中准确控制，是系统安全、高效运行的指挥中心和控制中心。

3.6.2　二氧化氯消毒

二氧化氯是国际上公认的含氯消毒剂中的高效消毒灭菌剂，它可以杀灭一切微生物，包括细菌繁殖体、细菌芽孢、真菌、分枝杆菌和病毒等，并且不会使这些细菌产生抗药性。

(1) 二氧化氯的性质

二氧化氯为黄红色气体，带有一种辛辣气味，在空气中的体积浓度超过 10% 时便具有爆炸性，而在水溶液中则无危险性。密度为 3.09g/L(11℃)，熔点 -59.5℃，沸点 9.9℃(压力为 731mmHg 时的沸点)。在 20℃ 和 30mmHg 压力下，二氧化氯在水中的溶解度为 2.9g/L。在水中能被光分解，与氨不起反应。对人体有刺激，当大气中二氧化氯含量为 14mg/L 时，就可使人觉察；45mg/L 时，明显地刺激呼吸道。二氧化氯的挥发性较大，稍一曝气即从溶液中溢出；如果温度升高、曝光或与有机质相接触，就会发生爆炸。因此，在实际应用中，二氧化氯须避光保存，一般情况下，现场制备、现场使用。

二氧化氯极其不稳定，不能像次氯酸钠一样可以运输，因为运输中很容易发生爆炸事故，所以只有依靠现场制备。二氧化氯一般都是通过氯酸钠同酸的反应制备得到。但是，氯酸钠与硫酸的反应十分剧烈，所产生二氧化氯几乎是爆炸性分解为氯气和氧气，这当然与硫酸在反应中大量放出热量有关。化学方程式如下：

$$3NaClO_3+3H_2SO_4 \longrightarrow 3NaHSO_4+3HClO_3$$

$$3HClO_3 \longrightarrow 2ClO_2\uparrow+HClO_4+H_2O$$

$$2ClO_2 \longrightarrow Cl_2\uparrow+2O_2\uparrow$$

最为温和的方法是草酸与氯酸钠反应生成二氧化氯气体：

$$2NaClO_3+2H_2C_2O_4 \longrightarrow Na_2C_2O_4+2H_2O+2CO_2\uparrow+2ClO_2\uparrow$$

国内一些厂家采用盐酸进行定量控制滴加氯酸钠的方法生成二氧化氯，这种设备有的可以获得最高不超过50%的二氧化氯和大于50%的氯气。

(2) 二氧化氯消毒原理

消毒机理主要是氧化作用，二氧化氯分子的电子结构呈不饱和状态，外层共有19个电子，具有强烈的氧化作用力，主要是对富有电子(或供电子)的原子基团(如含巯基的酶和硫化物、氯化物)进行攻击，强行掠夺电子，使之成为失去活性和改变性质的物质。同时，二氧化氯对微生物细胞壁有较强的吸附穿透能力，可有效地氧化细胞内含巯基的酶，还可以快速地抑制微生物蛋白质的合成来破坏微生物，从而达到消毒的目的。

(3) 影响二氧化氯消毒效果的因素

① 水温：与液氯消毒相似，温度越高，二氧化氯的杀菌效力越大。在同等条件下，当体系温度从20℃降到10℃时，二氧化氯对隐孢子虫的灭活效率降低了4%。温度低时二氧化氯的消毒能力较差，5℃时大约要比20℃时多消耗31%~35%的消毒剂。

② pH值：二氧化氯适应范围宽。ClO_2分解是pH值和OH^-浓度的函数：当pH>9时发生如下反应：

$$2ClO_2+2OH^- = ClO_2^-+ClO_3^-+H_2O$$

③ 悬浮物：悬浮物能阻碍二氧化氯直接与细菌等微生物的接触，从而不利于二氧化氯对微生物的灭活；

④ 二氧化氯投加量与接触时间：二氧化氯对微生物的灭活效果随其投加量的增加而提高，消毒剂对微生物的总体灭活效果取决于残余消毒剂浓度与接触时间的乘积，因此延长接触时间也有助于提高消毒剂的灭菌效果，但出水余量不可过高，否则易产生异味并使色度增大；

⑤ 光对二氧化氯的影响：二氧化氯化学性质不稳定，见光极易分解。以稳定性液体二氧化氯的衰减为例，在二氧化氯初始浓度为1mg/L，衰减时间为

20min，阳光直射、室内有光、室内无光下的二氧化氯残余率分别为12.12%（实测值）、88.55%（实测值）、99.85%（计算值）。

（4）二氧化氯的制备

① 二氧化氯制备系统。二氧化氯发生器（化学法）由供料系统、反应系统、控制系统、吸收系统、安全系统组成。首先将盐酸与氯酸钠溶液按一定比例经过供料系统投加到反应系统中，在一定温度下反应生成二氧化氯的混合气体，再经吸收系统直接进入消毒系统，根据不同水质（不同投加量）直接投加到需要处理的各类水中，完成二氧化氯和氯气的协同消毒、氧化等作用即达到消毒的目的。二氧化氯制备与投加原理图见图3-41；

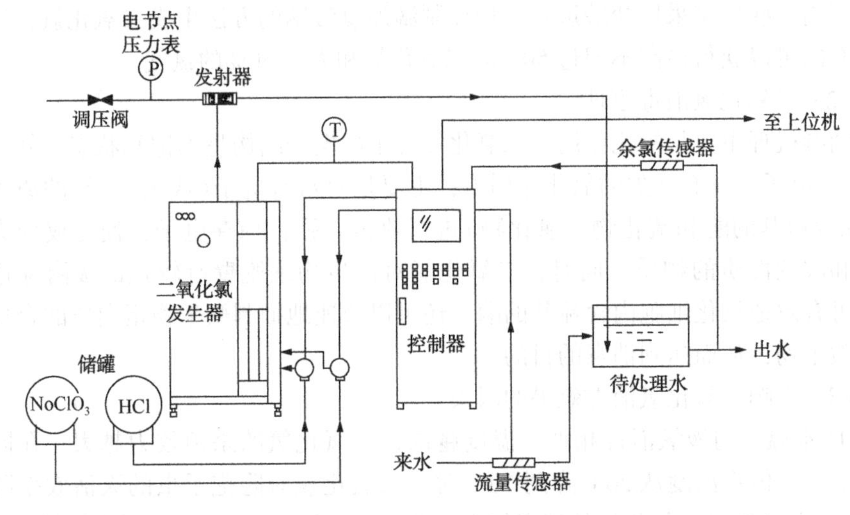

图3-41 二氧化氯制备与投加原理图

② 投加量的一般控制：投加量可分为两部分：一部分是为了杀灭细菌除藻类、蚤类、氧化有机物等而消耗的量，这部分和原水水质情况有关；另一部分是剩余量，是为了满足水在管网中有持续杀菌能力，现国标规定出口不低于0.1mg/L，浓度在夏季应相应提高，因为在夏季水温高时，二氧化氯在水中衰减散失得比较快，但不宜过高，如果超过0.5mg/L，水在加热时会产生异味并增加出厂水的色度和亚氯酸盐、氯酸盐含量。应多点投加，充分发挥二氧化氯在低浓度时灭活性突出的特点。

（5）二氧化氯消毒工艺特征

① 高效、强力：在常用消毒剂中，相同时间内达到同样的杀菌效果所需的ClO_2浓度是最低的，对杀灭异养菌所需的ClO_2浓度仅为Cl_2的1/2；ClO_2对地表水中大肠杆菌杀灭效果比Cl_2高5倍以上；二氧化氯对孢子的杀灭作用比氯强。

② 快速、持久：二氧化氯溶于水后，基本不与水发生化学反应，也不以二聚或多聚状态存在；它在水中的扩散速度与渗透能力都比氯快，尤其在低浓度时；当细菌浓度在 $10^5 \sim 10^6$ 个/mL 时，0.5×10^{-6} 的 ClO_2 反应 5min 后即可杀灭 99%以上的异养菌，而 0.5×10^{-6} 的 Cl_2 的杀菌率最高只能达到 75%。试验表明，0.5×10^{-6} 的 ClO_2 在 12h 时内对异养菌的杀灭率保持在 99%以上，作用时间长达 24h 时杀菌率才下降为 86.3%。

③ 广谱、灭菌：ClO_2 是一种广谱型消毒剂，对一切经水体传播的病原微生物均有很好的杀灭效果。二氧化氯除对一般细菌有杀死作用外，对芽孢、病毒、异养菌、铁细菌、硫酸盐还原细菌和真菌等均有很好的杀灭作用，且不易产生抗药性，尤其是对伤寒，甲肝、乙肝、脊髓灰质炎及艾滋病毒等也有良好的杀灭和抑制效果；ClO_2 对病毒的灭活比 O_3 和 Cl_2 更有效；低剂量的二氧化氯还具有很强的杀蠕虫效果。

④ 无毒、无刺激：经毒性试验表明，二氧化氯消毒灭菌剂属实际无毒级产品，积累性试验结论为弱蓄积性物质。用其消毒的水体不会对口腔黏膜、皮膜和头皮产生损伤，其在毒性和遗传毒理学上都是绝对安全的。

⑤ 安全、广泛：二氧化氯不与水体中的有机物作用生成三卤甲烷等致癌物质，对高等动物细胞、精子及染色体无致癌、致畸、致突变作用。ClO_2 对还原性阴、阳离子(H_2S、SO_3^{2-}、CN^-、Mn^{2+})和氧化效果以去毒为主，对有机物的氧化降解以含氧基团的小分子化合物为主，这些产物到目前为止研究均证明是无毒害作用的，且 ClO_2 使用剂量极低，因此用 ClO_2 消毒十分安全，无残留毒性。

3.6.3 紫外线消毒

(1) 紫外消毒原理

紫外线是一种频率高于可见光的电磁波，按其波长可以分为 UV-A(315~400nm)、UV-B(280~315nm)和 UV-C(100~280nm)三个波段。其中 UV-C 波段恰好处在微生物的吸收峰范围之内，因此 UV-C 波段的紫外线杀菌效果最好。实验证明，在 260nm 左右的紫外光杀菌效率最高，目前用于污水处理消毒的紫外光波长均为 253.7nm。

紫外线消毒是利用紫外光发生装置产生的强紫外线照射水、空气、物体表面，当水、空气、物体表面中的各种细菌、病毒、寄生虫、水藻以及其他病原体受到一定剂量的紫外光辐射后，其细胞中的 DNA 结构受到破坏，达到消毒和净化的目的。

(2) 紫外线消毒特点

紫外线消毒优点：

① 消毒速度快，效率高，占地面积小；

② 不影响水的物理化学成分，不增加水的臭味；

③ 设备操作简单，便于运行管理和实现自动化等。

紫外线消毒缺点；

① 不具后续消毒能力，易产生二次污染；

② 只有吸收紫外线的微生物才会被灭活，污水 SS 较大时，消毒效果很难保证；

③ 细菌细胞在紫外线消毒器中并没有被去除，被杀死的微生物和其他污染物一起成为生存下来的细菌的食物。

(3) 明渠式紫外线消毒器组成

明渠式紫外线消毒器设备包括紫外线灯模块组、模块支架、配电中心、系统控制中心、水位探测及控制输出等。明渠式紫外线消毒器组成见图 3-42。

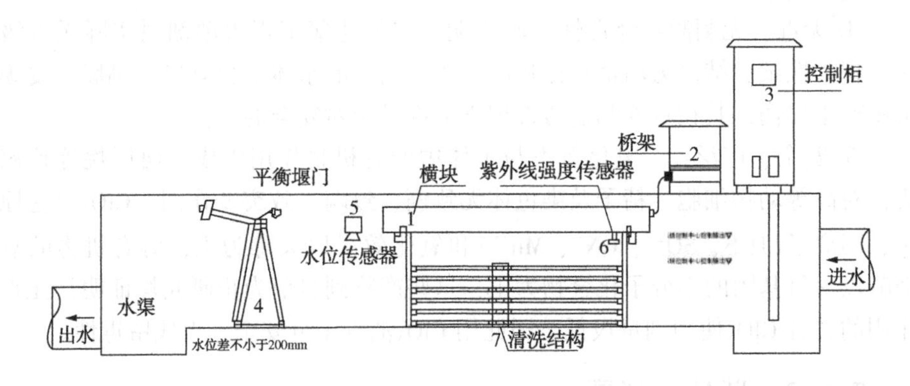

图 3-42　明渠式紫外线消毒器组成

1—模块；2—配电桥架；3—控制系统；4—自动平衡堰门；5—水位传感器；6—紫外线强度传感器；7—自动清洗装置

(4) 紫外线消毒系统的设计

紫外线消毒系统的设计分三个步骤进行，即确定设计参数、确定紫外线消毒剂量和紫外线消毒设备的选取。

1) 设计参数的确定

影响紫外线消毒效果、规模和运行费用的水质参数主要有：

① 峰值处理流量：指设计的紫外线消毒系统在其他各项设计参数都已确定后所能处理的最大水量。这是确定紫外设备规模的重要参数之一。

② 平均处理流量：指污水处理厂每日平均的处理水量，这一参数是核算紫外运行费用的重要参数之一。

③ 处理水所含工业废水的比例和成分：工业废水中的有些成分对紫外线在水中的传播有很大影响，这也是影响紫外设备规模的重要参数之一。

④ 污水中的悬浮物(TSS)：污水中悬浮物的多少和颗粒直径的大小，直接决定了处理水所能达到的消毒指标极限。这是因为污水中的悬浮物会对微生物起到保护和屏蔽的作用，使紫外光无法有效地照射到微生物上，从而影响消毒效果。这也是一个影响紫外设备规模的参数。

⑤ 污水紫外透光率(UVT)：紫外透光率是指波长为253.7nm的紫外线在通过1cm比色皿水样后，未被吸收的紫外线与输出总紫外线之比，用百分数表示。紫外穿透率的高低直接决定了紫外线能在污水中传播的效率。这也是一个影响紫外设备规模的重要参数。

⑥ 出水消毒指标：是为控制水污染物的排放，防治水质污染，保护水资源的合理利用，由国家或各地方政府根据国家和地方相关标准而制定的污水的生物学限值，一般以粪大肠菌数或总大肠菌数表示。

⑦ 允许水头损失：是指整个紫外消毒系统正常运行的水头损失。

2）紫外线消毒剂量的确定

① 消毒目标剂量的确定：紫外线剂量是指单位面积上所接收到的紫外线的能量，它是紫外光强和接触时间的乘积，常用单位为mJ/cm^2，公式为：

$$\text{紫外剂量}(mJ/cm^2)=\text{紫外光强}(mW/cm^2)\times\text{停留时间}(s)$$

要想达到理想的消毒效果，就必须根据要达到的消毒标准，确定所需要的紫外剂量，又称为目标剂量。在国家标准《城市给排水紫外消毒设备》中已明确规定了污水处理厂的消毒标准所对应的有效紫外线消毒剂量需求，具体如下：

为保证达到《污水综合排放标准》中所要求的卫生学指标的二级标准和一级标准的B标准，紫外线的有效量即目标剂量应不低于$15mJ/cm^2$；为保证达到《污水综合排放标准》中所要求的卫生学指标的一级标准的A标准，紫外线的有效剂量即目标剂量应不低于$20mJ/cm^2$。

② 紫外线消毒修正剂量：在确定了紫外线消毒所需要的目标剂量后，在选择紫外设备进行工程化应用时，还要考虑两个影响因素：灯管老化和套管结垢对设备紫外输出剂量的影响。这是因为这两个因素直接影响了紫外光的输出和传播，故需引入两个修正系数，灯管的老化系数和套管的结垢系数。

所谓灯管老化系数是指紫外灯运行到寿命终点时的紫外线输出功率与新紫外灯的紫外线输出功率之比。根据国家标准规定，如厂家无独立第三方权威机构的认证，该系数应采用0.5作为默认修正值；如有独立第三方权威机构的认证，则使用认证值。

所谓套管结垢系数是指使用中的紫外灯套管的紫外穿透与洁净套管的紫外穿

透率之比。根据国家标准规定，如果厂家无独立第三方权威机构的认证，该系数应采用0.8作为默认修正值；如果有独立第三方权威机构的认证，则使用认证值。

剂量修正公式如下：

紫外系统需要输出的有效紫外剂量=消毒目标剂量÷灯管老化系数÷灯管结垢系数

3.6.4 臭氧消毒

(1) 臭氧消毒原理

臭氧(O_3)是氧(O_2)的同素异形体，纯净的O_3常温、常压下为蓝色气体。臭氧具有很强的氧化能力(仅次于氟)，能氧化大部分有机物。臭氧灭菌过程属物理、化学和生物反应。

臭氧灭菌有以下三种作用：①臭氧能氧化分解细菌内部氧化葡萄糖所必需的酶，使细菌灭活死亡。②直接与细菌、病毒作用，破坏它们的细胞壁、DNA和RNA，细菌的新陈代谢受到破坏，导致死亡(DNA-核糖核酸；RNA-脱氧核糖核酸。病毒是由蛋白质包裹着一种核酸的大分子，只含一种核酸)。③渗透细胞膜组织，侵入细胞膜内作用于外膜的脂蛋白和内部的脂多糖，使细菌发生透性畸变，溶解死亡。因此，O_3能够除藻杀菌，对病毒、芽孢等生命力较强的微生物也能起到很好的灭活作用。

(2) 污水臭氧处理工艺

臭氧氧化能力强，且很不稳定，也无法储藏，因此应根据需要就地生产。臭氧的制备一般有紫外辐射法、电化学法和电晕放电法。目前臭氧制备占主导地位的是电晕放电法。由臭氧发生器制备好的臭氧气体通过管道输送到密闭的臭氧接触池，与处理后的污水进行接触反应。反应后的气体由池顶汇集后，经收集器离开接触池，进入尾气臭氧分解器，剩余臭氧气体在此被分解成氧气后排入大气中。

(3) 臭氧消毒系统组成

臭氧消毒系统组成见图3-43。

① 臭氧发生器：由1台臭氧放电室、1套臭氧专用中频高压电源以及控制系统组成；

② 臭氧放电室：是安装臭氧发生单元的装置。臭氧发生单元是组成产生臭氧的最基本元件，包括电极和介质管；

③ 臭氧电源：是将输入工频电源转化为中频高压电源的装置，也称为“供电单元”，使臭氧发生装置内形成高压电场。臭氧电源装置主要包括整流逆变电路、电抗器、高压变压器、控制装置及显示操作盘等。整流逆变电路将供电电源转换成辉光放电所要求的中、高频交流电源，经过高压变压器升压后，中频高压电源

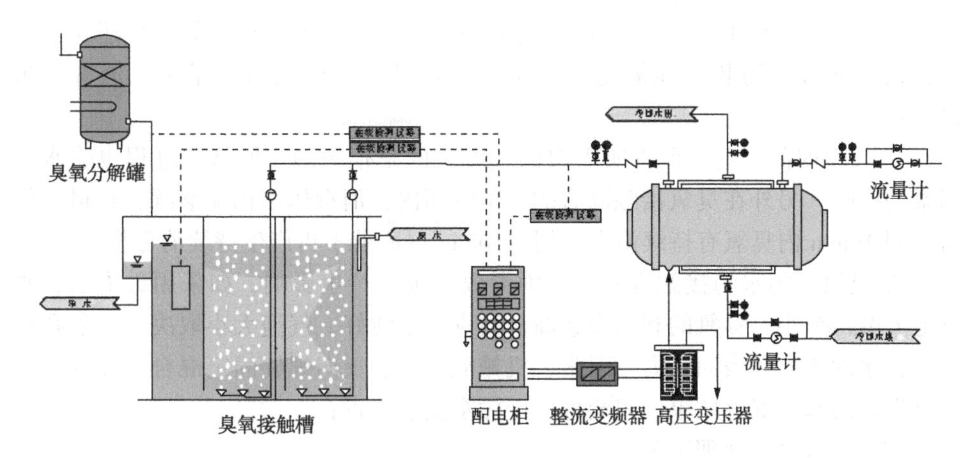

图 3-43 臭氧消毒系统组成

输送到臭氧发生装置；

④ 臭氧发生器：采用水冷却，通过满足质量要求的足量的冷却水有效地带走电晕放电时放出的热量，冷却水可循环使用并通过外部工艺降温；

⑤ 尾气处理工艺：臭氧在污水处理过程中往往不能百分之百被污水吸收利用，所以剩余的尾气中还含有一部分臭氧，如直接排入大气就会污染环境，危害人体健康。剩余臭氧可以尽量利用，如经常引入原污水中。如实在不能利用就必须进行处理，尾气处理的方法有燃烧法、活性炭吸附法、化学吸收法和催化分解法等，处理后的尾气中臭氧含量应小于 1mg/L。目前多使用回收利用、热分解法和霍加拉特剂催化分解法来处理尾气。

在生产实践中，常将臭氧尾气以各种方式回用于原水的预处理，譬如利用水射器、微空扩散器混合到原水当中。

(4) 影响臭氧消毒效果的因素

臭氧在用于饮用水消毒时具有极高的杀菌效率，但在应用污水消毒时往往需要较大的臭氧投加量和较长的接触时间。其主要原因是污水中存在着浓度较高的污染物，如 COD、NO_2-N、色度和悬浮物等，这些物质都会消耗臭氧，降低臭氧的杀菌能力，只有当污水在臭氧消毒之前经过必要的预处理，才能使臭氧消毒更经济、更有效。臭氧与污水的接触方式传质效果也会影响臭氧的投加量和消毒效果。

① 水质影响：主要是水中含 COD、NO_2-N、悬浮固体、色度对臭氧消毒的影响；

② 臭氧投加量和剩余臭氧量：剩余臭氧量像余氯一样在消毒中起着重要的作用。在污水消毒时，剩余臭氧只能存在很短时间，如在二级出水臭氧消毒时，

臭氧存留时间只有3~5min。所测得的剩余臭氧除少量的游离臭氧外，还包括臭氧化物、过氧化物和其他氧化剂。在水质好时游离的臭氧含量多，消毒效果最好；

③ 接触时间：臭氧消毒所需要的接触时间是很短的，但这一过程也受水质因素的影响，另外在臭氧接触以后的停留时间内，消毒作用仍在继续，在最初停留时间10min内臭氧有持续消毒作用，30min以后就不再产生持续消毒作用；

④ 臭氧与污水的接触方式：对消毒效果也会产生影响，如采用鼓泡法，则气泡分散得愈小，臭氧的利用率愈高，消毒效果愈好。气泡大小取决于扩散孔径尺寸、水的压力和表面张力等因素，机械混合器、反向螺旋固定混合器和水射器均有很好的水气混合效果，完全可用于污水臭氧消毒；

(5) 污水臭氧处理工艺

① 污水臭氧处理流程：采用臭氧消毒的污水，预处理是十分重要的，往往由于预处理程度不够而影响臭氧消毒的效果，污水处理程度要经过技术经济比较确定。污水消毒最好是经过二级处理后再用臭氧消毒，这样可以减少臭氧的投加量，降低设备投资费用和运行费用。

② 臭氧消毒工艺设计及设备选择：污水臭氧消毒工艺设计包括预处理工艺设计、臭氧消毒接触系统设计及臭氧发生器及配套设备的选择等。预处理工艺指在臭氧消毒之前对污水进行的一级处理或二级处理过程。

臭氧发生器的选择是根据污水水质及处理工艺确定臭氧投加量，根据臭氧投加量和小时处理消毒水量确定臭氧使用量，按小时使用臭氧量选择臭氧发生器台数及型号，计算公式如下：

$$G=q\times g$$

式中 G——每小时使用的臭氧量，g/h；

q——每小时最大污水处理量，m^3/h；

g——臭氧投加量，g/m^3 污水。

第4章　污水好氧处理工艺

4.1　氧化沟工艺

4.1.1　氧化沟的发展

1954年，荷兰建成了世界上第一座氧化沟(Oxidation Ditch)污水处理厂，其原型为一个环状跑道式的斜坡池壁的间歇运行反应池，白天用作曝气池，晚上用作沉淀池，其生化需氧量(BOD)去除率可达97%，由于其结构简单、处理效果好，从而引起了世界各国的兴趣和关注。

20世纪60年代以来，氧化沟在欧洲、北美、南非、大洋洲等地取得了迅速的推广和应用。丹麦已兴建300多座污水处理厂，占全国处理厂的40%。英国也兴建了300多座这样的污水处理厂。据不完全统计，到目前为止，北美有9000多座氧化沟污水处理厂，亚洲有近1000座氧化沟污水处理厂。氧化沟污水处理技术的发展不仅体现在数量上，也体现在处理厂的扩大和处理对象的不断增加等方面，它的处理能力达到了1000万人口当量污水，既能用于生活污水的处理，也能用于工业废水和城市污水的处理。

我国从20世纪80年代以来也开展了较多关于氧化沟工艺的研究，并设计建设了一批氧化沟污水处理厂。如采用Pasveer氧化沟的珠海香洲水质净化厂、广东南海污水厂等；采用Carrousel氧化沟的桂林东区污水厂、昆明第一污水厂等；采用Orbal氧化沟的北京大兴污水处理厂、山东莱西污水处理厂等；采用侧沟式一体化的四川新都污水处理厂、山东高密污水处理厂、山东陵县污水处理厂、贵州仁怀污水处理厂等，处理污水量为10000~80000m^3/d。总体来说，氧化沟工艺在我国也得到了相当多的应用。

氧化沟工艺自诞生以来，其发展过程可分为四个阶段：

(1) 第一代氧化沟

Pasveer氧化沟当时用来处理村镇的污水，服务人口只有340人。这是一种间歇流的处理厂，它把常规处理系统的四个主要内容合并在一个沟中完成，白天进水曝气，夜间用作沉淀池，BOD_5 的去除率达到97%左右。

采用卧式表面曝气机曝气及推流，每隔一段时间，Pasveer 氧化沟的曝气机就需停下来，使沟内的污泥沉淀，排出处理后的出水。第一代氧化沟沟深 1~2.5m，为了达到连续运行，Pasveer 氧化沟发展了多种形式，设置了二沉池。这一阶段的氧化沟主要是延时曝气系统。

(2) 第二代氧化沟

氧化沟因其简易、运行管理方便等优点，自 20 世纪 60 年代以来其数量和规模不断增长和扩大，处理能力已从 300 人口当量发展到目前的 1000 万人口当量。处理对象也从处理生活污水发展到既能处理城市污水又能处理工业废水。这期间，有相当多的工业废水也相继采用氧化沟技术进行处理的工程范例。

新一代氧化沟由于采用直径 1m 的曝气刷(Mammoth Rotor 系由 Passavant 公司生产)和立式曝气器(DHV 公司)，使氧化沟的沟深逐步扩大。使用 Mammoth Rotor 沟深可达 3.5m，沟宽可达 20m。而使用立式曝气器的氧化沟，后来称为 Carrousel 氧化沟，沟深可达 4.5m。这一阶段的氧化沟考虑到了硝化和反硝化(Simultaneous Nitrification/Denitrification)。

(3) 第三代氧化沟

随着氧化沟技术的发展，人们从不同的角度对氧化沟作了深入细致的研究，出现了许多种新型的氧化沟，如：DHV 公司的 Carrousel 2000 型、Carrousel Dlenit 型、DHV—EIMCO Carrousel 氧化沟；丹麦 Kruger 公司的双沟、三沟式氧化沟；德国 Passavant 公司使用 Mammoth Rotor 的深型氧化沟；美国 Envirex 公司的 Orbal 多环型氧化沟。

这一阶段的氧化沟进一步考虑到了利用氧化沟进行除磷脱氮处理，许多新的概念被提出来，产生了许多新的设计方法。在这一时期，氧化沟出现不只是延时曝气低负荷系统，还出现了所谓"高负荷氧化沟"、"要求硝化的氧化沟"、"要求硝化、反硝化及除磷的氧化沟"及"要求污泥稳定的氧化沟"等，还有许多新的沟型出现。

(4) 第四代的氧化沟

20 世纪 80 年代初期，美国最早提出将二沉淀池直接设置在氧化沟中的一体化氧化沟概念，在短短的十几年中，这一概念在实际中得到迅速发展和应用，并显示出极为广阔的前景。所谓一体化氧化沟，就是充分利用氧化沟较大的容积和水面，在不影响氧化沟正常运行的情况下，通过改进氧化沟部分区域的结构或在沟内设置一定的装置，使污水分离过程在氧化沟内完成。美国环境保护局将这一技术称之为革新及可选择的(I/A)技术。

一体化氧化沟由于其中沉淀区结构型式及运行方式不同，有多种型式，例如：

① 带沟内分离器的一体化氧化沟(BMTS 式)；

② 船形一体化氧化沟；

③ 侧沟或中心岛式一体化氧化沟(中国)；

④ 交替曝气式氧化沟。

4.1.2 氧化沟工艺原理及特征

(1) 氧化沟工艺构成

氧化沟污水处理的整个过程(如进水、曝气、沉淀、污泥稳定和出水等)全部集中在氧化沟内完成。最早的氧化沟不需另设初次沉淀池、二次沉淀池和污泥回流设备。后来处理规模和范围逐渐扩大，它通常采用延时曝气、连续进出水，所产生的微生物污泥在污水曝气净化的同时得到稳定，所以不需设置初沉池和污泥消化池，处理设施大大简化。

氧化沟利用连续环式反应池(Continuous Loop Reator，简称 CLR)作为生物反应池，混合液在该反应池中的一条闭合曝气渠道进行连续循环。氧化沟通常在延时曝气条件下使用，它使用一种带方向控制的曝气和搅动装置，向反应池中的物质传递水平速度，从而使被搅动的液体在闭合式渠道中循环。其结构型式采用封闭的环形沟渠型式，混合液在氧化沟曝气器的推动下做水平流动。更确切的说，氧化沟是一种无头无尾封闭的、加强了搅拌的生物反应器。

一般氧化沟法的主要设计参数如下：水力停留时间 10~40h；污泥龄 10~30d；有机负荷 0.05~0.15kgBOD_5/(kgMLSS · d)；容积负荷 0.2~0.4kgBOD_5/(m^3 · d)；活性污泥浓度 2000~6000mg/L；沟内平均流速 0.3~0.5m/s。

氧化沟系统的基本构成包括：氧化沟池体，曝气设备，进、出水装置，导流和混合装置以及附属构筑物。氧化沟系统构成见图 4-1。

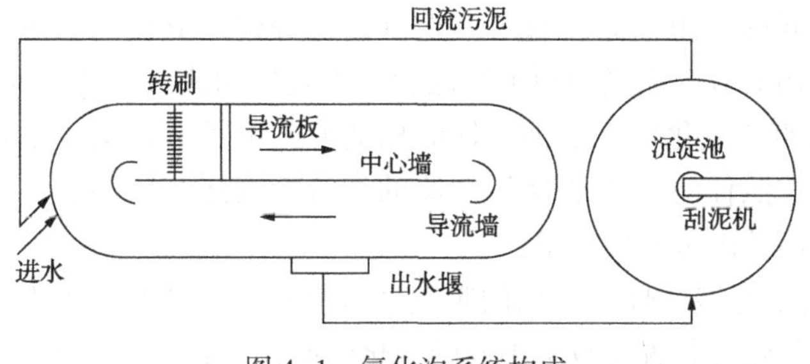

图 4-1 氧化沟系统构成

① 氧化沟池体：氧化沟一般呈环形，平面上多为椭圆形或圆形，四壁由钢

筋混凝土制造，也可以由素混凝土或石材作护坡。水深与所采用的曝气设备有关，2.5~8m 不等；

② 氧化沟曝气设备：曝气设备具有以下功能：一是供氧；二是推动水流作不停的循环运动；三是防止活性污泥沉淀；四是使有机物、微生物及氧气三者充分混合、接触。主要的曝气设备有水平轴曝气转刷或转盘、立式表曝机、导管式曝气机、微曝气系统和百乐卡式曝气系统；

③ 进(出)水装置：包括进水口、回流污泥口和出水调节堰等。氧化沟的进水和回流污泥进入点应该在曝气器的上游，使得它们能与沟内混合液立即混合。氧化沟的出水应该在曝气器的下游，并且离进水点和回流污泥点足够远，以避免短流。从沉淀池引出的回流污泥管可通至厌氧选择区或缺氧区，并根据运行情况调整污泥回流量；

④ 导流和混合装置：包括导流墙和导流板。在弯道设置导流墙可以减少水头损失，防止弯道停滞区的产生和防止对弯道过度冲刷。通常在曝气转刷上下游设置导流板，主要是为了使表面较高流速的水流转入池底，同时降低混合液表面流速，提高传氧速率；

⑤ 附属构筑物：如二沉池、刮泥机和污泥回流泵房等，这一部分构筑物与传统活性污泥工艺相同。

(2) 氧化沟结构特点

氧化沟法由于具有较长的水力停留时间、较低的有机负荷和较长的污泥龄，因此相比传统活性污泥法，可以省略调节池、初沉池、污泥消化池，有的还可以省略二沉池。氧化沟能保证较好的处理效果，主要是因为巧妙结合了 CLR 形式和曝气装置特定的定位布置，这是氧化沟具有独特结构特性。

① 构造形式多样性：基本形式的氧化沟，曝气池呈封闭的沟渠形(传统氧化沟)。而沟渠的形状和构造则多种多样，可以呈圆形和椭圆形等形状，可以是单沟系统或多沟系统。多沟系统可以是一组同心的互相连通的沟渠，也可以是互相平行、尺寸相同的一组沟渠。有与二次沉淀池分建的氧化沟，也有合建的氧化沟。合建氧化沟又有体内式船型沉淀池和体外式侧沟式沉淀池。此外，还有 Envirex 公司的竖直式氧化沟。多种多样的构造形式赋予氧化沟灵活机动的运行性能，使它可以按照任意一种活性污泥法的运行方式运行，并且组合其他工艺单元，以满足不同的出水水质要求；

② 曝气设备的多样性：常用的曝气装置有转刷、转盘、表面曝气器和射流曝气等。不同的曝气装置导致了不同的氧化沟型式。如采用表曝机的卡鲁塞尔氧化沟、采用射流曝气的 JAC 氧化沟和采用转刷的 Pasveer 氧化沟。与其他活性污泥法不同的是，曝气装置只在沟渠的某一处或几处安设，数目应按处理厂规模、

原污水水质及氧化沟构造决定。曝气装置的作用除供应足够的氧气外，还要提供沟渠内不小于0.3m/s的水流速度，以维持循环及活性污泥的悬浮状态；

③ 曝气强度可调节：氧化沟的曝气强度可以通过两种方法调节：其一是通过出水溢流堰调节，通过调节溢流堰的高度改变沟渠内水深，进而改变曝气装置的淹没深度，使其充氧量适应运行的需要。淹没深度的变化对于曝气设备的推动力也会产生影响，从而也可对进水流速起到一定调节作用；其二是通过直接调节曝气器的转速，由于机电设备和自控技术的发展，目前氧化沟内的曝气器的转速是可以调节的，从而可以调整曝气强度和推动力；

④ 预处理、二沉池和污泥处理进行工艺简化：氧化沟的水力停留时间和污泥龄都比一般生物处理法长，悬浮状有机物与溶解性有机物同时得到较彻底的稳定，故氧化沟可不设初沉池。由于氧化沟工艺污泥龄长、负荷低，排出的剩余污泥已得到高度稳定，剩余污泥量也较少，因此不再需要厌氧消化，而只需进行浓缩与脱水。还有将曝气池和二沉池合建的一体式氧化沟及交替工作的氧化沟，不再采用二沉池，从而使处理流程更为简化。

虽然氧化沟采用的水力停留时间较长，曝气池体积较一般活性污泥法的大，但因在流程中省略了初沉池、污泥消化池，有时还省略了二沉池和污泥回流装置，因此节省了构筑物间的空间，使污水厂总占地面积不仅没有增大，反而还减小。

(3) 氧化沟的净化原理及技术优势

污水进入氧化沟和活性污泥充分混合，再通过曝气装置特定的定位作用进而产生曝气推动，使得污水与污泥在闭合渠道内成悬浮状态作不停的循环，污泥在循环中进一步与污水充分混合，其中微生物与有机物充分反应，然后混着污泥的污水进入二沉池，进行固液分离，使污水得到净化。

氧化沟属于活性污泥改良法的延时曝气法范畴。但与通常的延时曝气法有所不同，氧化沟中污泥的污泥龄(SRT)长，尽可能使污泥浓度在沟中保持高些，以高MLSS运行，因此，那些比增殖速度小的微生物便能够生息，特别是硝化细菌占优势，使氧化沟中的硝化反应能显著进行。

① 氧化沟结合推流和完全混合的特点，有力于克服短流并提高缓冲能力：通常在氧化沟曝气区上游安排入流，在入流点的再上游点安排出流。入流通过曝气区在循环中很好的被混合和分散，混合液再次围绕CLR继续循环，这样，氧化沟在短期内(如一个循环)呈推流状态，而在长期内(如多次循环)又呈混合状态。这两者的结合，即使入流至少经历一个循环而基本杜绝短流，又可以提供很大的稀释倍数而提高了缓冲能力。同时，为了防止污泥沉积，必须保证沟内足够的流速(一般平均流速大于0.3m/s)，而污水在沟内的停留时间又较长，这就要

求沟内有较大的循环流量(一般是污水进水流量的数倍乃至数十倍)，进入沟内的污水立即被大量的循环液所混合稀释，因此氧化沟系统具有很强的耐冲击负荷能力，对不易降解的有机物也有较好的处理能力；

② 氧化沟具有明显的溶解氧浓度梯度，特别适用于硝化-反硝化生物处理工艺；氧化沟从整体上说又是完全混合的，而液体流动却保持着推流前进，其曝气装置是定位的，因此，混合液在曝气区内溶解氧浓度是上游高，然后沿沟长逐步下降，出现明显的浓度梯度，到下游区溶解氧浓度就很低，基本上处于缺氧状态。氧化沟设计可按要求安排好氧区和缺氧区实现硝化-反硝化工艺，不仅可以利用硝酸盐中的氧满足一定的需氧量，而且可以通过反硝化补充硝化过程中消耗的碱度，这些有利于节省能耗和减少甚至免去硝化过程中需要投加的化学药品数量；

③ 氧化沟沟内功率密度的不均匀配备有利于氧的传质，液体混合和污泥絮凝：传统曝气的功率密度一般仅为 20~30W/m^3，平均速度梯度 G 大于 100s^{-1}，这不仅有利于氧的传递和液体混合，而且有利于充分切割絮凝的污泥颗粒。当混合液经平稳的输送区到达好氧区后期，平均速度梯度 G 小于 30s^{-1}，污泥仍有再絮凝的机会，因而也能改善污泥的絮凝性能；

④ 氧化沟的整体功率密度较低，可节约能源：氧化沟的混合液一旦被加速到沟中的平均流速，对于维持循环仅需克服沿程和弯道的水头损失，因而氧化沟可比其他系统以低得多的整体功率密度来维持混合液流动和活性污泥悬浮状态。据国外的一些报道，氧化沟比常规的活性污泥法能耗降低 20%~30%。

4.1.3 氧化沟的类型

4.1.3.1 交替工作式氧化沟

交替工作氧化沟，是指在一沟或多沟中按时间顺序在空间上对氧化沟的曝气操作和沉淀操作做出调整换位，以取得最佳的或要求的处理效果。其特点是氧化沟曝气、沉淀交替轮作，不设二沉池，不需污泥回流装置。基本类型有 A 型、D 型、VR 型和 T 型四种。

(1) A 型氧化沟

单沟交替工作式氧化沟(如图 4-2 所示)，主要用于 BOD 的去除和硝化，且限于较小的处理场合应用，规模不超过 2000 人口当量，各个工作时段持续时间的长短取决于污水间歇排放的周期(如早期的 P 型氧化沟)。

(2) D 型氧化沟

双沟交替运行系统(图 4-3)，一般由池容完全相同的 2 个氧化沟组成，2 池串联运行，交替作为曝气池和沉淀池，通常以 8h 为 1 个工作周期，分 4 个阶段，控制运行工况可以实现硝化和一定的反硝化。该系统出水水质稳定，不需设污泥

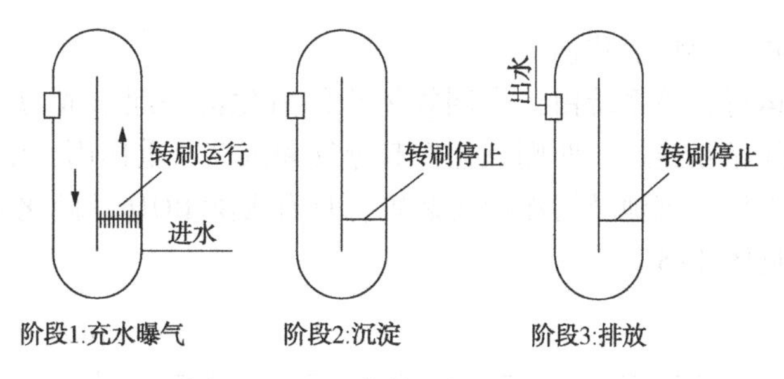

图 4-2　A 型交替式氧化沟系统

回流装置，但在 2 个池交替作为曝气池和沉淀池的过程中，存在一个过渡轮换期，此时转刷全部停止工作，因此转刷的实际利用率低，仅为 37.5%。

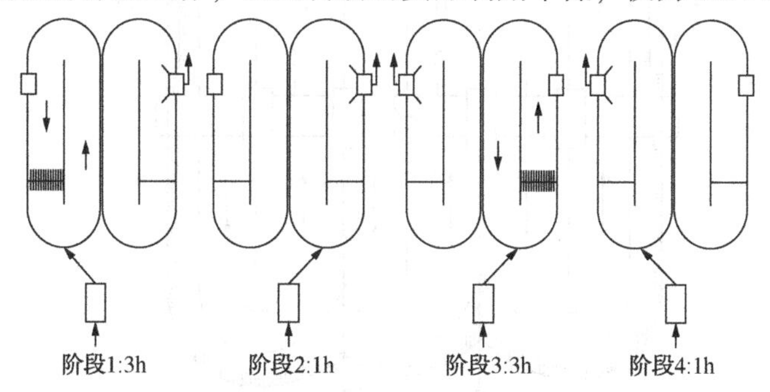

图 4-3　D 型交替式氧化沟系统

(3) VR 型氧化沟

单沟交替工作式氧化沟，主要是用于 BOD 的去除及硝化，其特点是将氧化沟分成容积基本相等的两部分，利用定时改变曝气转刷的旋转方向来改变沟内水流方向，使两部分氧化沟交替地作为曝气区和沉淀区，不设二沉池，不需设污泥回流装置。典型的 VR 氧化沟系统一个工作周期一般为 8h，分 4 个阶段。典型的 VR 型氧化沟系统如图 4-4 所示，VR 系统出水水质良好，操作方便，转刷的实际利用率可以达到 75%。

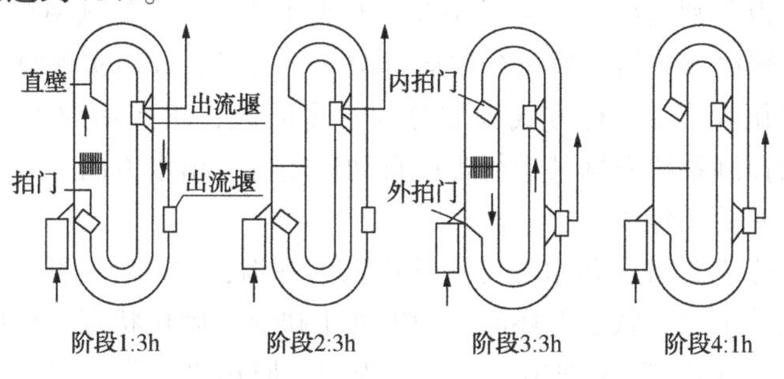

图 4-4　VR 型氧化沟系统

(4) 三沟式(T 型)氧化沟

三沟交替运行，该系统由三个同等体积的氧化沟一起形成为一个单元操作。三个氧化沟之间相互连通，两侧氧化沟起曝气和沉淀双重作用，中间的氧化沟始终进行曝气，不设二沉池及污泥回流装置，具有去除 BOD 及硝化脱氮的功能。T 型氧化沟系统见图 4-5。

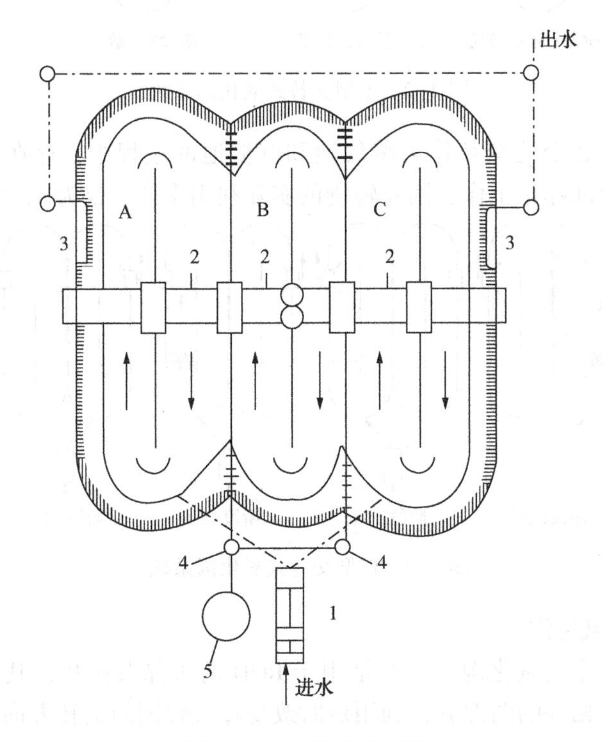

图 4-5 T 型氧化沟系统

三沟式氧化沟(T 型)可克服 D 型氧化沟的特点，运行过程中两侧的两个池子交替地用作曝气池和沉淀池，进水分别从两侧的池子中引进和引出，中间的池子则连续曝气，设备利用率提高到了 58%，有利于脱氮。三沟式氧化沟较 VR 型和 D 型氧化沟运转更加灵活，通过合理运行调度，可以有效地实现脱氮功能。

三沟式氧化沟基本运行方式大体分为 6 个阶段，工作周期为 8h，如图 4-6 所示，其自动控制系统根据其运行程序自动控制进、出水方向、溢流堰的升降以及曝气转刷的开动和停止。

阶段 A：持续 2. 5h，污水经配水井进入第一沟，沟内转刷低速运转，仅维持沟内活性污泥处于悬浮状态下环流，沟内处于缺氧反硝化状态，反硝化菌将上阶段产生的 NO_x-N 还原为 N_2逸出。在此过程中，原污水作为碳源，因此不必外加

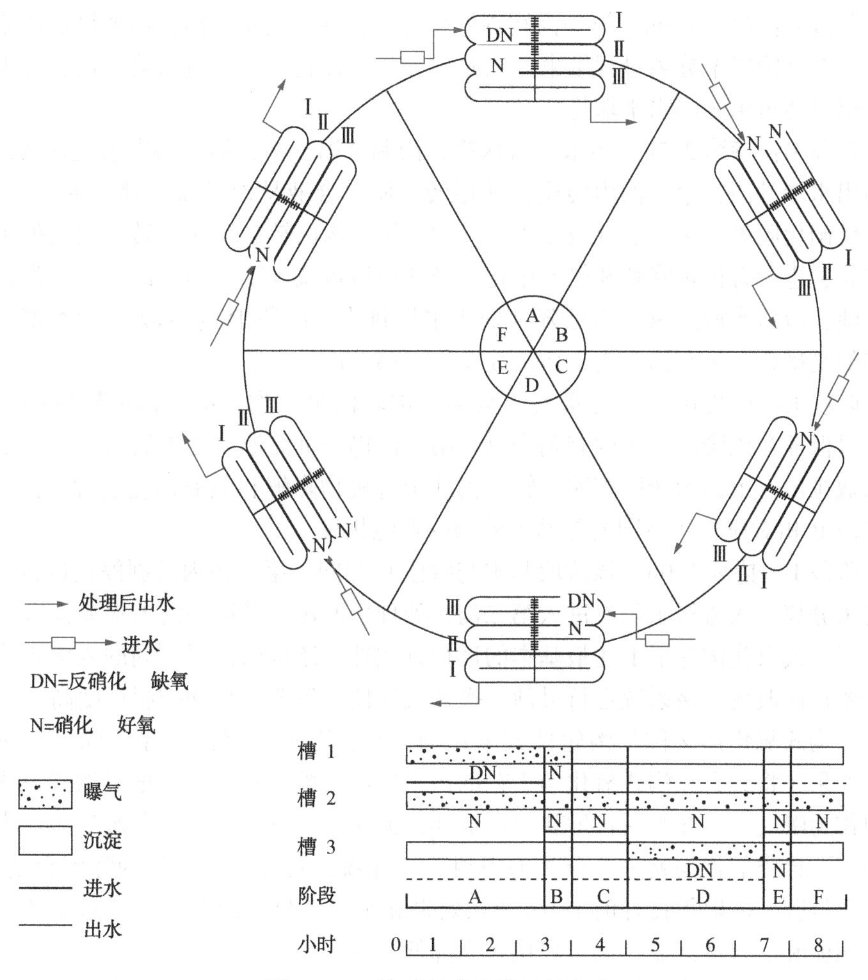

图 4-6 三沟式氧化沟的运行方式

碳源。同时沟内出水堰能自动调节，混合液进入第二沟。第二沟内转刷在阶段 A 均处于高速运行，使其沟内的混合液保持恒定环流，其 DO 为 2mg/L，在此进行有机物的降解和氨氮的硝化。处理后的混合液再进入第三沟，此时第三沟内的转刷处于闲置状态，所以在该阶段，第三沟仅用作沉淀池，使泥水分离，澄清水通过已降低的出水堰从第三沟流出。

阶段 B：持续 0.5h，污水入流从第一沟调到第二沟，此时第一沟内的转刷高速运转，第一沟由缺氧状态逐步转为富氧状态。第二沟内转刷仍高速运转，所以阶段 B 时的第一、二沟内均处于好氧状态，都进行有机物的降解和氨氮的硝化。经第二沟处理过的混合液再进入第三沟，第三沟仍为沉淀池，沉淀后的污水通过第三沟出水堰排出。

阶段C：持续1.0h，第一沟转刷停止运转，开始泥水分离，需要设过渡段约1.0h，至该阶段末分离过程结束。在C阶段，入流污水仍然进入第二沟，处理后污水仍然通过第三沟出水堰排出。

阶段D：持续2.5h，污水入流从第二沟调至第三沟，第一沟出水堰降低，第三沟出水堰升高，第三沟内转刷低速运转，使混合液悬浮环流，处于缺氧状态，进行反硝化脱氮。然后混合液流入第二沟，第二沟内转刷高速运转，使之处于好氧状态，进行有机物降解和氨氮硝化。经处理后再流入第一沟，此时第一沟作为沉淀池，澄清水通过第一沟已降低的出水堰排出。阶段D与阶段A相类似，所不同的是硝化发生在第三沟，而沉淀发生在第一沟。

阶段E：持续0.5h，污水入流从第三沟转向第二沟，第三沟内转刷高速运转，以保证在该阶段末沟内有剩余氧。第一沟仍作沉淀池，处理后污水通过该沟出水堰排出。第二沟转刷高速运转，仍处于有机物降解和氨氮硝化过程。阶段E和阶段B相对应，所不同的是两个外沟的功能相反。

阶段F：持续1.0h，该阶段基本与阶段C相同，第三沟内转刷停止运转，开始泥水分离，入流污水仍然进入第二沟，处理后的污水经第一沟出水堰排出。

三沟式氧化沟除了上述最基本的运行方式外，还可以根据不同的入流水质及出流要求而改变。该系统运行灵活，操作较简便，但要求自动控制程度高。

三沟式氧化沟又称三沟轮换式氧化沟，它将曝气与沉淀工序于同一构筑物内。如果要将具有三沟式氧化沟工艺的污水厂进行扩建时，可以把三沟式氧化沟单独作为曝气池，在其后再增建二沉池和污泥回流设备，可将原污水处理能力提高一倍。该类氧化沟就是一个A/O活性污泥系统，可完成有机物的降解和硝化、反硝化过程，能取得良好的BOD_5去除效果和脱氮效果。同时该工艺系统免除了污泥回流和混合液回流，运行费用大大降低。

三沟式氧化沟流程简单，无需设置初沉池和二沉池及污泥回流设备，处理效果稳定，管理方便，基建费用低，占地少并具有脱氮除磷功能。我国邯郸市东污水处理厂就是采用该工艺。

4.1.3.2 半交替工作式氧化沟

半交替工作式氧化沟兼具连续工作式和交替工作式的特点。这种氧化沟具有独立的二沉池，是曝气和沉淀完全分离的氧化沟系统。

最典型的半交替工作式氧化沟为DE型氧化沟，如图4-7所示。

DE氧化沟是指两个相同容积的氧化沟组成的处理系统。DE型氧化沟为双沟半交替工作式氧化沟系统，具有良好的生物除氮功能。它与D型、T型氧化沟的不同之处是二沉池与氧化沟分开，并有独立的污泥回流系统。而T型氧化沟的两侧沟轮流作为沉淀池。

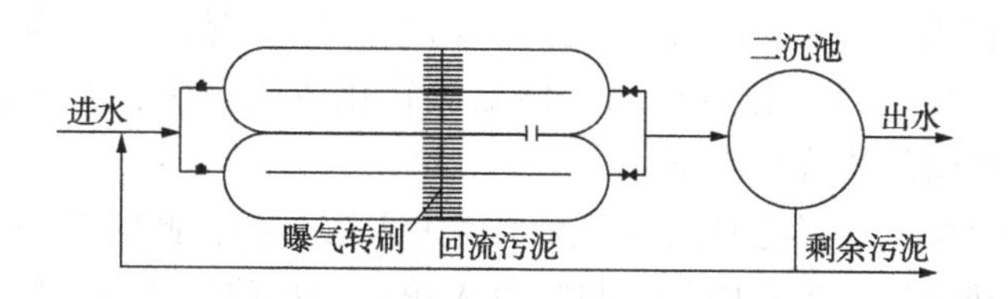

图 4-7 DE 型氧化沟系统

DE 氧化沟内两个氧化沟相互连通，串联运行，交替进水。沟内设双速曝气转刷，高速工作时曝气充氧，低速工作时只推动水流，基本不充氧，使两沟交替处于厌氧和好氧状态，从而达到脱氮的目的。若在 DE 氧化沟前增设一个缺氧段，可实现生物除磷，形成脱氮除磷的 DE 型氧化沟工艺。

该工艺分为四个阶段，如图 4-8 所示。

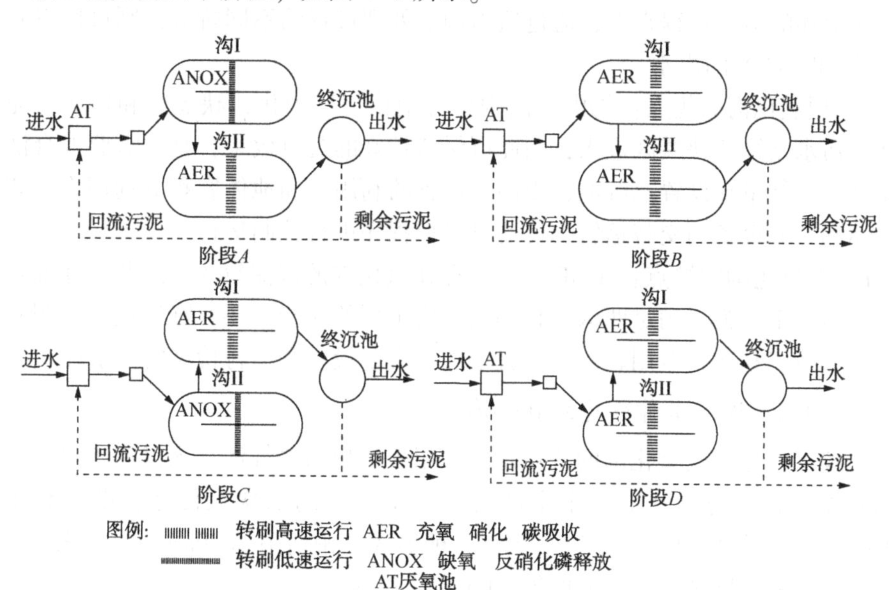

图 4-8 DE 型氧化沟的运行阶段

阶段 A：污水与二沉池回流污泥均流入缺氧池，经池中的搅拌器搅拌使其充分混合，避免污泥沉淀，之后混合液经配水井进入第一沟。第一沟在前一阶段已进行了充分的曝气和硝化作用，微生物也已吸收了大量的磷，因此在该阶段，第一沟内转刷以低转速运转，仅维持沟内污泥悬浮状态下环流，供氧量减少，此时系统处于厌氧状态，反硝化菌将上阶段产生的硝态氮还原成氮气逸出。第二沟的出水堰自动降低，处理后的污水由第二沟流入二沉池。在阶段 A 的末期，由于第一沟处于缺氧状态，吸收的磷将释放到水中，因此此沟中磷的浓度将会升高，而第二沟内转刷在整个阶段均以高速运行，污水、污泥混合液在沟内保持恒定环流，转刷所供氧量足以氧化有机物并使氨氮转化成硝态氮，微生物吸收水中的磷，因此该沟中磷的浓度将下降。

阶段B：污水与二沉池回流污泥配水后进入第一沟，此时第一沟与第二沟的转刷均高速运转充氧，进水中的磷与阶段A第一沟释放的磷进入好氧条件的第二沟中，第二沟中混合液磷含量低，处理后污水由第二沟进入二沉池。

阶段C：阶段C与阶段A相似，第一沟和第二沟的工艺条件互换，功能刚好相反。

阶段D：阶段D与阶段B相似，是短暂的中间阶段。第一沟和第二沟的工艺条件相同，两个沟中转刷均高速运转充氧，使吸收磷的微生物和硝化菌有足够的停留时间。但第一沟和第二沟的进、出水条件相反。

从上述的运行过程来看，通过适当调节处理过程的不同阶段，则可以得到低浓度的TP和TN的出水。

DE型氧化沟的优点：①由于两沟交替硝化与反硝化，缺氧区和好氧区完全分开，污水始终从缺氧区进入，因此可保持较好的脱氮效果，且不需要混合液内回流系统。②单独设置二沉池，提高了设备的利用率和池体容积的利用率。③两沟池体和转刷设备的交替运转均可通过自控程序进行控制运行。

DE型氧化沟的缺点：①DE氧化沟存在氧化沟的沟深较浅，因此占地面积较大。②由于工艺为了满足两沟交替硝化与反硝化的功能需要，曝气设备按照双电机配置，投资和运行费用较高，并且增加了设备投资和运行检修的复杂性。

4.1.3.3 连续工作分建式氧化沟

连续工作分建式氧化沟的特点是：仅用于氧化沟曝气池，入口和出口的流动方向不能变化，需要开辟一个空间设立一个独立的二次沉淀池，设备利用率100%。连续工作分建式氧化沟主要有三种形式：帕斯韦尔(Pasveer)氧化沟、卡鲁塞尔(Carrousel)氧化沟、奥贝尔(Orbal)氧化沟。

(1) 帕斯韦尔氧化沟

采用了最初跑道式沟型，一般采用曝气转刷曝气，如图4-9所示。

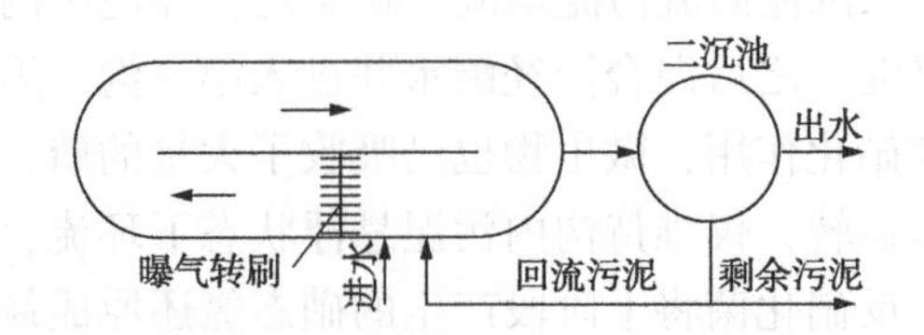

图4-9 Pasveer氧化沟系统

（2）Carrousel 氧化沟

是多沟串联系统，一般采用垂直轴表面曝气机，如图 4-10 所示。Carrousel 氧化沟简称循环折流式氧化沟，采用表面曝气机曝气，如曝气转刷、曝气转蝶、倒伞曝气机等。随着污水处理中对脱氮除磷的要求，Carrousel 氧化沟自 1967 年由荷兰 DHV 公司发明的第一代的普通的 Carrousel 氧化沟发展为具有脱氮除磷功能的 Carrousel 2000 型氧化沟(图 4-11)，后又发展为第三代的 Carrousel 3000(图 4-12)型氧化沟。技术特点可总结如下：①采用立式表曝机，单机功率大，设备数量少，系统简单；②有极强的混合搅拌与耐冲击负荷能力；③曝气功率密度大，传氧效率达到平均至少 2.1kgO_2/(kW·h)；④氧化沟沟深加大，可达到 5m 以上，使氧化沟占地面积减少；⑤土建费用降低；⑥操作环境好，运行管理简单；⑦调节性能好，节能效果显著；⑧能在寒冷地区使用。

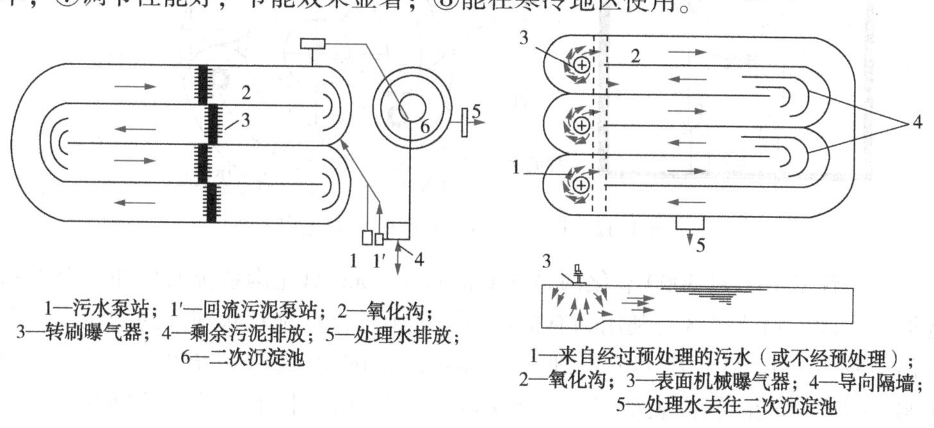

图 4-10 第一代普通的 Carrousel 氧化沟及其变形

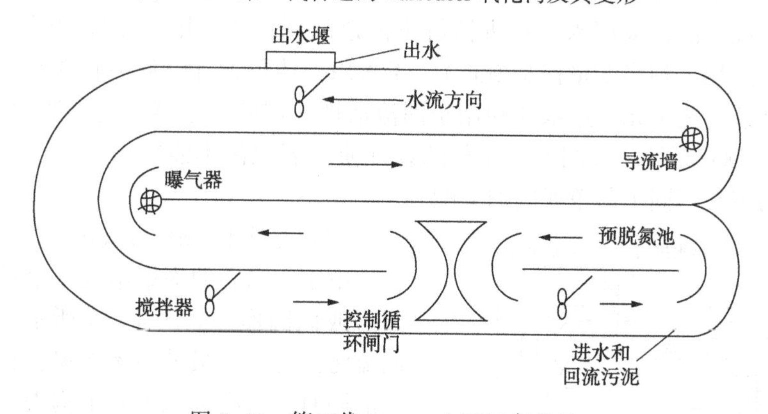

图 4-11 第二代 Carrousel 2000 氧化沟

第二代 Carrousel 2000 氧化沟在普通卡鲁塞尔氧化沟前增加了一个预脱氮的反硝化区。原水和回流污泥在厌氧池中充分搅拌混合。该系统活性污泥中的菌群主要为硝化菌、反硝化菌及聚磷菌。在厌氧区中，聚磷菌吸收由溶解性 BOD 转化而成的发酵产物，将其转化为碳源存储物，利用聚磷及细胞内糖的水解产生能量，在水解的过程中释放磷酸盐。释放磷酸盐后，聚磷菌在好氧条件下重新吸收并储存超出其生长需求的磷量，并产生富磷污泥，从而使磷随污泥从系统中排出。缺氧区用于处理从厌氧区流入的混合液，一部分聚磷菌以内回流混合液中的硝酸盐作为最终电子受体分解细胞内的 PHB，产生的能量用于磷的吸收和聚磷的合成，同时反硝化菌也利用内回流带来的硝酸盐以及污水中可生物降解的有机物进行反硝化，达到部分脱碳与脱硝、除磷的目的。

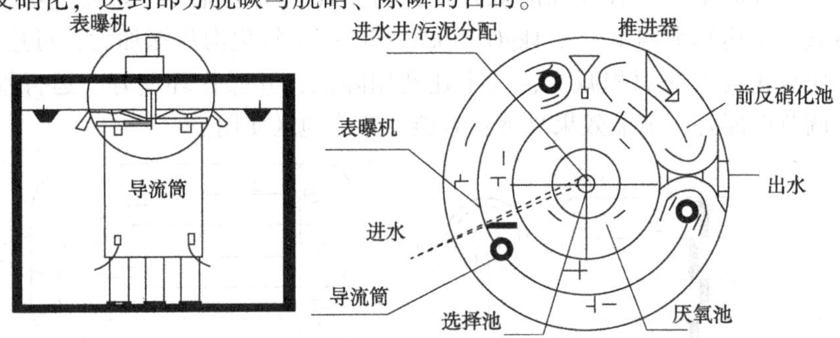

图 4-12 第三代 Carrousel 3000 氧化沟

第三代 Carrousel 3000 氧化沟是在 Carrousel 2000 氧化沟系统前再加一个生物选择区。该生物选择区是利用高有机负荷筛选菌种，抑制丝状细菌的增长，提高各污染物的去除率。其工艺原理与 Carrousel 2000 氧化沟系统相同。Carrousel 3000 系统的功能的提高表现在：①池深可达 7.5~8m；同心圆式，池壁共用，减少了占地面积，降低造价的同时提高了耐低温能力；②表曝机下安装导流筒，抽吸缺氧的混合液；采用水下推进器解决流速问题；③使用了先进的曝气控制器 QUTE(它采用一种多变量控制模式)；④采用一体化设计，从中心开始，包括以下环状连续工艺单元：进水井和用于回流活性污泥的分水器、选择池和厌氧池、Carrousel 2000 系统；⑤圆形一体化的设计使得氧化沟不需额外的管线，即可实现回流污泥在不同工艺单元间的分配。

(3) 奥贝尔(Orbal)氧化沟

由多个同心的沟渠组成，渠道一般呈圆形或椭圆形，如图 4-13 所示。污水与回流污泥均进入最外一条沟渠，在不断循环的同时，依次进入下一个沟渠，它相当于一系列完全混合反应池串联而成，最后混合液从内沟渠排出。

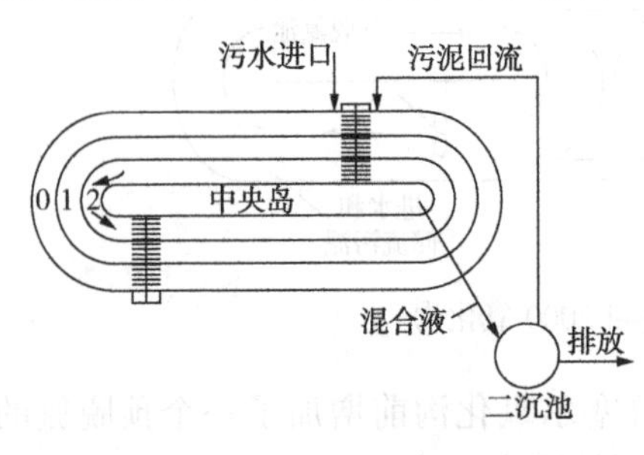

图 4-13 奥贝尔氧化沟

污水从最外面或最里面的沟渠进入氧

化沟，在其中不断循环流动的同时，通过淹没式输水口，从一条沟渠流入相邻的下一条沟渠，最后从中心的或最外面的沟渠流入二沉池进行固液分离。沉淀污泥部分回流到氧化沟，部分以剩余污泥排入污泥处理设备进行处理。氧化沟的每一沟渠都是一个完全混合的反应池，整个氧化沟相当于若干个完全混合反应池串联在一起。

Orbal 型氧化沟常分为三条沟渠：外沟渠的容积约为总容积的60%~70%，中沟渠容积约为总容积的29%~30%，内沟渠容积仅占总容积的10%。在运行时，应保持第一、二及三渠的溶解氧分别为0、1mg/L 及 2mg/L，即为所谓三沟 DO 的0-1-2 梯度分布。第一渠中氧的吸收率很高，通常高于供氧速率，供给的大部分溶解氧立即被消耗掉，因此即使该段提供90%的需氧量，仍可将溶解氧的含量保持在0左右。在第二、三渠道中，氧的吸收率较低，尽管反应池中供氧量较低，溶解氧的量却可以保持较高的水平。为了保持 Orbal 氧化沟中这种浓度梯度，可简单地通过增减曝气盘的数量来达到调节溶解氧的目的。在氧化沟中保持0-1-2 的浓度梯度，可达到以下目的：①在第一渠内仅提供将 BOD 物质氧化稳定所需的氧，保持溶解氧为0或接近0，既可节约供氧的能耗，也可为反硝化创造条件；②在第一渠缺氧条件下，微生物可进行磷的释放，以便它们在好氧环境下吸收废水中的磷，达到除磷效果；③在三条沟渠中形成较大的溶解氧阶梯，有利于提高充氧效率。

Orbal 型氧化沟的特点：曝气设备均采用曝气转盘。由于曝气盘上有大量的曝气机和楔形突出物，增加了推进混合和充氧效率，水深可达3.5~4.5m，并保持沟底流速0.3~0.9m/s，同时可以借助配置备沟中不同的曝气盘数目，变化输入每一沟的供氧量。圆形或椭圆形、比渠道较长的氧化沟更能利用水流惯性，可节省推动水流的能耗。多渠串联的形式可减少水流短流现象。

4.1.3.4 连续工作合建式氧化沟

连续工作合建式氧化沟，也称为一体化氧化沟(图4-14)，其特征在于集曝气、沉淀、脱水和污泥回流功能为一体，而不需要一个单独的二次沉淀池。它将曝气净化与固液分离操作同在一个构筑物中完成，污泥自动回流，连续运行，设备和池容利用率为100%。连续工作合建式氧化沟主要型式有管式、多斗式、边墙和中心墙式、竖向循环式、侧渠式、斜板式、侧沟

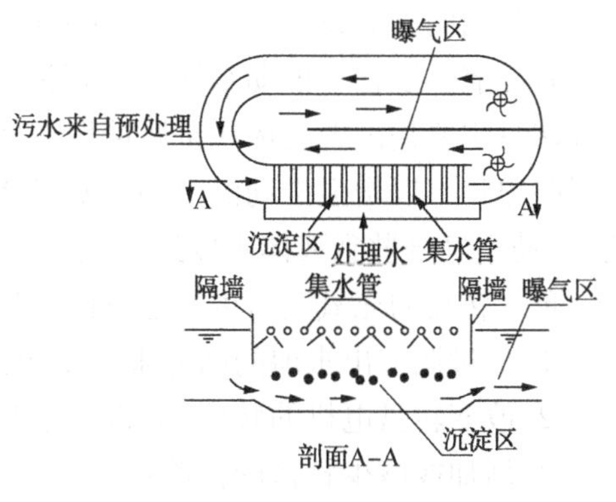

图4-14 一体化氧化沟系统

式、中心岛式等。根据沉淀器置于氧化沟的部位进行区分，可概括为三类：沟内式、侧沟式和中心岛式一体化氧化沟。

在氧化沟的一个沟渠内设沉淀区，在沉淀区的两侧设隔墙，并在其底部设一排三角形导流板，同时在水面设穿孔集水管，以收集澄清水。氧化沟内的混合液从沉淀区的底部流过，部分混合液则从导流板间隙上升进入沉淀区，而沉淀下来的污泥从导流板间隙下滑回氧化沟。曝气采用机械表面曝气。其工艺的主要优点主要有以下方面：①工艺流程短，构筑物和设备少，不设初沉池、调节池和单独的二沉池，污泥自动回流，投资省、能耗低、占地少、管理简便；②处理效果稳定可靠，其 BOD_5 和 SS 去除率均在 90%~95%或更高，COD 的去除率也在 85%以上且硝化和脱氮作用明显；③产生剩余污泥量少，污泥不需消化，性质稳定，易脱水，不带来二次污染；④造价低，设备事故率低，运行管理费用少；⑤固液分离效率比一般二沉池高，池容小，能使整个系统在较大的流量和浓度范围内稳定运行。⑥污泥回流及时，减少了污泥膨胀的可能。

4.1.4 氧化沟曝气设备

曝气设备作为氧化沟处理工艺中最主要的机械设备，是影响氧化沟处理效率、能耗及稳定性的关键之一，不仅兼有充氧、推动、混合等功能，还决定着氧化沟的占地面积和基建投资。随着氧化沟处理工艺对曝气设备的要求越来越高，以及能源的日趋紧张，新型高效低能曝气设备的研究已经成为推动氧化沟处理技术发展和节能降耗的重要因素。多年的研究使得曝气设备已经在技术上达到了一个很高的水平，不仅可以完全满足污水生物处理工艺对曝气设备的要求，而且在提高能源利用效率方面也取得了较大进步。

(1) 曝气转盘

Orbal 氧化沟是氧化沟类型中的重要形式，在中、高浓度的城市污水处理厂中具有相当明显的技术经济优势。曝气转盘是用于 Orbal 氧化沟的专用曝气装置，它起着充氧、混合、推动水流作循环流动和防止活性污泥沉淀等作用。在我国，曝气转盘主要是由聚乙烯或抗腐蚀性玻璃钢压铸成型，转盘表面设有规则排列的楔形凸出物，以增强推动混合和充氧效率，盘上开有许多不穿透小孔(称为曝气孔)，使空气分散到液体中以达到充氧的目的。曝气转盘及其安装见图 4-15。

曝气转盘的充氧能力可通过下面四种方式来调节：

① 通过调节出水堰的高低来改变转盘的浸没深度；

② 改变转盘电机的转速(通常采用两级变速)；

③ 增加或减少转盘的盘数；

④ 改变转盘的旋转方向。

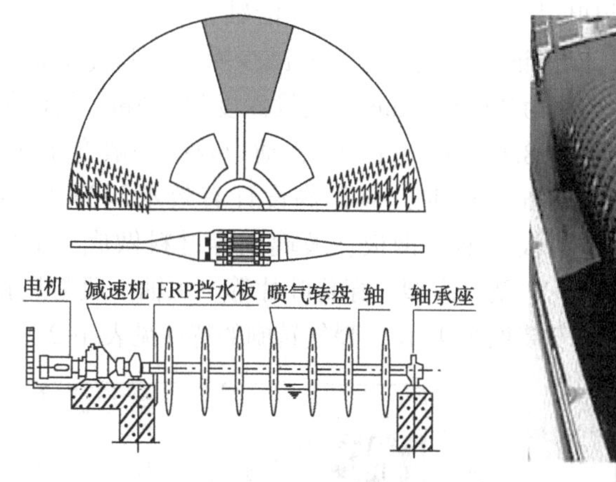

图 4-15 曝气转盘及其安装

近年我国天津国水设备工程公司与美国 Envirex 公司合作，引进美国先进的曝气转盘生产模具，在国内独家制造出材料为高强轻质塑料的新型曝气转盘，其主要技术参数为：曝气转盘直径 1400mm；适用转速 43~55r/min；适用浸没水深 400~530mm。

单盘标准清水充氧能力及动力效率见表 4-1。

表 4-1 单盘标准清水充氧能力及动力效率

转速/(r/min)	单盘充氧能力 kgO_2/h		动力效率 $kgO_2/(kW\cdot h)$	
	浸没深度为 530mm	浸没深度为 500mm	浸没深度为 530mm	浸没深度为 500mm
45	0.8	2.03	0.78	1.88
50	0.96	1.9	0.93	1.85
55	1.12	1.81	1.1	1.8
	P=101.325kPa，T=20℃			

实际污水处理工程中，曝气转盘性能的好坏和效率的高低，直接影响到 Orbal 氧化沟的处理效果、动力消耗、建设投资和运转费用。与同类曝气设备相比，曝气转盘具有工作水深大、充氧能力大、充氧效率高、混合能力强以及结构简单、组装灵活、使用寿命长、安装维修方便等特点。

（2）曝气转刷

曝气转刷主要有 Kessener 转刷、笼型转刷和 Mammoth 转刷三种，其他产品均是这三种的派生型，一般用于 Pasveer 氧化沟中。使用 Kessener 转刷和笼型转刷这两种曝气转刷时，氧化沟设计有效水深一般在 1.5m 以下。Mammoth 转刷是为增加单位长度的推动力和充氧能力而开发的，叶片通过彼此连接直接紧箍在水平轴上，沿圆周均布成一组，每组叶片之间有间隔，叶片沿轴长呈螺旋状分布，在旋转过程中叶片顺序进入水中，以保证运行的稳定性并减少噪声。其传动轴为中空钢管，转刷直径可达1.0m，转速为70~80r/min，浸没深度为0.3m，目前最大有效长度可达9.0m，充氧能力可达8.0kgO_2/(m·h)，动力效率一般在1.5~2.5kgO_2/(kW·h)之间，使用Mammoth转刷时，氧化沟设计有效水深为3.0~3.5m。常见的曝气转刷叶片由镀锌钢板、不锈钢板、玻璃钢等材料做成，形状也多种多样，有矩型、三角型、T型、W型、齿型、穿孔叶片等。主轴一般为热扎无缝钢管和不锈钢管。曝气转刷及其安装见图4-16，曝气转刷的特性见表4-2。

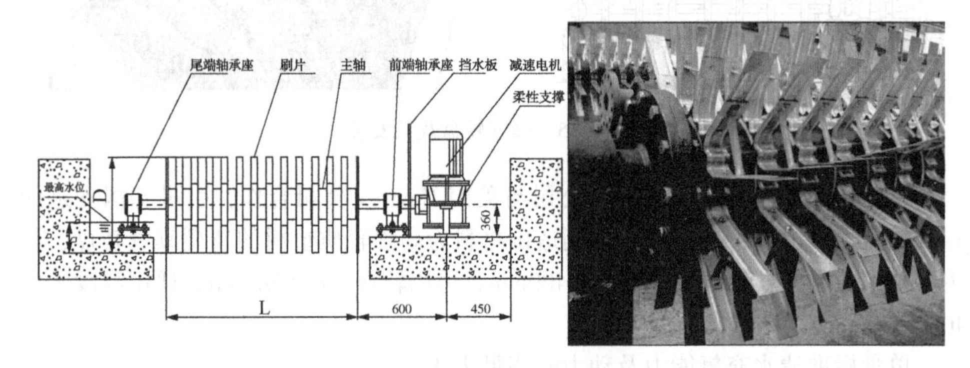

图4-16　曝气转刷及其安装

表4-2　曝气转刷的特性

刷片直径/mm	转速/(r/min)	最大淹没深度/mm	充氧量/(kgO_2/h)	电机额定功率/kW	总高度 H/mm
ϕ700	74	240	10	5.5	1425
			14	7.5	
			20	11	1500
ϕ1000	70	300	27	15	
			40	22	1655
			54	30	1775
			67	37	1806
			81	45	1900

为了取得更高的除磷脱氮效果，就需要一个较大的反应池，在其中完成硝化和反硝化过程。由于反应池的面积受土地的限制，使得反应池的水可深达8m，在这个水深下，常采用微孔曝气设备，现在也可以使用曝气转刷。曝气转刷的循环性能可达到水深3.5m，可以达到不产生沉积的操作要求，而在水深大于3.5m时可附加潜水搅拌器时，因此工作水深达到8m是没有任何问题的。当使用这种

潜水搅拌器时，除了供连续运转外，在长期或短期高含氧量交替缺氧时可作间歇性运转，使反应池中的污水保持一定的流速，以避免污泥沉积。

(3) 立式表面曝气机

立式表面曝气机是专为Carrousel氧化沟设计的，一般每沟安装一台，置于反应池的一端。它的提升能力强，允许有较大的沟深(4~5m)，适用于大流量的污水处理厂，应用较为广泛。它的充氧能力随叶轮直径变化较大，动力效率一般为1.8~2.3kgO_2/(kW·h)。

立式表面曝气机主要有固定式和浮筒式两种，其中浮筒式曝气机整机安装在浮筒上，用钢绳固定于水中，用防水电缆接电，可在一定范围内移动；固定式的立式表曝机有很多规格品种，根据曝气机叶轮的构造和型式的不同，常用表面曝气机的类型可分为泵型、K型、倒伞型、平板型等四种，在国内主要以泵型(E型)及倒伞型叶轮为主。立式表面曝气机的安装方式多为固定式，也有使用浮筒式安型氧化沟中，见图4-17。

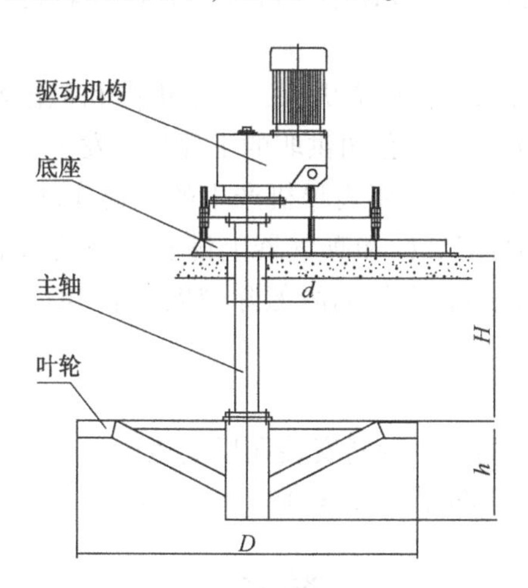

图4-17 立式表面曝气机及其安装

立式表面曝气机又称竖轴式叶轮曝气机，表面曝气机主要是指立式机械曝气器。表面曝气机转速较低，一般为20~100r/min，最大线速度为4.5~6.0m/s，动力效率为1.5~3kgO_2/(kW·h)。在立式表面曝气机旋转叶片作用下，水从叶轮周边甩出水幕，裹进空气；叶轮由下向上呈锥形扩大，迫使污水上、下循环流动，不断接触空气；叶轮底部和叶片背面因水的流动形成负压、吸入空气，故水和空气能进行大面积混合，大量充氧。

立式表面曝气机的类型和各自特点如下：

① 泵型叶轮：泵型叶轮的外形与离心泵的叶轮相似，其外缘最佳线速度应

在 4.5~5.0m/s 之间，叶轮的浸没深度应在 40mm 左右。

② K 型：K 型叶轮由后轮盘、叶片、盖板及法兰组成，后轮盘呈双曲线型。与若干双曲线型叶片相交成水流孔道，孔道从始端到末端旋转 90°，后轮盘端部边缘与盖板相接，盖板大于后轮盘和叶片，其外伸部分和各叶片上部形成压水罩。K 型叶轮直径与曝气池直径或边长之比大致为 1：(6~10)，其最佳线速度应在 3.5~5.0m/s 之间，叶轮的浸没深度为 0~10mm。

③ 平板型：平板型叶轮的构造简单，制造方便，不易堵塞，其叶片与平板的角度一般在 0°~25°之间，最佳角度为 12°。线速度一般为 4.05~4.85m/s。直径在 1000mm 以下的平板叶轮，浸没深度在 10~100mm 之间；直径在 1000mm 以上的平板叶轮，大多设有浸没深度调节装置，浸没深度常用 80mm。

④ 倒伞型：倒伞型叶轮结构的复杂程度介于泵型和平板型之间，与平板型相比其动力效率较高，一般都在 $2kgO_2/(kW \cdot h)$ 以上，最高可达 $2.5kgO_2/(kW \cdot h)$，但充氧能力较低。倒伞型叶轮直径一般比泵型叶轮大，因而转速较低，通常为 30~60r/min。

为了弥补转刷式氧化沟的技术弱点，寻求一种渠道更深、效率更高和机械性能更好的系统设备，20 世纪 60 年代末在 DHC 有限公司供职的工程师开发了立式低速表曝机。表曝机被安装于中心隔墙的末端，利用表曝机产生的径流作动力，推动氧化沟中的液体形成靠近曝气器下游的富氧区和曝气器上游及外环的缺氧区，有利于生物凝聚，易于活性污泥沉淀，拥有良好的脱氮除磷效率和 BOD 去除率。

(4) 抽吸式曝气机

抽吸式曝气机又称推流搅拌式曝气机，通常是倾斜安装在反应池中，是一种叶轮抽吸式曝气搅拌机。立式表面曝气机及其安装见图 4-18。

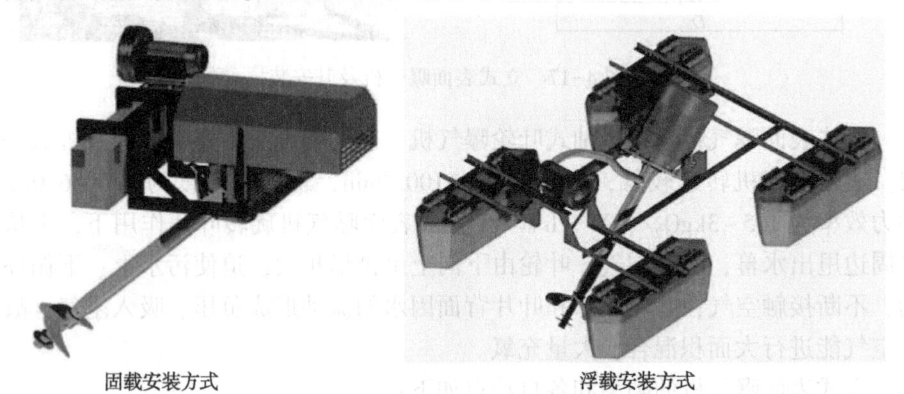

固载安装方式　　浮载安装方式

图 4-18　立式表面曝气机及其安装

抽吸式曝气机的工作原理：电机直接带动复合叶轮高速转动，使混合叶轮背面产生负压，在负压及鼓风机产生的正压共同作用下，空气被叶轮剪切、粉碎成极细微气泡注入水体，使空气中的氧溶解于水中，形成第一次溶氧。混合叶轮对水体形成强有力的推流，携带氧分子的水和微小气泡向池底四周喷射、扩散，带动污泥上升，而此时缓缓上升的气泡逐渐被上层水体溶解，微小气泡在水中停留时间大大延长，使氧进一步被吸收，形成二次溶氧。在与水的接触中，氧气被水和水生生物吸收。这些气泡扩散得较远，从而与水接触得时间很长，氧利用率非常高。曝气机的氧气扩散区和混合区的范围随机器型号而变化，将多台曝气机组合安装在反应池中，可使氧气在整个反应池中混合并扩散。

工作时曝气机的入水角度可以在30°~90°之间调节，通常以45°放置，但为达至最好的效果，必须根据具体情况调节安装角度。曝气机可以提出水面直接维修。

水流联动是若干台曝气机经过合理的布置形成循环流，使池中的平均流速与总功率的比值达到最大值。将曝气机的影响区域互相连接，使水的混合效果与氧气传递速率至最大，这是在反应池中形成水流联动的基础。极大的流速使氧气得到迅速扩散，并产生充分的混合效果，加快生物反应。

（5）微孔曝气器

微孔曝气器是鼓风曝气充氧的必备设备。曝气设备的选型不仅决定污水生化处理效果，还影响到污水场占地、投资及运行费用。微孔曝气器主要有悬挂式链式曝气器、膜片式微孔曝气器、旋切式曝气器、管式曝气器、盘式曝气器、微孔陶瓷曝气器、软管式曝气器等。

氧化沟工艺的曝气设备，常采用机械曝气设备，此时机械曝气设备是起充氧和推流的作用，在实际运转操作中很难分别独立控制充氧量和流速。尤其是对除磷脱氮要求高时，需要反应池中保持一定容积的厌氧段，但机械曝气设备为防止活性污泥的沉淀而需要一定的流速，这样往往容易引起充氧过量，特别是在降雨天等进水溶解氧较高时，该状态更加显著，从而不能得到理想的除磷脱氮效果。与此相比，微孔曝气器和潜水推流设备的组合方式是两个完全独立的设备进行充氧及搅拌，因此可分别控制流速及溶解氧，并能够高效简单地运行操作。微孔曝气的优点如下：

① 微孔曝气氧化沟采用深水微孔曝气和水下推流相结合的曝气系统，充氧能力强，可保证氧化沟出口处污水的DO浓度在21~25mg/L，保持活性污泥良好的净化功能，还能充分利用氧化沟的水力学特性，使沟内混合液流速保持在0.3m/s，防止了污泥沉降，又能使污泥与原水充分混合，进行彻底碳化、硝化反应；

② 微孔曝气氧化沟工艺如采用 A^2/O 工艺模式(设置前置厌氧池和缺氧池),则可以取得很好的除磷脱氮效果;

③ 可根据进水水量、水质的变化,通过调节鼓风机装置,可使供给氧化沟的空气量与之适应。通过停开曝气器的个数,调整氧化沟缺氧和好氧段的长度,以适应不同进水水质的需要;

④ 微孔曝气氧化沟工艺采用微孔曝气方式,池体有效水深可达 6m 以上,减少了占地面积,并可提高整个处理系统的耐低温能力;

⑤ 微孔曝气氧化沟工艺的氧利用率高,从而可有效降低能耗;

⑥ 与表曝设备相比,产生的臭味相对较少。

盘式微孔曝气器及其安装见图 4-19,盘式微孔曝气器的主要规格和性能参数见表 4-3。

图 4-19 盘式微孔曝气器及其安装

表 4-3 盘式微孔曝气器的主要规格和性能参数

规 格	ϕ215mm	ϕ260mm	ϕ300mm
工作通气量/(m^3/h)	1.5~3	2~5	2~8
设计通气量/(m^3/h)	2	3	4
服务面积/m^2	0.25~0.45	0.35~0.65	0.45~0.75
氧利用率/%	>30	>30	>30
充氧能力/(kgO_2/h)	0.13~0.36	0.18~0.45	0.25~0.5
淹没水深/m	4.8	4.8	4.8
理论动力效率/[kgO_2/(kW·h)]	6.5	6.5	6.5
阻损/Pa	<3000	<3000	<3000

微孔曝气器的主要性能如下:

① 氧气转移效率。氧气向水中的转移(溶解)是气层与液层之间的物质转移

现象，气液的接触面积越大，即气泡的表面积越大，氧气的转移效率越高。以同样的空气量进行曝气，气泡直径越小，则其整体的表面积越大，效果也越好。同时，气泡直径越小，其上升速度越慢，气液的接触时间越长，因此也可得到极高的氧气转移效率。

为了产出微泡而缩小曝气孔径，各曝气设备厂家之间展开了激烈的开发竞争，但气管细小且复杂，空气中的粉尘等易堵塞曝气孔眼。用聚氨酯薄膜制作的微孔曝气板，很好地解决了曝气孔眼的堵塞问题，在不使用高档除尘装置的情况下也可以产出微小气泡，得到极高的氧气转移效率；

② 所需动力及电费。微孔曝气器的氧气转移效率极高，故可减少送气量。其气泡直径约为1mm，虽然压损将比以往的曝气头有所增加，但是，从整体所需动力来看，还是比以往的曝气头少，可以降低电费。另外，若将现有的反应池的曝气装置改变成微孔曝气器，根据风量削减效果试验得出，继续使用现有的鼓风系统是能够获得同等电力削减效果的；

③ 曝气方法：微孔曝气器曝气时，薄膜会鼓起并扩张薄膜的微孔，据此通气来开始曝气。曝气停止时，微孔闭缩且薄膜呈紧绷在基板状态以阻止污水浸入内部，造成孔眼的堵塞问题。因此，也不需要以往微孔曝气头所需的高性能空气滤清器；

④ 维修保养：微孔曝气器很难从内部发生堵塞孔眼问题或在薄膜表面附着生物膜，即使附着后也极容易剥离，故不需要特殊的维修保养。万一附着黏泥或因尘土等发生堵塞孔眼而导致压损上升时，可利用薄膜的高弹性，通过停止曝气后再开始曝气的简单操作就可以使孔眼恢复原状并开始正常运转；

⑤ 耐久性：用于微孔曝气器的薄膜与以往的橡胶不同，是不添加增塑剂的特殊聚氨酯薄膜，不仅柔软且极有弹性。因不含增塑剂，故长期使用也不会发生因增塑剂脱离而引起的薄膜老化现象。

4.2 SBR工艺

4.2.1 SBR的发展

SBR(Sequencing Batch Reactor)是序批式(间歇)活性污泥法的简称。1914年，英国学者Ardern和Locket发明了该工艺。SBR工艺过程是按时序来运行的，但由于受当时自动化水平的限制和工业废水的处理规模的增长，突显了其操作困难、工作量大的缺点，SBR的工艺研究一度被人们放弃。因此，SBR工艺开始并没有得到广泛推广。

近年，由于电脑技术的飞快发展及自动化控制技术的快速进步，SBR 反应器操作困难、工作繁琐的缺点逐渐得以解决。SBR 工艺与传统活性污泥法相比有很多优点，这引起许多国内外学者的关注。

20 世纪 70 年代初，美国的 Irvine 等人在美国环保总局的资助下建立了世界上第一个 SBR 污水处理厂。此后，日本、德国等也开始关注 SBR 工艺的研究。我国于 20 世纪 80 年代开始对 SBR 工艺进行研究，并于 1985 年在吴淞建立了我国第一个应用 SBR 工艺的废水处理站。

由于 SBR 在运行过程中，各阶段的运行时间、反应器内混合液体积的变化以及运行状态等都可以根据具体污水的性质、出水水质、出水质量与运行功能要求等灵活变化。对于 SBR 反应器来说，只需要时序控制，并无空间控制的障碍，所以可以灵活控制，所以，SBR 工艺发展速度极快，并衍生出许多种新型 SBR 处理工艺，以下分别介绍几种主要的形式。

4.2.1.1 ICEAS 工艺

ICEAS(Intermittent Cyclic Extended AeratlonSystem)工艺的全称为间歇循环延时曝气活性污泥工艺，于 20 世纪 80 年代初在澳大利亚兴起，是变形的 SBR 工艺。

ICEAS 与传统的 SBR 相比，最大的特点是在反应器的进水端增加了一个预反应区，运行方式为连续进水(沉淀期和排水期仍保持进水)，间歇排水，没有明显的反应阶段和闲置阶段。这种系统在处理市政污水和工业废水方面比传统的 SBR 系统费用更省、管理更方便。但是由于进水贯穿于整个运行周期的每个阶段，沉淀期进水在主反应区底部造成水力紊动而影响泥水分离时间，因而进水量受到了一定限制，通常水力停留时间较长。

4.2.1.2 CASS(CAST，CASP)工艺

CASS(Cyclic Actiavated Sludge System) 或 CAST (- Technology) 或 CASP (-Process)工艺是一种循环式活性污泥法。该工艺的前身为 ICEAS 工艺，由 Goronszy 开发并在美国和加拿大获得专利。

与 ICEAS 工艺相比，CASS 工艺预反应区容积更小，是设计更加优化合理的生物反应器。该工艺将主反应区中部分剩余污泥回流至选择器中，并在沉淀阶段不进水，使排水的稳定性得到保障。

CASS 艺适用于含有较多工业废水并需要脱氮除磷的城市污水。

4.2.1.3 IDEA 工艺

间歇排水延时曝气工艺(IDEA)基本保持了 CAST 工艺的优点，运行方式采用连续进水、间歇曝气、周期排水的形式。与 CAST 工艺相比，预反应区(生物

选择器)改为与 SBR 主体构筑物分立的预混合池，部分剩余污泥回流入预混合池，且采用反应器中部进水。预混合池的设立可以使污水在高絮体负荷下有较长的停留时间，保证高絮凝性细菌的选择。

4.2.1.4 DAT-IAT 工艺

DAT-IAT 工艺是利用单一 SBR 池实现连续运行的新型工艺，介于传统活性污泥法与典型的 SBR 工艺之间，既有传统活性污泥法的连续性和高效性，又具有 SBR 法的灵活性，适用于进水水质恶劣、水量大的情况。

DAT-IAT 工艺主体构筑物由需氧池(DAT)和间歇曝气池(IAT)组成，一般情况下 DAT 连续进水，连续曝气，其出水进入 IAT，在此可完成曝气、沉淀、出水和排出剩余污泥工序，是 SBR 的又一变型。

4.2.1.5 UNITANK 工艺

典型的 UNITANK 系统其主体为三格池结构，三池之间为连通形式，每池设有曝气系统，既可采用鼓风曝气，也可采用机械表面曝气，同时进行搅拌，外侧两池设出水堰以及污泥排放装置，两池交替作为曝气池和沉淀池，污水可进入三池中的任何一个。在一个周期内，原水连续不断进入反应器，通过时间和空间的控制，形成好氧、厌氧或缺氧的状态。

4.2.1.6 其他新型 SBR 工艺的研究应用

(1) ASBR 工艺

美国教授 Dague 等人把 SBR 运用于厌氧处理，开发了厌氧序批式活性污泥法(Anaerobic Sequencing Batch Teactor)，简称为 ASBR。ASBR 具有 SBR 的优点，如工艺简单、运行方式灵活、生化反应推动力大且耐冲击负荷等。ASBR 通过间歇进料可以获得较低的出水浓度，同时利用间歇排水，不断排出沉降性能较差的污泥，可进一步优化污泥颗粒化过程。

(2) 淤泥 SS-SBR(Soil slurry-SBR)工艺

R. L. Irine 等以土壤为反应器来处理难降解有机物。利用埋在地下的空气渗透膜作为曝气器和生物生长的载体，使之具有固定生物膜的优点，以保持生长缓慢及在悬浮法中易于冲走的沉降性能较差的微生物，从而消除了普通 SBR 的沉淀阶段而延长了反应时间(间接缩短了反应周期)。这一新型反应器概念的提出不仅为污染土壤现场处理提供了新的思路和方法，同时对污废水的人工湿地处理系统亦有很好的借鉴作用。

(3) PAC-SBR 工艺

陈郭建用投加粉末活性炭 PAC-SBR 法来处理高浓度有机废水，运行周期为 18h，进水 0.5h(限制曝气)，反应曝气 15h，沉淀 2h，排泥 0.5h。

试验发现，PAC 表面是高浓度基质、高浓度氧和高浓度污泥三相共存的，为生化反应创造了优于 SBR 的条件。PAC 与污泥之间存在着相互调节作用，作用增大了基质的利用率，延长了泥龄，提高了运转负荷，改善了出水水质，取得了优于 SBR 的生化效果。

(4) 膜法 SBR

将 SBR 和接触氧化法相结合可以组成新的膜法 SBR，称为 BSBR。BSBR 工艺启动快、效率高、管理简便。实验表明，BSBR 处理效果好于普通 SBR 法，这是因为 BSBR 法结合了生物接触氧化法和 SBR 法的优点。

(5) 多段 SBR 系统

二级 SBR 系统和三级 SBR 系统是目前应用较多的一种 SBR 串联工艺。由于单级工艺对废水中的有机物处理是一个缺氧-好氧-厌氧的同步过程，因此，在相同的运行条件下，当易降解的有机物降解殆尽时，较难降解的有机物几乎未被降解。而在两个串联的 SBR 中，分别培养出适宜于不同有机物的专性菌，从而使不同种类的有机物在与各自相适应的生化条件下都得到充分降解。

(6) 前处理+SBR

为缓冲工业废水中有毒有机物对微生物的抑制作用，在 SBR 前设置预处理。邓良伟采用水解-SBR 工艺处理规模化猪场粪污；毕学军等采用溶气气浮法(DAF)作为 SBR 反应器进水预处理，即溶气气浮-序批式活性污泥法(DAF-SBR 法)，处理肉食品加工废水，SBR 反应器出水 COD<60mg/L、BOD_5<15mg/L、TN<5mg/L、NH_3-N<1.0mg/L、TP<0.2mg/L，完全达到我国肉类加工工业水污染物排放标准的一级排放标准。

4.2.2 SBR 的工艺原理及特点

(1) SBR 反应器工作原理

SBR 的运行有别于传统活性污泥法，一般采用多个 SBR 反应器并联间歇运行。对于单一 SBR 反应器，每个运行周期包括 5 个阶段：进水期、反应期、沉淀期、排水排泥期、闲置期。进水期阶段可以采用限制曝气或非限制曝气，污水连续进入 SBR 反应器，此时活性污泥对有机污染物进行吸附去除，有机污染物浓度达到最大值。当污水到达预设水位后，停止进水开始曝气，反应期随即开始；该阶段有机污染物被活性污泥充分去除，BOD、COD 值不断减小，当有机污染物浓度降低到适当值时，停止曝气，随即进入沉淀阶段；该阶段依靠重力的作用，使混合液中的活性污泥不断沉降，达到高效的泥水分离效果；在进入到排水排泥期后，上清液通过滗水器排出，剩余污泥也通过排泥系统排出；当进入到闲置期后，活性污泥处于一种欠营养物的饥饿状态，单位质量的活性污泥具有很大的吸附表面积，在进入下一个运行期的进水期时，活性污泥便可以充分发挥初始吸附去除作用。

(2) SBR 工艺优点

① 工艺简单，投资少：SBR 工艺极为简单，一个 SBR 反应器替代了普通活性污泥法中的厌氧池、曝气池、二沉池和污泥回流系统，大大节省了处理系统构筑物的占地面积，缩短了构筑物间的管道连接，使得工程总投资大幅下降；

② 耐冲击负荷，去磷除氮效果好：SBR 反应器自身的混合状态属于典型的完全混合型，因此具有耐冲击负荷和反应推力大的特点，它不仅容易实现好氧、缺氧与厌氧状态的交替，而且很容易在好氧条件下增大曝气量、增加反应时间与污泥龄，进而强化硝化反应并使脱磷菌过量摄取磷的过程得以顺利完成；

③ 反应推力大，处理效率高：SBR 的最大优点就是采用理想的推流过程，使生化反应推动力和污染物去除效率同步达到最大化。在反应过程中，依据生化反应速度与基质浓度成正比的污泥动力学理论，完全混合型反应器由于人为的强化混合，使得基质浓度降低，减慢了生化反应速度，由此单位容积处理效率高于完全混合型；

④ 能充分抑制污泥膨胀：SBR 在时间上的理想推流状态，使得底物浓度梯度更大，且由于进水与反应阶段的缺氧(或厌氧)与好氧状态的交替，既能抑制专性好氧丝状菌的过量繁殖，防止污泥膨胀，又不会对多数微生物产生不利影响；

⑤ 运行灵活，便于实现高度自动化：由于 SBR 处理系统构筑简单，各道工序通过时序控制，各道工序的操作可以通过 PLC 编程来实现自动控制和监视。

(3) SBR 系统的适用范围

由于上述技术特点，SBR 系统进一步拓宽了活性污泥法的使用范围。就近期的技术条件而言，SBR 系统更适合以下情况：

① 中小城镇生活污水和厂矿企业的工业废水，尤其是间歇排放和流量变化较大的地方；

②需要较高出水水质的地方，如风景游览区、湖泊和港湾等。这些水域不但要去除有机物，还要求除磷、脱氮，防止河湖富营养化；

③ 水资源紧缺的地方：SBR 系统可在生物处理后进行物化处理，不需要增加设施，便于水的回收利用；

④ 用地紧张的地方；

⑤ 对已建成的连续流污水处理厂的改造等；

⑥ 处理小水量、间歇排放的工业废水与治理分散点源污染。

4.2.3 SBR 滗水器

滗水器又称滗析器，是SBR 工艺中最关键的机械设备之一。滗水器可分为虹吸滗水器、旋转滗水器、浮筒滗水器、机械滗水器，在国内应用广泛的多为旋转式(属机械式滗水器的一种)。滗水器是SBR 工艺采用的定期排除澄清水的设备，它能从静止的池表面将澄清水滗出而不搅动沉淀，确保出水水质。

滗水器适用于SBR 工艺及其变形工艺。

滗水器有以下特点：

① 滗水器可根据工艺要求设计滗水深度；

② 采用PLC 程控智能驱动，滗水器接到排水指令后快速将滗水堰口由停放位置移动到水面以下，将静止后的上清液排水，来回往复进行排水。当滗水器到达最低水位后，安放在最低水位的液位开关发出返回指令，滗水器快速回升到最初的停放位置，完成一个工作循环；

③ 在堰口规定的负荷范围内，堰口下液面不会扰动。堰口设有浮筒和挡渣板，确保出水水质；

④ 特殊的设计，保证滗水器重力和所受浮力基本平衡，使驱动功耗很低。

4.2.3.1 旋转式滗水器

旋转式滗水器主要由电控箱、电动推杆、滗水主管及支管、堰槽组件、浮筒组件、出水组件、行程控制、底座等部分组成，见图4-20。旋转式滗水器由电动推杆把水下部分与执行机构连接起来，当需要排水时，中央控制系统给出信号，指令电机驱动螺杆旋转，电动推杆向前推出，集水堰槽随水平管的转动而下降，开始滗水，排出的上清液由排水管排出；当滗水结束后，推杆内计数器给出信号，电机反转，牵引集水堰槽上移，回到预置位置，等待完成下一个循环。

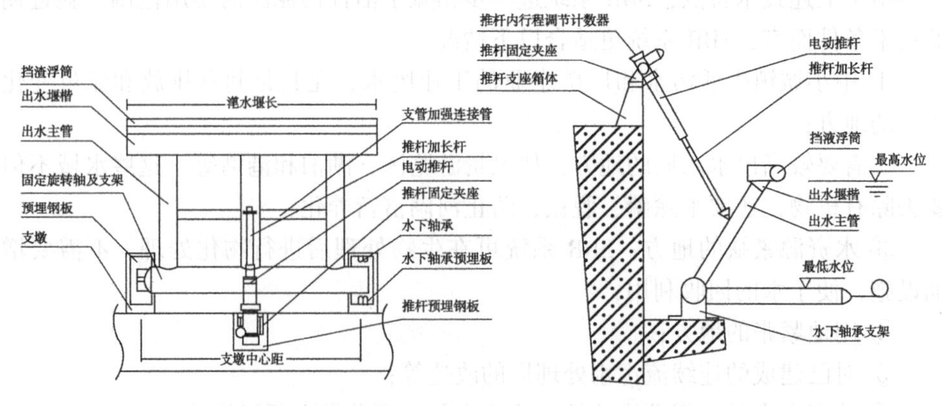

图4-20 旋转滗水器结构示意

4.2.3.2　浮筒滗水器

（1）结构

主要由浮筒、滗水管、软管、连接器和支架组成，见图4-21。其基本工作原理是在一个固定的平台上通过浮筒运动带动浮动式水堰上下运动。追随水位变化的力可以是恒浮力，也可以是变浮力，还可以是机械力。柔性排水管可以是橡胶软管，也可以是波纹管。一般考虑排水管子越粗柔性越差，故此类滗水器流量不宜过大，一般为150~200m³/h。

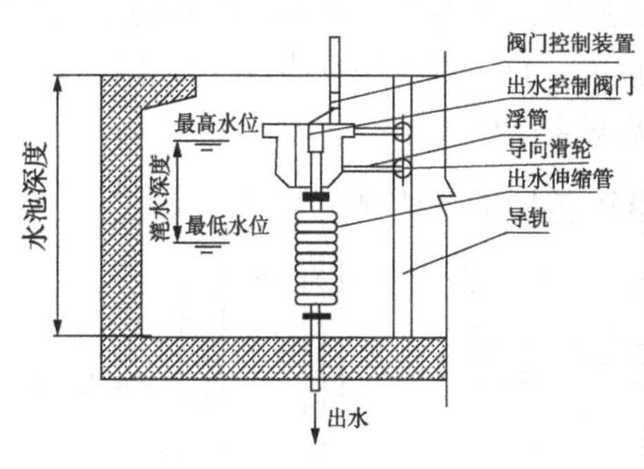

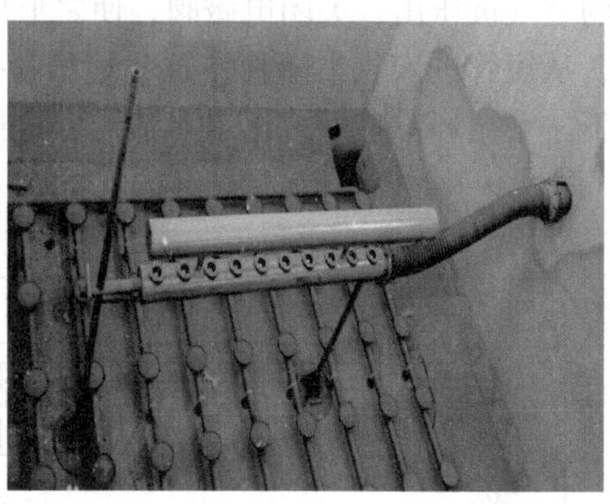

图4-21　浮筒滗水器结构示意

（2）浮筒式滗水器特点

① 设备主体采用U型旋转支撑，各个部件均采用不锈钢制作，配合紧凑、运转平稳；

② 浮筒采用浮动设计，能根据池内水位不断变化而始终保持滗水层处水深度不变，达到滗水的最佳效果；

③ 设备主体采用无动力运行，整体设备运行时除排放口安装有电动阀门外，其余部件均不采用任何动力；

④ 设备运行时滗水速度均匀、水面平稳无波动、主体动力无噪音，滗水完毕能随着水位的不断升高而不断上浮；

⑤ 水下旋转部分采用机旋转械装置，能保证滗水器旋转部分长期运转而不老化断裂；

⑥ 设备主体没有采用任何橡胶件制作，使用寿命长；

⑦ 设备正常运行时能通过电动阀门对滗水范围在0至最大滗水深度之间作随意调整；

⑧ 集水槽进水口装有自动挡泥板，在池内曝气时能有效地隔离污泥。

4.2.3.3 虹吸式滗水器

(1) 工作原理:

在进水与曝气阶段，池内水位不断上升，短管内的水位也上升，但由于U型管中水封作用，管内空气被阻留而且受压。当池内水位到达最高设计水位时，短管内的水位也达到最高，但仍低于横管管底，U型管中上升管与下降管中的水位差达到最大，管内被阻留的空气压力使短管内水位保持在横管管底以下，以避免水流出池外。沉淀阶段过后，进入排水阶段，此时打开放气电磁阀门，积聚在管内的空气被压出，关闭电磁阀，使之形成虹吸，池内上清液在水位差的压力作用下，从短管进入收集横管并通过U型管排出，直至到达最低水位，停止排水，等待下一个循环。虹吸式滗水器结构示意见图4-22。

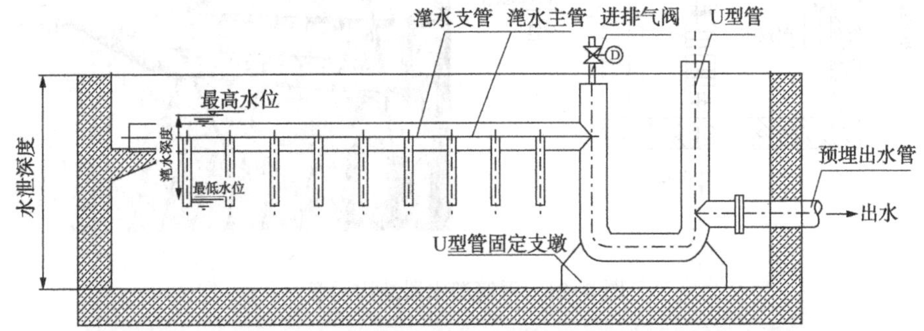

图4-22 虹吸式滗水器结构示意

(2) 结构特点

① 滗水支管：一系列的滗水支管汇集在一起形成虹吸式滗水器，这些支管的下口均在滗水液位最低以下，上端与一个水平堰臂连接。支管的数量非常多，全部均匀地分布在 SBR 反应池平面上用以减低进口水流的速度，并起到均匀排水的作用，同时防止搅动沉泥；

② U 型管部分：在虹吸式滗水器运行时，U 型管会充满部分水，形成水封。U 型管两侧分别与同水平堰臂和出水管相连，并在相连处分别设有放气管和溢流管，而放气管上还设有阀门，利用阀门的开关控制虹吸状态；

③ 滗水主管：与 U 型管在水平方向上连接，既可放在池内，也可放在池外。滗水主管一般低于最低水位 10cm。

4.3 MBR 工艺

4.3.1 MBR 工艺发展

MBR 又称膜生物反应器(Membrane Bio-Reactor)，是一种由活性污泥法与膜分离技术相结合的新型水处理技术，既省去了二沉池的建设，又大大提高了固液分离效率，而且由于曝气池中活性污泥质量浓度的增大和污泥中特效菌(特别是优势菌群)的出现，提高了生化反应速率。同时，通过降低 F/M 比减少剩余污泥产生量(甚至为零)，从而基本解决了传统活性污泥法存在的许多突出问题。MBR 工艺图见图 4-23。

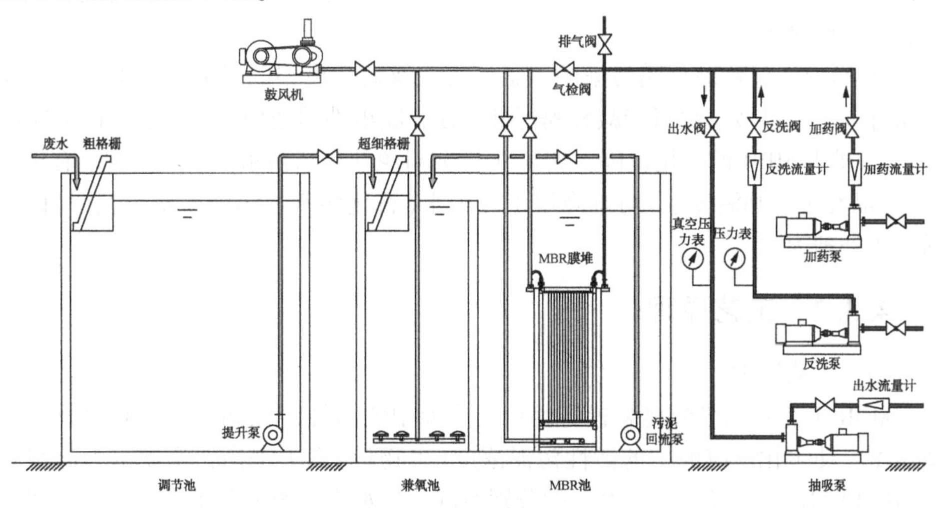

图 4-23 MBR 工艺图

MBR 工艺概念最早源于美国。20 世纪 60 年代，美国 Dorr-Oliver 公司首先将膜分离与生物处理工艺结合用于污水处理领域，尽管当初处理规模只有 14m^3/d，但毕竟是 MBR 工艺的雏形。MBR 工艺发展初期均为侧流式工艺，即膜过滤系统独立于生物反应池之外，污泥需要通过循环泵回流至生物反应池内。循环泵会增加 MBR 工艺运行能耗，加之当时膜分离技术发展缓慢、膜组件价格昂贵，致使当时 MBR 多处于实验室小试或中试水平，并没有获得大规模实际应用。

20 世纪 90 年代之后，随着新型膜材料的出现，MBR 工艺运行得到进一步稳定，能耗也进一步降低：加拿大 Zenon 公司先后推出超滤管式和浸入式中空纤维膜组件；日本 Kubota 公司研制出平板式浸没膜组件。北美、欧洲和日本纷纷建立了小型 MBR 项目用于市政污水和工业废水处理，20 世纪 90 年代中期，日本已有 39 座采用 MBR 工艺的污水处理厂，最大处理规模可达 500m^3/d，同时有 100 多处高层建筑采用 MBR 工艺进行污水处理回用，1997 年，英国在 Porlock 建立了当时世界上规模最大(2000m^3/d)的 MBR 污水处理厂，随后于 1999 年又在 Dorset 建成了处理规模为 13000m^3/d 的 MBR 污水处理厂。

进入 21 世纪后，随着膜分离技术、组装结构和设备制造的进步以及各国对污水处理排放标准的收紧，MBR 工艺迅速受到世界各国的青睐，特别是在中国得到了非常广泛的应用，可谓异军突起。

我国对 MBR 的研究进展十分迅速。国内对 MBR 的研究大致可分为几个方面：

① 探索不同生物处理工艺与膜分离单元的组合形式：生物反应处理工艺从活性污泥法扩展到接触氧化法、生物膜法、活性污泥与生物膜相结合的复合式工艺、两相厌氧工艺；

② 影响处理效果与膜污染的因素、机理及数学模型的研究，探求合适的操作条件与工艺参数，尽可能减轻膜污染，提高膜组件的处理能力和运行稳定性；

③ 扩大 MBR 的应用范围：MBR 的研究对象从生活污水扩展到高浓度有机废水(食品废水、啤酒废水)与难降解工业废水(石化污水、印染废水等)，但以生活污水处理为主。

4.3.2 工艺原理

(1) 工艺原理

MBR 工艺利用膜分离装置将生化反应池中的活性污泥和大分子有机物质有效截留，使生化反应池中的活性污泥浓度(生物量)大大提高；实现水力停留时间(HRT)和污泥停留时间(SRT)的分别控制，将难降解的大分子有机物质截留在反应池中不断反应、降解。

膜生物反应器工艺通过膜分离技术大大提高了生物反应器的处理效率，与传统的生物处理工艺相比，具有生化效率高、抗负荷冲击能力强、出水水质好且稳定、占地面积小、排泥周期长、易实现自动控制等优点。

膜生物反应器主要由膜分离组件及生物反应器两部分组成。通常提到的膜生物反应器实际上是三类反应器的总称：①曝气膜生物反应器(Aeration Membrane Bioreactor，AMBR)；②萃取膜生物反应器(Extractive Membrane Bioreactor，EMBR)；③固液分离型膜生物反应器(Solid/Liquid Separation Membrane Bioreactor，SLSMBR，简称MBR)。

曝气膜生物反应器最早见1988年报道，采用透气性致密膜(如硅橡胶膜)或微孔膜(如疏水性聚合膜)，采用板式或中空纤维式组件，能在保持气体分压低于泡点情况下，实现向生物反应器无泡曝气。该工艺的特点是提高了接触时间和传氧效率，有利于曝气工艺的控制，不受传统曝气中气泡大小和停留时间等因素的影响。

萃取膜生物反应器又称EMBR(Extractive Membrane Bioreactor)。因为高酸碱度或对生物有毒物质的存在，某些工业废水不宜采用与微生物直接接触的方法处理；或当废水中含有挥发性有毒物质时，若采用传统的好氧生物处理，污染物容易随曝气气流挥发，发生气提现象，不仅处理效果很不稳定，还会造成大气污染。为了解决这些技术难题，英国学者研究开发了EMBR。废水与活性污泥被膜隔开来，废水在膜内流动，而含某种专性细菌的活性污泥在膜外流动，废水与微生物不直接接触，有机污染物可以选择性透过膜被另一侧的微生物降解。由于萃取膜两侧的生物反应器单元和废水循环单元是各自独立的，各单元水流相互影响不大，生物反应器中营养物质和微生物生存条件不受废水水质的影响，使水处理效果稳定。系统的运行条件如HRT和SRT可分别控制在最优范围，维持最大的污染物降解速率。

固液分离型膜生物反应器是一种用膜分离工艺取代传统活性污泥法中二次沉淀池的水处理技术。在传统的废水生物处理技术中，泥水分离是在二沉池中靠重力作用完成的，其分离效率依赖于活性污泥的沉降性能，沉降性越好，泥水分离效率越高。污泥的沉降性取决于曝气池的运行状况，改善污泥沉降性必须严格控制曝气池的操作条件，这限制了该方法的适用范围。由于二沉池固液分离的要求，曝气池的污泥不能维持较高浓度，一般在1.5~3.5g/L左右，限制了生化反应速率。

水力停留时间(HRT)与污泥龄(SRT)相互依赖，提高容积负荷与降低污泥负荷往往形成矛盾。系统在运行过程中还产生了大量的剩余污泥，其处置费用占污水处理厂运行费用的25%~40%。传统活性污泥处理系统还容易出现污泥膨胀现象，使出水中含有悬浮固体，出水水质恶化。

针对上述问题，MBR将膜分离技术与传统生物处理技术有机结合，MBR实现污泥停留时间和水力停留时间的分离，大大提高了固液分离效率，并且由于曝气池中活性污泥浓度的增大和污泥中特效菌(特别是优势菌群)的出现，提高了生化反应速率。

(2)工艺特点

与许多传统的生物水处理工艺相比，MBR具有以下主要特点：

① 出水水质优质稳定。由于膜的高效分离作用，MBR的分离效果远好于传统沉淀池，处理出水极其清澈，悬浮物和浊度接近于零，细菌和病毒被大幅去除，可以直接作为非饮用市政杂用水进行回用。

同时，膜分离也使微生物被完全截流在生物反应器内，使得系统内能够维持较高的微生物浓度，不但提高了反应装置对污染物的整体去除效率，保证了良好的出水水质，同时反应器对进水负荷(水质及水量)的各种变化具有很好的适应性，耐冲击负荷，能够稳定获得优质的出水水质。

② 剩余污泥产量少：该工艺可以在高容积负荷、低污泥负荷下运行，剩余污泥产量低(理论上可以实现零污泥排放)，降低了污泥处理费用；

③ 占地面积小，不受设置场合限制：生物反应器内能维持高浓度的微生物量，处理装置容积负荷高，占地面积大大节省；该工艺流程简单、结构紧凑、占地面积省，不受设置场所限制，适合于任何场合，可做成地面式、半地下式和地下式；

④ 可去除氨氮及难降解有机物：由于微生物被完全截流在生物反应器内，从而有利于增殖缓慢的微生物如硝化细菌的截留生长，系统硝化效率得以提高。同时，可增长一些难降解的有机物在系统中的水力停留时间，有利于难降解有机物降解效率的提高；

⑤ 操作管理方便，易于实现自动控制：该工艺实现了水力停留时间(HRT)与污泥停留时间(SRT)的完全分离，运行控制更加灵活稳定，是污水处理中容易实现装备化的新技术，可实现微机自动控制，从而使操作管理更为方便；

⑥ 易于从传统工艺进行改造：该工艺可以作为传统污水处理工艺的深度处理单元，在城市二级污水处理厂出水深度处理(从而实现城市污水的大量回用)等领域有着广阔的应用前景。

4.3.3 MBR工艺分类

根据膜组件和生物反应器的组合方式，可将膜生物反应器分为分置式、一体式以及复合式三种基本类型。

（1）分置式膜生物反应器

把膜组件和生物反应器分开设置，如图 4-24 所示。生物反应器中的混合液经循环泵增压后打至膜组件的过滤端，在压力作用下，混合液中的液体透过膜，成为系统处理水；固形物、大分子物质等则被膜截留，随浓缩液回流到生物反应器内。分置式膜-生物反应器的特点是运行稳定可靠，易于膜的清洗、更换及增设；而且膜通量普遍较大。一般条件下为减少污染物在膜表面的沉积，延长膜的清洗周期，需要用循环泵提供较高的膜面错流流速，水流循环量大、动力费用高，并且泵的高速旋转产生的剪切力会使某些微生物菌体产生失活现象。

（2）一体式膜生物反应器

一体式膜生物反应器是把膜组件置于生物反应器内部，如图 4-25 所示。污水进入膜生物反应器，其中的大部分污染物被混合液中的活性污泥去除，再在外压作用下由膜过滤出水。这种形式的膜生物反应器由于省去了混合液循环系统，并且靠抽吸出水，能耗相对较低；占地较分置式更为紧凑，近年来在水处理领域受到了特别关注。但是一般膜通量相对较低，容易发生膜污染，膜污染后不容易清洗和更换。

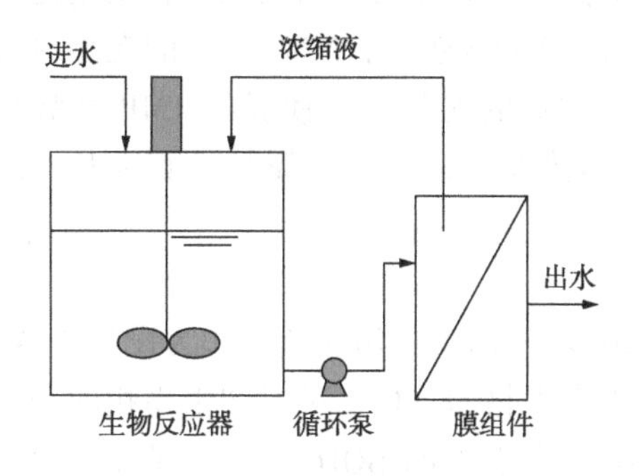

图 4-24　分置式膜生物反应器

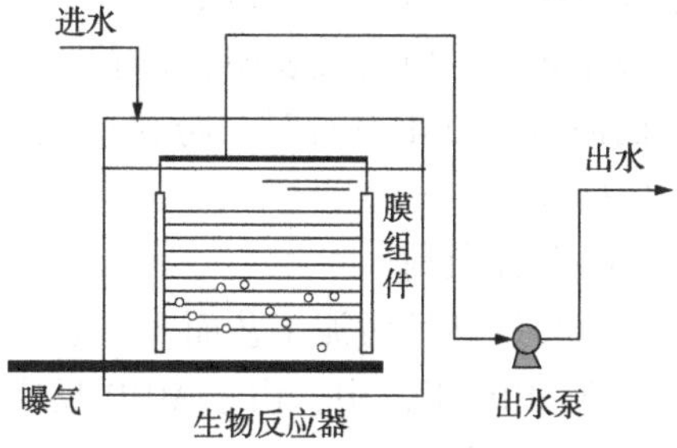

图 4-25　一体式膜生物反应器

（3）复合式膜生物反应器

复合式膜生物反应器在形式上也属于一体式膜生物反应器，所不同的是在生物反应器内加装填料，从而形成复合式膜生物反应器，改变了反应器的某些性状，见图 4-26。

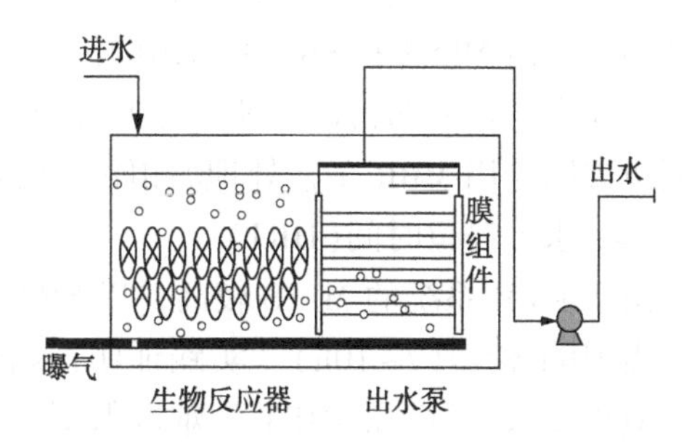

图 4-26　复合式膜生物反应器

4.3.4 MBR 工艺设计

4.3.4.1 MBR 工艺设计参数的选取

（1）污泥浓度

因为后续通过膜来实现泥水分离，所以较传统活性污泥法可选取较高的 MLSS 值，但在实际工程应用中发现：

① 在实际进水有机物浓度低于设计进水水质情况下，MLSS 值难以达到设计值，通过减少排泥来维持 MLSS 值时会造成 MLVSS/MLSS 值偏低，导致生化池表面产生大量的浮泥，反而降低了生物活性，影响处理效率；

② 由于 MLSS 是最基本的设计参数，当实际值与设计值偏差较大时会影响相关设计参数（如 SRT、空气量）的准确度，从而影响实际运行效果。

因此，对于进水有机物浓度较高的工业废水，可选取较高的污泥浓度值（>10g/L）以尽量增大有机物去除能力，而对于城镇综合污水处理工程而言，由于进水浓度相对不高，宜选取较低的污泥浓度（6~8g/L）。

（2）泥龄

对于有脱氮要求的城镇综合污水处理工程，SRT 宜根据硝化泥龄和反硝化泥龄来计算确定。需要注意的是，由于系统内的 MLSS 较高，MBR 工艺的泥龄通常较传统工艺长，但实践表明，过长（30d）或过短的泥龄均会使膜的 TMP 增势加剧，而泥龄在 20d 左右时，跨膜压差增长趋势变缓，因此，泥龄不宜太长，以 20d 左右为宜。

（3）污泥负荷

对于传统活性污泥工艺而言，通常采用基于 BOD_5 的污泥负荷作为设计参数，但是，在 MBR 工艺中，由于 MBR 反应器内微生物的结构、种类和生物相的变化使 MBR 工艺对有机底物的利用不仅仅局限于进水中的 BOD_5 值，对部分表现为 COD 的物质也可以利用，因此采用 MBR 工艺处理城市污水时，不宜采用污泥负荷参数作为设计依据，而应将 MLSS 和 SRT 作为 MBR 工艺生物处理单元的主要设计参数。由 MLSS 和 SRT 推算出的污泥负荷往往仅为传统活性污泥法污泥负荷的一半左右，较低的污泥负荷一方面说明系统抗进水水质冲击的能力较强，另一方面也说明采用 MBR 工艺处理城镇污水时污泥负荷不宜作为主要的设计指标。

（4）水力停留时间（HRT）

由于 MBR 系统的 MLSS 较高，以 SRT 计算确定的生物池的容积较小，相应的所需 HRT 较短（7~10h）。实践证明，如果考虑到系统有较高的硝化和反硝化处理效果要求，过短的 HRT 将难以保证脱氮效果，因此应适当加大系统的 HRT（~12h），同时可相应降低 SRT，便于控制膜污染。

（5）需氧量和供气量

由于MBR反应器内的MLSS较传统工艺高，其混合液的液膜厚度、污泥黏滞度等会发生变化，由需氧量计算供气量时应调整α、β和C_0值，所以，MBR工艺的理论供气量计算值应大于传统工艺。但大量工程实践发现，实际生化池供气量小于计算量，分析其主要原因是：

① 为了控制膜表面污堵，需要采用空气擦洗来改变膜丝表面液体的流态，大量的擦洗空气使得膜池内的溶解氧极高（通常其DO值可达8~10mg/L），而大比例从膜池到生化池的回流（通常为400%~500%）使生化池所需的曝气风量下降；

② 当实际进水有机物浓度低于设计值时，会造成计算需氧量和实际MLSS值均低于设计值，实际供气量则会远低于计算值。因此，在计算供气量时应充分考虑这些因素，给出一个供气量的区间值，便于进行鼓风机的配置和风量调节控制。

4.3.4.2 MBR工艺生化系统布局设计关键技术

（1）回流方式

根据生化系统形式、硝化液回流的方式和位置不同，MBR的回流有各种不同的方式。综合各种回流方式的实际效果，建议：

① 采用膜池回流混合液至好氧区，再由好氧区回流硝化液至缺氧区，因为如果采用膜池回流硝化液至缺氧区的方式，由于混合液富含大量氧气，破坏缺氧条件，导致反硝化反应不充分。

② 如果采用两段缺氧生化工艺，宜采用两点回流方式，虽然增加了相应的管渠，但是两区的回流比例可以按照实际运行情况进行分配，以便于充分有效地利用原水碳源和内源碳源来提高系统脱氮效果，减少外加碳源的用量。

（2）进水方式

由于在城镇污水处理工程中均有较高的除磷脱氮要求，因此大多采用了厌氧-缺氧-好氧工艺。对于MBR工艺而言，生物反应池建议采用两点进水方式，即在生物池前设置进水分配渠道和分配调节堰，污水进入到分配渠道后，通过两套调节堰门将原水按照一定比例分配到厌氧区和缺氧区，从而选择优先满足生物脱氮还是生物除磷对进水碳源的需要。各区的分配比例还可以根据不同水质条件下生物脱氮和生物除磷所需碳源的变化进行灵活调节。

（3）提升方式

由于膜池有效水深较生物池浅，混合液回流有两种提升方式：

① 采用前提升系统：即好氧池出水由泵提升至膜池，膜池的混合液靠重力回流至生物池；

② 采用后提升系统：即好氧池出水自流至膜池，膜池的混合液通过回流泵提升至生物池。

后提升系统较前提升系统提升混合液的流量小，回流泵分别对应各组膜池便于独立检修，但管路系统较为复杂；前提升系统管路系统较为简单，检修维护工作量小，提升扬程较低。在现有的 MBR 系统中，两种回流方式均有应用。实际工程应用时应根据水位差、膜池分组情况、进水水质和膜组件形式等因素综合比较确定。

(4) 好氧区形式

传统活性污泥 A^2/O 系统的好氧区构型多为长方形廊道的推流式形式。对于 MBR 工艺，其好氧区宜设计成完全混合式，一方面有利于混合液处于良好的紊动，保持悬浮状态，减小因剪切造成的污泥颗粒破解，并提高曝气设备的充氧速率；另一方面，从膜池回流至好氧区的大比例混合液可以实现快速混合以充分利用膜池内的 DO。

4.3.4.3 MBR 工艺中膜的分类及其选择

膜可以由很多种材料制备，可以是液相、固相甚至是气相的。目前使用的分离膜绝大多数是固相膜。膜根据孔径不同可分为微滤膜、超滤膜、纳滤膜和反渗透膜；根据材料不同，可分为无机膜和有机膜，无机膜主要是微滤级别膜。膜可以是均质或非均质的，可以是荷电的或电中性的。广泛用于废水处理的膜主要是由有机高分子材料制备的固相非对称膜。

(1) 膜的分类

1) MBR 膜材质

① 高分子有机膜材料：聚烯烃类、聚乙烯类、聚丙烯腈、聚砜类、芳香族聚酰胺、含氟聚合物等。

有机膜成本相对较低，造价便宜，膜的制造工艺较为成熟，膜孔径和形式也较为多样，应用广泛，但运行过程易污染、强度低、使用寿命短；

② 无机膜：是固态膜的一种，是由无机材料(如金属、金属氧化物、陶瓷、多孔玻璃、沸石、无机高分子材料等)制成的半透膜。

目前在 MBR 中使用的无机膜多为陶瓷膜，它可以在 $pH=0\sim14$、压力<10 MPa、温度<350℃的环境中使用，其通量高、能耗相对较低，在高浓度工业废水处理中具有很大竞争力；缺点是造价昂贵、不耐碱、弹性小、膜的加工制备有一定困难。

2) MBR 膜孔径

MBR 工艺中用膜一般为微滤膜(MF)和超滤膜(UF)，大都采用 0.1~0.4μm 膜孔径，这对于固液分离型的膜反应器来说已经足够。

微滤膜常用的聚合物材料：聚碳酸酯、纤维素酯、聚偏二氟乙烯、聚砜、聚四氟乙烯、聚氯乙烯、聚醚酰亚胺、聚丙烯、聚酰胺等。

超滤膜常用的聚合物材料：聚砜、聚醚砜、聚酰胺、聚丙烯腈(PAN)、聚偏氟乙烯、纤维素酯、聚醚醚酮、聚亚酰胺、聚醚酰胺等。

(2) 膜组件

为了便于工业化生产和安装、提高膜的工作效率、在单位体积内实现最大的膜面积，通常将膜以某种形式组装在一个基本单元设备内，在一定的驱动力下，完成混合液中各组分的分离，这类装置称为膜组件(Module)。

MBR 工艺中常用的膜组件形式有板框式、圆管式、中空纤维式、螺旋卷式。各种膜组件特性见表 4-4。

表 4-4　各种膜组件特性

名称/项目	中空纤维式	毛细管式	螺旋卷式	平板式	圆管式
价格/(元/m^3)	40~150	150~800	250~800	800~2500	400~1500
冲填密度	高	中	中	低	低
清洗	难	易	中	易	易
压力降	高	中	中	中	低
可否高压操作	可	否	可	较难	较难
膜形式限制	有	有	无	无	无

1) 板框式

板框式膜组件是 MBR 工艺最早应用的一种膜组件形式，外形类似于普通的板框式压滤机。优点：制造组装简单，操作方便，易于维护、清洗、更换。缺点：密封较复杂，压力损失大，装填密度小。板框式膜组件见图 4-27。

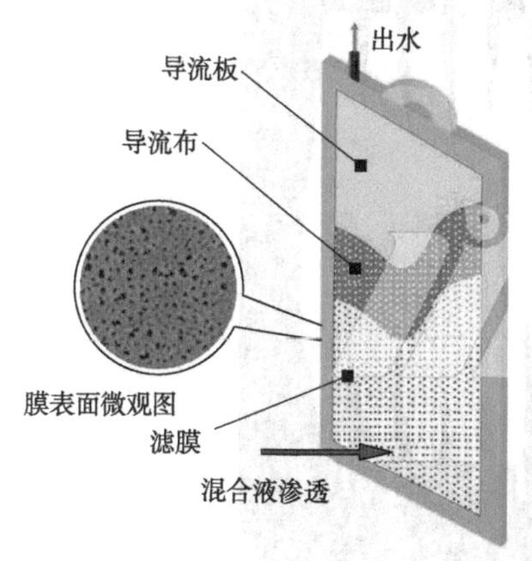

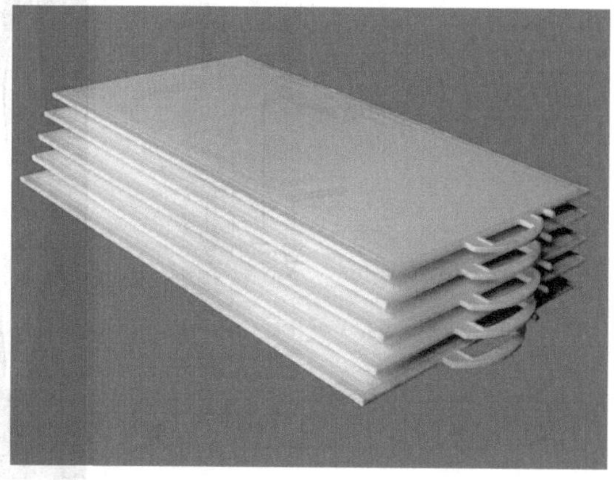

图 4-27　板框式膜组件

2）圆管式

圆管式膜组件是由膜和膜的支撑体构成，有内压型和外压型两种运行方式。实际中多采用内压型，即进水从管内流入，渗透液从管外流出。膜直径在6~24mm之间。圆管式膜优点：料液可以控制湍流流动，不易堵塞，易清洗，压力损失小。缺点：装填密度小。圆管式膜组件见图4-28。

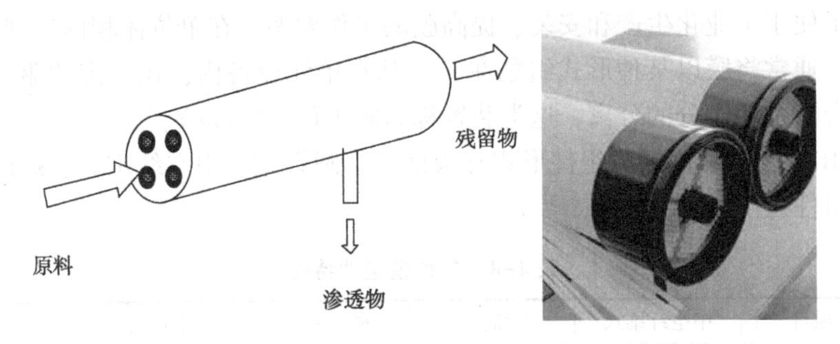

图4-28　圆管式膜组件

3）中空纤维式

外径一般为40~250μm，内径为25~42μm。优点：耐压强度高，不易变形。在MBR中，常把组件直接放入反应器中，直接构成浸没式膜生物反应器，一般为外压式膜组件。优点：装填密度高，造价相对较低，寿命较长，可以采用物化性能稳定、透水率低的尼龙中空纤维膜，膜耐压性能好，不需支撑材料。缺点：对堵塞敏感，污染和浓差极化对膜的分离性能有很大影响。中空纤维式膜组件见图4-29。

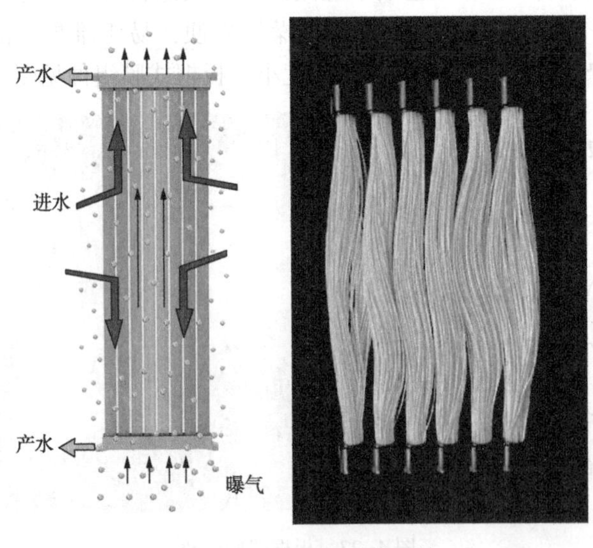

图4-29　中空纤维式膜组件

4）螺旋卷式

主要部件为多孔支撑材料，两侧是膜，三边密封，开放边与一根多孔的中心产品水收集管密封连接，在膜袋外部的原水侧垫一层网眼型间隔材料，把膜袋、隔网依次叠合，绕中心集水管紧密地卷起来，形成一个膜卷，装进圆柱形压力容器内，就制成了一个螺旋卷式膜组件(图4-30)。

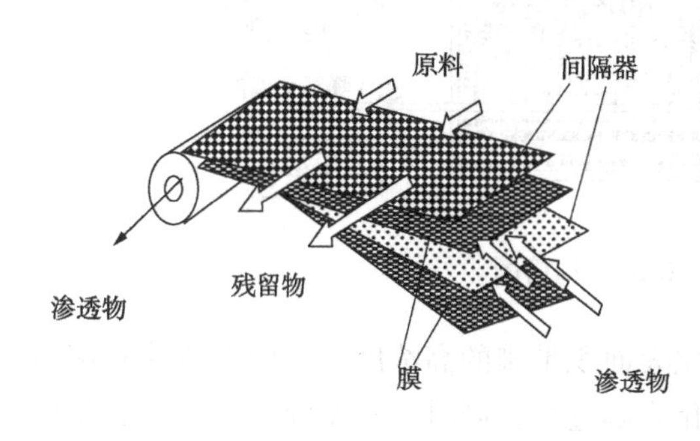

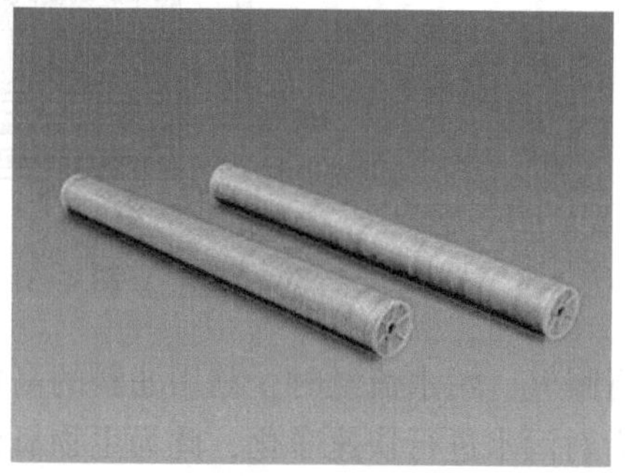

图4-30 螺旋卷式膜组件

MBR膜组件设计的一般要求：

① 对膜提供足够的机械支撑，流道通畅，没有流动死角和静水区；

② 能耗较低，尽量减少浓差极化，提高分离效率，减轻膜污染；

③ 尽可能高的装填密度，安装、清洗、更换方便；

④ 具有足够的机械强度、化学和热稳定性。

⑤ 膜组件的选用要综合考虑其成本、装填密度、应用场合、系统流程、膜污染及清洗、使用寿命等。

4.4 BAF工艺

4.4.1 BAF工艺发展

曝气生物滤池(BAF-Biological Aerated Filters)也叫淹没式曝气生物滤池(SBAF-Submerged Biological Aerated Filters)，是在普通生物滤池、高负荷生物滤池、生物滤塔、生物接触氧化法等生物膜法的基础上发展而来的，被称为第三代生物滤池(The Third Generation Filter)。国外在20世纪20年代开始进行研究，于80年代末基本成型，后不断改进，并开发出多种形式。BAF结构简图见图4-31。

在开发过程中，充分借鉴了污水处理接触氧化法和给水快滤池的设计思路，具备曝气、高过滤速度、截留悬浮物、需定期反冲洗等特点。其工艺原理为：在滤池中装填一定量粒径较小的粒状滤料，滤料表面生长着高活性的生物膜，并进

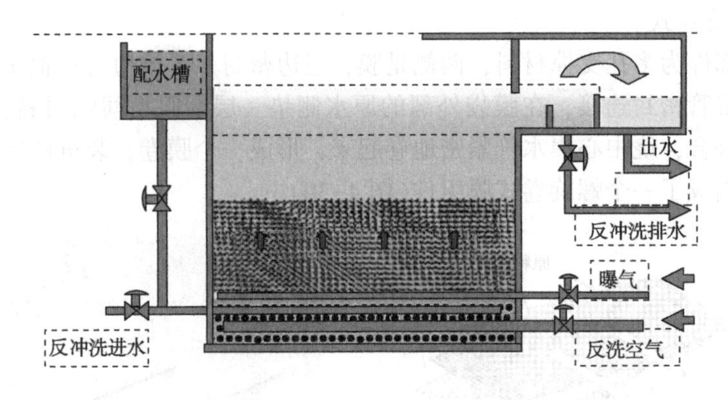

图 4-31 BAF 结构简图

行曝气。污水流经时，利用滤料的高比表面积带来的高浓度生物膜的氧化降解能力对污水进行快速净化，此为生物氧化降解过程；同时，污水流经时，滤料呈压实状态，利用滤料粒径较小的特点及生物膜的生物絮凝作用，截留污水中的悬浮物，且保证脱落的生物膜不会随水漂出，此为截留作用；运行一定时间后，因水头损失的增加，需对滤池进行反冲洗，以释放截留的悬浮物以及更新生物膜，此为反冲洗过程。

(1) BIO-CARBONE 工艺

BIO-CARBONE 工艺由法国 CGE 公司所属的 OTV 公司在 20 世纪 80 年代末开发，该工艺使用的填料为密度大于水的石英砂砾。经预处理的污水由滤池的顶部流入，底部流出，采用下向流的形式，曝气管道设置在滤料层的底部，气水逆向混合，反应器具有一定的截留、氧化分解有机物的能力，对 NH_4-N 也有一定的去除效果，但对总氮和磷去除效果甚微。BIO-CARBONE 使用的是粒状沉没式填料，当反应器内截留的 SS 达到一定程度后，会阻止气泡的扩散和污水向下流动，从而导致水头损失过快、反冲洗频繁、运行周期缩短，这也成为制约该工艺发展的重大缺陷。

(2)BIO-PUR 工艺

BIO-CARBONE 工艺诞生后不久，瑞士 VATA TECH WABA G Winterthur 公司在生物氧化法和生物曝气法的基础上也开发出一种沉没式填料曝气生物滤池——BIO-PUR 工艺。BIO-PUR 工艺的结构、运行方式与 BIO-CARBONE 工艺基本一样，不同的是，BIO-PUR 工艺可以根据水质不同来选择不同的填料载体。供其选择的载体有规整波纹板、陶粒和石英砂三种，并且该工艺使用粗管状曝气头，减少了堵塞现象，可以相应地延长运行周期，较 BIO-CARBONE 工艺有所改进，但效果不佳。

(3) BIO-FOR 工艺

随着污水排放标准的不断提高，一些老式的工艺渐渐不能满足污水排放的要求。德国的菲利普穆勒公司在原有工艺的基础上开发了一款使用沉没式填料(BIO-LITIES)的新型工艺——BIO-FOR 工艺。与前面两种工艺相比，BIO-FOR 工艺具有一些独特的优点：①采用气水平行上向流，并使用专门的布水布气设备，使得气水进行极好均分，可以更好地避免沟流或短流；②采用气水平行上向流，空气能将固体物质带入滤床深处，在滤池中能得到高负荷、均匀的固体物质，从而延长了反冲洗周期。

(4) 其他沉没式填料 BAF 工艺

沸石作为曝气生物滤池的填料，具有氨氮交换容量大、可减少氨氮冲击负荷、有利于硝化杆菌生长等优点，已渐渐成为填料的研究重点。韩国科技学院研究开发了一种下向流沸石曝气生物滤池(ZBAF)，滤池采用双层填料，中间用隔板分开，每层填料分别曝气，反冲洗也采用两套管路，两层同时反冲。该滤池对高浓度氨氮废水具有很好的处理效果，在水利负荷为 $1.83m^3/(m^2 \cdot h)$时，COD 去除率可达 92.1%，BOD 去除率为 98.9%，TN 的去除率可高达 92%，表现出了很好的脱氮效果。

4.4.2 工艺原理

(1) 工艺原理

生物滤池净水的主要作用是滤池内滤料上生长的生物膜中微生物氧化分解作用、滤料及生物膜的吸附截留作用和沿水流方向形成的食物链分级捕食作用以及生物膜内部微环境和厌氧段的反硝化作用。

污水流经滤料时，滤料表面附着生长高活性的生物膜，滤池内部曝气。待生物膜成熟后，污水中的有机污染物被生物膜中的微生物吸附、降解，从而得到净化。生物膜表层生长的是好氧和兼性微生物，有机污染物经微生物好氧代谢而降解，终点产物是 H_2O、CO_2、NO_3等。由于氧在生物膜表层已耗尽，生物膜内层的微生物处于厌氧状态，进行的是有机物的厌氧代谢，终点产物为有机酸、乙醇、醛和 H_2S、N_2等。滤料自身对污水中的悬浮物具有截留和吸附作用，另外经培菌后滤料上生长有大量微生物，微生物的新陈代谢作用产生的黏性物质如多糖类、酯类等起到吸附架桥作用，与悬浮颗粒及胶体粒子粘结在一起，形成细小絮体，通过接触絮凝作用而被去除。

由于微生物的不断繁殖，生物膜逐渐增厚，超过一定厚度后，吸附的有机物在传递到生物膜内层的微生物以前已被代谢掉。此时，内层微生物因得不到充分的营养而进入内源代谢，失去其粘附在滤料上的性能，脱落下来随水流出滤池，滤料表面再重新长出新的生物膜。

(2) 工艺特点

曝气生物滤池与普通的污水处理技术相比具有一定的优越性和突出的特点：

① 由于陶粒属于多孔颗粒填料，从而具有较大的表面积，容易被微生物附着，与其他形式的载体相比提高了参与生物降解微生物的量；

② 运行中的生物陶粒滤池，由于空气由下而上的对微生物供养，因此，布气效果好且转移氧的效率高；

③ 由于生物膜与水接触面积大，从而提高了处理效率；

④ 生物陶粒滤池的污泥龄长，产泥量较其他生物接触氧化工艺少，且污泥含水率低、沉降性能好；

⑤ 生物陶粒滤池在生物絮凝和降解等过程中兼有过滤的作用，从而减少了氧化工艺并具有更好的效果；

⑥ 生物陶粒滤池具有较高的生物活性，由于按水流方向分层分布填料床，因此，运行稳定性好且耐低温和冲击负荷；

⑦ 曝气生物滤池成本低廉，且其利用氧化分解技术，能省略二次沉降过程，节省建造成本；

⑧ 微生物浓度更高，曝气生物滤池的滤料是颗粒形状的填料，这为微生物的生存与生长提供了一个良好的环境，提高了微生物的浓度，有利于挂膜和稳定运行。

(3) 工艺分类

① 以有机物去除为目标的 DC-BAF：用于可生化性较好的工业废水和对氨氮没有特殊要求的生活污水，主要去除污水中碳化有机物和截留污水中的悬浮物，即去除 BOD、COD、SS；

② 以硝化去除为目标的 N-BAF：适用于仅需要进行硝化反应的场合。该工艺供气较为充足，整个滤池处于好氧状态，微生物以自养性硝化菌为主；

③ 以脱氮去除为目标的 DN-BAF：适用于出水对总氮有要求的场合。该滤池不设曝气管道，滤池处于厌氧状态，在厌氧条件下，NO_3-N 和 NO_2-N 在硝化菌的作用下被还原成 N_2；

④ 以脱氮除磷为目标的 NP-BAF：主要通过投加化学除磷药剂来完成滤池除磷。在滤料作用下诱发絮凝，沉淀物截留在滤床上，通过周期性的反冲洗，将磷排除系统外，达到除磷的目的。剩余污泥增加量为 15%~50%。

4.4.3 工艺设计

4.4.3.1 工艺结构

BAF 工艺结构见图 4-32。

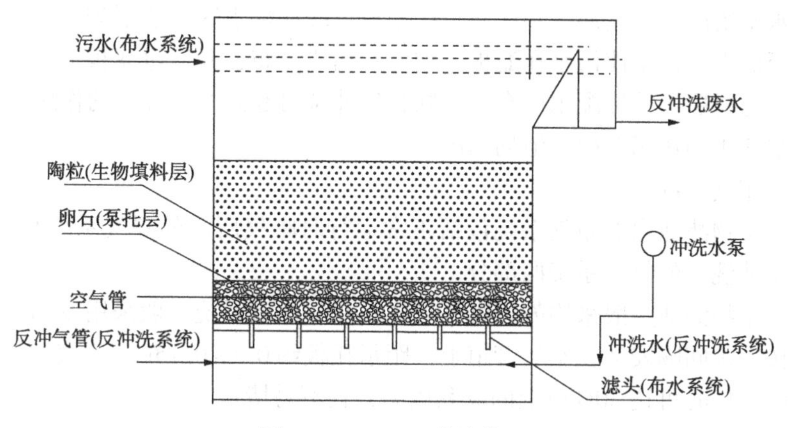

图 4-32 BAF 工艺结构图

(1) 滤池池体

其作用是容纳被处理水和围挡滤料，并承托滤料和曝气装置。其形状有圆形、正方形和矩形[长宽比为(1.2~1.5)：1]三种，结构形式有钢制设备(处理水量小)和钢筋混凝土结构(处理水量大)等。为保证反冲洗效果，单池面积不宜太大($\leqslant 100m^2$)。

(2) 滤料

作为生物膜载体——填料的选择是生物膜反应器技术成功与否的关键之一，它决定了反应器能否高效运行，对生物滤池的净化功能有直接影响。因此滤料需具备质坚、高强、耐腐蚀、抗冰冻、较高的比表面积、较大孔隙率且能就地取材、便于加工、运输等条件。材质可用轻质陶粒、炉渣、石英砂、焦炭、沸石等，以圆形陶粒为佳，粒径为 3~6mm，滤层厚度约 2.5~4.5m。。

(3) 承托层

承托层主要是为了支撑滤料，防止滤料流失和堵塞滤头，同时还可以保持反冲洗稳定进行。承托层常用材质为卵石或磁铁矿。为保证承托层的稳定，并对配水的均匀性起充分作用，要求材质具有良好的机械强度和化学稳定性，形状应尽量接近圆形，工程中一般选用鹅卵石作为承托层。

(4) 布水系统

曝气生物滤池的布水系统主要包括滤池最下部的配水室和滤板上的配水滤头。对于上流式滤池，配水室的作用是使某一短时段内进入滤池的污水均匀混合，依靠承托滤板和滤头的阻力作用使污水在滤板下均匀、均质分布，并通过滤板上的滤头均匀流入滤料层；除了滤池正常运行布水外，也可作为定期对滤池进行反冲洗时的布水。对于下流式滤池，该布水系统主要用作滤池反冲洗布水和收集净化水用。

配水室组成包括缓冲配水区和承托滤板。缓冲配水区初步混匀污水，然后依靠承托板的阻力作用使污水在滤板下均匀、均质分布，并通过滤板上滤头将污水均匀送入滤料层。缓冲配水区在水气联合反冲洗时起到均匀配气的作用。

配水滤头的作用是向滤池均匀配水。

(5) 布气系统

曝气生物滤池内的布气系统包括正常运行时曝气所需的曝气系统和进行气-水联合反冲洗时的供气系统两部分。

曝气生物滤池一般采用鼓风曝气形式，空气扩散系统一般采用专用空气扩散系统，按一定间隔安装在空气管道上，距承托板约0.1~0.15m。空气通过扩散器并流过滤料层时可达30%以上的氧利用率，且不易堵塞。

(6) 反冲洗系统

反冲洗过程：先降低滤池内的水位并单独气洗，而后采用气-水联合反冲洗，最后再单独采用水洗。在反冲洗过程中必须掌握好冲洗强度和冲洗时间，既要达到使截留物质冲洗出滤池，又要避免对滤料过分冲刷使生长在滤料表面的微生物膜脱落而影响处理效果。

反冲洗过程一般分为三步：气洗、气水同时反洗、水漂洗。气洗目的是松动滤料层，使滤料层膨胀。气洗强度一般为10~15L/(m^2·s)，时间为5min。气水同时反洗目的是将滤料上截留的悬浮物和老化的生物膜冲洗出去，水洗强度为5.0~8.5L/(m^2·s)，时间为5~8min。水漂洗目的是将滤料上表面的悬浮物和老化的生物膜冲洗出去，时间为为5~8min。滤层膨胀率约为10%。

(7) 出水系统

曝气生物滤池出水系统有采用周边出水和采用单侧堰出水等。在大、中型污水处理工程中，为了工艺布置方便，一般采用单侧堰出水较多，并将出水堰口设计成60°斜坡，以降低出水流速。在出水堰口设置栅形稳流板，以拦截反冲洗时被出水带出的滤料。

4.4.3.2 工艺设计参数

(1) 负荷的选取作为核心设计参数

BAF工艺通常采用容积负荷，计算需要滤料的体积后确定滤池的过滤面积。如前所述，BAF可划分为C池、N池和DN池，因此设计负荷也有三种形式：BOD_5负荷、硝化负荷和反硝化负荷。应根据出水要求选择适宜的进水COD负荷；BOD_5较高时会抑制硝化反应；甲醇作为外加碳源时，可以实现很高的反硝化负荷。

(2) 设计滤速的选取

在水量一定的情况下，确定了过滤速度也可计算出滤池的过滤面积，但与负荷不同，滤速是滤池设计中特有的设计参数。《室外排水设计规范》中没有对滤速提出要求，仅在条文说明中列举了其取值范围：碳氧化和硝化均在2~10m/h。

（3）C/N池的设计

作为两级BAF工艺，好氧池需要同时承担除碳和硝化的任务，因此在设计中需考虑残留BOD_5对硝化效果的影响。首先确定设计滤速，平均日滤速应不小于6m/h，最高日滤速不大于10m/h，由此计算出过滤面积；然后进行硝化负荷计算，通过调整滤料高度，使硝化负荷满足不同进水BOD_5浓度下的值。最后通过对比，寻求合适的设计参数，由于后置反硝化更适合应用在低碳源的污水中，在设计中如果滤速和负荷难以协调，建议改用前置反硝化工艺。

4.4.3.3 BAF中填料的分类及其选择

（1）填料的种类

曝气生物滤池的填料，根据其所采用原料的不同，分为无机填料和有机高分子填料；根据填料的密度不同，分为上浮式填料和沉没式填料。无机填料一般为沉没式填料，有机高分子填料一般为上浮式填料。常见的无机填料有陶粒、焦炭、石英砂、活性炭、膨胀硅铝酸盐等，有机高分子填料有聚苯乙烯、聚氯乙烯、聚丙烯球等。

填料作为曝气生物滤池的重要组成部分，影响着曝气生物滤池的污水处理性能。曝气生物滤池在发展过程中出现过的形式主要有Biocarbon、Biofor、Biostyr、Biopur、Biosmedi等，不同形式的曝气生物滤池所采用的填料各不相同。Biofor采用沉没式填料，如石英砂；Biofor采用的是轻质陶粒；Biostyr和Biosmedi采用的是密度比水小的聚苯乙烯球；而Biopur以规整波纹板为填料。

我国曝气生物滤池填料的研究和应用以陶粒为主，陶粒不仅材料价廉易得，而且具有足够的耐磨性和多孔性等优良特性，特别适合我国的国情。早期的陶粒大多采用页岩直接烧制、破碎、筛分而成，为不规则状。后期出现球形轻质陶粒，采用黏土(主要成分为偏铝硅酸盐)为原材料，加入适当化工原料作为膨胀剂，经高温烧制而成。这样的陶粒强度大，孔隙率大，比表面积大，化学稳定性好。

（2）填料的基本要求

① 比表面积大：填料一般选用比表面积大、开孔空隙率高的多孔惰性滤料，这种滤料有利于微生物的接触挂膜和生长，保持较多的微生物量；有利于微生物代谢过程中所需氧化和营养物质以及代谢产生的废物的传质过程；

② 机械强度好：生物填料必须具有在不同强度的水利剪切作用以及滤料之间摩擦碰撞过程中破损率低的机械强度要求。较好的硬度能使滤料即使在过滤过程中使用多年仍能保持其原有的大小和形状；

③ 耐磨损性：滤料必须具有较高的耐腐蚀性，这样能减少滤料在反冲洗后

期或挂膜量少时的磨损程度；

④ 空隙率及表面粗糙度：要求滤料具有一定的空隙率及粗糙度有利于微生物的附着、生长，而最重要的意义在于：减少滤料在冲洗过程中由于滤料之间摩擦碰撞而造成固着微生物膜的过量脱落，保证生物滤池周期工作的初期(冲洗之后)基本生物量的要求，以便出水水质相对稳定；

⑤ 生物、化学稳定性好：生物膜在新陈代谢过程中会产生多种代谢产物，某些代谢产物可能对滤料产生腐蚀作用，因此生物滤料必须具有一定的化学稳定性和抗腐蚀性，同时应不参与生物膜的生物化学反应，且其本身应是不可生物降解的；

⑥ 表面电性和亲水性：微生物一般带有负电荷，而且亲水，因此滤料表面带有正电荷将有利于微生物固着生长，滤料表面的亲水性同样有利于微生物的附着；

⑦ 湿密度：滤料湿密度过大，造成在反冲洗时滤料悬浮膨胀困难或使反冲洗时能耗增加，甚至冲洗不干净，长期运行导致滤料板结。密度过小，又不宜于滤料在反应器中的运行工况，因此滤料湿密度需在一定范围之内。

4.5 流动床生物膜反应器(MBBR)工艺

4.5.1 MBBR 工艺发展

生物膜法是使微生物依附在其他固体表面上呈膜状生长，并与废水接触来实现生物处理的技术。一般分为生物滤池、生物转盘、生物接触氧化法等，虽然它们结构相差很大，但基本原理是相同的，即通过废水与生物膜的接触，进行固液两相的传质，在膜内进行生物氧化降解有机物，使废水得到净化。

生物膜中微生物种类丰富，可以去除更多种类的污染物，且具有很高的脱氮能力，产生的剩余污泥量少，对后续污泥处理减轻负担，但是生物膜法对设计和运行条件要求都较严格，且投资较高。

活性污泥法从20世纪初应用于污水处理以来得到很大的发展，主要是由于其系统相对简单，处理效果在系统运行稳定情况下比较好。但长期以来，活性污泥饱受负荷冲击、温度变化(特别是低温)、毒性、污泥膨胀的脆弱性等因素困扰。污泥流失和系统效率低下是许多污水处理厂经常面对的问题。

流动床生物膜反应器(MBBR)工艺是一种结合生物膜法的较高的污泥浓度、长泥龄和不需污泥回流以及活性污泥法的无堵塞和配水及混合均匀的特点的生物处理工艺。MBBR工艺适用性强、应用范围广。既可用于有机物的去除，也可用于脱氮除磷；既可用于新建的污水处理厂，更可用于现有污水处理厂的工艺改造和升级换代。

MBBR工艺利用流化的颗粒填料，很好地解决了脱落的生物膜堵塞反应器的问题。流化床中采用的填料是颗粒填料，如石英砂或其他人工烧结的以黏土为骨料的轻质填料。粒径小的颗粒填料虽易于流化，但易于被水流带走；颗粒大的填料不易于流化，但要很高的流化速度。为使填料保留在反应器中，适当的结构措施(如斜板)是必要的。为达到流化的目的，流化床反应器的结构设计必然较为复杂。当流化速度大时，生物膜不易附着在颗粒填料表面，所以，颗粒填料的巨大表面积并没有得到充分利用。多孔型轻质填料虽然使有效表面积增加，但并不能根本改变这一局面。此外，当采用好氧生物流化床时，曝气充氧不易于与流化过程结合起来。

4.5.2 MBBR工艺原理

(1) 基本原理

流动床生物膜工艺运用生物膜法的基本原理，充分利用了活性污泥法的优点，又克服了传统活性污泥法及固定式生物膜法的缺点。技术关键在于研究和开发了密度接近于水、轻微搅拌下易于随水自由运动的生物填料。生物填料具有有效表面积大、适合微生物吸附生长的特点。填料的结构以具有受保护的可供微生物生长的内表面积为特征。当曝气充氧时，空气泡的上升浮力推动填料和周围的水体流动起来，当气流穿过水流和填料的空隙时又被填料阻滞，并被分割成小气泡。在这样的过程中，填料被充分地搅拌并与水流混合，而空气流又被充分地分割成细小的气泡，增加了生物膜与氧气的接触和传氧效率。在厌氧条件下，水流和填料在潜水搅拌器的作用下充分流动起来，达到生物膜和被处理的污染物充分接触而生物分解的目的，流动床生物膜反应器工艺由此而得名。其流态示意图如图4-33所示。流动床生物膜工艺突破了传统生物膜法(固定床生物膜工艺的堵塞和配水不均，以及生物流化床工艺的流化局限)的限制，为生物膜法更广泛地应用于污水的生物处理奠定了较好的基础。

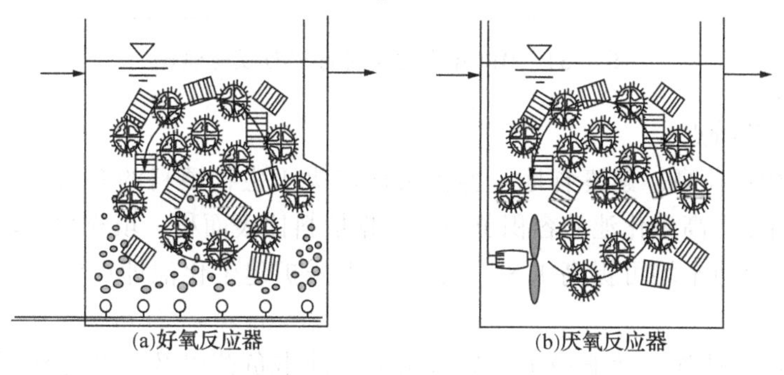

图4-33 MBBR工艺流态示意图

其技术要点是将密度小于水、比表面积大、适合于微生物吸附生长的悬浮填料直接投加到反应器中，作为微生物的活性载体。MBBR 工艺通过在曝气池中投加一定数量的悬浮填料，使微生物的生存环境由传统活性污泥法的气、液两相转变为气、液、固三相，这种转变为微生物创造了良好的生存环境，形成更为复杂的复合式生态系统。MBBR 中悬浮生长的活性污泥的污泥龄相对较短，而附着生长在悬浮填料中的生物膜的更新周期相对较长，从而为生长缓慢的硝化菌提供了有利的生存环境。悬浮污泥中和位于生物膜表面的微生物通常处于好氧状态，而填料部分因受到氧转移的限制，则处于缺氧甚至厌氧的状态，有利于实现反硝化作用。悬浮载体一般具有较大的比表面积，附着生长的微生物数量大、种类多，因此污泥浓度可高达传统活性污泥法的 5~10 倍。由于 MBBR 中混合污泥和生物膜共同作用，并发挥各自的优势，使得整个反应器中微生物量增大，活性提高，一方面强化了脱氮能力，另一方面也提高了系统的抗冲击负荷能力。图 4-34 是 MBBR 生物膜内同时发生硝化、反硝化(SND)的反应模式图，由于生物膜中具有丰富的微生物相，包括好氧层中的好氧氨氧化细菌、亚硝酸盐氧化菌、好氧反硝化菌，以及缺氧层中的厌氧氨氧化细菌、自养亚硝酸细菌和反硝化细菌。这些细菌协同作用，提供了良好的 SND 条件，从而很好地实现同步硝化、反硝化脱氮。

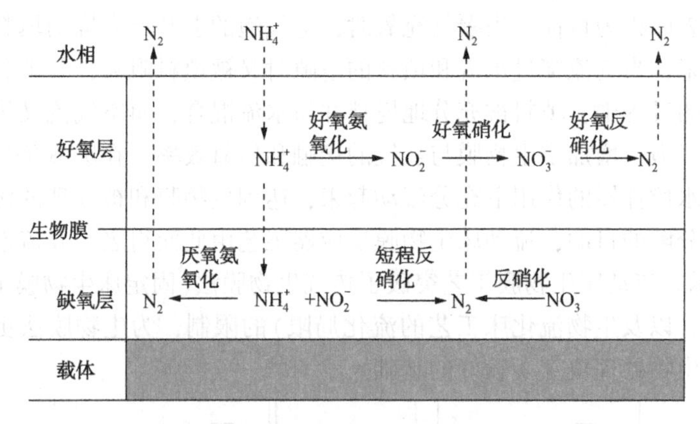

图 4-34 MBBR 生物膜内的 SND 反应模式

(2) 工艺特点

① 容积负荷高，紧凑省地：容积负荷取决于生物填料的有效比表面积。此工艺可大幅度提高生化池的容积负荷，根据填料比表面积、填充率、填充区域等参数，容积负荷平均可提高 1.8~2.5 倍，无需扩建生化池即可满足升级改造的扩容要求；

② 耐冲击性强，性能稳定，运行可靠：冲击负荷以及温度变化对流动床工艺的影响要远远小于对活性污泥法的影响。当污水成分发生变化或污水毒性增加

时，生物膜对此的耐受力很强。

③ 搅拌和曝气系统操作方便，维护简单。曝气系统采用穿孔曝气管系统，不易堵塞。搅拌器采用具有香蕉型搅拌叶片，外形轮廓线条柔和，不损坏填料。整个搅拌和曝气系统很容易维护管理；

④ 生物池无堵塞，生物池容积得到充分利用，没有死角。由于填料和水流在生物池的整个容积内都能得到混合，从根本上杜绝了生物池堵塞的可能，因此，池容得到完全利用；

⑤ 灵活方便。工艺的灵活性体现在两方面：一方面，可以采用各种池型（深、浅、方、圆都可），而不影响工艺的处理效果；另一方面，可以很灵活地选择不同的填料填充率，达到兼顾高效和远期扩大处理规模而无需增大池容的要求。对于原有活性污泥法处理厂的改造和升级，流动床生物膜工艺可以很方便地与原有的工艺有机结合起来，形成活性污泥-生物膜集成工艺（HYBAS 工艺）或流动床-活性污泥组合工艺（BAS 工艺）；

⑥ 使用寿命长。优质耐用的生物填料，曝气系统和出水装置可以保证整个系统长期使用而不需要更换，折旧率较低。

（3）MBBR 工艺组成

MBBR 工艺组成包括：生物填料，曝气系统或搅拌器系统，出水装置，池体。图 4-35 所示为工艺基本组成。

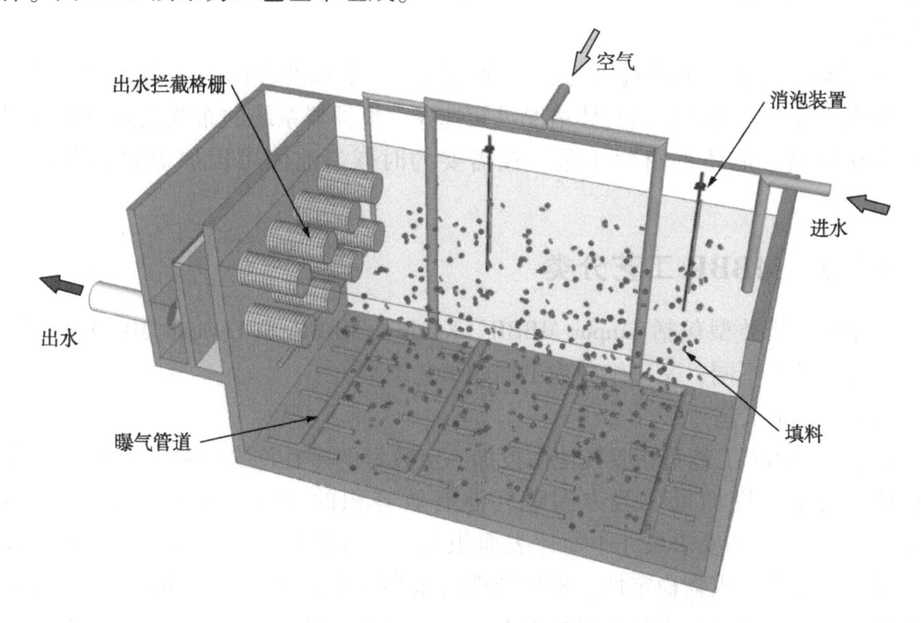

图 4-35　流动床生物膜工艺组成

① 生物填料：针对不同性质的污水及出水排放标准，我们开发了一系列不同的生物填料，比表面积为200~1200m^2/m^3(如K1、K3、NATRIX、BIOFILM-CHIP等)，以适用各种处理要求。当预处理要求较低或污水中含有大量纤维物质时，采用比表面积较小、尺寸较大的生物填料，如在市政污水处理中不采用初沉池，或者在处理含有大量纤维的造纸废水时。当已有较好的预处理，或用于硝化时，采用比表面积大的生物填料。生物填料由塑料制成，填料的比重介于0.96~1.30之间。

② 曝气系统：由于生物填料在生物池中的不规则运动，不断地阻挡和破碎上升的气泡，曝气系统只需采用开有中小孔径的多孔管系，这样就不存在微孔曝气中常有的堵塞问题和较高的维护要求。曝气系统要求达到布气均匀，供气量由设计而定，并可以控制。

③ 搅拌器系统：厌氧反应池中采用香蕉型叶片的潜水搅拌器。在均匀而慢速搅拌下，生物填料和水体产生回旋水流状态，达到均匀混合的目的。搅拌器的安装位置和角度可以调节，达到理想的流态。生物填料不会在搅拌过程中受到损坏。

④ 出水装置：出水装置要求把生物填料保持在生物池中，其孔径大小由生物填料的外形尺寸而定。出水装置的形状有多孔平板式或缠绕焊接管式(垂直或水平方向)。出水面积取决于不同孔径的单位出流负荷。出水装置没有可动部件，不易磨损。

⑤ 池体：池体的形状规则与否、深浅以及三个尺度方向的比例基本不影响生物处理的效果，可以根据具体情况灵活选择。搅拌器系统的布置也需根据池型进行优化调整。池体的材料不限。在需要的时候，池体可以加盖并留有观察窗口。

4.5.3 MBBR工艺分类

MBBR工艺类型包括Linpor MBBR、Kaldnes MBBR和Levapor MBBR三类，根据处理要求的不同，又可细分为不同的工艺类型。

(1) Linpor工艺

Linpor MBBR工艺是在曝气池中投加一定数量的多孔泡沫塑料颗粒作为微生物载体，载体的投加量一般占到曝气池有效容积的10%~30%左右(通常为20%)。采用的载体要求尺寸小而比表面积大，孔多且均匀，并具有良好的润湿性及机械、化学、生物稳定性。根据处理污水类型及处理目的，Linpor工艺可分为两类：一是主要用于去除有机物的Linpor-CMBBR工艺，二是用于同时去除有机物和脱氮的Linpor-C/NMBBR工艺。

图 4-36 为 Linpor-C MBBR 工艺流程图。该工艺主要用于强化活性污泥工艺对污水中有机污染物的去除效果。通过在曝气池中投加填料，载体表面所生长的生物量通常为 10~18g/L，最大可达 30g/L，而处于悬浮状态的生物量浓度一般为 4~7g/L，从而显著提高了系统中的微生物总量。LINPOR-C 反应器几乎适用于所有形式的曝气池，尤其适用于对超负荷运行的活性污泥法处理厂的改造。应用 LINPOR-C 工艺，可在不增加原有曝气池容积和不变动其他处理单元的前提下提高原有设施的处理能力和处理效果。

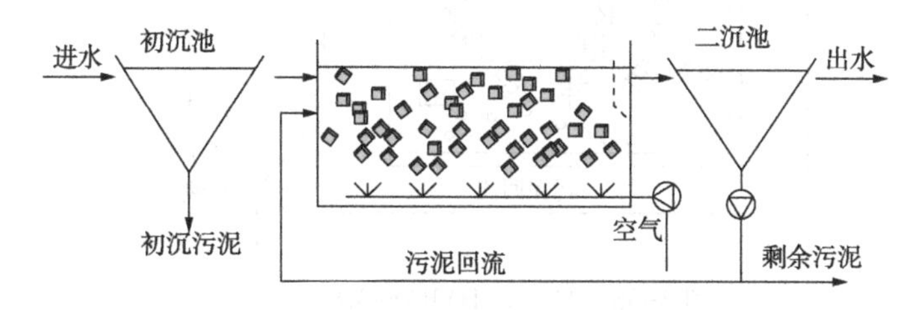

图 4-36　LINPOR-C 工艺图

图 4-37 为 LINPOR-C/N MBBR 工艺流程图。它与 LINPOR-C MBBR 工艺的差别主要在有机负荷上，通常在低有机负荷的条件下运行。在 LINPOR-C/N MBBR 工艺中，由于存在较大数量的附着生长型硝化细菌，且附着型硝化菌在反应器中的停留时间要比悬浮型微生物的停留时间长得多，所以更能获得优良的硝化和反硝化效果，脱氮效率通常在 50%以上，且不必另设单独运行的反硝化区。

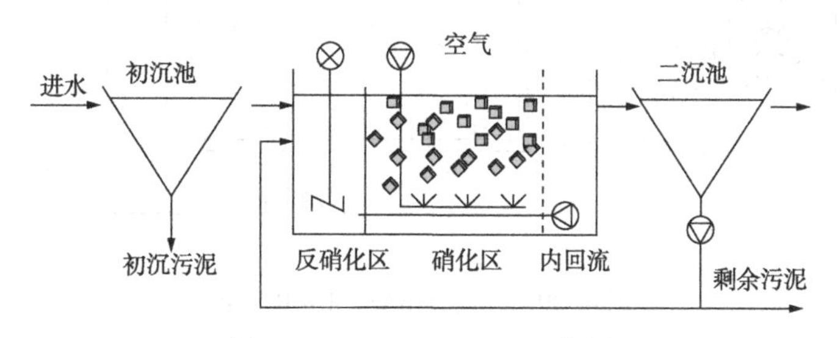

图 4-37　LINPOR-C/N 工艺图

（2）Kaldnes 工艺

Kaldnes MBBR 工艺的核心是使用聚乙烯环状悬浮载体，其比表面积高达 800m^3/m^3。Kaldnes 公司已经开发出了多种不同形状和尺寸的载体，其中 ANOX 型的载体尺寸为(5~50)mm×60mm，主要应用于工业废水，而 Kaldnes 型载体(聚乙烯塑料环)尺寸大多为 10mm×10mm，主要应用于城市生活污水处理。Kaldnes MBBR 工艺中载体的投加量一般为反应池有效容积的 20%~50%，常见工艺也可以分为两种类型，即复合式 HYBAS(HYBrid activated sludge)-MBBR 工艺和分离式 BAS(Biofilm-activated sludge)-MBBR 工艺。

① HYBAS-MBBR：通过向活性污泥反应池中投加填料，使悬浮活性污泥与生物膜共同存活在生物反应池中，增加了反应池中的生物量，使不同种群微生物在反应池内富集，提高生物的反应效率，见图 4-38。

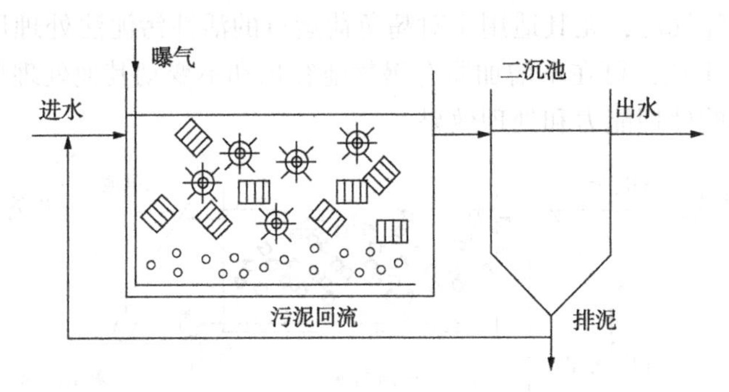

图 4-38 复合式 HYBAS-MBBR 工艺

② BAS-MBBR：MBBR 生物膜和活性污泥组合生物处理工艺(BAS 工艺)，即 MBBR 池(流动床生物膜法)+好氧池(活性污泥法)组合的 BAS 工艺，见图 4-39。

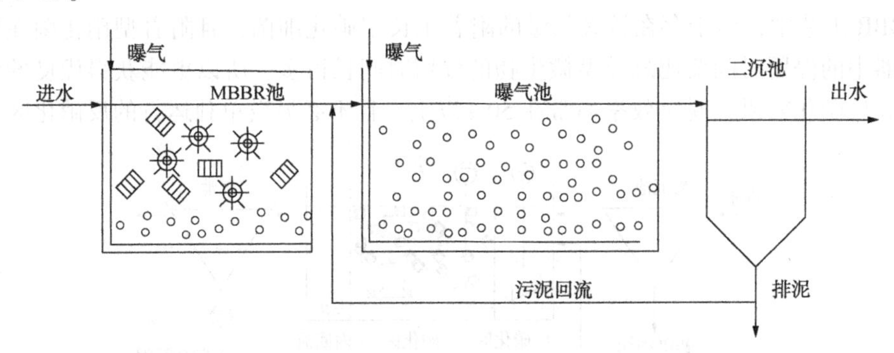

图 4-39 分离式 BAS-MBBR 工艺

(3) Levapor 工艺

Levapor MBBR 属于三相生物流化床处理方法，和接触氧化不同，固化生物膜也处于流化状态，污水和生物膜传质混合效果好，污水处理效率高。和普通活性污泥法不同，通过投放比表面积大的悬浮载体，生物量可达 30~40g/L，是普通活性污泥 5~10 倍生物量，大大提高系统污水处理能力，容积负荷更高，占地面积更小；生物膜提高了系统耐冲击负荷能力和对有毒化合物的抵抗能力，反应系统为气-固-液共存的三相流化状态，固-液-气三相充分接触、混合和碰撞，增加传质面积，提高传质速率，强化传质过程，同时填料流化时不断切割分散气

泡，使布气均匀，提高氧利用率；填料为生长缓慢的硝化细菌和其他长世代微生物提供载体，使生物固体停留时间和水力停留时间相分离，主要除去氨氮；同时生物膜独特的厌氧-好氧环境使系统具有脱氮功能；流化填料受水流、气流冲刷和相互碰撞，使老化生物膜易于脱落，促进新陈代谢，保证生物膜活性；流化填料可生长丝状细菌，使系统对有机物分解效率更高，同时避免了污泥膨胀。

4.5.4 MBBR 工艺设计

4.5.4.1 工艺影响因素

(1) 曝气系统对 MBBR 工艺的影响

填料作为微生物的载体，其密度与水接近，填料依靠底部曝气系统或机械搅拌作用在水中处于流化状态，而在实际运行中，如果曝气系统布置不当会导致整个池内布气不均，从而导致局部填料堆积的现象，直接影响处理效果，因此应根据池型作水力特性计算，根据曝气量合理布置曝气管路。一般在池四周、四角和出水端具有较大曝气量，具体的曝气量要根据实际情况精细计算确定，曝气量小无法避免填料堆积，曝气量大将造成资源浪费，增加整个污水厂的运行成本。试验表明，反应器的长深比为 0.5 左右时，有利于填料完全移动，而在实际工程设计时，要通过大量的试验来优化反应器的构造和水力特征，降低能耗，进一步提高 MBBR 的经济效益。

同时，曝气量直接影响水中的溶解氧(DO)，DO 直接影响微生物的硝化-反硝化作用，因为 DO 的浓度可控制硝化菌和反硝化菌的生长。当 DO 浓度过高时，DO 能穿透生物膜内部，抑制反硝化菌的生长，使其很难形成缺氧区，大量的氨氮被氧化成亚硝酸盐和硝酸盐，造成出水 TN 很高；反之，当 DO 浓度过低时，好氧菌即硝化菌就不能成为优势菌种，生物膜硝化能力差，导致出水氨氮浓度很高。通过研究表明，一分子氨氮(NH_3-N 或 NH_4^+-N)完全氧化成硝酸盐(NO_3^-)需耗用两分子的氧，即氧化 1mg 氨氮需要 4.57mg 的氧。当 DO 质量浓度在2mg/L 以上时，DO 对 MBBR 硝化效果的影响不大，氨氮的去除率可达 97%~99%，出水氨氮都能保持在 1.0mg/L 以下；DO 质量浓度在 1.0mg/L 左右时，氨氮的去除率在 84%左右，出水氨氮浓度明显提高，所以控制好 DO 的量对整个工艺最终的处理效果至关重要。

(2) 填料对 MBBR 工艺的影响

MBBR 法的关键在于填料，填料作为微生物赖以栖息的载体，填料的质和量直接影响污水处理厂的出水效果和投资费用。目前，国内对于填料的研究正处于起步阶段，生产悬浮填料的厂家良莠不齐，不同厂家生产的填料性能参数也各不相同，导致不同填料的亲水性、流态、挂膜时间、脱氮除磷效果等均不同，所以要根据不同厂家提供的填料参数确定污水处理厂的设计参数。

随着 MBBR 工艺的推广，填料也在不断更新换代，早期填料壁厚 0.8mm，有效比表面积 $500m^2/m^3$，孔隙率 87%，现在填料壁厚 0.2mm，有效比表面积 $625m^2/m^3$，孔隙率达到 95%，利用率进一步提高。理论上填料总的比表面积是按照每一单位体积生物载体比表面积的数量来定义的，根据比表面积和进出水水质确定载体的填充率，考虑到填料一直处于流化状态，所以填充率一般指载体所占空间的比例，通常为 10%~67%。根据功能不同，可将生化池进行分区，不同区域的填充率可根据脱氮除磷的需要而不同。

(3) 出水拦截设备

为了避免载有生物膜的填料随着出水流失，MBBR 池的出水口要设置拦截设备，防止填料流失影响处理效果。一般拦截设备主要有两种形式，分别是平板式和滚筒式。平板式出水拦截设备出水时水流为循环流，滚筒式出水拦截设备出水为推流，采用何种设备应根据实际情况确定。

(4) 水温对 MBBR 工艺的影响

温度对 MBBR 的影响主要体现在对微生物活性的影响上，高温使微生物体内的酶变性，微生物活性降低；低温使微生物代谢活动减弱，处于休眠状态，甚至仅维持生命体征而不发育繁殖。一般进入污水处理厂的温度不会使微生物致命，但会影响活性，硝化菌的适宜温度为 20~30℃，反硝化菌的适宜温度为 20~40℃，可见，温度对硝化菌的影响较大。实验结果表明，25℃时 MBBR 工艺对 COD、NH_3-N、TN 的去除率分别为 95%、96%、95%；10℃时 MBBR 工艺对 COD、NH_3-N、TN 的去除率分别下降至 95%、91%、90%，所以 MBBR 工艺受温度影响较普通活性污泥法小，这对我国冬季污水水温较低地区的污水处理具有一定的指导意义。

(5) pH 值对 MBBR 工艺的影响

pH 值体现在微生物生活环境的酸碱度，pH 值过高、过低都会使酶系统的催化功能减弱，从而抑制微生物的活性，甚至致使其死亡。pH 值过低，载体上的生物膜容易脱落，致使微生物不足；pH 值过高，会分解菌胶团，降低微生物的活性，影响出水效果。氨氧化菌的最适宜 pH 值范围为 7.0~7.8，亚硝酸氧化菌的最适宜 pH 值范围为 7.7~8.1，硝化过程中还会产生大量的酸，使 pH 值降低，所以在实际运行过程中要随时调节 pH 值。

4.5.4.2 工艺设计参数

(1) 填料填充率

填料填充率的选取是决定 MBBR 工艺成败的关键，MBBR 工艺成本很大一部分来源于填料的成本，而且填料填充率的多少对 MBBR 的处理效率有着至关重要的影响。填充率过低，会造成膜上的微生物不足，使得处理出水水质不达标；而填充率过高，会大幅提高工程造价，同时会对反应器内的搅拌、充氧能力等提出更高要求。从实际运行情况来看，MBBR 填料填充率适宜的取值范围为 30%～60%，对于氨氮去除要求较高时，填充率宜取较高值。实际运行经验表明，对于 Kaldnes 填料，为了保证其能够自由悬浮，填料投加量要低于 70%。因此在保证充氧能力及填料自由悬浮的前提下，可以根据实际需要选择填料的投加率。

（2）水力停留时间

合适的水力停留时间（HRT）是确保净化效果和工程投资经济性的重要控制因素，针对不同的污水类型找出经济而合理的 HRT 是非常关键的问题之一，在实际设计中可以参考同类型水质选取，对于较为复杂的水质，可以通过试验来确定。

（3）行进流速

设计时必须考虑高峰流量通过 MBBR 时的峰值行进流速（流量除以反应器截面积）。行进流速较小（如 20m/h），载体就能在反应器内均匀分布；行进流速过大（如>35m/h），载体就会堆积在截留侧处，产生较大的水头损失。此外，反应器的长宽比也是一个因素。总的来说，长宽比在 1 以下有助于减少峰值流量下载体向截留网漂移，使载体更加均匀地分布在反应器内。

（4）有机负荷

以 Kaldnes MBBR 工艺为例，仅用于去除有机物时，在投加量为 67%的条件下，有机负荷宜在 15gBOD/（m^3·d）左右；当用于脱氮时，有机负荷应尽量低，不应超过 4gBOD/（m^3·d）。

（5）溶解氧

MBBR 中 DO 浓度大于 2～3mg/L 时硝化作用才开始进行，硝化率和 DO 浓度接近线性关系，直到 DO 达到饱和浓度。当有机负荷超过 4gBOD/（m^2·d）时，为了实现良好的硝化作用，DO 浓度需大于 6mg/L。

4.5.4.3 填料的选取

（1）MBBR 填料的特点

① 迅速的载体挂膜机制。运用特殊改性配方及加工工艺，加速填料挂膜，载体中加入特定微量元素和特殊表面处理工艺，促使水体中微生物迅速生长。繁殖形成生物体，不同水质和条件挂膜进度存在差异，一般只需 3～15 天，最快只需 1 天。

② 具有巨大的比表面积，为大量微生物附着生长提供支撑。有利于各种微生物的生长，不仅为异养细菌生长提供了空间，同时为自养型细菌的生长创造了条件，为生物脱氮除磷打下了坚实的基础。

③ 超强的脱碳、脱氨氮能力。载体为微生物大量繁殖提供了舒适安全的环境，生物种类不断丰富，由于不受泥龄限制，硝化细菌也得到大规模繁殖，庞大的生物学群体使水中的有机物和氨氮快速分解。

④ 卓越的抗负荷冲击性能。进水 COD 浓度变化较大，但 COD 去除率的变化却很小，说明 MBBR 具有在一定浓度范围内出水水质稳定的优点。

⑤ 灵活多样的工程应用方式。可用于好氧、厌氧、缺氧工艺的不同阶段，只需通过填料的投加即可轻松获得满意的处理效果。

⑥ 简便的运行维护条件，无需支架，易流化、节省能耗。无需支架，并可省去污泥回流，避免污泥膨胀、上浮和流失问题发生，运行维护方便。恰当的密度(挂膜前 0.95~0.98g/cm^3)，使填料在停留时成漂浮状态，曝气下处于悬浮流化状态，最大限度地降低能耗；填料的易流化，增加了对气泡的撞击和切割，提高了氧的利用率，可降低曝气能耗，同等条件时曝气量可减少 10% 以上。

(2) 三种 MBBR 载体

三种不同类型的 MBBR 工艺采用的填料也不相同，Linpor MBBR 工艺，主要采用聚氨酯海绵为载体，主要用于市政污水系统改造；Kaldnes MBBR 工艺，生物载体多为聚乙烯材料制成，为鲍尔环结构；Levapor MBBR 工艺通过对 Linpor 载体表面进行处理，吸附 30%活性炭粉，使 Levapor 载体比表面积高达 20000m^2/m^3，是前二者的 10~20 倍。

① Kaldnes 悬浮填料：由挪威 Kaldnes Mijecp Tek-nogi 公司与 SINTEF 研究所联合开发。填料由聚乙烯材料制成，大小不超过 11mm，呈外棘轮状，内壁由十字筋连接，在水中能自由漂动。在悬浮填料长有生物膜的情况下，其密度接近于水。Kaldnes 悬浮填料目前主要用于流动床生物膜工艺(MBBR)，悬浮填料反应器内最大填充率可达 67%，其有效生物膜面积可达 350m^2/m^3。聚乙烯中空圆柱体，长 5~7mm，直径一般 10mm，内部有十字支撑，外部有翅片，密度 0.95g/cm^2，空隙率 88%，可供生物膜附着的比表面积约 800m^2/m^3，能给微生物提供良好的生长环境；可在好氧操作下以空气搅拌，或在厌氧操作下以机械搅拌。这种载体的特殊形状使微生物在有保护的载体内表面生长而去除废水中的 BOD_5。Kaldnes 悬浮填料(聚乙烯)见图 4-40。

图 4-40 Kaldnes 悬浮填料(聚乙烯)

② Linpor 悬浮填料：该工艺是德国 Linde 公司开发的一种悬浮载体生物膜反应器，其生物膜载体为聚氨酯海绵，主要用于市政污水系统改造，尺寸为10mm×10mm，它们放入曝气池中，由于其相对密度≈1，故在曝气状态下悬浮于水中。其比表面积大，每 $1m^3$泡沫小方块的总表面积大 $1000m^2$，在其上可附着生长大量的生物膜，其混合液的生物量比普通活性污泥法大几倍，MLSS≥10000mg/L，因此单位体积处理负荷要比普通活性污泥法大。适用于超负荷的污水处理厂的改建和扩建(图 4-41)。

③ LEVAPOR 悬浮填料：是由德国拜耳公司历经 10 年耗资上千万欧元研发出来的最新一代用于处理废水和废气的高效微生物载体，是通过对 Linpor 载体表面进行处理，吸附 30%活性炭粉，使 Levapor 比表面积高达 $20000m^2/m^3$，是前二者的 10~20 倍，Levapor MBBR 适合于高浓度难降解有机物和高氨氮、硝酸盐的废水处理，主要应用于化工、制药、农药等高浓度、难降解、高氨氮有机废水处理(图 4-42)。该悬浮填料具有以下特性：迅速形成高活性的生物膜，微生物细胞能在其庞大的表面上繁殖生长；吸收并降解有毒或抑制物质，从而使表面能够重新具有生物活性；显著提高生物处理的效率和稳定性；剩余污泥明显减少。

图 4-41　Linpor 悬浮填料(聚氨酯)

图 4-42　LEVAPOR 悬浮填料

(3) 三种 MBBR 载体性能比较

三种 MBBR 载体性能比较见表 4-5。

表 4-5　三种 MBBR 载体性能比较

物化指标	Levapor	聚氨酯载体	聚乙烯载体
比表面积/(m^2/m^3)	≥20000	≤2500	500~800
孔隙度/%	97	90~95	50~75
投配率/%	12~15	30~70	30~70
润湿性	2 天	3 个月	3 个月

续表

物化指标	Levapor	聚氨酯载体	聚乙烯载体
吸水性	达到自身250%	非常少	非常少
带点负荷	可调节	不可调节	不可调节
吸附能力	非常强	好	弱
微生物繁殖	1~2h开始	4周后开始	5周后开始

4.6 A-B(吸附-生物降解)法工艺

4.6.1 A-B法的工艺流程及原理

A-B法工艺即吸附-生物降解(Adsorption-Biodegradation)工艺，是由德国亚琛大学Bohnke教授于20世纪70年代中期开创的。

(1) A-B法的工艺流程

A-B法的工艺流程见图4-43。

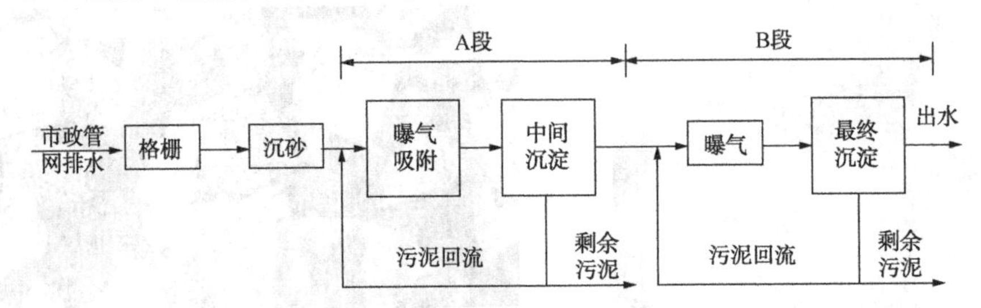

图4-43 A-B法工艺流程图

(2) A-B法工艺的基本原理及工作机理

A-B法工艺属于两端活性污泥，整个工艺分为A段和B段，其中A段为吸附段，B段为生物氧化段。整个工艺中，A段之前一般不设初沉池，以便充分利用原污水存在的微生物和有机物，促进有效稳定地运行。其优点为：第一，与单段系统相比，微生物群体完全隔开的两段系统能取得更佳和更稳定的处理效果；第二，对于一个连续工作的A段，由外界连续不断地接种具有很强繁殖能力和抗环境变化能力的短世代原核微生物(其世代时间为20min，相当于每天72个世代)，使处理工艺的稳定性大大提高了。A段对污染物的去除主要是通过A段活性强、世代周期短的细菌絮凝吸附作用和生物降解作用来对水中的悬浮固体和溶解性有机物去除，其中絮凝、吸附起主导作用。

A段反应机理主要包括以下几个方面：第一，絮凝、沉淀机理。污水中已存在大量适应污水的微生物，这些微生物具有自发絮凝性，形成自然絮凝剂。当污水中的微生物进入 A 段曝气池时，在 A 段内原有的菌胶团的诱导促进下，很快絮凝在一起，絮凝物结构与菌胶团类似，使污水中有机物质脱稳吸附。第二，吸附机理。原核生物体积小，比表面积大，细菌繁殖速度快，活性强，并且通过酶解作用，改变了悬浮物、胶体颗粒及大分子化合物的表面结构性质，造成了 A 段活性污泥对水中有机物和悬浮物较高的吸附能力。第三，吸收生物氧化机理。污水中溶解性物质一般通过扩散途径，穿过细胞膜而被细菌细胞吸收。大部分底物如氨基酸、单糖和阳离子是由酶输入细胞的，通常生物在吸附以后，必须对细胞表面进行再生。

A 段反应机理的过程包括：第一，经细菌水解酶的作用，脂肪、蛋白质和碳水化合物被水解成低相对分子质量的片断。第二，部分蛋白质、碳水化合物的水解，水解产物形成带正、负电荷的有凝聚功能的聚合物，称之为絮凝助剂。它可以通过表面作用力使水中悬浮物和胶体颗粒脱稳。第三，大分子脂肪酸和金属氢氧化物的疏水化，水化反应生成的疏水性物质对溶解性的有机物也有较强的吸附力。第四，悬浮物和胶体颗粒脱稳。第五，溶解性有机物被吸附。第六，形成有良好沉淀能力的宏观絮体。第七，在中间沉淀池内进行泥水分离。在 A 段中，有机物绝大部分是以吸附、吸收的形式被去除的，占总去除量的 90%左右，而氧化作用只占很小比例，约 10%左右。一般城市生活污水所含的 BOD_5和 COD 约 50%以上是由悬浮固体(SS)形成的，而 A 段对非溶解性有机物包括悬浮物质和胶体物质的去除率很高，即 A 段 BOD_5和 COD 的去除率很高。

(3) A-B 法的主要特点

从工艺流程来看，A-B 法的主要特点为：①在 A-B 法中不设初沉池，由吸附池和中间沉淀池组成的 A 段为一级处理系统；②B 段则由普通的曝气池和二沉池组成；③因此在 A-B 法中的 A、B 两段各自拥有独立的污泥回流系统，从微生物的角度来看，A-B 两段是完全分开的，各自拥有各自独特的微生物群体，有利于分别高效发挥各自的功能，且有利于整个系统的功能稳定。

4.6.2 工艺特征

(1) A-B 法中 A 段的特征

① A 段连续不断地从排水系统中接受污水，同时也接种了在排水系统中存活的微生物种群，也就是排水系统起到了“微生物选择器”的作用。在这里不断地产生微生物种群的适应、淘汰、优选、增殖等过程，从而能够培育、驯化、诱导出与原污水适应的微生物种群。由于该工艺不设初沉池，所以 A 段能够充分利用经排水系统优选的微生物种群，从而使 A 段能够形成开放性的生物动力学系统。

② A 段负荷高，为增殖速度快的微生物种群提供了良好的环境条件。在 A 段能够成活的微生物种群，只能是抗冲击负荷能力强的原核细菌，原生动物和后生动物难以存活。

③ A 段污泥产率高，并有一定的吸附能力，A 段对污染物的去除主要依靠生物污泥的吸附作用。这样，某些重金属和微生物降解有机物质以及氮、磷等物质，都能够通过 A 段而得到一定的去除，因而大大地减轻了 B 段的负荷。A 段对 BOD 去除率大致为 40%~70%，但经 A 段处理后的污水，其可生化性将有所改善，有利于后续 B 段的生物降解。

④ 由于 A 段对污染物质的去除，主要是以物理化学作用为主导的吸附功能，因此，其对负荷、温度、pH 值以及毒性等作用具有一定的适应能力。

(2) A-B 法中 B 段的特征

首先应当说明，B 段的各项功能的发挥，都是以 A 段正常运行为条件的。

① B 段接受 A 段的处理水，水质、水量比较稳定，冲击负荷已不再影响 B 段，B 段的净化功能得以充分发挥。

② 去除有机污染物是 B 段的主要净化功能。

③ B 段的污泥龄较长，氮在 A 段也得到了部分的去除，BOD/N 的比值有所降低，因此，B 段具有产生硝化反应的条件。

④ B 段承受的负荷为总负荷的 30%~60%，与普通活性污泥处理系统比，曝气生物反应池的容积可减少 40%左右。

4.6.3 A-B 法的主要设计参数

A 段正常运行的必要条件是原污水中必须有足够的已经适应该污水的微生物。在城市污水中，这些微生物基本上来自人类排泄物。由于 A 段的去除效率高低与进水微生物量直接相关，因此 A 段之前不宜设置初沉池。在工业废水和某些城市污水中，已经适应污水环境的微生物浓度很低或微生物絮凝性很差，A 段效率明显下降。对这类污水来说，不宜采用 A-B 法工艺。

为了充分利用絮凝性和吸附效应，保证 A 段高效运行，A 段停留时间最好控制在 25~30min，停留时间增加反而不利。A 段的最佳污泥负荷为 3~4kgBOD_5/(kgMLSS·d)。污泥浓度过低或过高对 A 段运行均不利，控制在 2~2.5g/L 效果较佳。泥龄的控制取决于污水特性和 A 段的污泥浓度，在 A 段中污泥浓度基本上与泥龄成正比关系，最佳泥龄控制应通过试验或生产实践求得。

A 段污泥沉降性能极佳，SVI 值低于 50，因此中间沉淀池水力停留时间可控制在 1.5h 以内，污泥回流比控制在 70%以内。B 段的设计与常规方法相同，必须注意的是，设计 B 段时，进水水质应采用 A 段出水水质；设计高级 A-B 法工艺时，应保证 B 段进水的 BOD_5/TN 比值≥3。对 BOD_5/TN 在 3 左右的污水来说，设置 A 段对生物除磷脱氮不利，不宜采用高级 A-B 法工艺(物理或化学法除磷除氮例外)。

在中国，污泥处置是一个令人头痛的问题。由于 A-B 法工艺产泥量大，合理解决污泥处置问题，有助于 A-B 法工艺的推广应用。也就是说，污泥问题是 A-B 法工艺推广应用的主要障碍。

当处理城市废水时，A-B 法的主要工艺参数如下：

(1) A 段

① 污泥负荷率：2.0~6.0kgBOD/(kgMLSS·d)；

② 水力停留时间(HRT)：30min；

③ 污泥龄(θ_c)：0.3~0.5d；

④ 溶解氧(DO)：0.2~0.7mg/L。

(2) B 段

① 污泥负荷率：0.15~0.3kgBOD/(kgMLSS·d)；

② 水力停留时间(HRT)：2.0~3.0h；

③ 污泥龄(θ_c)：15~20d；

④ 溶解氧(DO)：1.0~2.0mg/L。

第5章 高负荷厌氧处理工艺

5.1 厌氧处理工艺的发展

5.1.1 第一代厌氧反应器

从厌氧技术诞生以来，至今已经过了100多年的发展，期间共发生过两次高潮。第一次高潮是从20世纪50年代起，发达国家工业化和城市化进程加快，造成了严重的环境污染，此时科学家们开发了厌氧塘、普通厌氧消化池、厌氧接触工艺反应器即第一代厌氧反应器，并在世界范围内开始尝试应用厌氧生物技术。20世纪70年代，迎来了厌氧生物技术发展的第二个高潮。随着经济的快速发展，世界能源问题和环境污染问题越来越严重，科学家们开发了以UASB反应器(荷兰)为代表的第二代厌氧反应器，使得厌氧生物技术真正开始快速发展。而后在此基础上，一系列第三代更高效的厌氧反应器得以研发和应用。厌氧工艺发展沿革见图5-1。

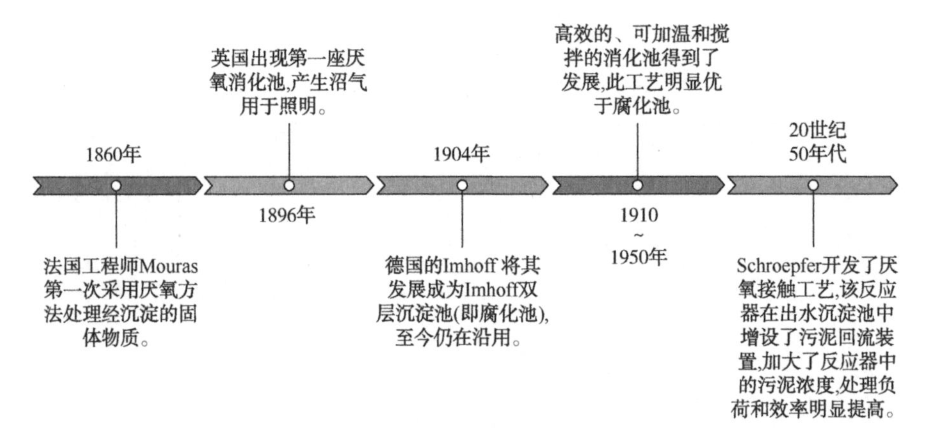

图5-1 厌氧工艺发展沿革

上述的反应器均为第一代厌氧反应器。这些反应器的特点是厌氧微生物生长极其缓慢，世代时间长，反应器内无法分离水力停留时间和污泥停留时间，所以第一代反应器必须保持足够长的停留时间，一般消化工艺在中温环境下的停留时间至少为 20～30 天。此时的低负荷需要较长停留时间的厌氧系统使业界许多人认为厌氧系统运行结果不理想，本质上还是不如好氧系统。

代表性反应器如下。

5.1.1.1 厌氧消化池(1896 年发明，1910～1950 年代升级)

(1) 工艺流程

厌氧消化池构造如图 5-2 所示，废水或污泥定期或连续进入消化池中，消化后的污泥和上清液分别从消化池底部和上部排出，所产生的沼气从顶部排出。普通厌氧消化池的池体高度一般为池径的 1/2，池底呈圆锥形，以利排泥；池顶盖为半球形，以利于收集沼气。为了使进泥或进水与厌氧污泥充分接触并使所产沼气及时逸出，通常还设有搅拌装置；进行中温或高温消化时，还需要对消化液或进水进泥进行加热。

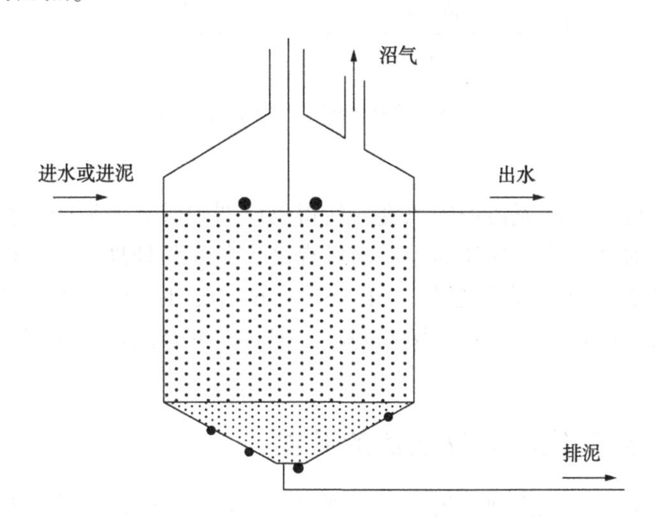

图 5-2 厌氧消化池构造图

(2) 特点

普通消化池的体积较大，负荷较低，一般中温为 2～3kgCOD/(m^3·d)，高温为 5～6kgCOD/(m^3·d)，其根本原因在于固体停留时间等于水力停留时间。为保证厌氧微生物在厌氧反应器内得以生长繁殖，污泥龄应该是甲烷菌世代时间的 2～3 倍，因此，普通消化池在中温条件下的停留时间为 20～30d，如果消化池内不进行搅拌和加热，停留时间甚至长达 30～90d，处理效率极低。

5.1.1.2　厌氧接触工艺(20世纪50年代)

(1) 工艺流程

厌氧接触工艺系统构造如图5-3所示，在普通消化池后串联沉淀池，将生物反应和泥水分离在两个独立的构筑物中进行，沉淀的污泥重新返回消化池，有效地增加了反应器中的污泥浓度。

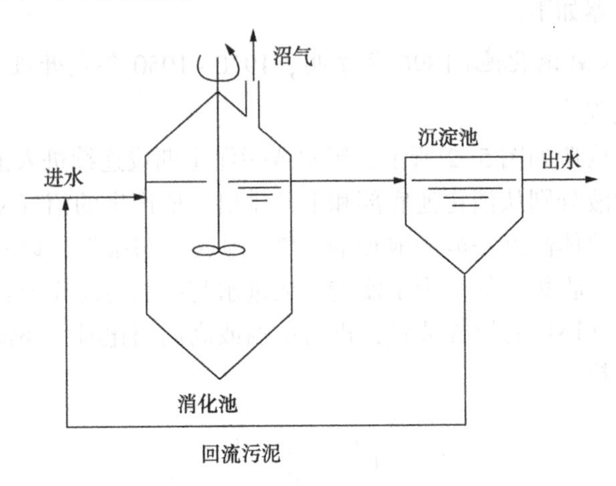

图5-3　厌氧接触工艺系统构造图

(2) 特点

增大了反应器内厌氧污泥的浓度，使得反应器中厌氧污泥的停留时间第一次大于水力停留时间，不仅操作简单，而且提高了负荷与处理效率。污泥回流量约为进水流量的2~3倍，消化池内的MLVSS为6~10g/L，可以直接处理固体含量较高或颗粒较大的料液，不存在堵塞问题，但存在混合液难于在沉淀池中进行固液分离的缺点。

5.1.2　第二代厌氧反应器的开发

高效厌氧处理系统必须满足两大原则之一，是在系统内保持大量的厌氧活性污泥和足够长的污泥龄。要满足这一原则，可采用固定化(生物膜)或者培养沉淀性能较好的厌氧污泥的方式来保持污泥浓度，从而在采用高有机负荷和水力负荷时不会流失大量厌氧活性污泥。

20世纪60年代，McCarty和Young在早前科学家研究的基础上恢复了对厌氧滤池的研究，应用在中、低浓度溶解性工业废水的预处理/处理领域。他们在反应器内装载各类填料，如卵石、炉渣、塑料等，在污水流动过程中在填料上生长出大量的生物膜。厌氧滤池在很短的水力停留时间内可以保持较长的污泥龄，平均细胞停留时间可长达100天以上。

1970年，Lettinga因偶然看到了McCarty的文章，领导其研究团队发明了UASB反应器，并在甲醇废水处理中取得UASB的初步成功。UASB反应器集生物反应与污泥沉淀于一体，沿高程从上到下分为沉淀区、三相分离区和反应区，在反应器内通常能培养出沉降性能良好的颗粒污泥，从而在没有填料和载体的情况下完成了生物相的固定化，节省了空间和成本，同时使水力停留时间和污泥停留时间分开，以在反应器内保持较高的污泥浓度。

上述的反应器均为第二代厌氧反应器。这些反应器的特点是可将水力停留时间与污泥停留时间分离开，其污泥停留时间可以长达上百天，可使厌氧处理高浓度污水的停留时间从过去的几天或几十天缩短到几小时或几天。但如果第二代反应器在低温条件下采用低负荷工艺时，由于污泥床内的混合强度太低，就无法抵消反应器内的短流效应，所以第二代厌氧反应器在应用负荷和产气率方面有一定的限制。

代表性反应器如下。

5.1.2.1　厌氧滤池(20世纪60年代)

(1) 工艺流程

如图5-4所示，通过在反应器内填充各类过滤介质(碎石、焦炭、塑料球、软性或半软性填料等)，废水从池底进入并从池顶连续排出，在通过填料层时与附着在填料上的微生物接触，使有机物得以降解。

(2) 特点

无需沉淀池和污泥回流，设备简单，操作方便；生物膜折算的污泥量大，泥龄长，处理效果好；生物滤池的关键是滤料，表面积越大，形成的生物膜量越多，单位反应器的处理能力越大；滤料费用较贵，容易堵塞，尤其是下部，生物膜很厚，堵塞后没有简单有效的清洗方法，因此仅适合SS含量低的污水。

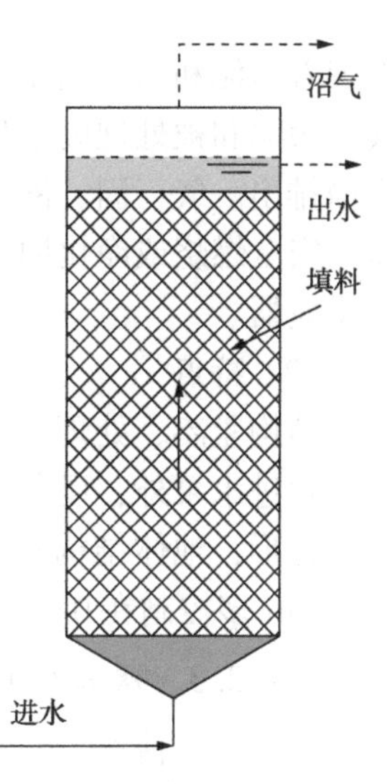

图5-4　厌氧滤池构造图

5.1.2.2　UASB反应器(1970年)

(1) 工艺流程

UASB主要由进水系统、三相分离器、出水系统、罐体等组成，如图5-5所示，分为进水区(布水区)、反应区(含污泥床区、悬浮污泥层区)、沉淀区、出水区、沼气区等。

废水由进水系统从反应器的底部进入，进水系统兼有布水和水力搅拌的作用。布水器均匀布水，布水器出水口高速水流的冲击和上升气泡的扰动使污水与污泥混合。反应过程中，产生的沼气(气泡)在上升过程中将污泥颗粒托起，气

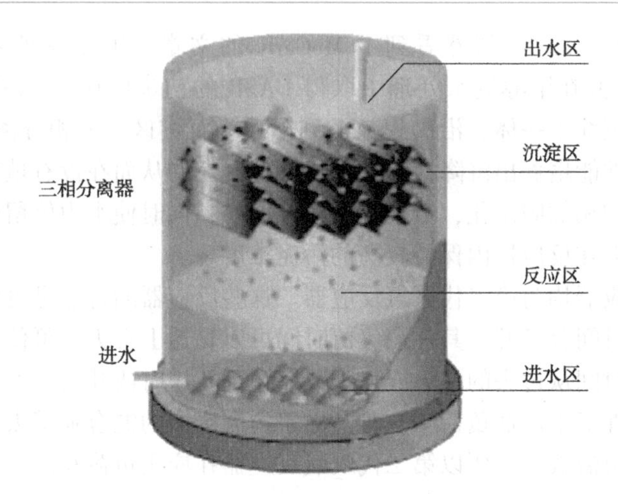

图 5-5　UASB 反应器构造图

泡带着污泥和水一起上升进入沉淀区，该区域的三相分离器将反应中产生的沼气、污泥和被处理废水加以分离。经泥水分离后的处理出水则从沉淀区上部的集水槽排出。气、固、液分离后的气体(沼气)由气室收集，再由沼气管通过水封器后安全燃烧或净化回收利用。反应器内的污泥超过一定高度，将随出水一起冲出反应器。

(2) 特点

结构紧凑、处理能力大、处理效果好，具有污泥浓度高、有机负荷高等优点；除进水泵外，设备本身无任何动力消耗，运行能耗低；平面布置有圆形、矩形、方形；池体结构有钢制、钢筋混凝土(多为矩形布置)；上升流速为 0.5~1.5m/h(多控制在 0.6~0.9m/h)；高度一般为 6~12m(最高可达 15m)。

5.1.2.3　厌氧生物转盘(1980 年)

(1) 工艺流程

厌氧生物转盘在构造上类似于好氧生物转盘，即主要由盘片、传动轴与驱动装置、反应槽等部分组成，见图 5-6。在结构上是一种具有旋转水平轴的队列式密封长圆筒，轴上装有一系列圆盘。运行时圆盘大部分浸在污水中，厌氧微生物附着在旋转的圆盘表面形成生物膜，保持较长的污泥停留时间，代谢污水中的有机物产生沼气。

(2) 特点

微生物浓度高，有机负荷高，水力停留时间短；废水沿水平方向流动，反应槽高度低，节省了提升高度；一般不需回流；不会发生堵塞，可处理含较高悬浮固体的有机废水；多采用多级串联，厌氧微生物在各级中分级，处理效果更好；运行管理方便；但盘片的造价较高。

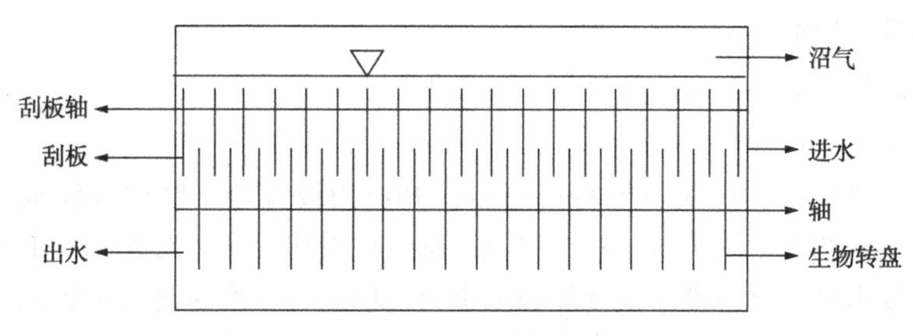

图 5-6　厌氧生物转盘构造图

5.1.3　第三代厌氧反应器的开发

高效厌氧处理系统必须满足两大原则之二，是还要保持污水和污泥之间的充分接触。要满足第二原则，需要保证反应器内布水均匀和混合均匀，最大程度避免短流。布水均匀方面主要是设计好布水系统，混合均匀则主要依靠进水混合和气体的扰动。所以如果在低温条件下采用低负荷工艺时，必须要采用高反应器或是出水回流的方法才能保证反应器内较高的搅拌强度。

1980 年，美国斯坦福大学的 McCarty 团队在厌氧生物转盘的基础上改进开发出了厌氧折板式反应器(ABR)，几乎完美实现了 Lettinga 提出的分级多相厌氧工艺的思路。

1985 年，荷兰帕克公司基于 UASB 反应器颗粒化和三相分离器的概念改进发明了厌氧内循环反应器(IC)。该反应器本质由 2 个 UASB 反应器的单元相互重叠而成，特点就是在高的反应器内分为两个部分，下部处于极端的高负荷，上部处于低负荷，通过混合液内循环的方式大大强化了泥水混合和传质效果，加快了反应速率。

1986 年，Lettinga 教授团队发明了膨胀颗粒污泥床(EGSB)反应器。EGSB 反应器实质就是改进了的 UASB 反应器，只是运行方式和 UASB 反应器不同，即在很高的上升流速下运行以保持颗粒污泥处于悬浮状态，从而保证了污水和污泥的充分接触。EGSB 反应器的停留时间低于传统的 UASB 反应器。而后在 2008 年，荷兰 Hydro Thane 的研究团队又研发出 ECSB(External Circulation Sludge Bed)即外循环污泥床反应器。

上述的反应器均为第三代厌氧反应器。此类反应器的特点是颗粒污泥(或生物膜)沉速比絮状污泥沉速高，不用外部沉淀池；采用比 UASB 高得多的液体和气体上升流速及有机负荷；污泥床处于悬浮和膨胀状态；颗粒污泥(或生物膜)比表面积大，生物浓度高，传质条件好，溶解有机物去除率高；反应器的径高比大，负荷高；污泥龄长，污泥产量少。

代表性反应器如下。

5.1.3.1 厌氧折流板反应器(1982 年)

(1) 工艺流程

如图 5-7 所示，厌氧折流板反应器(ABR)内设置若干竖向导流板，将反应器分隔成串联的几个厌氧区，每个厌氧区都可以看作一个相对独立的上流式污泥床系统，废水进入反应器后沿导流板上下折流前进，依次通过每个厌氧区的污泥床，废水中的有机基质通过与微生物充分接触而得到去除。借助于废水流动和沼气上升的作用，厌氧区中的污泥上下运动，但是由于导流板的阻挡和污泥自身的沉降性能，污泥在水平方向的流速极其缓慢，从而大量的厌氧污泥被截留在厌氧区中。将生理条件完全不同的发酵细菌和甲烷细菌两大菌群进行的生化过程分别在两个容器中顺序独立完成，并且维持各自的最佳环境条件，就形成了两相厌氧消化系统。

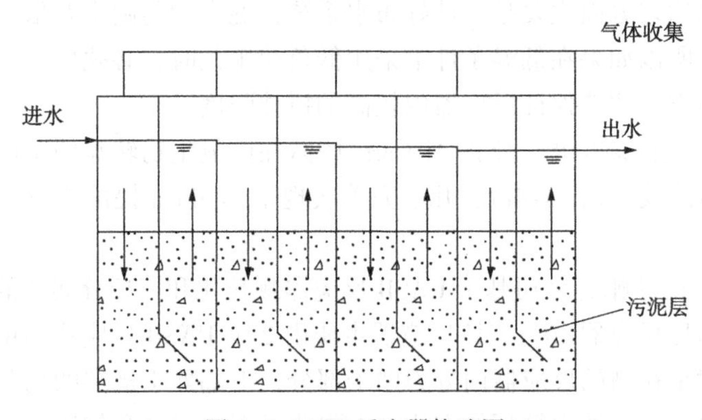

图 5-7 ABR 反应器构造图

(2) 特点

结构简单，没有特殊的气固分离系统，运用挡板构造在反应器内形成多个独立的反应器，实现了分相多阶段缺氧，其流态以推流为主，对冲击负荷及进水中的有毒物质具有很好的缓冲适应能力，还具有不短流、不堵塞、无需搅拌和易启动的特点。

5.1.3.2 IC 反应器(1985 年)

(1) 工艺流程

IC 反应器主要由进水系统、两层三相分离器、出水系统、循环系统、气液分离器、罐体等组成，具体构造如图 5-8 所示，分为进水区(布水区)、主反应区、精处理区、沉淀区、出水区、沼气区等。简单地说，IC 实际上是由上下两个 UASB 一体化组合而成。

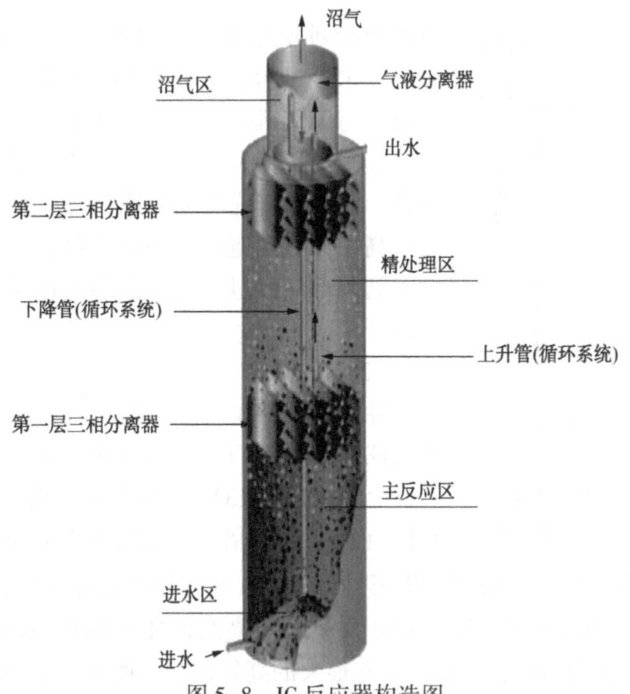

图 5-8　IC 反应器构造图

废水由进水系统从反应器底部进入主反应区，并通过进水系统使其与污泥混合，废水中大部分有机物在此得到降解，并产生沼气。沼气由集气罩收集后经上升管上升至气液分离器。在沼气的上升过程中，把主反应区的混合液提升至气液分离器，经分离后的沼气由顶部管道排出反应器，分离后的泥水混合液则经气液分离器底部的下降管返回至主反应区，并与底部污泥、进水充分混合，实现了主反应区混合液的内部循环。经主反应区处理后的混合液继续上升至精处理区，废水中剩余有机物在此得到进一步处理，处理过程中产生的沼气由集气罩收集后经集气管进入气液分离器。其泥水混合液在沉淀区进行分离，上清液经集水槽排出反应器，分离后的污泥则自动返回精处理区。

（2）特点

通过增加高径比，提高反应器上升流速，提高传质效率，维持反应器较高的污泥浓度，增强对于有机物的去除效果；同时，降低了停留时间、减小了占地面积，提高了抗冲击负荷和容积负荷。平面布置一般为圆形、矩形、方形，池体结构多为钢制、钢筋混凝土，上升流速为 2~10m/h，高度一般为 16~25m。

5.1.3.3　EGSB 反应器(1986 年)

（1）工艺流程

EGSB 厌氧反应器构造与 UASB 反应器有相似之处，如图 5-9 所示，其构造

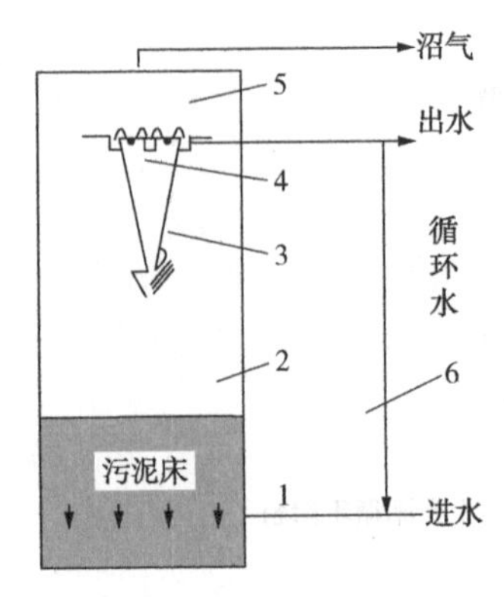

图 5-9 EGSB 反应器构造图

1—配水系统；2—反应区；3—三相分离器；4—沉淀区；5—出水系统；6—出水循环部分

根据功能划分为混合区、膨胀区、沉淀区和集气部分。废水经过污水泵进入 EGSB 厌氧反应器的有机物充分与厌氧罐底部的污泥接触，大部分被处理吸收。高水力负荷和高产气负荷使污泥与有机物充分混合，污泥处于充分的膨胀状态，传质速率高，大大提高了厌氧反应速率和有机负荷。所产生的沼气上升到顶部，经过三相分离器把污泥、污水、沼气分离开来。

(2) 特点

除具有 UASB 反应器的全部特性外，还具有以下特征：设有专门的出水回流系统；具有高的液体表面上升流速和 COD 去除负荷，有机负荷是 UASB 有机负荷的 2~5 倍；厌氧污泥颗粒粒径较大，反应器抗冲击负荷能力强；反应器为塔形结构设计，具有较高的高径比，占地面积小；主要用于高浓度有机废水处理，可用于 SS 含量高的和对微生物有毒性的废水处理。EGSB 反应器一般为圆柱状塔形，具有很大的高径比，一般可达 3~5，生产装置反应器的高度可达 15~20m。从实际运行情况看，EGSB 厌氧反应器对有机物的去除率高达 85%以上，运行稳定，出水稳定，已广泛运用到国内中大型企业。

5.1.3.4 ECSB(2008 年)

(1) 工艺流程

ECSB 主要由进水系统、出水系统、循环系统、中和罐、ECSB 罐等组成，如图 5-10 所示，分为进水区(布水区)、中和区、反应区、出水区、沼气区等。

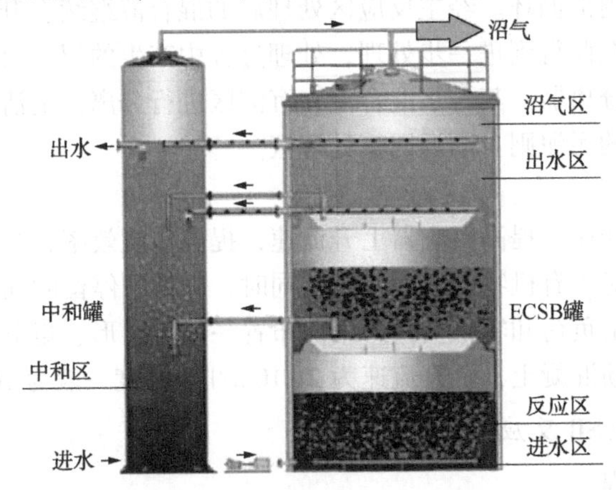

图 5-10 ECSB 反应器构造图

废水进入中和罐，在中和罐中，原废水与循环的厌氧出水进行混合调质。调质好的废水泵送至 ECSB 罐中，废水从 ECSB 罐底部通过进水系统进入，经过两层相分离器后，从反应器顶部排出。ECSB 罐底层为高浓度污泥床，由进水、外部循环及其沼气产生的上升流带动污泥床扩张、膨胀。废水和颗粒污泥的有效接触导致污泥活性高，使得高有机负荷及高转化速率成为可能。ECSB 罐中间层可以进行有效的后处理，同时进一步产生一定的颗粒污泥。

（2）特点

通过外循环的方式，强制加强水力搅拌混合作用，强化处理效果和系统抗冲击负荷能力；同时，在运行过程中由于中和罐和 ECSB 罐水位高差几乎相等，外循环并不会给系统带来较大的能力损失；ECSB 结构简洁，操作性强，免维护。平面布置为圆形、矩形、方形，池体结构多为钢制、钢筋混凝土，高度一般为 20~24m。

5.1.4 发展趋势

厌氧反应器经过一百多年的发展，已经从第一代发展到了第三代。第一代反应器以腐化池、厌氧消化池为代表的低负荷系统，必须保证足够长的停留时间，反应效率极低；第二代反应器以厌氧滤池、UASB 反应器为代表的高负荷系统，实现了固体停留时间和水力停留时间的分离，大大提高了反应效率；第三代反应器以 IC 反应器、EGSB 反应器为代表，不仅分离了固体停留时间和水力停留时间，在系统内保留大量的活性污泥，还实现了废水和污泥的充分接触，从而成为真正高效的厌氧反应器。

通过梳理厌氧反应器的发展及目前存在的问题，可以看出其未来的发展方向：

① 适用于各种环境及更多的领域，如在低温和低浓度的情况下、极端不良进水水质的领域等等；

② 更快速的反应速率；

③ 更高标准的出水水质；

④ 更短的启动时间。

5.2 UASB 工艺

5.2.1 工艺发展

上流式厌氧污泥床反应器是一种处理污水的厌氧生物方法，又叫升流式厌氧污泥床，英文缩写UASB(Up-flow Anaerobic Sludge Bed/Blanket)。由荷兰Lettinga教授于1977年发明。

UASB反应器作为如今高效厌氧反应器中应用最广泛的反应器之一，具有能耗低、造价低、能产生生物能等特点，因而是值得推广应用的一种新型生化厌氧处理反应器。长期以来被广泛应用于各种类型的废水处理，在国内外的应用研究中也常常出现。在国外如美国、芬兰、泰国、瑞士、加拿大和奥地利都曾利用UASB反应器处理各种生产废水，如甜菜制糖加工废水、啤酒和酒精加工废水、生活污水、牛奶废水的处理等，都取得了较好的处理效果。我国于1981年开始了对UASB反应器的试验研究，许多单位在处理高浓度有机废水时采用UASB反应器进行处理，已取得了较好的成效。对于UASB反应器等厌氧处理构筑物处理高浓度有机废水，其出水一般未能达到废水的最终排放要求，所以往往采取与其他处理工艺相结合的方式。在1990年代末期出现了UASB与其他工艺联合使用的例子，如UASB-AF工艺处理维生素C废水、上流式厌氧污泥床过滤器处理涤纶废水等，提高了处理效果。

我国从1980年初开发和引进UASB处理技术后，在高浓度有机废水厌氧处理技术的发展方面进行了大量的开发研究，针对高浓度废水的特点，以啤酒、酿造业进行了攻关研究，在小试和中试研究的基础上，建立了一些示范工程。在此期间国际上厌氧技术也在迅速发展。由第二代高效厌氧反应器UASB向第三代厌氧反应器发展，其中有代表性的是厌氧颗粒污泥膨胀床反应器(EGSB)。

5.2.2 工作原理

(1) 工作原理

废水被尽可能均匀地引入UASB反应器的底部，污水向上通过包含颗粒污泥或絮状污泥的污泥床。厌氧反应发生在废水和污泥颗粒接触的过程。在厌氧状态下产生的沼气(主要是甲烷和二氧化碳)引起了内部的循环，这对于颗粒污泥的形成和维持有利。在污泥层形成的一些气体附着在污泥颗粒上，附着和没有附着的气体向反应器顶部上升。上升到表面的污泥撞击三相反应器气体发射器的底部，引起附着气泡的污泥絮体脱气。气泡释放后污泥颗粒将沉淀到污泥床的表面，附着和没有附着的气体被收集到反应器顶部的三相分离器的集气室。置于集气室单元缝隙之下的挡板的作用为气体发射器和防止沼气气泡进入沉淀区，否则将引起沉淀区的絮动，会阻碍颗粒沉淀。包含一些剩余固体和污泥颗粒的液体经过分离器缝隙进入沉淀区。

由于分离器的斜壁沉淀区的过流面积在接近水面时增加，因此上升流速在接近排放点降低。由于流速降低，污泥絮体在沉淀区可以絮凝和沉淀。累积在三相分离器上的污泥絮体在一定程度上将超过其保持在斜壁上的摩擦力，其将滑回反应区，这部分污泥又将与进水有机物发生反应。

（2）工艺特点

UASB 比较广泛地应用于高浓度的有机废水处理，相比于其他反应器有其独特的优点，具体如下：

① 可培养出降解活性较高的颗粒污泥：由于厌氧颗粒污泥降解能力强，沉降性能好，所以利用 UASB 反应器处理大部分高浓度有机废水，在反应运行稳定的前提下，颗粒污泥的生长可维持反应器内较高的生物量。

② 初次启动时间较长，但二次启动时间较短：UASB 反应器初次启动所需时间较长，但是当 UASB 正常运行后进行二次启动，由于在初次启动过程中产生有剩余颗粒污泥，而成熟的颗粒污泥可以在常温下保存很长时间而不损失其活性，并且对各类废水有较强的适应能力，所以反应器的二次启动时间将大大缩短。

③ 对各类废水的适应性较强：厌氧颗粒污泥对各种不利条件的抗性较强，利用 UASB 反应器可以处理各种浓度的有机废水，也可处理有毒有害废水，如含酚废水等。同时，UASB 反应器对温度的要求也较低，不仅可在高温、中温条件下进行，也可在常温、低温下进行反应，且能取得较高的处理效果。

④ 需设分离装置，简化工艺：由于在反应器的顶部设置了气固液三相分离器，沉降性能良好的厌氧颗粒污泥可以通过三相分离器自行下降并返回到下部的反应区，避免了增设沉淀分离装置、辅助脱气装置及回流污泥设备，简化了工艺，减少了装置的投资成本和反应运行费用。同时，颗粒污泥在上升后最终返回到反应区，在反应器内部保持了污泥的总量，能够维持较高的生物量。

⑤ 反应器内无需搅拌设备，也无需投加填料和载体：在 UASB 反应器中，由于颗粒污泥的密度较小，在适度的水力负荷范围内，可以靠反应器内产生的上升气流和水流上升力来推动污泥与污水的充分混合及接触，因此，无需另设搅拌设备和回流污泥设备，降低装置投入成本。由于在 UASB 反应器中，上升的污水是通过与反应器中的颗粒污泥充分接触发生厌氧反应的，所以无需另外投加填料和载体，具有污泥容积负荷率高、投资省、操作简单等优点。

⑥ 一般不易形成股流：由于反应器中产生的上升气流和污水的上流力较为均匀，污水向上流动在反应区与颗粒污泥充分混合，所以在 UASB 反应器内，在负荷适度、布水均匀的情况下一般不易形成股流。

（3）UASB 的构造形式

根据废水水质不同，UASB 反应器的构造形式也不同，主要有开敞式 UASB 反应器和封闭式 UASB 反应器两种形式。

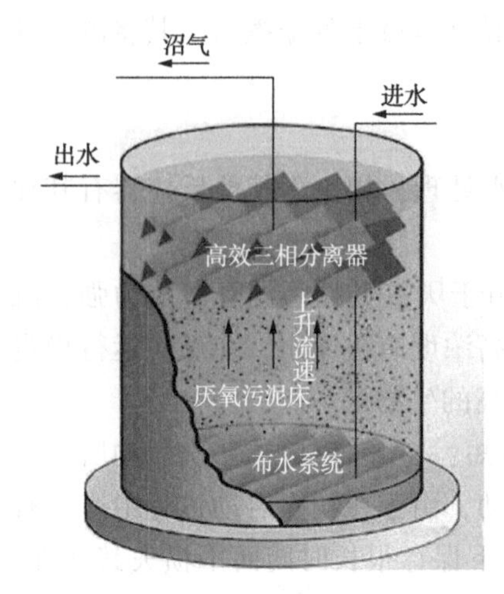

图 5-11　UASB 结构图

5.2.3　工艺结构

UASB 反应器包括以下几个部分：进水布水系统、反应器的池体和三相分离器。UASB 结构图见图 5-11。

(1) 进水布水系统

其主要功能是：

① 将进入反应器的原废水均匀地分配到反应器整个横断面，并均匀上升；

② 起到水力搅拌的作用。

这都是反应器高效运行的关键环节。

(2) 反应区

反应区是 UASB 反应器中生化反应发生的主要场所，又分为污泥床和污泥悬浮区，其中的污泥床区主要集中了大部分高活性的颗粒污泥，是有机物的主要降解场所；而污泥悬浮区则是絮状污泥集中的区域。

1) 污泥床

污泥床位于整个 UASB 反应器的底部，污泥床内具有很高的污泥生物量，其污泥浓度(MLSS)一般为 40~80g/L。污泥床中的污泥由活性生物量占 70%~80%以上的颗粒污泥组成，正常运行的 UASB 中的颗粒污泥的粒径一般在 0.5~5.0mm，具有优良的沉降性能，其沉降速度一般为 1.2~1.4cm/s，其典型的污泥容积指数(SVI)为 10~20mL/g；颗粒污泥中的生物相组成比较复杂，主要是杆菌、球菌和丝状菌等。污泥床的容积一般占整个 UASB 反应器容积的 30%左右，但它对 UASB 反应器的整体处理效率起着极为重要的作用，对反应器中有机物的降解量占到整个反应器全部降解量的 70%~90%。

2) 污泥悬浮层

污泥悬浮层位于污泥床的上部，它占整个 UASB 反应器容积的 70%左右，其中的污泥浓度要低于污泥床，通常为 15~30g/L，由高度絮凝的污泥组成，一般为非颗粒状污泥，其沉降速度要明显小于颗粒污泥的沉降速度，污泥容积指数一般在 30~40mL/g 之间，靠来自污泥床中上升的气泡使此层污泥得到良好的混合。污泥悬浮层中絮凝污泥的浓度呈自下而上逐渐减小的分布状态，这一层污泥担负着整个 UASB 反应器有机物降解的 10%~30%。

3) 沉淀区

沉淀区位于 UASB 反应器的顶部，其作用是使由于水流的夹带作用而随上升水流进入出水区的固体颗粒（主要是污泥悬浮层中的絮凝性污泥）在沉淀区沉淀下来，并沿沉淀区底部的斜壁滑下而重新回到反应区内（包括污泥床和污泥悬浮层），以保证反应器中污泥不致流失而同时保证污泥床中污泥的浓度。沉淀区的另一个作用是可以通过合理调整沉淀区的水位高度来保证整个反应器集气室的有效空间高度而防止集气空间的破坏。

（3）三相分离器

在 UASB 反应器中最重要的设备是三相分离器，由沉淀区、回流缝和气封组成，其功能是将气体（沼气）、固体（污泥）和液体（废水）等三相进行分离。沼气进入气室，污泥在沉淀区进行沉淀，并经回流缝回流到反应区。经沉淀澄清后的废水作为处理水排出反应器。这一设备安装在反应器的顶部并将反应器分为下部的反应区和上部的沉淀区。三相分离器的分离效果将直接影响反应器的处理效果。

（4）气室

也称集气罩，其功能是收集产生的沼气，并将其导出气室送往沼气柜。

（5）处理水排出系统

功能是将沉淀区水面上的处理水均匀地加以收集，并将其排出反应器。此外，在反应器内根据需要还要设置排泥系统和浮渣清除系统。

5.2.4 颗粒污泥

（1）颗粒污泥的性质与形成

能在反应器内形成沉降性能良好、活性高的颗粒污泥是 UASB 反应器的重要特征，颗粒污泥的形成与成熟，也是保证 UASB 反应器高效稳定运行的前提。

① 颗粒污泥的外观：有呈卵形、球形、丝形等，其平均直径为 1mm，一般为 0.1~2mm，最大可达 3~5mm；反应区底部的颗粒污泥多以无机粒子作为核心，外包生物膜；颗粒的核心多为黑色，生物膜的表层则呈灰白色、淡黄色或暗绿色等；反应区上部的颗粒污泥的挥发性相对较高；颗粒污泥质软，有一定的韧性和黏性。

② 颗粒污泥的组成：各类微生物、无机矿物以及有机的胞外多聚物。其中微生物有水解发酵菌、产氢产乙酸菌、和产甲烷菌；胞外多聚物是重要组成，在颗粒污泥的表面和内部，一般可见透明发亮的黏液状物质，主要是聚多糖、蛋白质和糖醛酸等，其存在有利于保持颗粒污泥的稳定性。

（2）颗粒污泥的类型

① A 型颗粒污泥：这种颗粒污泥中的产甲烷细菌以巴氏甲烷八叠球菌为主体，外层常有丝状产甲烷杆菌缠绕；比较密实，粒径很小，约为 0.1~0.1mm。

② B 型颗粒污泥：B 型颗粒污泥则以丝状产甲烷杆菌为主体，也称杆菌颗粒；表面规则，外层绕着各种形态的产甲烷杆菌的丝状体；在各种 UASB 反应器中的出现频率极高；密度为 1.033~1.054g/cm^3，粒径约为 1~3mm。

③ C 型颗粒污泥：C 型颗粒污泥由疏松的纤丝状细菌绕粘连在惰性微粒上所形成的球状团粒，也称丝菌颗粒；C 型颗粒污泥大而重，粒径一般为 1~5mm，相对密度为 1.01~1.05，沉降速度一般为 5~10mm/s。

当反应器中乙酸浓度高时，易形成 A 型颗粒污泥；当反应器中的乙酸浓度降低后，A 型颗粒污泥将逐步转变为 B 型颗粒污泥；当存在适量的悬浮固体时，易形成 C 型颗粒污泥。

(3) 颗粒污泥的生物活性

颗粒污泥中的细菌是呈层分布的，即外层中占优势的细菌是水解发酵菌，而内层则是产甲烷菌；颗粒污泥实际上是一种生物与环境条件相互依存和优化的生态系统，各种细菌形成了一条很完整的食物链，有利于种间氢和种间乙酸的传递，因此其活性很高。

(4) 颗粒污泥的培养条件

在 UASB 反应器中培养出高浓度、高活性的颗粒污泥，一般需要 1~3 个月；可以分为三个阶段：启动期、颗粒污泥形成期、颗粒污泥成熟期。

5.2.5 工艺设计参数

① 污泥床内生物量多，折合浓度计算可达 20~30g/L；

② 容积负荷率高，在中温发酵条件下，一般可达 10kgCOD/(m^3·d)左右，甚至能够高达 15~40kgCOD/(m^3·d)，废水在反应器内的水力停留时间较短，因此所需池容大大缩小。

③ 温度对 UASB 反应器的影响：UASB 反应器一般采用中温(35~45℃)、高温(45~55℃)厌氧消化。

5.3 EGSB 工艺

5.3.1 工艺发展

内循环厌氧处理技术(以下简称 EGSB 厌氧技术)是 20 世纪 80 年代中期由荷兰 PAQUES 公司研发成功，并推入国际废水处理工程市场，目前已成功应用于土豆加工、啤酒、食品和柠檬酸等废水处理中。

厌氧处理是废水生物处理技术的一种方法，要提高厌氧处理速率和效率，除了要提供给微生物一个良好的生长环境外，保持反应器内高的污泥浓度和良好的传质效果也是两个关键性举措。

以厌氧接触工艺为代表的第一代厌氧反应器，污泥停留时间(SRT)和水力停留时间(HRT)大体相同，反应器内污泥浓度较低，处理效果差。为了达到较好的处理效果，废水在反应器内通常要停留几天到几十天之久。

以 UASB 工艺为代表的第二代厌氧反应器，依靠颗粒污泥的形成和三相分离器的作用，使污泥在反应器中滞留，实现了 SRT>HRT，从而提高了反应器内污泥浓度，但是反应器的传质过程并不理想。要改善传质效果，最有效的方法就是提高表面水力负荷和表面产气负荷。然而高负荷产生的剧烈搅动又会使反应器内污泥处于完全膨胀状态，使原本 SRT>HRT 向 SRT=HRT 方向转变，污泥过量流失，处理效果变差。

作为第三代厌氧生物反应器的典型代表，EGSB 反应器在解决进水有机物浓度低、反应器负荷率不高、混合强度低、底物与微生物混合接触效果不理想、产甲烷量较低等问题上具有显著效果。EGSB 反应器与 UASB 反应器最主要的区别在于二者的运行方式不同，EGSB 反应器通过设置出水回流或中部回流提高上升流速，高达 2.5~6m/h，与 UASB 反应器 0.5~2.5m/h 的上升流速相比有了非常大的提高，因此，EGSB 反应器可承受较高的容积负荷和抗冲击性能，处理效率更高。此外，由于 EGSB 反应器内颗粒污泥处于膨胀状态，较 UASB 反应器而言，颗粒污泥沉降性能好且反应器具有较大的高径比，一般为 5~10 以上，可高达 20 甚至更高，因此占地体积大大减少，资源利用合理。EGSB 反应器的回流系统使其对有机废水的处理范围有了很大的提升，不仅能保证低温、低负荷有机废水的处理效果，更能对高浓度有毒有害有机废水进行有效处理。

5.3.2 EGSB 厌氧反应器的工作原理

EGSB 反应器基本构造如图 5-12 所示。

(1) 进水配水系统

进水配水系统主要是将废水尽可能均匀地分配到整个反应器，并具有一定的水力搅拌功能。它是反应器高效运行的关键之一。

(2) 污泥床反应区

其中包括污泥床区和污泥悬浮层区，有机物主要在这里被厌氧菌所分解，是反应器的主要部位。

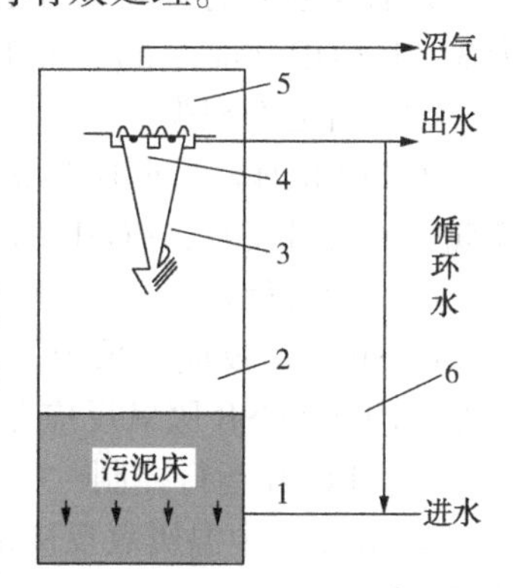

图 5-12 EGSB 反应器基本结构图

1—配水系统；2—反应区；3—三相分离器；4—沉淀区；5—出水系统；6—出水循环部分

(3) 三相分离器

由沉淀区、回流缝和气封组成，其功能是把沼气、污泥和液体分开。污泥经沉淀区沉淀后由回流缝回流到反应区，沼气分离后进入气室。三相分离器的分离效果将直接影响反应器的处理效果。EGSB 反应器内的液体上升流速要大得多，因此必须对三相分离器进行特殊改进，改进方法有以下几种：①增加一个可以转的叶片，在三相分离器底部产生一股向下水流有利于污泥的回流；②采用筛鼓或细格，可以截留细小颗粒污泥；③在反应器内设置搅拌器，使气泡与颗粒污泥分离；④在出水堰处设置挡板，以截留颗粒污泥。

(4) 出水循环系统和排水系统

出水循环部分是 EGSB 反应器不同于 UASB 反应器之处，其主要目的是提高反应器内的液体上升流速，使颗粒污泥床层充分膨胀，污水与微生物之间充分接触，加强传质效果，还可以避免反应器内死角和短流的产生。排水系统的作用是把沉淀区表层处理过的水均匀地加以收集，排出反应器。

(5) 气室

也称集气罩，其作用是收集沼气。

(6) 浮渣清除系统

其功能是清除沉淀区液面和气室表面的浮渣，如浮渣不多可省略。

(7) 排泥系统

其功能是均匀地排除反应区的剩余污泥。

5.3.3 EGSB 厌氧反应器优点

EGSB 反应器的构造及其工作原理决定了其在控制厌氧处理影响因素方面比其他反应器更具有优势。

(1) 有机负荷高

厌氧反应器的有机负荷是 UASB 有机负荷的 2~5 倍，UASB 的有机负荷通常为 3~8kgCOD/(m^3·d)，而 EGSB 的有机负荷可达 6~25kgCOD/(m^3·d)。

(2) 占地面积少

因 EGSB 有机负荷比 UASB 高，EGSB 高径比大于 UASB 高径比，因此处理同样规模的有机废水，EGSB 的占地面积远远少于 UASB 厌氧反应器的占地面积。

(3) 运行稳定

EGSB 厌氧反应器采用的是厌氧颗粒污泥，污泥的沉降速度大于污水的上升速度，因此 EGSB 厌氧反应器很少会跑泥，因此运行稳定。

(4) EGSB 运行控制

① 温度：中温厌氧反应的最适宜温度范围为 35~38℃，运行过程中的温度波动≤2℃/d。

② pH 值：正常情况下进水 pH 值控制在 6.5 以上，出水 pH 值控制在 6.8~7.2。

③ 其他指标：VFA、产气量、HCO_3^--碱度、N、P 等营养元素、有毒物质。

(5) 耐高负荷

进水浓度的突然增加或进水量的突然改变，都会对厌氧反应器造成负荷冲击。EGSB 因其内循环的作用，瞬间的高浓度废水进入反应器后，产气量增大，气提量也会增大，从而内循环量大，大的内循环能将高浓度的废水迅速稀释，从而减少了有机负荷变化对反应器的冲击。

(6) 布水均匀

EGSB 底部高的水力负荷和独特的布水器能最大程度确保布水均匀。

(7) 运行成本低

EGSB 反应器正常运行时可以用回流水调配 pH 值，需要很少的调配药剂，因此节省了运行成本。

5.3.4 EGSB 厌氧反应器工作流程

EGSB 厌氧反应器是继 UASB 之后的一种新型厌氧反应器。它由布水器、三相分离器、集气室及外部进水系统组成一个完整系统。废水经过污水泵进入 EGSB 厌氧反应器，有机物充分与厌氧罐底部的污泥接触，大部分被处理吸收。高水力负荷和高产气负荷使污泥与有机物充分混合，污泥处于充分的膨胀状态，传质速率高，大大提高了厌氧反应速率和有机负荷。所产生的沼气上升到顶部，经过三相分离器把污泥、污水、沼气分离开来。

5.3.5 EGSB 厌氧反应器控制参数

EGSB 厌氧反应器，其主要的控制参数有以下内容：

(1) pH 值

反应器进水 pH 值要求控制在 6.5~8.0，过低或过高的 pH 值都会对工艺造成巨大的影响，其影响主要体现在对厌氧菌(主要是产甲烷菌)方面，包括：①影响菌体及酶系统的生理功能和活性；②影响环境的氧化还原电位；③影响基质的活性。产甲烷菌的这些性质功能遭到破坏后，处理 COD 的活性就会大大降低。

(2) 温度

反应器进水温度要求控制在 35.5~37.5℃之间，因为产甲烷菌大多数都属于中温菌，在这个范围内，其处理效率是很高的。温度高于 40℃时，处理效率会急剧下降；最好也不要低于 35℃，温度过低，处理效率也会下降很多。

(3) 预酸化度

废水进入厌氧反应器之前要保持足够的预酸化度，一般在 30%~50%之间，最好是在 40%左右。预酸化度高的情况下，VFA 高，进水 pH 值会降低，为调节

pH 值，会增高污水处理的运行费用，同时还会影响污泥的颗粒化。

(4) 有毒物质

对厌氧颗粒污泥有抑制性作用的有毒物质主要是 H_2S 和亚硫酸盐。H_2S 的允许浓度为<150mg/L，否则可能会使大部分产甲烷菌降低 50%的活性；亚硫酸盐的允许浓度是<150μg/g，否则将会导致一半的产甲烷菌失去活性，所以一定要严格控制这两样有毒物质的含量，对其进行定期的检测。

(5) 容积负荷率

厌氧反应器具有很高的容积负荷率，操作手册上为 16~24kgCOD/(m^3·d)，而一些学者认为其容积负荷率还可以更高可达 30~40kgCOD/(m^3·d)，但是这个数值的短期内变化幅度最好不要过大，就是说要让厌氧菌有一定的适应时间，逐步增加或降低负荷。如果条件可以，尽量使其负荷率在一个范围之间，趋于稳定的状态。

(6) 上升流速

EGSB 反应器的上升流速一般在 4~10m/h，当污水的进水 COD 值浓度较低时，需要提高流量来增加 COD 的负荷率，较高的上升流速会有助于颗粒污泥与有机物之间的传质过程，避免了混合不均匀对设备的影响。

(7) 污泥菌种的成分

厌氧污泥中具有处理污染物能力的就是细菌等有机物质，菌群的组成及菌种的成分决定了其颗粒强度、产甲烷活性及对污水的适应能力。一般来说，污泥中有机物的成分占 70%左右，污泥外部菌种主要为丝菌，污泥内部主要为杆菌、球菌等。

5.4 IC 工艺

5.4.1 IC 厌氧工艺的发展

IC(Internal Circulation)反应器是新一代高效厌氧反应器，即内循环厌氧反应器，相似由两层 UASB 反应器串联而成。其由上、下两个反应室组成。废水在反应器中自下而上流动，污染物被细菌吸附并降解，净化过的水从反应器上部流出。

内循环厌氧反应器是荷兰 PAQUES 于 20 世纪 80 年代中期在 UASB 反应器的基础上开发成功的第三代超高效厌氧反应器。由于是一项重大的发明创造，技术拥有者作了严格的保密，直到 1994 年，才有相关研究的报道。与以 UASB 为代表的第二代高效厌氧反应器相比，IC 反应器在容积负荷、能耗、工程造价、占地面积等诸多方面，代表着当今世界厌氧生物反应器的最高水平。进一步研究和开发IC反应器，推广其应用范围已成为当前厌氧废水处理的热点之一。

5.4.2 工艺原理

（1）结构特征

IC反应器类似于由两层UASB反应器串联而成。按功能划分，反应器由下而上共分为五个区：混合区、第一厌氧区、第二厌氧区、沉淀区和气液分离区。IC反应器结构图见图5-13。

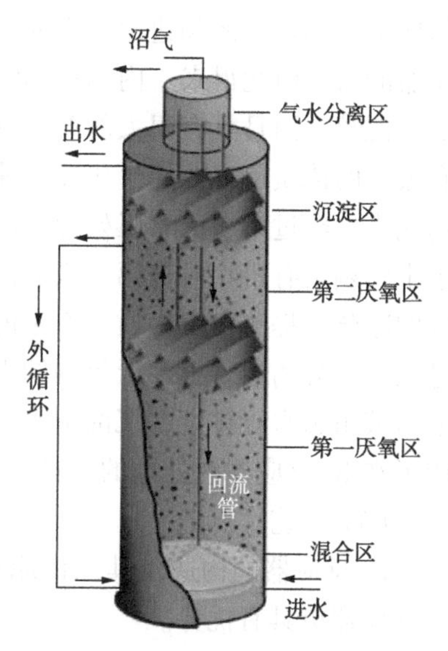

图5-13 IC反应器结构图

① 混合区：反应器底部进水、颗粒污泥和气液分离区回流的泥水混合物有效地在此区混合。

② 第一厌氧区：混合区形成的泥水混合物进入该区，在高浓度污泥作用下，大部分有机物转化为沼气。混合液上升流和沼气的剧烈扰动使该反应区内污泥呈膨胀和流化状态，加强了泥水表面接触，污泥由此而保持着高的活性。随着沼气产量的增多，一部分泥水混合物被沼气提升至顶部的气液分离区。

③ 气液分离区：被提升的混合物中的沼气在此与泥水分离并导出处理系统，泥水混合物则沿着回流管返回到最下端的混合区，与反应器底部的污泥和进水充分混合，实现了混合液的内部循环。

④ 第二厌氧区：经第一厌氧区处理后的废水，除一部分被沼气提升外，其余的都通过三相分离器进入第二厌氧区。该区污泥浓度较低，且废水中大部分有机物已在第一厌氧区被降解，因此沼气产生量较少。沼气通过沼气管导入气液分离区，对第二厌氧区的扰动很小，这为污泥的停留提供了有利条件。

⑤ 沉淀区：第二厌氧区的泥水混合物在沉淀区进行固液分离，上清液由出水管排走，沉淀的颗粒污泥返回第二厌氧区污泥床。

从IC反应器工作原理可见，反应器通过两层三相分离器来实现长的SRT和HRT，获得高污泥浓度；通过大量沼气和内循环的剧烈扰动，使泥水充分接触，获得良好的传质效果。

（2）工艺原理

进水通过泵由反应器底部进入第一厌氧区，与该室内的厌氧颗粒污泥均匀混合。废水中所含的大部分有机物在这里被转化成沼气，所产生的沼气被第一厌氧区的集气罩收集，沼气将沿着提升管上升。沼气上升的同时，把第一厌氧区的混合液提升至设在反应器顶部的气液分离器，被分离出的沼气由气液分离器顶部的沼气排出管排走。分离出的泥水混合液将沿着回流管回到第一厌氧区的底部，并与底部的颗粒污泥和进水充分混合，实现第一厌氧区混合液的内部循环。IC反应器的命名由此得来。内循环的结果是，第一厌氧区不仅有很高的生物量、很长的污泥龄，而且具有很大的升流速度，使该室内的颗粒污泥完全达到流化状态，有很高的传质速率，使生化反应速率提高，从而大大提高第一反应室的去除有机物能力。经过第一厌氧区处理过的废水，会自动地进入第二厌氧区继续处理。废水中的剩余有机物可被第二厌氧区内的厌氧颗粒污泥进一步降解，使废水得到更好的净化，提高出水水质。产生的沼气由第二厌氧区的集气罩收集，通过集气管进入气液分离器。第二厌氧区的泥水混合液进入沉淀区进行固液分离，处理过的上清液由出水管排走，沉淀下来的污泥可自动返回第二厌氧区。这样，废水就完成了在IC反应器内处理的全过程。

(3) 工艺优点

IC反应器的构造及其工作原理决定了其在控制厌氧处理影响因素方面比其他反应器更具有优势。

① 容积负荷高：IC反应器内污泥浓度高，微生物量大，且存在内循环，传质效果好，进水有机负荷可超过普通厌氧反应器的3倍以上。

② 节省投资和占地面积：IC反应器容积负荷率高出普通UASB反应器3倍左右，其体积相当于普通反应器的1/4~1/3左右，大大降低了反应器的基建投资；而且IC反应器高径比很大[一般为(4~8)：1]，所以占地面积少。

③ 抗冲击负荷能力强：处理低浓度废水(COD为2000~3000mg/L)时，反应器内循环流量可达进水量的2~3倍；处理高浓度废水(COD为10000~15000mg/L)时，内循环流量可达进水量的10~20倍。大量的循环水和进水充分混合，使原水中的有害物质得到充分稀释，大大降低了毒物对厌氧消化过程的影响。

④ 抗低温能力强：温度对厌氧消化的影响主要是对消化速率的影响。IC反应器由于含有大量的微生物，温度对厌氧消化的影响变得不再显著和严重。通常IC反应器厌氧消化可在常温条件(20~25℃)下进行，这样减少了消化保温的困难，节省了能量。

⑤ 具有缓冲pH值的能力：内循环流量相当于第一厌氧区的出水回流，可利用COD转化的碱度，对pH值起缓冲作用，使反应器内pH值保持最佳状态，同时还可减少进水的投碱量。

⑥ 内部自动循环，不必外加动力：普通厌氧反应器的回流是通过外部加压实现的，而IC反应器以自身产生的沼气作为提升的动力来实现混合液内循环，不必设泵强制循环，节省了动力消耗。

⑦ 出水稳定性好：利用二级 UASB 串联分级厌氧处理，可以补偿厌氧过程中 K_s 高产生的不利影响。反应器分级会降低出水 VFA 浓度，延长生物停留时间，使反应进行稳定。

⑧ 启动周期短：IC 反应器内污泥活性高，生物增殖快，为反应器快速启动提供有利条件。IC 反应器启动周期一般为 1~2 个月，而普通 UASB 启动周期长达 4~6 个月。

⑨ 沼气利用价值高：反应器产生的生物气纯度高，CH_4 为 70%~80%，CO_2 为 20%~30%，其他有机物为 1%~5%，可作为燃料加以利用。

5.4.3 设计与运行要点

（1）污泥菌种

厌氧污泥中具有处理污染物能力的就是细菌等有机物质，菌群的组成及菌种的成分决定了其颗粒强度、产甲烷活性及对污水的适应能力。一般来说，厌氧颗粒污泥中有机物成分占 70%左右，污泥外部菌种主要为丝菌，污泥内部主要为杆菌、球菌等。

（2）pH 值

反应器进水 pH 值一般应控制在 6.5~7.5，过高或过低的 pH 值都会对工艺造成影响，主要体现在对厌氧菌（主要是产甲烷菌）活性的影响，包括：影响菌体及酶系统的生理功能和活性；影响环境的氧化还原电位；影响基质的活性。产甲烷菌的这些性质功能遭到破坏后，处理 COD 的活性就会大大降低。

（3）温度

反应器进水温度要求控制在 35~38℃。因为产甲烷菌大多数都属于中温菌，在这个范围内，其处理效率是很高的。当温度高于 40℃ 时，处理效率会急剧下降。

（4）容积负荷

厌氧反应器具有很高的容积负荷，一般情况下为 10~18kgCOD/(m^3·d)（不同厂家的 IC 容积负荷会有差异，某些品牌的 IC 容积负荷可能更高）。短期内进水负荷的变化幅度最好不要过大，要让厌氧菌有一定的适应时间，应逐步增加或降低负荷。如果条件可以，尽量使其负荷在一个范围之间趋于稳定的状态。负荷过低或过高，都会对 IC 反应器的正常厌氧处理产生巨大影响。

（5）上升流速

IC 反应器的上升流速一般在 4~8m/h，当污水的进水 COD 值浓度较低时，需要提高流量来增加 COD 的负荷率。较高的上升流速有助于颗粒污泥与有机物之间的传质过程，避免混合不均匀对设备的影响。

(6) 有毒物质

对厌氧颗粒污泥有抑制性作用的毒性物质，主要是 H_2S 和亚硫酸盐。H_2S 的允许浓度为小于 250mg/L，否则可能会使大部分产甲烷菌降低 50%的活性。亚硫酸盐的毒性比 H_2S 更高，建议将亚硫酸盐的浓度控制在 150μg/g 以下，所以，一定要严格控制这两种有毒物质的含量，对其进行定期检测。

(7) 日常巡视

厌氧反应器的日常巡视至关重要，我们总结了一些简单的观察点，见表 5-1。

表 5-1　工艺巡检表

巡查点	工艺判断
手摸进水管	判断是否堵塞，堵塞的管道通常是冷的
罐体四周温度	判断布水是否均匀
听听沼气水封产气情况水封液位是否正常	判断进水水质变化
测试进水 pH	判断进水是否异常
观察进水颜色	判断进水是否异常
测出水 SV、pH 值	判断系统是否正常
听周围是否有漏气的声音，闻异味	判断是否漏气
进水流量是否稳定	判断 IC 容积负荷、污泥负荷是否稳定
观察沼气压力及产气是否正常	判断沼气管道是否通畅
定期做不同部位的厌氧污泥 SV30，并淘洗观察变化情况	判断厌氧颗粒污泥的物理性能

(8) 沼气处理

做好沼气排放应急措施，当沼气稳压柜或压力表压力快速升降时，一定要引起重视。这种情况下，一般会出现沼气泄漏或沼气输送不畅现象，要迅速查明原因，无论采用放空还是其他手段，务必确保厌氧反应器内的沼气能够正常排出。

5.5 ABR 工艺

5.5.1 ABR 工艺发展

厌氧折流板反应器(Anaerobic Baffled Reactor，简称 ABR)工艺首先由美国斯坦福大学的 Mc Carty 等于 1981 年在总结了各种第二代厌氧反应器处理工艺特点性能的基础上开发和研制的一种高效新型的厌氧污水生物技术。

自 ABR 反应器于 20 世纪 80 年代提出以来，研究人员对其进行了不断的改进，进一步增强其处理效率、提高反应器稳定性以及增强反应器的抗冲击负荷能力，其结构的发展如图5-14所示。最早ABR采用上流室与下流室等宽的设计方式，在厌氧反应器中设置竖直挡流板，这是ABR反应器的最早雏形。

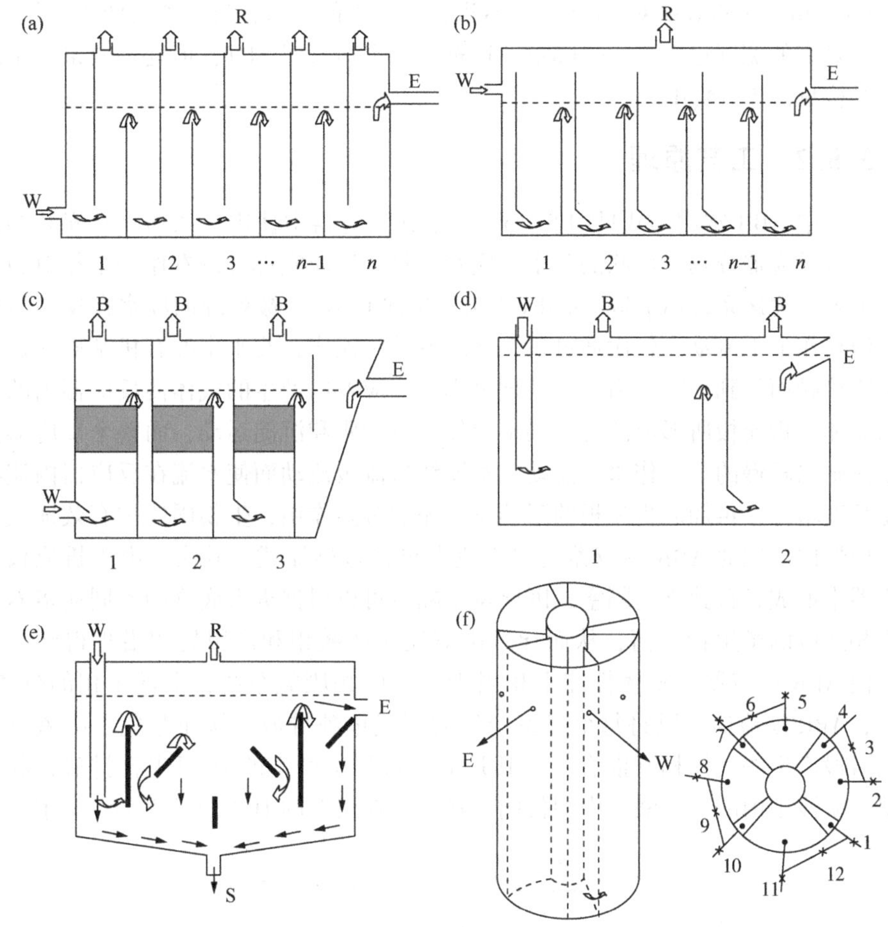

图5-14 各种形式的ABR反应器

W—进水；B—沼气；E—出水；S—污泥；数字代表格室数

Bachmann等增大上流室与下流室的宽度比，这种结构有利于增大污泥龄，延长了污水与污泥的接触时间，使产气与水流方向一致，得到更好的处理效果。同时，该研究团队还在挡板底部增加了折角，使得水流能够直接进入上流室中部，有利于均匀布水。

厌氧反应器水解酸化过程中会产生氢气、二氧化碳等气体，随着这些气体的产生将会抑制丙酸、丁酸等物质向乙酸转化的过程，因此，对各隔室气体的单独收集将会有利于反应器的厌氧反应过程，防止丙酸、丁酸的积累，具体结构见图5-14(a)。

Tilche 和 Yang 对 ABR 反应器进行了改造，在最后一格之后增设一个沉淀池，这种设计增大了反应器的污泥龄，减小了颗粒污泥的流失，结构见图 5-14(c)。

Boopathy 和 Sievers 对 ABR 反应器进行了较大的改造，反应器由两隔室组成，且前一隔室的宽度远大于后一隔室，这种设计下增大了 SRT，但处理效果并不理想，结构见图 5-14(d)。

5.5.2 工艺原理

工程中 ABR 常用形式见图 5-15。由于在反应器中使用一系列垂直安装的折流板，将反应器分隔成串联的几个反应室，每个反应室都可以看作一个相对独立的上流式污泥床系统(Upflow Sludge Bed，简称 USB)。被处理的废水在反应器内沿折流板作上下流动，依次通过每个反应室的污泥床，废水中的有机基质通过与微生物接触而得到去除。借助于处理过程中反应器内产生的气体使反应器内的微生物固体在折流板所形成的各个隔室内作上下膨胀和沉淀运动，而整个反应器内的水流则以较慢的速度作水平流动。水流绕折流板流动而使水流在反应器内流经的总长度增加，再加之折流板的阻挡及污泥的沉降作用，生物固体被有效地截留在反应器内。因此 ABR 反应器的水力流态更接近推流式。其次，由于折流板在反应器中形成各自独立的隔室，因此每个隔室可以根据进入底物的不同而培养出与之相适应的微生物群落，从而导致厌氧反应产酸相和产甲烷相沿程得到了分离，使 ABR 反应器在整体性能上相当于一个两相厌氧系统，实现了相的分离。最后，ABR 反应器可以将每个隔室产生的沼气单独排放，从而避免了厌氧过程不同阶段产生的气体相互混合，尤其是酸化过程中产生的 H_2 可先行排放，利于产甲烷阶段中丙酸、丁酸等中间代谢产物可以在较低的 H_2 分压下顺利地转化。

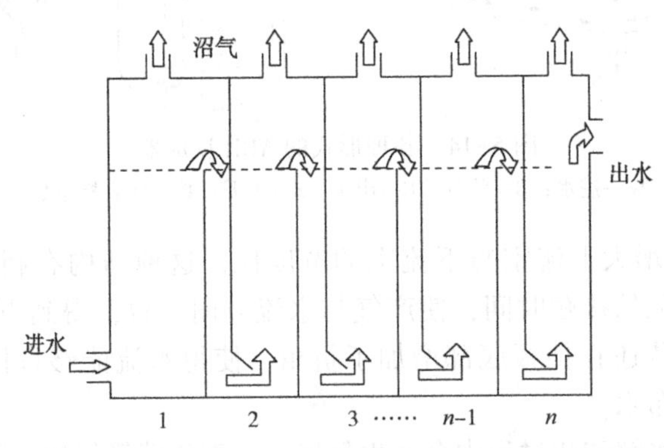

图 5-15　工程中 ABR 常用形式

ABR 反应器独特的分格式结构使得每个反应室中可以驯化培养出与该反应室中的污水水质、环境条件相适应的微生物群落，从而导致厌氧反应产酸相和产甲烷相沿程得到分离，使反应器在整体性能上相当于一个两相厌氧处理系统。通常认为，两相厌氧工艺通过产酸相和产甲烷相的分离，两大类厌氧群落可以各自生长在最适宜的环境条件下，有利于充分发挥厌氧群落的活性，提高系统的处理效果和运行的稳定性。

5.5.3 工艺特征

ABR 是折流板厌氧反应器，其具有以下几个特点：

(1) 容积负荷率高，水力停留时间短

ABR 反应器生物量大(可达到 30g/L)、污泥龄长。处理高浓度有机废水，进水容积负荷率可达 15~25kgCOD/(m^3 · d)；水力停留时间短，可以间歇式运行，对进水中所含的有毒物质具有较强的缓冲适应能力，可以长时间运行而不必担心污泥会大量流失，对有机负荷冲击具有非常强的承受能力。

(2) 抗冲击负荷强

因为有挡板的拦阻作用及通过对折流板间距的设置，水流在上向流室上升流速相对较小，为污泥的沉降和截留创造了良好的条件，反应器内能截留大量的微生物，所以反应器不要求其中的污泥具备特殊的沉降性能，也就是说，反应器正常运行时，不要求必须形成颗粒污泥，但是正常运行的能形成颗粒污泥，污泥产率低，固体停留时间长，无需采用沉淀池来截流污泥，无需特殊的气体或固体分离设备。

(3) 出水稳定性好

ABR 是内部设折流板将厌氧池分为几格，每格由导流室和反应室组成，废水中的有机物通过与反应室污泥床中的微生物充分接触而得以去除。是一种高效厌氧生物反应器，相当于多个串联运行的 UASB 反应器。

(4) 运行维护简单

构造方面设计简单，没有移动部分，同传统的厌氧消化池相比，无需动力搅拌设备，也不需额外的澄清沉淀池，基建费用低，空隙率高，大大降低反应器发生堵塞的可能性，可以大幅度降低污泥床发生膨胀的可能性，维护和运行费用低。

5.5.4 工艺设计与运行

(1) 隔室数的选择

隔室数的设置，应根据所处理废水的特点和所需达到的处理程度合理地设计。一般而言，在处理低浓度废水时，不必将反应器分隔成很多隔室，以 3~4 个隔室为宜；而在处理高浓度废水时，宜将分隔数控制在 6~8 个，以保证反应器在高负荷条件下的复合流态特性。

(2) 上下流室宽度比的选择

上流室宽度的设计与选取的上升流速有关，应尽量使反应器在一般 HRT 下处于较好的水力流态。上流室与下流室的宽度之比一般宜控制在(5∶1)~(3∶1)。

(3) 单个隔室长宽高的比值

ABR 反应器长宽高的比值会影响反应器的水力流态。反应器上流室沿水流前进方向的长宽比宜控制在(1∶1)~(1∶2)之间，宽高比一般采用1∶3。

(4) 折流板结构的选择

折流板的折角一般取 45°~60°，折板要伸入上流室的中间，以利于均匀布水，防止沟流。至于折板距池底的高度，可通过水力计算得到一个比较好的冲击速度，以利于后续隔室的进水。

(5) 第一隔室结构的确定

一般对于低浓度废水，采用和后边几个隔室相同的尺寸即可；但对于隔室数较多或者进水浓度较高的情况，建议适当增大第一隔室的容积，以便有效地截留进水中的SS。另外，为抑制反应器第一隔室可能出现的过度酸化现象，可在第一隔室的适当位置设置调节剂加入口，以便加入 $NaHCO_3$ 等进行碱度调节。

(6) 隔室上升流速

一般而言，当进水 COD 浓度在 3000mg/L 以上时，可将上升流速控制在 0.1~0.5m/h；当处理低浓度废水时，流速对泥水混合的促进作用就显得较为重要，宜将其控制在 0.6~3.0m/h。

(7) 填料的增设

在反应室上部空间架设填料的 ABR 称为复合式厌氧折流板反应器(HABR)。增设填料后，一方面利用原有的无效容积增加了生物总量，另一方面还加速了污泥与气泡的分离，从而减少了污泥的流失。常用的填料有铁炭填料、半软性塑料纤维等。

处理不同废水时，ABR 反应器的设计、运行及注意问题见表 5-2。

表 5-2　ABR 反应器的设计、运行及注意问题

启动	(1) 建议采用低的初始负荷，以利于污泥颗粒或絮体的形成； (2) 以脉冲方式投加乙酸不仅可促进甲烷菌的生长，并可缓解容积负荷率增高带来的影响； (3) 以较高的 HRT 启动，因其上升流速小而可减少污泥的流失，并可增加各隔室内甲烷菌属的含量
回流	回流可稀释进水中的有毒物质，提高反应器前段的 pH 值，减少泡沫和 SMP 产物，须注意回流所造成的问题

续表

低浓度废水	（1）建议采用较短的HRT，以增强传质效果，促进水流混合，缓解反应器后部污泥的基质不足问题； （2）反应器中主要由异养菌（甲烷丝菌属）完成甲烷化作用
高浓度废水	（1）建议采用较长的HRT，以防止因产气的作用而造成的污泥流失，否则须加填料以减少污泥流失； （2）反应器中主要由甲烷八叠球菌和氢利用细菌完成甲烷化作用
高SS含量废水	建议增大第一隔室的容积，以有效地截留进水中的SS
温度	（1）对易降解废水而言，温度从35℃降低到25℃时，对处理效果的影响不大，但温度过低则影响运行，这是因为潜在毒性和营养负荷的影响及K_s降低的缘故； （2）反应器启动后可以在低温下保持持续良性运行

第6章　污水脱氮除磷新工艺

6.1　物化法脱氮除磷

6.1.1　物化法脱氮

6.1.1.1　氨氮的吹脱

(1) 工艺原理

吹脱法的基本原理是利用废水中所含的氨氮等挥发性物质的实际浓度与平衡浓度之间存在的差异，在碱性条件下使用空气吹脱，由于在吹脱过程中不断排出气体，改变了气相中的氨气浓度，从而使其实际浓度始终小于该条件下的平衡浓度，最终使废水中溶解的氨不断穿过气液界面，使废水中的 NH_3-N 得以脱除，常以空气作为载体。氨吹脱是一个传质过程，推动力来自空气中氨的分压与废水中氨浓度相当的平衡分压之间的差，气体组分在液面的分压和液体内的浓度符合亨利定律，即成正比关系，此法也叫“氨解析法”，解析速率与温度、气液比有关。

吹脱法一般采用吹脱池(也称“曝气池”)和吹脱塔两类设备。但吹脱池占地面积大，且易污染周围环境，所以有毒气体的吹脱都采用塔式设备。塔式设备中填料吹脱塔主要特征是在塔内装置一定高度的填料层，使具有大表面积的填充塔来达到气-液间充分接触。常用填料有纸质蜂窝、拉西环、聚丙烯鲍尔环、聚丙烯多面空心球等。废水被提升到填充塔的塔顶，并分布到填料的整个表面，水通过填料往下流，与气流逆向流动，废水在离开塔前，氨组分被部分汽提，但需保持进水的 pH 值不变。空气中氨的分压随氨的去除程度增加而增加，随气水比增加而减少。影响吹脱法处理氨氮废水去除率的因素主要是 pH 值、温度、气液比/吹脱水位深度、吹脱时间等因素。

(2) 氨吹脱的装置

脱氮常用的吹脱设备有曝气吹脱池、空气吹脱塔以及蒸汽蒸馏塔，采用装置的不同也将影响氨吹脱的效果。几种吹脱装置的特性比较见表 6-1。

表 6-1 吹脱装置特性比较

吹脱装置	曝气吹脱池	空气吹脱塔			蒸汽蒸馏塔
		冷却通风塔	板式塔	填料塔	
外形尺寸	一般为矩形	柱状塔	柱状塔	柱状塔	柱状塔
脱氮效率	低	较高	高	高	最高
能源消耗	高	低	较高	较低	高
运行管理	装置结构简单，运行管理方便，费用高	装置结构简单，运行管理方便，费用低	装置结构较复杂，运行管理不方便，费用高	装置结构较复杂，运行管理较方便，费用较高	装置结构复杂，运行管理不方便，费用高
存在问题	占地面积大，吹脱尾气无法收集处理，造成二次污染	效率低，吹脱尾气不易收集处理，造成二次污染	适应水质水量变化能力差，塔阻较高，能耗较大	投资较大，填料容易结垢阻塞，需定期清洗	装置复杂，投资大，维护管理要求高，费用大

(3) 氨吹脱的影响因素

1) pH 值对吹脱效率的影响

水中的氨氮大多以氨离子(NH_4^+)和游离氨(NH_3)保持平衡的状态而存在，吹脱效率与水中游离氨含量直接相关。其平衡关系式如下：

$$NH_4^+ + OH^- \rightleftharpoons NH_3 + H_2O \tag{6-1}$$

氨与氨离子之间的分配率可用下式进行计算：

$$K_a = K_w / K_b = (C_{NH_3} \cdot C_{H^+}) / C_{NH_4^+} \tag{6-2}$$

式中 K_a——氨离子的电离常数；

K_w——水的电离常数；

K_b——氨水的电离常数；

C——物质浓度。

式(6-1)受 pH 值的影响，当 pH 值高时，平衡向右移动，游离氨的比例较大，当 pH 值为 11 左右时，游离氨大致占 90%。由式(6-2)可以看出，根据水的离子积为常数的原理，即$[H^+][OH^-]=K_w$为一常数，pH 值是影响游离氨在水中含量的主要因素之一。另外，温度也会影响反应式(6-1)的平衡，温度升高，平衡向右移动。

不同条件下氨氮的离解率的计算值如表 6-2 所示，表中数据表明，当 $pH>10$ 时，离解率在 80%以上；当 pH 值达 11 时，离解率高达 98%且受温度的影响甚微。吹脱法最适宜的 pH 值为 11 左右，保证吹脱效率的同时降低药剂费用。

表 6-2 不同 pH、温度下氨氮的离解率 %

pH 值	20℃	30℃	35℃
9.0	25	50	58
9.5	60	80	83
10.0	80	90	93
11.0	98	98	98

2）温度对吹脱效率的影响

生成氨气的反应是一个吸热反应，当温度较高时，氨气的挥发速度大于溶解速率，平衡向右进行；但当温度大于 30℃时，水分蒸发速度加快，导致废水的氨氮浓度升高，使得去除率下降。处理不同氨氮废水需要的最佳温度不同，没有一个适合的范围，需要通过实验研究确定。

3）气液比对吹脱效率的影响

吹脱设备增大供气量或气水自由接触表面积都能加速 NH_3 的传质，然而在实际工程应用中，在用地许可的情况下，增大后者可以提高处理效果，节省运行费用。

针对不同种类废水，利用填料不尽相同，应该增加吹脱传质面积，减少动力消耗，提高吹脱效率。

4）吹脱时间对吹脱效率的影响

减小吹脱时间有利于加快反应速度，提高处理量，减少设备的容积。处理相同的废水最佳吹脱时间也相差很大，这是因为采用的填料不同、装置设计的合理性等原因造成的。

6.1.1.2 折点氯化法去除氨氮

(1) 工艺原理

折点氯化法是将氯气或次氯酸钠通入含氨氮的废水中，当通入量达到一定值时，废水中所含氯离子的量最少，氨的浓度为零，继续通入氯气，溶液中游离的氯又会增多，该值点就称为折点，此时游离氯离子的浓度在废水中也最低。这种消除氨氮的方法就称为折点氯化法。在折点处，氯被还原，氨氮基本上都被氧化，继续加氯就会产生自由余氯。此法主要影响因素为温度、pH 值、接触时间以及氨氮与氯的量。反应方程如下：

$$Cl_2+H_2O \longrightarrow HOCl+H^++Cl^-$$

$$NH_4^++HClO \longrightarrow NH_2Cl+H^++H_2O$$

$$NH_2Cl+HClO \longrightarrow NHCl_2+H_2O$$

$$2NH_2Cl+HClO \longrightarrow N_2\uparrow+3H^++3Cl^-+H_2O$$

折点氯化法脱除氨氮是由于氯气与氨发生化学反应，生成氮气和水，对环境无害。

（2）工艺设计

氧化每克氨氮需要9~10mg氯气。pH值在6~7时为最佳反应区间，接触时间为0.5~2h。折点氯化法处理后的出水在排放前一般需要用活性炭或二氧化硫进行反氯化，以去除水中残留的氯。1mg残留氯大约需要0.9~1.0mg的二氧化硫。

折点氯化法最突出的优点是可通过正确控制加氯量和对流量进行均化，使废水中全部氨氮降为零，同时使废水达到消毒的目的。对于氨氮浓度低（小于50mg/L）的废水来说，用这种方法较为经济。为了克服单独采用折点氯化法处理氨氮废水需要大量加氯的缺点，常将此法与生物硝化连用，先硝化再除微量残留氨氮。氯化法的处理率达90%~100%，处理效果稳定，不受水温影响，在寒冷地区此法特别有吸引力。投资较少，但运行费用高，副产物氯胺和氯化有机物会造成二次污染，因此，氯化法只适用于处理低浓度氨氮废水。

6.1.1.3 离子交换法去除氨氮

（1）工艺原理

离子交换法是通过对氨离子具有很强选择性吸附作用的材料去除废水中氨氮的方法。这种化学吸附过程通常是可逆的。常用的吸附剂有沸石、蒙脱石、火花煤、活性炭、树脂吸附剂等。

硅铝酸盐矿物沸石因为有结构空隙，且对氨氮有很强的吸附能力，因而常作为交换颗粒使用。由于废水中的氨分子小于沸石的孔径，因此可在其孔隙中发生交换，达到脱出氨氮的目的。沸石对离子的选择性顺序为：$Ca^{2+}>Rb^{+}>NH_4^{+}>K^{+}>Na^{+}>Li^{+}>Ba^{2+}>Sr^{2+}>Ca^{2+}>Mg^{2+}$。

树脂交换法是将中等酸性废水通过弱酸性阳离子交换柱，NH_4^+被截留在树脂上，同时生成游离态的H_2S从而达到去除氨氮的目的。由于H_2S不被吸附，所以很容易被洗脱。饱和的阳离子交换树脂可用无机酸溶液再生。对于氨氮浓度约为10~15mg/L的废水，离子交换法脱除氨氮的效率可达93%~97%。操作温度变化和毒性化合物对氨氮的去除率影响较小。该法的缺点是离子交换树脂用量较大，再生频繁，废水先要进行预处理以去除悬浮物，因此处理成本较高。

斜发沸石可作为低浓度至中等浓度废水选择性去除氨的离子交换介质。它对不同阳离子的选择性次序如下：$K^{+}>NH_4^{+}>Ba^{2+}>Na^{+}>Ca^{2+}>Fe^{2+}>Al^{3+}>Mg^{2+}>Li^{+}$。相对于废水中常见的其他阳离子，斜发沸石对$NH_4^+$具有极高的选择性。当pH值增加时，$NH_4^+$的离子交换性能变差，pH值为4.8是斜发沸石离子交换的最佳酸度。当$pH<4$时，H^+与NH_4^+发生竞争吸附；$pH>8$时，NH_4^+转化为NH_3而失去离子交换能力。用钠与钙可以使斜发沸石再生。

(2) 工艺流程

离子交换法的一般处理流程为：先用物化法或生化法去除废水中大量的悬浮物和有机炭，然后使废水流经交换柱。大交换柱饱和或除水中氨浓度过高以前，需停止操作并用无机酸进行再生，再生废液中的氨通常在中性或碱性条件下用空气或蒸汽吹脱。

6.1.1.4 *磷酸铵镁沉淀法*

(1) 工艺原理

磷酸铵镁（$MgNH_4PO_4 \cdot 6H_2O$）（Magnesium Ammonium Phosphate，简称MAP），俗称鸟粪石，白色粉末无机晶体矿物，相对密度1.71。

磷酸铵镁沉淀法，又称化学沉淀法、MAP法。其脱除废水中氨氮的基本原理就是通过向废水中投加镁盐和磷酸盐，使Mg^{2+}、PO_4^{3-}（或HPO_4^{2-}）与废水中的NH_4^+发生化学反应，生成复盐（$MgNH_4PO_4 \cdot 6H_2O$）沉淀，从而将NH_4^+脱除。该方法的特点是可以处理各种浓度的氨氮废水，在高效脱氮的同时能充分回收氨，所得到的沉淀物$MgNH_4PO_4$可作为复合肥料，因此该法具有较高的经济价值。

(2) 工艺设计

1) 反应时间

MAP法反应时间对氨氮的去除率影响很小，因此MAP法的反应时间主要取决于鸟粪石晶体的成核速率和成长速率。应用MAP法处理氨氮废水时，使用适宜的搅拌速度和控制适当的反应时间，能使药剂充分作用，使MAP反应充分进行，有利于MAP的结晶作用和晶体的发育与沉淀析出。但反应时间不宜过长，否则会破坏鸟粪石的结晶沉淀体系，降低结晶沉淀性能。另外，反应时间越长，所需的动力消耗越多，处理费用越高，会影响MAP法的经济效益；搅拌速度过大，形成的絮凝体会再次被打散，反而影响了混凝沉淀的效果。显然，MAP法的反应时间需要结合被处理氨氮废水的水质特征，所用药剂种类、处理工艺等具体确定，一般都在1h以内。

2) pH值

氨氮废水的pH值对MAP法去除氨氮的效果影响很大。pH值大小决定了组成鸟粪石的各种离子在水中达到平衡时的存在形态和活度。而只有当鸟粪石沉淀所需的各种离子的活度积超过相应的溶度积，沉淀才能发生。

在一定范围内，鸟粪石在水中的溶解度随着pH值的升高而降低；但当pH值升高到一定值时，鸟粪石的溶解度会随pH值的升高而增大。当pH=7时，溶液中PO_4^{3-}离子浓度低，不利于生成鸟粪石沉淀反应的进行；当pH=8.0~9.5时，沉淀为鸟粪石；当pH=9.5~11时，氨氮会有一部分转化成气态氨挥发，此时沉

淀为鸟粪石和 $Mg(OH)_2$；当 pH = 11 时，沉淀为鸟粪石和 $Mg_3(PO_4)_2$；当 pH = 12 时，沉淀为 $Mg_3(PO_4)_2$。

3)沉淀剂投加的配比

要生成磷酸铵镁（$MgNH_4PO_4 \cdot 6H_2O$）沉淀，沉淀剂投加的配比 $n(Mg^{2+}):n(NH_4^+):n(PO_4^{3-})$ 理论上应为 1∶1∶1（物质的量比）。根据同离子效应，增大 Mg^{2+}、PO_4^{3-} 的配比，可促进反应的进行，从而提高氨氮的去除率与去除速率。但药剂最佳投配比受多方面因素的影响，应综合考虑各因素确定沉淀比的最佳配比。

4) 沉淀剂的选择

MAP 法可选用多种含 Mg^{2+} 的镁盐和含 PO_4^{3-} 的磷酸盐作为化学沉淀药剂。但是，不同药剂对氨氮废水的处理效果与处理成本有明显的差异，氨氮去除率可在 54.4%~98.2%之间波动。普遍认为以磷酸氢二钠和氯化镁为沉淀剂对高氨氮废水处理效果较好，氨氮的去除率达 90%；镁盐的成本是处理的主要成本之一，使用不同的镁盐其成本占总处理成本的 4.4%~40.2%；磷酸盐较贵，寻找更为廉价高效的磷酸盐可大幅度降低废水处理成本。

6.1.2 物化法除磷

6.1.2.1 化学凝聚沉淀法

化学凝聚沉淀法是采用最早、使用最广泛的除磷方法。其基本原理是通过投加化学药剂形成不溶性磷酸盐沉淀物，然后通过固液分离从污水中去除。磷的化学沉淀通常分为四个步骤：沉淀反应、凝聚作用、絮凝作用、固液分离。沉淀反应和凝聚过程在一个混合单元内进行，目的是使沉淀剂在污水中快速有效地混合。常用的沉淀剂主要有钙盐（石灰）、铝盐（硫酸铝、聚合氯化铝）、铁盐（氯化亚铁、氯化铁、硫酸亚铁、硫酸铁）以及现在发展较快的无机-有机复合型絮凝剂等。一般认为磷酸盐沉淀是配位基参与竞争的电性中和沉淀，即通过 ${PO_4}^{3-}$ 与铝离子、铁离子或钙离子的化学沉淀作用加以去除。

（1）钙盐除磷原理

钙盐除磷是向含磷污水中投加石灰，由于形成氢氧根离子，污水 pH 值上升，与此同时，污水中的磷与石灰中的钙产生反应形成 $Ca_5(OH)(PO_4)_3$ 沉淀，该法实际上是水的软化过程，所需的石灰投加量仅与污水的碱度有关，而与污水的含磷量无关。其原因是：使用石灰法时，pH 值必须调到较高值才能使残留的溶解磷浓度降到较低的水平，而污水碱度所消耗的石灰量通常比形成磷酸钙沉淀所需的石灰量大好几个数量级。石灰法主要用于要求出水质量在 0.1mg/L 左右的情形，但其产泥量大，除磷的投药设施设备投资和运行费用较高，使该工艺与其他常规污水除磷工艺相比缺乏经济性。

(2) 铝盐除磷原理

铝盐除磷的原理一般认为是当铝盐分散于水中时，一方面 Al^{3+} 与 PO_4^{3-} 反应，另一方面 Al^{3+} 首先水解生成单核络合物 $Al(OH)^{2+}$、$Al(OH)^{2+}$ 及 AlO_2 等，单核络合物进一步缩合，进而形成一系列多核络合物，这些铝的多核络合物往往具有较高的正电荷和比表面积，能迅速吸附水体中带负电荷的杂质，中和胶体电荷、压缩双电层及降低胶体电位，促进了胶体和悬浮物等快速脱稳、凝聚和沉淀，表现出良好的脱除效果。铝盐除磷处理适用的 pH 值为 5.0~8.0，理想 pH 值为 5.8~6.9，最佳 pH 值为 6.3。

(3) 铁盐除磷原理

铁盐除磷的投加量取决于溶解氧、pH 值、生物酶、硫和碳酸盐含量等。传统的铁盐混凝剂有硫酸铁、三氯化铁、硫酸亚铁等，新型的铁盐混凝剂主要有聚合硫酸铁(PFS)、聚氯硫酸铁(PFCS)、聚合氯化铝铁(PAFC)等，是近年来发展较快的水处理混凝剂。

6.1.2.2 离子交换法

离子交换法是利用多孔性的阴离子交换树脂，选择性地吸收去除污水中的磷。但是存在着一系列问题，如树脂药物易中毒、交换容量低和选择性差等，因而这种方法难以得到实际应用。

6.1.2.3 吸附法除磷

吸附法除磷是利用某些多孔或大比表面积的固体物质对水中磷酸根离子的亲和力来实现的污水除磷工艺。磷通过在吸附剂表面的物理吸附、离子交换或表面沉淀过程，实现磷从污水中的分离，并可进一步通过解吸处理回收磷资源。吸附法除磷工艺简单、运行可靠，可以作为生物除磷法的补充，也可以作为单独的除磷手段。除磷吸附剂的选择要求：①高吸附容量；②高选择性；③吸附速度快；④抗其他离子干扰能力强；⑤无有害物溶出；⑥吸附剂再生容易，性能稳定；⑦原料易得且造价低。

除磷吸附剂一般分为天然吸附剂和合成吸附剂两类。天然吸附剂有粉煤灰、钢渣、沸石、凹凸棒石、海泡石、活性氧化铝等；另一类是合成吸附剂，合成除磷吸附剂扩大了吸附材料的选择范围。

(1) 天然材料及废渣

许多天然无定形物质(如高岭土、膨润土和沸石)及工业炉渣(如高炉炉渣和电厂灰)等，都对水中的磷酸根离子具有一定的吸附作用。天然材料及废渣的优越性在于成本低廉，以废治废。很多学者都对天然材料和工业炉渣的吸附脱磷性能进行了广泛的研究及试验，多项试验表明，这些材料的磷吸附容量与材料中

Ca、Mg、Al 和 Fe 等金属元素氧化物含量成正相关，证实了金属氧化物是吸附磷的主要活性点；无定形非晶态物含量、pH 值、材料的比表面积和孔隙率对吸附容量起重要作用。

在自然界中存在大量的高比表面积、多孔性硅酸盐类物质，可以制成各种类似结构的吸附剂，如采用主要含硅铝氧化物的天然膨润土，经镁和铝化合物修饰后制成的吸附剂；利用海泡石和氯化镁等无机物制得海泡石复合吸附剂；将无机铝盐和镁盐与沸石混合经过一系列物理化学方法处理，使沸石表面形成水合镁等。改性后的吸附材料对磷酸根的吸附能力有大幅度提高。

(2) 活性氧化铝及其改性物质

氧化铝是一种用途广泛的化学物质，用做吸附剂、催化剂及催化剂载体的多孔性氧化铝一般称为活性氧化铝。它是一种多孔、高分散度的材料，有很大的比表面积，其微孔表面具有强吸附能力。活性氧化铝一般可由氢氧化铝加热脱水得到，在整个热转化过程中，水合物的形态(如晶形和粒度)、加热的气氛与升温速度以及杂质含量等，均会对氧化铝的形态有很大影响。活性氧化铝具有很强的吸附性及吸湿性，是一种研究比较彻底并得到实际应用的除磷吸附剂。通常认为活性氧化铝吸附脱磷的机理为：活性氧化铝表面分子与水结合生成氢氧化铝，进而与磷酸根离子发生离子交换，生成磷酸盐。对于颗粒活性氧化铝，吸附的控制步骤为颗粒内扩散。因此，其粒径的大小决定了吸附反应速度的快慢，粒径越小，吸附速度越快。但过小的粒径会造成吸附床层堵塞，从而导致吸附效率下降，同时也可能会造成固液分离困难。活性氧化铝对磷的吸附过程抗阴离子的干扰性较好。氧化铝对阴离子的吸附亲和力顺序为：$OH^- > PO_4^{3-} > F^- > SO_4^{2-} > Cl^- > NO_3^-$。活性氧化铝是一种研究较多并得到实际应用的除磷吸附剂。活性氧化铝对磷的吸附容量可以达到 10mg/g，是活性炭的 3~9 倍。

(3) 粉煤灰

粉煤灰除磷技术已有较多研究，研究表明，粉煤灰中含有较多的活性氧化铝和氧化硅等，具有相当大的吸附作用，粉煤灰对无机磷酸根不是单纯吸附，其中 CaO、Fe_2O_3、Al_2O_3等可以和磷酸根生成不溶或难溶性沉淀物。试验结果表明，粉煤灰是一种有效的吸附剂，在含磷质量浓度为 50~120mg/L，粉煤灰用量每 50mg 为 2~2.5g，粒径范围 140~160 目，pH 值为中性的实验条件下，磷的去除率最高可达 99%以上。

(4) 人工合成吸附剂

为解决天然吸附材料和活性氧化铝等除磷吸附剂吸附容量偏低的问题，最新研究动向为人工合成高效吸附剂。除磷吸附剂合成法扩大了吸附材料的选择范围，现在已有 Al、Mg、Fe、Ca、Ti、Zr 和 La 等多种金属的氧化物及其盐类作为选择材料受到研究。水滑石及其结构类似物本是制造催化剂的重要原料，其具有以金属离子为骨架的双夹层结构，其夹层的 CO_3^{2-} 可以被其他阴离子所置换。研究表明，阴离子夹层对磷酸根离子具有很强的离子交换能力，其吸附容量可高达 7mgP/g。

6.2 生物脱氮

6.2.1 缺氧–好氧(A/O)工艺

(1) 工艺原理

生物脱氮的根本原理是在将无机氮转化为氨态氮的基础上，先应用好氧段经硝化感化，由硝化细菌和亚硝化细菌的协同感化，将氨氮经由过程反硝化感化转化为亚硝态氮、硝态氮，再将 NH_3 转化为 NO_2^--N 和 NO_3^--N。在缺氧前提下经由过程反硝化感化，以硝酸盐氮为电子受体，以无机物为电子供体停止厌氧呼吸，并有外加碳源供给能量，将硝氮转化为氮气，即将 NO_2^--N(经反亚硝化)和 NO_3^--N(经反硝化)复原为氮气，溢出水面释放到大气，介入天然界氮的轮回。水中含氮物质大批削减，出水的潜伏风险性下降，达到从废水中脱氮的目标。

因此，生物脱氮体系中硝化与反硝化反应须具有以下前提：硝化阶段：足够的消融氧(DO)值在 2mg/L 以上；适合的温度，最好在 20℃，不低于 10℃；足够长的污泥龄；适合的 pH 值前提。反硝化阶段：硝酸盐的存在；缺氧前提(DO)值在 0.5mg/L 以下；充分的碳源(动力)；适合的 pH 值前提。经由上述过程，可构成缺氧与好氧池，即所谓 A/O 体系。

A/O 法生物去除氨氮的原理：污水中的氨氮在充氧的前提下(O 段)，被硝化菌硝化为硝态氮，大批硝态氮回流至 A 段，在缺氧前提下，经由过程兼性厌氧反硝化菌感化，以污水中无机物作为电子供体，硝态氮作为电子受体，使硝态氮被复原为无污染的氮气，逸入大气从而达到最终脱氮的目的。缺氧–好氧(A/O)工艺流程见图 6-1。

硝化反应：

$$NH_4^+ + 2O_2 \longrightarrow NO_3^- + 2H^+ + H_2O$$

反硝化反应：

$$6NO_3^- + 5CH_3OH(\text{无机物}) \longrightarrow 5CO_2\uparrow + 7H_2O + 6OH^- + 3N_2\uparrow$$

A/O 工艺将前段缺氧段和后段好氧段串连在一路，A 段 DO 不大于 0.2mg/L，O 段 DO 为 2~4mg/L。在缺氧段，异养菌将污水中的淀粉、纤维、碳水化合物等悬浮净化物和可溶性无机物水解为无机酸，使大分子无机物分化为小分子无机

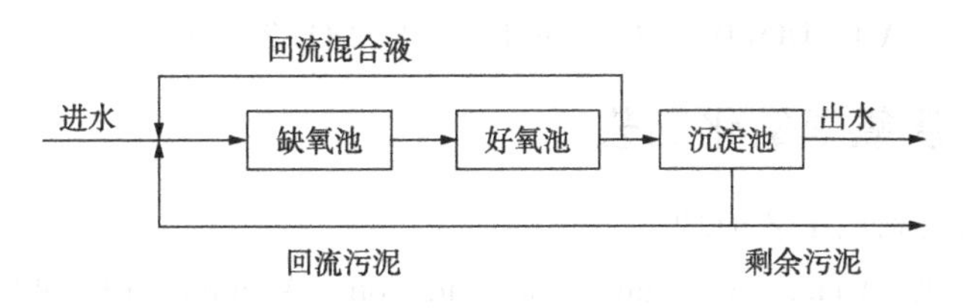

图 6-1 缺氧-好氧(A/O)工艺流程

物，不溶性的无机物转化成可溶性无机物，当这些经缺氧水解的产物进入好氧池停止好氧处置时，提高污水的可生化性，提高氧的效力；在缺氧段，异养菌将卵白质、脂肪等净化物停止氨化(无机链上的 N 或氨基酸中的氨基)游离出氨(NH_3、NH_4^+)，在充分供氧前提下，自养菌的硝化感化将 NH_3-N(NH_4^+)氧化为 NO_3^-，经由过程回流前往至 A 池，在缺氧前提下，异氧菌的反硝化感化将 NO_3^-复原为分子态氮(N_2)，完成 C、N、O 在生态中的轮回，完成污水有害化处置。

(2) 工艺特点

① 流程简略，勿需外加碳源与后曝气池，以原污水为碳源，建立和运转费用较低。

② 反硝化在前，硝化在后，设内轮回，以原污水中的无机底物作为碳源，效果好，反硝化反应充足。

③ 曝气池在后，使反硝化残留物得以进一步去除，提高了处置水水质；

④ A 段搅拌，只起使污泥悬浮作用，而防止 DO 的增长。O 段的前段采取强曝气，后段削减气量，使内轮回液的 DO 含量下降。

(3) 工艺设计

① HRT 水力停留时间：硝化不小于 5~6h；反硝化不大于 2h，A 段：O 段=1：3。

② 污泥回流比：30%~100%，具体根据污泥生长所处阶段确定，保证污泥浓度在设计浓度左右。

③ 混合液回流比：300%~400%，混合液回流主要目的是将硝化作用下产生的氨氮送到 A 段进行反硝化，生成氮气，从而降低总排水氨氮浓度。所以回流比除要调节平衡污泥浓度外，还有促进反硝化反应顺利进行的目的。

④ 反硝化段碳/氮比：$BOD_5/TN>4$，理论 BOD_5消耗量为 1.72gBOD_5/gNO_x-N。

⑤ 硝化段的 TKN/MLSS 负荷率(单位活性污泥浓度单位时间内所能硝化的凯氏氮)：<0.05kgTKN/(kgMLSS · d)。

⑥ 硝化段污泥负荷率：BOD/MLSS<0.18kgBOD_5/(kgMLSS · d)。

⑦ 混合液浓度：x=3000~4000mg/L(MLSS)普通生活废水取高值，部分生化性能较差工业废水，MLSS 取值 3000 以下。

⑧ 溶解氧：A 段 DO<0.2~0.5mg/L，O 段 DO>2~4mg/L。

6.2.2 厌氧氨氧化工艺

（1）厌氧氨氧化工艺原理

厌氧氨氧化(Anaerobic Ammonium Oxidation, Anammox)指的是在厌氧条件下，以氨氮(NH_4^+-N)为电子供体，亚硝酸氮(NO_2^--N)为电子受体，以 CO_2或HCO_3为碳源，通过厌氧氨氧化菌的作用，将氨氮氧化为氮气(N_2)的过程。执行该过程的微生物称为厌氧氨氧化菌(Anaerobic Ammonium Oxidation Bacteria, AAOB)，其化学计量学方程式如下：

$$NH_4^+ + 1.32NO_2^- + 0.066HCO_3^- + 0.13H^+ \longrightarrow$$
$$1.02N_2 + 0.26NO_3^- + 0.066CH_2O_{0.5}N_{0.15} + 2.03H_2O$$

（2）厌氧氨氧化优势

由于氨氧化细菌(Ammonium Oxidation Bacteria, AOB)可将氨氧化成亚硝酸盐，为 AAOB 提供基质，所以目前对厌氧氨氧化工艺的应用通常与短程硝化(亚硝化)联系在一起。厌氧氨氧化工艺具有如下优点：

① 厌氧氨氧化在厌氧条件下进行，无需氧气的供应，可节省 62.5%的能源消耗。

② 厌氧氨氧化以无机碳(CO_2或 HCO_3^-)为碳源，无需投加有机碳，大大节省了碳源。

③ 亚硝化-厌氧氨氧化所产生的 CO_2与普通的硝化-反硝化系统相比减少 90%。

④ AAOB 生长缓慢、产率低，因此工艺剩余污泥量少，污泥处置费用低。

⑤ 厌氧氨氧化氮去除率及氮去除负荷较高，从而能够减少工艺占地面积，降低工艺基建成本。

（3）影响因素

1）温度对厌氧氨氧化的影响

温度能显著影响 Anammox 活性，在合适的温度范围内 Anammox 菌才会表现出较好的反应活性，提高反应器的运行效能。温度在 26~37℃之间变化时，氮去除速率在 1.51~1.84kg/(m^3·d)；当温度低于 20℃时，反应器氮去除速率会快速下降，特别是当温度低于 15℃时，反应器氮去除速率下降至 0.55kg/(m^3·d)，从而抑制 Anammox 反应。对其进行线性拟合发现，低于 20℃时，温度与氮去除速率具有明显的线性关系。

2）pH 值对厌氧氨氧化的影响

在 Anammox 过程中，pH 值是一个非常重要的环境参数，它不仅能直接影响

Anammox 菌，还能通过影响氨和亚硝酸的有效性而间接影响反应活性。在多项研究中表明，pH 值对 Anammox 活性有重要的影响。pH 值和有机物对 Anammox 反应器的影响显著，在 20℃±1℃下，Anammox 反应的最适 pH 值为 6.7~8.5。当 pH<6.7 或 pH>8.5 时，将导致游离氨(FA)和游离亚硝酸(FNA)的浓度分别高于 8.93mg/L 和 2.67×10^{-2}mg/L，抑制 Anammox 反应。

3）溶解氧对厌氧氨氧化的影响

Anammox 菌为厌氧菌，因此，氧气的存在极易影响 Anammox 菌活性。保持反应器内厌氧环境对 Anammox 反应极为重要，不容忽视。通过改变进水碱度、光照条件和溶解氧，发现水力停留时间为 1.5h 条件下，当进水 DO 小于 3mg/L 时，平均氨氮去除率和亚硝氮去除率分别为 99.7%和 100%，平均总氮去除负荷为 1.0kg/(m^3·d)。溶解氧会使 Anammox 活性受到抑制，在溶解氧去除后，Anammox 活性可以得到恢复。

4）基质浓度对厌氧氨氧化的影响

Anammox 反应是氨氮和亚硝酸盐的生物反应，一般来说，亚硝酸盐既是 Anammox的必备物质，同时也是 Anammox 的限制性基质，甚至是毒性物质。当亚硝酸盐的含量超过一定限度后，亚硝酸盐会抑制 Anammox 活性，影响正常的生长与代谢。

5）有机物对厌氧氨氧化的影响

有机物对 Anammox 既有促进作用，同时也会抑制 Anammox 的活性。促进作用主要是特定的有机物可作为能源被 Anammox 所利用，维持 Anammox 的生理代谢，同时也能调节碳氮比，使 Anammox 和反硝化耦合；抑制作用主要表现在有机物的存在会增强异养菌的活性，使其与 Anammox 菌争夺电子受体亚硝酸盐。

6.2.3 Barth 工艺

1969 年，美国的 Barth 提出采用三段法除氮：第一段是好氧段，主要去除有机物，第二段加碱硝化，第三段是厌氧反硝化，除氮。Barth 工艺流程见图 6-2。

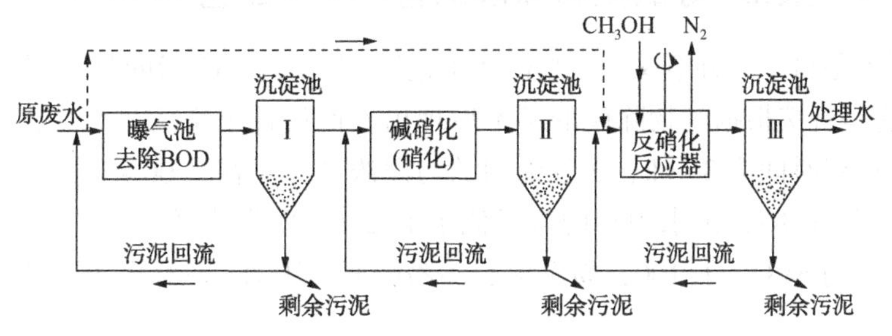

图 6-2 Barth 工艺流程

第一级曝气池功能：①碳化：去除 BOD_5、COD；②氨化：使有机氮转化为氨氮；

第二级是硝化曝气池，投碱以维持 pH 值；

第三级为反硝化反应器，可投加甲醇作为外加碳源或引入原废水。

该工艺流程的优点是氨化、硝化、反硝化分别在各自的反应器中进行，反应速率较快且较彻底；但缺点是处理设备多、造价高，运行管理较为复杂。

6.2.4 两级活性污泥法脱氮工艺

两级活性污泥法脱氮工艺流程见图 6-3。与 Barth 工艺相比，该工艺是将其中的前两级曝气池合并成一个曝气池，使废水在其中同时实现碳化、氨化和硝化反应，因此只是在形式上减少了一个曝气池，并无本质上的改变。

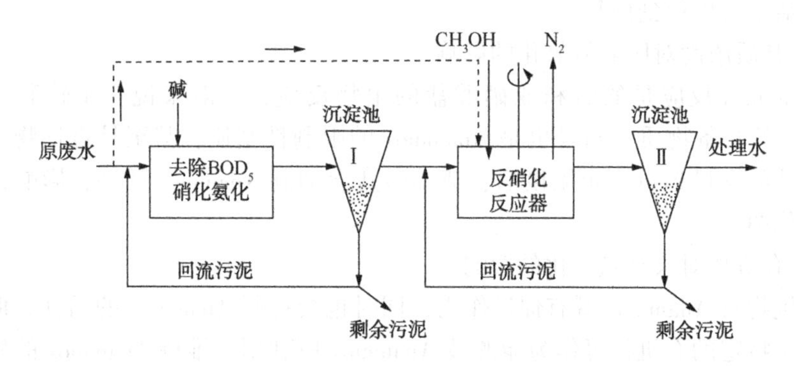

图 6-3 两级活性污泥法脱氮工艺流程

6.3 生物除磷

6.3.1 厌氧-好氧生物除磷工艺(A-O 工艺)

实际上是另外一种意义上的"A-O 工艺"，其中的"A"指的是"厌氧(Anaerobic)"，它是直接根据生物除磷的基本原理出发而设计出来的一个工艺，其特点有：水力停留时间为 3~6h；曝气池内的污泥浓度一般在 2700~3000mg/L；磷的去除效果好(76%)，出水中磷的含量低于 1mg/L；污泥中的磷含量约为 4%，肥效好；污泥的 SVI 小于 100，易沉淀，不易膨胀。厌氧-好氧生物除磷工艺流程见图 6-4。

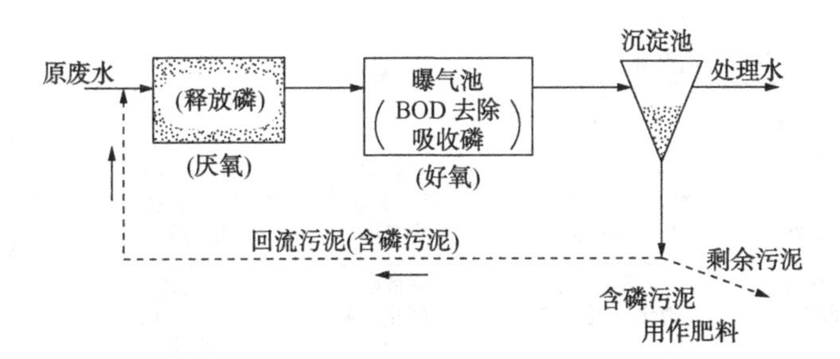

图6-4 厌氧-好氧生物除磷工艺流程

6.3.2 Phostrip 除磷工艺

实际上是一种生物除磷与化学除磷相结合的工艺，其特点有：除磷效果好，处理出水的含磷量一般低于1mg/L；污泥的含磷量高，一般为2.1%~7.1%；石灰用量较低，介于21~31.8mgCa(OH)$_2$/m^{3}废水之间；污泥的SVI低于100，污泥易于沉淀、浓缩、脱水，污泥肥分高，不易膨胀。Phostrip除磷工艺流程见图6-5。

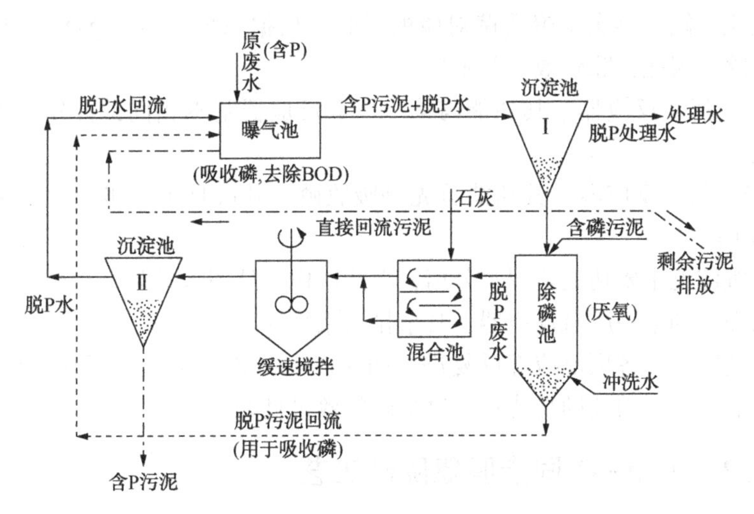

图6-5 Phostrip 除磷工艺流程

6.4 生物同步脱氮除磷

6.4.1 Bardenpho 同步脱氮除磷工艺

Bardenpho工艺采用两级A/O工艺组成，共有四个反应池，见图6-6。

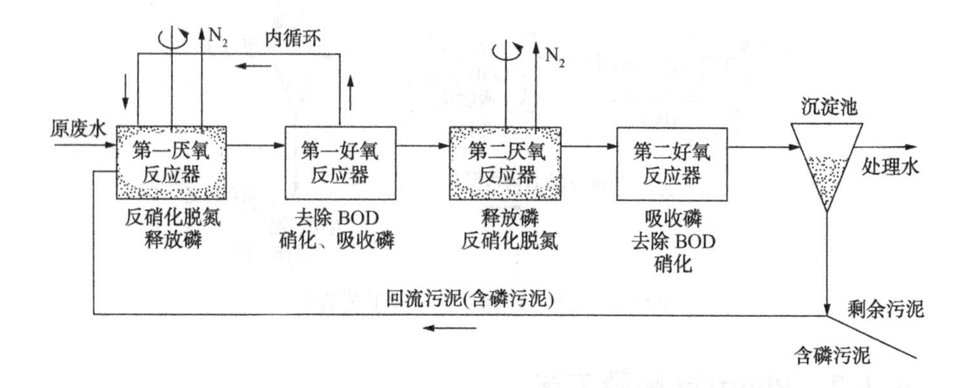

图 6-6　Bardenpho 工艺流程

① 第一厌氧反应器。首要功能是脱氮，其次的功能是污泥释放磷。进入第一厌氧池有三股水：一是废水，二是通过内循环含硝态氮的污水，三是从沉淀池回流的含磷污泥。

② 第一好氧反应器。其功能有三：首先是去除废水带入的有机污染物 BOD；其次是硝化功能；再次是聚磷菌对磷的吸收。根据原理，由于 NO_x^- 在此未得到有效的脱除，因此，除磷效果并不好。

③ 第二厌氧反应器。其功能与第一厌氧反应器基本相同，首先是脱氮，其次是释放磷。

④ 第二好氧反应器。其功能首先是吸收磷；其次是进一步硝化；再次是进一步除 BOD。

二次沉淀池主要功能是泥水分离，上清液作为处理水排放，含磷污泥部分作为回流污泥，到第一厌氧反应器，其余排出系统外。

其工艺特点：各项反应都反复进行两次以上，各反应单元都有其首要功能，同时又兼有二、三项辅助功能；脱氮除磷的效果良好。

6.4.2　A-A-O 同步脱氮除磷工艺

A-A-O 工艺(也称 A^2/O 工艺)是目前较为常见的同步脱氮除磷工艺，其工艺原理为：在好氧段，硝化细菌将入流污水中的氨氮及有机氮氨转化成的氨氮，通过生物硝化作用，转化成硝酸盐；在缺氧段，反硝化细菌将内回流带入的硝酸盐通过生物反硝化作用，转化成氮气逸入大气中，从而达到脱氮的目的；在厌氧段，聚磷菌释放磷，并吸收低级脂肪等易降解的有机物；而在好氧段，聚磷菌超量吸收磷，并通过剩余污泥的排放，将磷去除。以上三类细菌均具有去除 BOD_5 的作用，但 BOD_5 的去除实际上以反硝化细菌为主。A^2/O 工艺流程见图 6-7。

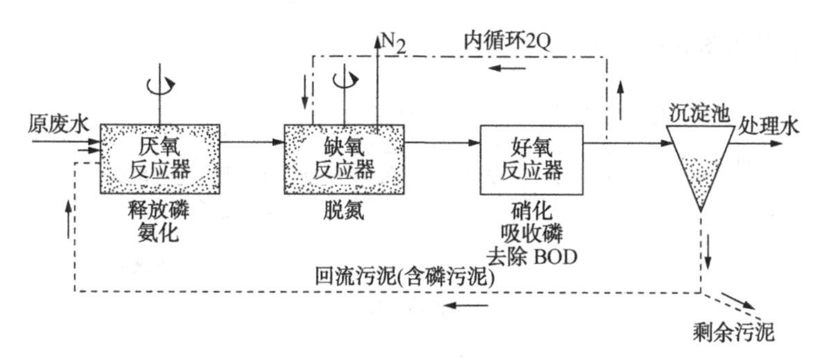

图6-7 A^2/O 工艺流程

该工艺的主要设计参数见表6-3。

表6-3 A^2/O 工艺的主要设计参数

项目		数据
水力停留时间/h	厌氧反应器	0.5~1.0
	缺氧反应器	0.5~1.0
	好氧反应器	3.5~6.0
污泥回流比/%		50~100
混合液内循环回流比/%		100~300
混合液悬浮固体浓度/(mg/L)		3000~5000
F/M/[$kgBOD_5$/(kgMLSS·d)]		0.15~0.7
好氧反应器内DO浓度/(mg/L)		≥2
BOD_5/P		5~15(以>10为宜)

6.4.3 UCT同步脱氮除磷工艺

(1) 工艺原理

在前述的两种同步脱氮除磷工艺中，都是将回流污泥直接回流到工艺前端的厌氧池，其中不可避免地会含有一定浓度的硝酸盐，因此会在第一级厌氧池中引起反硝化作用，反硝化细菌将与除磷菌争夺废水中的有机物而影响除磷效果，因此提出UCT(Univercity of Cape Town)工艺。UCT工艺与传统的A/O工艺类似，反应池由厌氧、缺氧、好氧三部分组成，其基本原理是原污水和含磷回流污泥进入厌氧反应池进行磷的释放和吸收低相对分子质量的有机物；在缺氧池，以进水中的有机物为碳源，利用混合液回流带入的硝酸盐进行反硝化脱氮；然后从缺氧池进入曝气池，进一步去除BOD，进行硝化反应和磷的过量吸收；在沉淀池中进行泥水分离，富磷污泥通过排除剩余污泥把磷排出处理系统，达到生物除磷的目的。

工艺流程如图 6-8 所示。

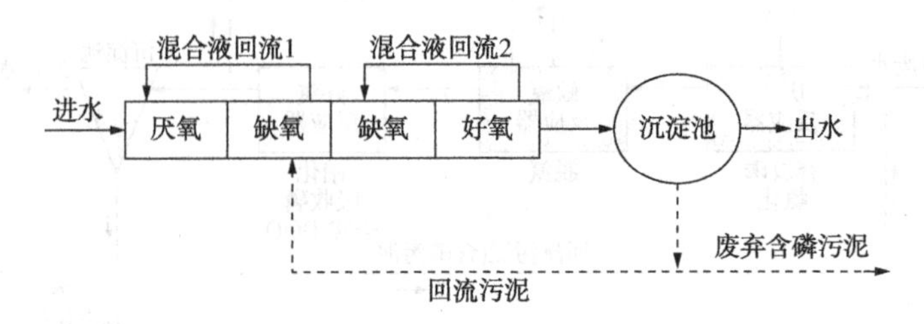

图 6-8　UCT 工艺流程

厌氧池：厌氧发酵菌将污水中的可生物降解的大分子有机物转化为 VFA 这类相对分子质量较低的发酵中间产物。聚磷菌利用其合成自身的细胞质，大量繁殖。

缺氧池：反硝化细菌利用好氧区中回流液中的硝酸盐以及污水中的有机基质进行反硝化，达到同时除磷脱氮的效果。

好氧池：聚磷菌在利用污水中残留的有机基质的同时，主要通过分解其体内储存的 PHB 所放出的能量维持其生长，同时过量摄取环境中的溶解态磷。硝化菌将污水中的氨氮转化成为硝酸盐。

UCT 工艺与 A^2/O 工艺的不同之处在于：沉淀池污泥回流到缺氧池而不是回流到厌氧池，这样可以防止由于硝酸盐氮进入厌氧池，破坏厌氧池的厌氧状态而影响系统的除磷率。增加了从缺氧池到厌氧池的混合液回流，由缺氧池向厌氧池回流的混合液中含有较多的溶解性 BOD，而硝酸盐很少，为厌氧段内所进行的有机物水解反应提供了最优的条件。在实际运行过程中，当进水中总凯氏氮 TKN 与 COD 的比值高时，需要降低混合液的回流比，以防止 NO_3^- 进入厌氧池。但是如果回流比太小，会增加缺氧反应池的实际停留时间，而实验证明，如果缺氧反应池的实际停留时间超过 1h，在某些单元中污泥的沉降性能会恶化。

当污水 C/P 比值小于 20、C/N 比值小于 4 时，UCT 工艺的除磷效率明显高于普通 A^2/O 工艺。但 UCT 工艺增加了从缺氧池初流液到厌氧池的回流，从而增加了电耗。

（2）工艺特点

① 工艺中二沉池污泥是回流到缺氧段而不是厌氧段，从缺氧段出来的泥水混合液硝酸盐含量很低，再回流到厌氧池后为污泥的释磷反应提供了最佳的条件。

② 厌氧区停留时间较长，有机物的利用率较高。

③ 较适用于原污水的 BOD_5/TP 较低的情况。

（3）工艺设计参数

污泥负荷：0. 05～0. 15kgBOD$_5$/(kgMLVSS · d)；

污泥浓度：2000～4000mg/L；

污泥龄：10～18d；

污泥回流：40%～100%，好氧池(区)混合液回流 100%～400%，缺氧池(区)混合液回流 100%～200%；

停留时间：厌氧池(区)水力停留时间 1～2h，缺氧池(区)水力停留时间 2～3h，好氧池(区)水力停留时间 6～14h。

6. 4. 4 Phoredox 同步脱氮除磷工艺

（1）工艺原理

本工艺的特点是在缺氧反应器之前再加一座厌氧反应器，以强化磷的释放，从而保证在好氧条件下有更强的吸收磷的能力，提高除磷效果。

Phorcdox 工艺又称五段 Bardenpho 工艺，由厌氧-缺氧-好氧-缺氧-好氧五个阶段构成，相当于 A^2/O 工艺和 A/O 工艺串联而成，其工艺流程见图 6-9。

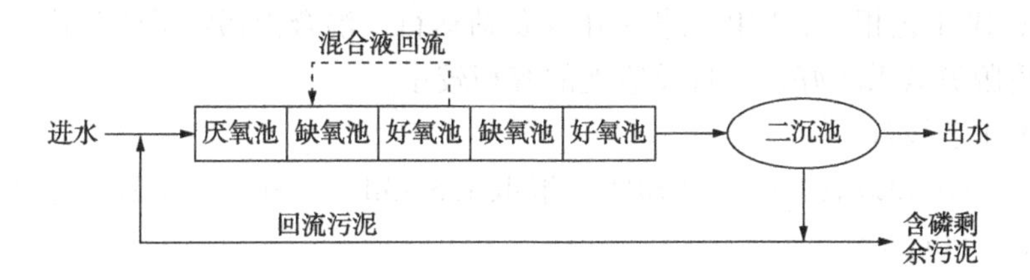

图 6-9 Phorcdox 工艺流程

从二沉池回流来的污泥在厌氧段与进水相混，第一个好氧段中的污泥混合液回流仅进入缺氧区，只要后面四段硝化、反硝化控制得当，氮去除率高，同时控制二沉池污泥至厌氧区的回流污泥比，那么从二沉池来的回流污泥携带到厌氧区的硝酸盐数量很少，从而保证除磷效果。

混合液从第一个好氧区回流到缺氧区，这种工艺流程的泥龄(10～40d)一般要比 A^2/O 工艺长，增加了碳氧化的能力。

（2）工艺特点

① 该五段系统有厌氧、缺氧、好氧三个池子用于除磷、脱氮和碳氧化，第二个缺氧段主要用于进一步的反硝化。

② 利用好氧段所产生的硝酸盐作为电子受体，有机碳作为电子供体。

③ 混合液两次从好氧区回流到缺氧区。

④ 该工艺的泥龄长(约 30～40d)，增加了碳氧化的能力。

6.4.5 VIP 工艺

（1）工艺原理

VIP 工艺反应池采用方格形式，第一系列体积较小的完全混合式反应格串联在一起，这种形式形成了有机物的梯度分布，提高了厌氧池磷的释放和好氧池磷的吸收速率，因而比单个大体积的完全混合式反应池具有更高的除磷效果。缺氧池的分格使反硝化反应都发生在前几格，有助于缺氧池的完全反硝化，这样在缺氧池的最后一格硝酸盐的含量极低，基本不会出现硝酸盐通过缺氧池回流液进入厌氧池的问题，保证了厌氧池严格的厌氧条件。VIP 工艺流程图见图 6-10。

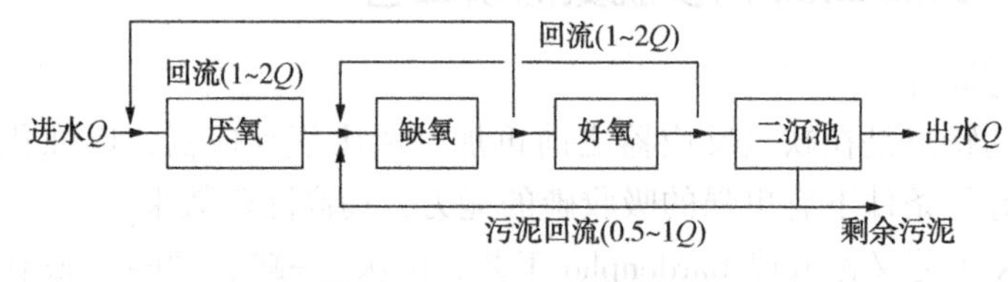

图 6-10 VIP 工艺流程图

与 UCT 工艺相比，VIP 工艺采用高负荷运行，混合液污泥活性较高，泥龄较短，除磷脱氮效果较好，而且反应池的容积较小。

（2）工艺设计

① 厌氧区和缺氧区的综合 SRT 一般取 1.5~3d，厌氧区和缺氧区每格的 HRT 一般为 60~90min。

② 好氧区按照硝化工艺设计。

第三篇

现代大气污染控制工程

第 7 章　现代除尘技术

7.1　动力波湿式除尘技术

动力波除尘器又称动力波洗涤器，它由逆喷塔和分离罐两部分构成。含污染物的烟气自上而下(也可反向)进入直筒型的逆喷管中，而吸收液自下而上(也可反向)喷射与气体逆向接触，由于气液动量平衡原理，形成均一的湍动的反应区域，形象地称为泡沫区，在此区域实现烟气急冷、粉尘脱除的功能。初步的气液分离在塔内进行，然后再通过一组或二组高效除雾器，除去夹带的微小液滴，清洁的烟气从烟囱排出，沉淀物从容器底部外排。动力波除尘器适用于去除粒径 0.1~100μm 的尘粒，除尘效率为 95%~99%，压力损失约 1200Pa。动力波除尘系统工艺流程见图 7-1。

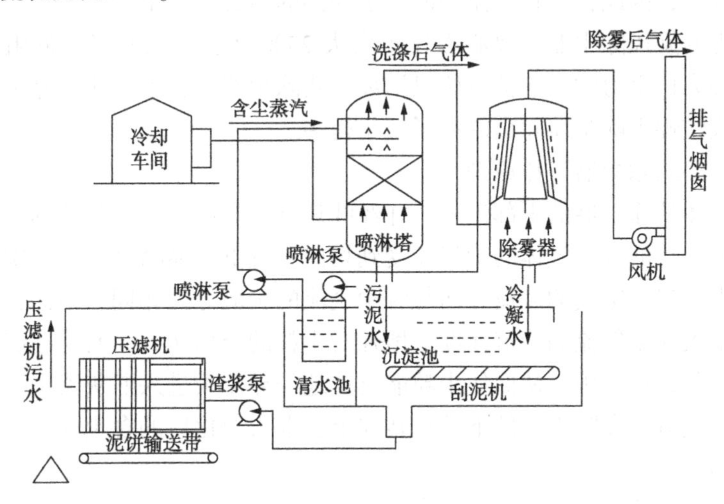

图 7-1　动力波除尘系统工艺流程

动力波除尘器是一种新型、高效的湿法洗涤器，它的优点有：

① 高温气体能被经济地用水冷却进而被洗涤。

② 动力波除尘器在初始投资上比相应的袋式除尘器或静电除尘器要便宜。

③ 能通过同一个设备捕集气态和颗粒污染物并能减少气味。

④ 能安全地捕集和中和许多易燃、易爆物。

⑤ 能处理许多黏性的或者吸湿性的物质。

⑥ 比干法捕集系统的结构更紧凑，占地较少。

同时它也具有以下缺点：

① 能耗比有些设备高。

② 可能发生干法捕集中不具有的腐蚀问题。

③ 需要寒冷天气下的设备防冻措施。

④ 排放的废气中含水量会达到饱和，经常引起在排放口处蒸汽冷凝形成可见水雾和(或)在烟囱中水的凝结。

7.2 离心除尘技术

离心式除尘器是工业中应用比较广泛的除尘设备之一，多作为小型燃煤锅炉消烟除尘和多级除尘、预除尘的设备。其除尘原理与反转式惯性力除尘装置类似。但惯性力除尘器中的含尘气流只是受设备的形状或挡板的影响，简单地改变了流线方向，只作半圈或一圈旋转；而离心式除尘器中的气流旋转不止一圈，旋转流速也较大，因此，旋转气流中的粒子受到的离心力比重力大得多。对于小直径、高阻力的旋风除尘器，离心力比重力大 2500 倍；对大直径、低阻力旋风除尘器，离心力比重力约大 5 倍。所以用离心式除尘器从含尘气体中除去的粒子比用沉降室或惯性力除尘器除出的粒子要小得多。

(1) 离心式除尘器工作原理

含尘气体从除尘器的下部进入，并经叶片导流器产生向三移动的旋流。与此同时，向上运动的含尘气体的旋流还受到切向布置下斜喷嘴喷出的二次空气旋流的作用。由于二次空气的旋流方向与含尘气流的旋流方向相同，因此，二次空气旋流不仅增大含尘气流的旋流速度，增强对尘粒的分离能力，而且还起到对分离出的尘粒向下裹携作用，从而使尘粒能迅速地经导流板进入贮灰器中。裹携尘粒后的二次空气流，在除尘器的下部反转向上，混入净化后的含尘气中，并从除尘善顶部排出。

(2) 离心式除尘器优点

① 设备结构简单，造价低。

② 没有传动机构及运动部件，维护、修理方便。

③ 可用于高温含尘烟气的净化，用一般碳钢制造的除尘器可工作在 350℃，

内壁衬以耐火材料的除尘器可工作在 500℃。

④ 可承受内、外压力。

⑤ 可干法清灰，可用它回收有价值的粉尘。

⑥ 除尘器敷设耐磨、耐腐蚀内衬后，可用以净化含高腐蚀性粉尘的烟气。

但也应当指出，离心式除尘器压力损失一般比重力沉降室和惯性力除尘器高．如高效离心式旋风除尘器的压力损失竟达 1250~1500Pa。

7.3 袋式除尘技术

袋式除尘器是一种干式滤尘装置，适用于捕集细小、干燥、非纤维性粉尘。滤袋采用纺织的滤布或非纺织的毡制成，利用纤维织物的过滤作用对含尘气体进行过滤。当含尘气体进入袋式除尘器后，颗粒大、密度大的粉尘，由于重力的作用沉降下来，落入灰斗，含有较细小粉尘的气体在通过滤料时，粉尘被阻留，使气体得到净化。

袋式除尘器结构主要由上部箱体、中部箱体、下部箱体(灰斗)、清灰系统和排灰机构等部分组成。袋式除尘器性能的好坏，除了正确选择滤袋材料外，清灰系统对袋式除尘器起着决定性的作用。为此，清灰方法是区分袋式除尘器的特性之一，也是袋式除尘器运行中重要的一环。

(1) 结构形式

① 按滤袋的形状分为扁形袋(梯形及平板形)和圆形袋(圆筒形)。

② 按进出风方式分为下进风上出风及上进风下出风和直流式(只限于板状扁袋)。

③ 按袋的过滤方式分为外滤式及内滤式。

滤料用纤维，有棉纤维、毛纤维、合成纤维以及玻璃纤维等，不同纤维织成的滤料具有不同性能。常用的滤料有 208 或 901 涤纶绒布，使用温度一般不超过 120℃；经过硅硐树脂处理的玻璃纤维滤袋，使用温度一般不超过 250℃；棉毛织物一般适用于没有腐蚀性、温度在 80~90℃以下的含尘气体。

(2) 袋式除尘主要特点

① 除尘效率高，一般在 99%以上，除尘器出口气体含尘浓度在数十 mg/m^3 之内，对亚微米粒径的细尘有较高的分级效率。

② 处理风量的范围广，小的仅 1 分钟数立方米，大的可达 1min 数万立方米，用于工业炉窑的烟气除尘，减少大气污染物的排放。

③ 结构简单，维护操作方便。

④ 在保证同样高除尘效率的前提下，造价低于电除尘器。

⑤ 采用玻璃纤维、聚四氟乙烯、P84 等耐高温滤料时，可在 200℃以上的高温条件下运行。

⑥ 对粉尘的特性不敏感，不受粉尘及电阻的影响。

(3) 袋式除尘技术开发和创新

① 袋式除尘器设备结构大型化(如处理烟气量 $200\times10^4m^3/h$ 以上)，适应大型燃煤锅炉机组和钢铁、水泥炉窑的烟气净化。

② 低阻、高效袋式除尘器结构的创新，适应国家节能减排的需要。

③ 以强力清灰为特征的脉冲技术升级，满足长滤袋(7~8m 以上)清灰要求。

④ 开发出气流分布技术和计算机数字模拟技术，满足大型袋式除尘器合理气流分布，延长滤袋使用寿命的要求。

⑤ 特殊滤料中 PPS、PTFE、聚酰亚胺和芳纶国产纤维的开发，满足电厂、钢厂、水泥厂和垃圾焚烧烟气净化的复杂工况对滤料的要求。

⑥ 脱酸加除尘的复合式袋式除尘器的研发和应用，满足干法脱酸除尘工艺的需求。

⑦ 脉冲阀性能和质量的技术升级，适应袋式除尘器高强度清灰和稳定运行的要求。

⑧ PLC、DCS 控制技术升级和模块化产品，可分别满足大型和中、小型除尘系统的控制要求。

7.4 静电除尘技术

静电除尘空气净化器利用高压直流电场使空气中的气体分子电离，产生大量电子和离子，在电场力的作用下向两极移动，在移动过程中碰到气流中的粉尘颗粒和细菌使其荷电，荷电颗粒在电场力作用下与气流分向相反的极板做运动，在电场作用下，空气中的自由离子要向两极移动，电压愈高、电场强度愈高，离子的运动速度愈快。由于离子的运动，极间形成了电流。开始时，空气中的自由离子少，电流较少。电压升高到一定数值后，放电极附近的离子获得了较高的能量和速度，它们撞击空气中的中性原子时，中性原子会分解成正、负离子，这种现象称为空气电离。空气电离后，由于连锁反应，在极间运动的离子数大大增加，表现为极间的电流(称为电晕电流)急剧增加，空气成了导体，高强电压捕获附带细菌颗粒，瞬间导电击穿由蛋白质组成的细胞壁，达到杀灭细菌吸附除尘的目的。

普通净化机采用滤纸来过滤空气中的灰尘，极易堵塞滤孔，灰尘越积越多，不仅没有灭菌效果，而且容易造成二次污染。而静电除尘技术有以下几个优点：

①除尘效率高；②可以净化较大气量；③能够除去的粒子粒径范围较宽；④可净化温度较高含尘烟气；⑤结构简单，气流速度低，压力损失小；⑥能量消耗比其他类型除尘器低；⑦电除尘器可以实现微机控制，远距离操作。

7.5 电袋复合除尘技术

电袋复合式除尘器作为一种新型的复合型除尘器，采用了静电除尘和布袋除尘的原理，克服了之前单一功能除尘器的弊端，可谓是这一领域的重大突破，对于 $PM_{2.5}$的吸收也具有良好的效果。此外，这种复合型的除尘器吸尘率更高，高达 70%~80%，而且更具环保的功效。电袋复合除尘器结构示意图见图 7-2。

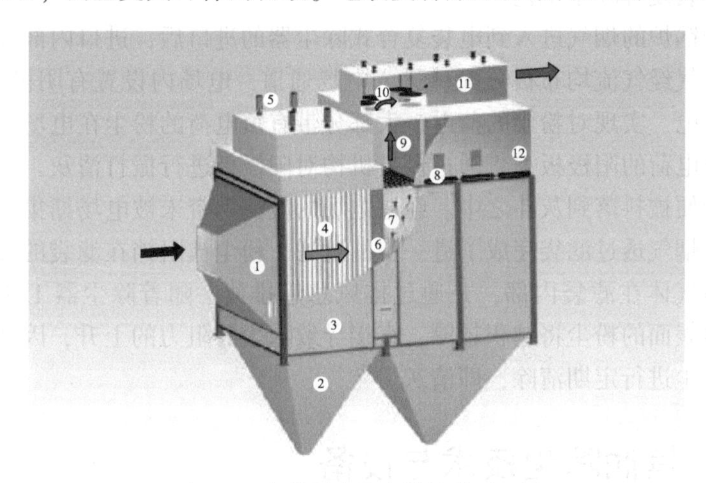

图 7-2 电袋复合除尘器结构示意图

1—进口喇叭；2—灰斗；3—壳体；4—前级电场；5—振打装置；6—导流装置；7—滤袋；8—清灰系统；9—净气室；10—提升机构；11—出风烟道；12—人孔门

(1) 电袋复合除尘器的机理

烟气中荷电粉尘的扩散、吸附和排斥三种作用原理如下：扩散作用：带相同电荷的粉尘相互排斥，迅速在后级空间扩散形成均匀分布的气溶胶悬浮状态，使得后级布袋内浓度均匀，流速均匀。吸附作用：带异性电荷的粉尘相互吸附，产生电并作用，使细小粉尘凝并成较大粒粉以利于捕集。排斥作用：相同极性粉尘相互排斥，使得沉积到布袋表面的粉尘颗粒排列有序，形成的粉尘层透气性好，孔隙率高，剥离性好。电除尘与布装除尘前后两级区有机结合，形成整体结构的电袋复合式除尘器，它的前级电除尘区具有除尘特点，能收集烟气中 80%~90%烟尘量，降低进入后级区的烟尘浓度；布袋除尘器收集剩下 10%~20%的粉尘，电除尘区未能收集的剩余少量烟尘在电量电流作用下荷上电荷，进入袋区净化时堆积在袋表面的结构和气流特性发生变化，其中电除尘区在烟气中起到预除尘及荷电功能，对改善进入袋区的粉尘下沉起到重要作用：

① 除尘作用：降低烟尘浓度，降低滤袋阻力上升率，延长滤袋清灰周期，避免粗颗粒冲刷、分级烟灰等，最终达到节能及延长滤袋使用时间的目的，提高粉煤灰综合利用。

② 荷电作用：大部分有相同极性的粉尘相互排斥，少数不同荷电粉尘由细粒凝并成大粒，使得沉积到布袋表面的粉尘颗粒之间有序排列，形成的粉尘层透气性好、空率高、落性好，电袋复合式除尘器利用荷电效应减少除尘器的阻力，提高清灰效率，从而使设备的整体性能得到提高。

(2) 电袋复合除尘工艺

来自于锅炉的烟气进入到电袋复合式除尘器的进口后，进口内部设置有气流均布板，烟气经气流均布板分配后进入电场通道，电场内设置有阴极和阳极板，通过阴极放电，实现对粉尘的荷电，大部分带有负电荷的粉尘在电场的作用下附着在带有正电荷的阳极板上，通过振打机构对阳极板进行振打清灰，聚集在阳极板上的粉尘便被抖落到灰斗之中。经过电场的气流携带未被电场捕集的粉尘进入到仓室内，烟气透过滤袋完成了进一步的过滤，粉尘被阻挡在滤袋的外表面，过滤后的洁净气体在滤袋内部，并通过排风总管排放。随着除尘器工作时间的延长，除尘器表面的粉尘将越积越厚，直接导致除尘器阻力的上升，因此，需要对袋表面的粉尘进行定期清除，即清灰。

7.6 其他除尘技术与设备

(1) 惯性除尘器

惯性除尘器是使含尘气体与挡板撞击或者急剧改变气流方向，利用惯性力分离并捕集粉尘的除尘器。惯性除尘器亦称惰性除尘器。

惯性除尘器分为碰撞式和回转式两种：前者是沿气流方向装设一道或多道挡板，含尘气体碰撞到挡板上使尘粒从气体中分离出来。显然，气体在撞到挡板之前速度越高，碰撞后越低，则携带的粉尘越少，除尘效率越高。后者是使含尘气体多次改变方向，在转向过程中把粉尘分离出来。气体转向的曲率半径越小，转向速度越多，则除尘效率越高。

(2) 喷淋式除尘器

喷淋式除尘器是在除尘设备内水通过喷嘴喷成雾状，当含尘烟气通过雾状空间时，因尘粒与液滴之间的碰撞、拦截和凝聚作用，尘粒随液滴降落下来。

这种除尘器构造简单、阻力较小、操作方便。其突出的优点是除尘器内设有很小的缝隙和孔口，可以处理含尘浓度较高的烟气而不会导致堵塞。又因为它喷淋的液滴较粗，所以不需要雾状喷嘴，这样运行更可靠，喷淋式除尘器可以使用循环水，直至洗液中颗粒物质达到相当高的程度为止，从而大大简化了水处理设施。所以这种除尘器至今仍有不少企业采用。它的缺点是设备体积比较庞大，处理细粉尘的能力比较低，需用水量比较多，所以常用来去除粉尘粒径大、含尘浓度高的烟气。

常用的喷淋式除尘器依照气体和液体在除尘器内流动型式分为三种结构：

① 顺流喷淋式：即气体和水滴以相同的方向流动。

② 逆流喷淋式：即液体逆着气流喷射。

③ 错流喷淋式：即在垂直于气流方向喷淋液体。

第8章 烟气脱硫脱硝技术

8.1 烟气脱硫技术

8.1.1 烟气脱硫技术原理

烟气脱硫(Flue Gas Desulfurization，简称FGD)技术中，按脱硫剂的种类划分，可分为以下五种方法：以$CaCO_3$(石灰石)为基础的钙法，以MgO为基础的镁法，以Na_2SO_3为基础的钠法，以NH_3为基础的氨法，以有机碱为基础的有机碱法。

烟气中的SO_2实质上是酸性的，可以通过与适当的碱性物质反应从烟气中脱除SO_2。脱烟道气最常用的碱性物质是石灰石(碳酸钙)、生石灰(氧化钙，CaO)和熟石灰(氢氧化钙)。石灰石产量丰富，因而相对便宜，生石灰和熟石灰都是由石灰石通过加热来制取。有时也用碳酸钠(纯碱)、碳酸镁和氨等其他碱性物质。

所用的碱性物质与烟道气中的SO_2发生反应，生成一种亚硫酸盐和硫酸盐的混合物(根据所用的碱性物质不同，这些盐可能是钙盐、钠盐、镁盐或铵盐)。亚硫酸盐和硫酸盐间的比率取决于工艺条件，在某些工艺中，所有亚硫酸盐都转化成了硫酸盐。SO_2与碱性物质间的反应或在碱溶液中发生(湿法烟道气脱硫技术)，或在固体碱性物质的湿润表面发生(干法或半干法烟道气脱硫技术)。

在湿法烟气脱硫系统中，碱性物质(通常是碱溶液，更多情况是碱的浆液)与烟道气在喷雾塔中相遇。烟道气中SO_2溶解在水中，形成一种稀酸溶液，然后与溶解在水中的碱性物质发生中和反应。反应生成的亚硫酸盐和硫酸盐从水溶液中析出，析出情况取决于溶液中存在的不同盐的相对溶解性。例如，硫酸钙的溶解性相对较差，因而易于析出。硫酸钠和硫酸铵的溶解性则好得多。SO_2在干法和半干法烟道气脱硫系统中，固体碱性吸收剂或使烟气穿过碱性吸收剂床喷入烟道气流中，使其与烟道气相接触。无论哪种情况，SO_2都是与固体碱性物质直接反应，生成相应的亚硫酸盐和硫酸盐。为了使这种反应能够进行，固体碱性物质必须是十分疏松或相当细碎。在半干法烟道气脱硫系统中，水被加入到烟道气中，以在碱性物质颗粒物表面形成一层液膜，SO_2溶入液膜，加速了与固体碱性物质的反应。

8.1.2 湿法烟气脱硫技术

所谓湿法烟气脱硫，特点是脱硫系统位于烟道的末端、除尘器之后，脱硫过程的反应温度低于露点，所以脱硫后的烟气需要再加热才能排出。由于是气液反应，其脱硫反应速度快、效率高，脱硫剂利用率高，如用石灰做脱硫剂时，当 Ca/S = 1 时，即可达到 90%的脱硫率，适合大型燃煤电站的烟气脱硫。但是，湿法烟气脱硫存在废水处理问题，初期投资大，运行费用也较高。

（1）石灰石-石灰抛弃法

以石灰石或石灰的浆液作脱硫剂，在吸收塔内对 SO_2烟气喷淋洗涤，使烟气中的 SO_2反应生成 $CaCO_3$和 $CaSO_4$，这个反应关键是 Ca^{2+}的形成。石灰石系统 Ca^{2+}的产生与 H^+的浓度和 $CaCO_3$的存在有关；而在石灰系统中，Ca^{2+}的生产与 CaO 的存在有关。石灰石系统的最佳操作 pH 值为 5.8～6.2，而石灰系统的最佳 pH 值约为 8。

石灰石-石灰抛弃法的主要装置由脱硫剂制备装置、吸收塔和脱硫后废弃物处理装置组成。其关键性的设备是吸收塔。对于石灰石/石灰抛弃法，结垢与堵塞是最大问题，主要原因在于：溶液或浆液中的水分蒸发而使固体沉积，氢氧化钙或碳酸钙沉积或结晶析出；反应产物亚硫酸钙或硫酸钙的结晶析出等。所以吸收洗涤塔应具有持液量大、气液间相对速度高、气液接触面大、内部构件少、阻力小等特点。洗涤塔主要有固定填充式、转盘式、湍流塔、文丘里洗涤塔和道尔型洗涤塔等，它们各有优缺点，脱硫效率高的往往操作的可靠性差。脱硫后固体废弃物的处理也是石灰石/石灰抛弃法的一个很大的问题，目前主要有回填法和不渗透地存储法，都需要占用很大的土地面积。由于以上缺点，石灰石-石灰抛弃法已被石灰石-石膏法所取代。

（2）石灰石-石膏法

该技术与抛弃法的区别在于向吸收塔的浆液中鼓入空气，强制使 $CaSO_3$都氧化为 $CaSO_4$（石膏），脱硫的副产品为石膏。同时鼓入空气产生了更为均匀的浆液，易于达到 90%的脱硫率，并且易于控制结垢与堵塞。由于石灰石价格便宜，且易于运输与保存，因而自 20 世纪 80 年代以来石灰石已经成为石膏法的主要脱硫剂。当今国内外选择火电厂烟气脱硫设备时，石灰石/石膏强制氧化系统成为优先选择的湿法烟气脱硫工艺。

石灰石/石膏法的主要优点是：适用的煤种范围广、脱硫效率高(有的装置Ca/S=1时，脱硫效率大于90%)、吸收剂利用率高(可大于90%)、设备运转率高(可达90%以上)、工作的可靠性高(是目前最成熟的烟气脱硫工艺)、脱硫剂石灰石来源丰富且廉价。但是石灰石/石膏法的缺点也是比较明显的：初期投资费用太高，运行费用高，占地面积大，系统管理操作复杂，磨损腐蚀现象较为严重，副产物石膏很难处理(由于销路问题只能堆放)，废水较难处理。

(3) 双碱法

双碱法脱硫工艺是为了克服石灰石/石灰法容易结垢的缺点，并进一步提高脱硫效率而发展起来的。它先用碱金属盐类(如钠盐)的水溶液吸收SO_2，然后在另一个石灰反应器中用石灰或石灰石将吸收了SO_2的吸收液再生，再生的吸收液返回吸收塔再用。而SO_2还是以亚硫酸钙和石膏的形式沉淀出来。由于其固体的产生过程不是发生在吸收塔中的，所以避免了石灰石/石灰法的结垢问题。

(4) 氧化镁法

一些金属氧化物如MgO、MnO_2和ZnO等都有吸收SO_2的能力，可利用其浆液或水溶液作为脱硫剂洗涤烟气脱硫。吸收了SO_2的亚硫酸盐和亚硫酸在一定温度下分解产生SO_2气体，可以用于制造硫酸，而分解形成的金属氧化物得到了再生，可循环使用。我国氧化镁资源丰富，可考虑此法，要求必须对烟气进行预先的除尘和除氯，而且该过程中会有8%的MgO流失，造成二次污染。

(5) 韦尔曼-洛德法

韦尔曼-洛德法是美国20世纪60年代末开发的亚硫酸钠循环吸收流程，该技术目前在美国、日本、欧洲已经建成多套大型工业化装置。该工艺方法主要用NaCl电解生成的NaOH来吸收烟气中的二氧化硫，产生$NaHSO_3$和Na_2SO_4，通过不同的回收装置回收液态二氧化硫、硫酸或单质硫。其主要工艺方法如下：

烟气经过文丘里洗涤器进行预处理，除去70%~80%的飞灰和90%~95%的氯化物，预处理的烟气通入三段式填料塔，逆向与亚硫酸钠和补充的氢氧化钠溶液充分接触，除去90%以上的二氧化硫，生成亚硫酸氢钠，溶液逐段回流得以增浓。净化后的烟气经过加热后由121.9m的烟囱排空。洗涤生成的亚硫酸氢钠进入再生系统强制循环蒸发器，被加热生成亚硫酸钠，释放出二氧化硫气体，电解氯化钠所生成的氢氧化钠与再生的亚硫酸钠一起送入三段式填料塔重新吸收二氧化硫。而回收的二氧化硫可以用98%的浓硫酸干燥，经V_2O_5触煤氧化生成SO_3，用浓硫酸吸收并稀释至93%的工业酸。其剩余的二氧化硫返回吸收塔。根据市场需求还可以将一部分二氧化硫与天然气或丙烷反应生成H_2S气体，再与另一部分二氧化硫送入Claus(克劳斯)装置生产单质硫，也可将单质硫焚烧生产液态二氧化硫和纯净浓硫酸。值得注意的是，三段式填料塔在二氧化硫吸收过程中，由于烟气中氧的存在使部分亚硫酸氢钠中有硫酸钠生成，经蒸发器结晶分离出的产品可供造纸业使用，另外由氯化钠电解得到的副产品氯气可供化工企业使用。该工艺方法中氯化钠溶液的电解工艺目前已经非常成熟，同时该方法能够得到多种副产品。

（6）氨法

氨法原理是采用氨水作为脱硫吸收剂，与进入吸收塔的烟气接触混合，烟气中 SO_2与氨水反应，生成亚硫酸铵，经与鼓入的强制氧化空气进行氧化反应，生成硫酸铵溶液，经结晶、离心机脱水、干燥器干燥后即制得化学肥料硫酸铵。

氨法也是一种技术成熟的脱硫工艺，其主要技术特点有：

① 副产品硫酸铵的销路和价格是氨法工艺应用的先决条件，这是由于氨法所采用的吸收剂氨水价格远比石灰石高，其吸收剂费用很高，如果副产品无销路或销售价格低，不能抵消大部分吸收剂费用，则不能应用氨法工艺。

② 由于氨水与 SO_2反应速度要比石灰石(或石灰)与 SO_2反应速度大得多，同时氨法不需吸收剂再循环系统，因而系统要比石灰右-石膏法小、简单，其投资费用比石灰石-石膏法低得多。

③ 在工艺中不存在石灰石作为脱硫剂时的结垢和堵塞现象。

④ 氨水来源也是选择此工艺的必要条件。

⑤ 氨法工艺无废水排放，除化肥硫酸氨外也无废渣排放。

⑥ 由于只采用 NH_3这一种吸收剂，只要增加一套脱硝装置的情况下，就能高效地控制 SO_2和 NO_x的排放。

（7）海水脱硫法

海水具有一定的天然碱度和水化学特性，可用于燃煤含硫量不高并以海水作为循环冷却水的海边电厂。海水脱硫法的原理是用海水作为脱硫剂，在吸收塔内对烟气进行逆向喷淋洗涤，烟气中的 SO_2被海水吸收成为液态 SO_2，液态的 SO_2在洗涤液中发生水解和氧化作用，洗涤液被引入曝气池，提高 pH 值抑制 SO_2 气体的溢出，鼓入空气，使曝气池中的水溶性 SO_2被氧化成为 SO_4^{2-}。

海水脱硫的主要特点：

① 工艺简单，无需脱硫剂的制备，系统可靠，可用率高，根据国外经验，可用率保持在 100%。

② 脱硫效率高，可达 90%以上。

③ 不需要添加脱硫剂，也无废水废料，易于管理。

④ 与其他湿法工艺相比，投资低，运行费用也低。

⑤ 只能用于海边电厂，且只能适用于燃煤含硫量小于 1.5%的中低硫煤电厂。

8.1.3 干法/半干法烟气脱硫

所谓干法烟气脱硫，是指脱硫的最终产物是干态的。主要有喷雾干燥法、炉内喷钙尾部增湿活化、循环流化床法、荷电干式喷射脱硫法、电子束照射法、脉冲电晕法以及活性炭吸附法等。

(1) 旋转喷雾干燥法

旋转喷雾干燥法是美国和丹麦联合研制出的工艺。这种脱硫工艺相比湿法烟气脱硫工艺而言，具有设备简单、投资和运行费用低、占地面积小等特点，而且具有75%~90%的烟气脱硫率。过去只适合中、低硫煤，现在已研制出适合高硫煤的流程。因此，这种脱硫工艺在我国是有应用前景的。

旋转喷雾烟气脱硫是利用喷雾干燥的原理，将吸收剂浆液雾化喷入吸收塔。在吸收塔内，吸收剂与烟气中的二氧化硫发生化学反应的同时，吸收烟气中的热量使吸收剂中水分蒸发干燥。完成脱硫反应后的废渣以干态排出。为了把它与炉内喷钙脱硫相区别，又把这种脱硫工艺称作半干法脱硫。旋转喷雾烟气反应过程包含四个步骤，即：吸收剂制备；吸收剂浆液雾化；雾粒和烟气混合，吸收二氧化硫并被干燥；废渣排出。旋转喷雾烟气脱硫工艺一般用生石灰(主要成分是CaO)作吸收剂，生石灰经熟化变成具有较好反应能力的熟石灰[主要成分是$Ca(OH)_2$]浆液，熟石灰浆液经装在吸收塔顶部的高达15000~20000r/min的高速旋转雾化器喷射成均匀的雾滴，其雾粒直径可小于100μm。这些具有很大表面积的分散微粒一经与烟气接触，便发生强烈的热交换和化学反应，迅速地将大部分水分蒸发，形成含水量少的固体灰渣。如果吸收剂颗粒没有完全干燥，则在吸收塔之后的烟道和除尘器中仍可继续发生吸收二氧化硫的化学反应。

旋转喷雾干燥法系统相对简单、投资低，运行费用也不高，而且运行相当可靠，不会产生结垢和堵塞，只要控制好干燥吸收器的出口烟气温度，对于设备的腐蚀性也不高。由于其干式运行，最终产物易于处理，但脱硫效率略低于湿法。山东黄岛电厂引进了此套装置，运行良好。

(2) 炉内喷钙尾部增湿活化法

此法由芬兰开发，是在炉内喷钙的基础上发展起来的。传统炉内喷钙工艺的脱硫效率仅为20%~30%，而LIFAC法在空气预热器和除尘器间加装一个活化反应器，并喷水增湿，促进脱硫反应，使最终的脱硫效率达到70%~75%。LIFAC法比较适合中、低硫煤，其投资及运行费用具有明显优势，较具竞争力。另外，由于活化器的安装对机组的运行影响不大，比较适合中小容量机组和老电厂的改造。

此法虽然具有投资与运行费用较低的优势，但其脱硫效率比湿法低。

（3）循环流化床脱硫技术

德国鲁奇公司在 20 世纪 70 年代开发了循环流化床脱硫技术。原理是在循环流化床中加入脱硫剂石灰石以达到脱硫的目的，由于流化床具有传质和传热的特性，所以在有效吸收 SO_2的同时还能除掉 HCl 和 HF 等有害气体。利用循环床的一大优点是，可通过喷水将床温控制在最佳反应温度下，通过物料的循环使脱硫剂的停留时间增加，大大提高钙利用率和反应器的脱硫效率。用此法可处理高硫煤，在 Ca/S 为 1~1.5 时，能达到 90%~97%的脱硫效率。

循环床的主要优点是：与湿法相比，结构简单，造价低，约为湿法投资的 50%；在使用 $Ca(OH)_2$作脱硫剂时有很高的钙利用率和脱硫效率，特别适合于高硫煤；运行可靠，由于采用干式运行，产生的最终固态产物易于处理。

值得注意的是，对于旋转喷雾干燥法、循环流化床法和炉内喷钙尾部增湿活化法，都可以利用飞灰来提高钙利用率和脱硫效率。研究认为，飞灰中含有较大量的金属氧化物，对脱硫反应有较强的催化作用。

干式循环流化床烟气脱硫技术是清华大学独立开发的专利技术，它是在锅炉尾部利用循环流化床技术进行烟气脱硫。以石灰浆作为脱硫剂，锅炉烟气从循环流化床底部进入反应塔，在反应塔内与石灰浆进行脱硫反应，除去烟气中的 SO_2 气体，然后烟气携带部分脱硫剂颗料（大部分脱硫剂颗粒在反应塔内循环）进入旋风分离器，进行气固分离。经脱硫后的纯净烟气从分离器顶部出去，经除尘装置后排入大气。脱硫剂颗粒由分离器下来后经料腿返回反应塔，再次参加反应，反应完全的脱硫剂颗粒从反应塔底部排走。

（4）荷电干式喷射脱硫法

此法是美国开发研制的专利技术，第一套装置在美国亚利桑那州运行。其技术核心是：吸收剂以高速通过高压静电电晕充电区，得到强大的静电荷（负电荷）后，被喷射到烟气流中，扩散形成均匀的悬浊状态。吸收剂粒子表面充分暴露，增加了与 SO_2反应的机会。同时由于粒子表现的电晕，增强了其活性，缩短了反应所需的滞留时间，有效提高了脱硫效率，当 Ca/S = 1.5 时，脱硫效率为 60%~70%。此法的投资及占地仅为传统湿法的 10%和 27%，对现有电厂改造尤为适用。

（5）电子束照射法

这是一种较新的脱硫工艺，其原理为：在烟气进入反应器之前先加入氨气，然后在反应器中用电子加速器产生的电子束照射烟气，使水蒸气与氧等分子激发产生氧化能力强的自由基，这些自由基使烟气中的 SO_2 和 NO_x很快氧化，产生硫酸与硝酸，再和氨气反应形成硫酸铵和销酸铵化肥。由于烟气温度高于露点，不需再热。

其主要特点：是一种干法处理过程，不产生废水废渣；能同时脱硫脱硝，并可达到90%以上的脱硫率和80%以上的脱硝率；系统简单，操作方便，过程易于控制；对于不同含硫量的烟气和烟气量的变化有较好的适应性和负荷跟踪性；副产品硫铵和销铵混合物可用作化肥；脱硫成本低于常规方法。

(6) 脉冲电晕等离子体法

此法是1986年日本专家增田闪一提出的。由于它省去昂贵的电子束加速器，避免了电子枪寿命短和X射线屏蔽等问题，因此该技术一经提出，各国专家便竞相开展研究工作。目前日本、意大利、荷兰、美国都在积极开展研究，已建成14000Nm^3/h的试验装置，能耗12~15(W·h)/Nm^3。我国许多高等院校及科研单位也纷纷加入研究行列，进行了小试研究，取得了能耗4(W·h)/Nm^3的国际领先研究成果，但规模仅为12Nm^3/h，尚需扩大。

此法是靠脉冲高压电源在普通反应器中形成等离子体，产生高能电子(5~20eV)，由于它只提高电子温度，而不是提高离子温度，能量效率比EBA高2倍。此法设备简单、操作简便，因此成为国际上干法脱硫脱硝的研究前沿。

8.2 烟气脱硝技术

常见的脱硝技术中，根据氮氧化物的形成机理，降氮减排的技术措施可以分为两大类：一类是从源头上治理，控制煅烧中生成NO_x，其技术措施：①采用低氮燃烧器；②分解炉和管道内的分段燃烧，控制燃烧温度；③改变配料方案，采用矿化剂，降低熟料烧成温度。另一类是从末端治理，控制烟气中排放的NO_x，其技术措施：①“分级燃烧SNCR”，国内已有试点；②选择性非催化还原法(SNCR)，国内已有试点；③选择性催化还原法(SCR)，目前欧洲只有三条线实验；④SNCR/SCR联合脱硝技术，国内水泥脱硝还没有成功经验；⑤生物脱硝技术(正处于研发阶段)。

脱硝技术具体可以分为：

① 燃烧前脱硝：加氢脱硝，洗选。

② 燃烧中脱硝：低温燃烧，低氧燃烧，FBC燃烧技术，采用低NO_x燃烧器，煤粉浓淡分离，烟气再循环技术。

③ 燃烧后脱硝：选择性非催化还原脱硝(SNCR)，选择性催化还原脱硝(SCR)，活性炭吸附，电子束脱硝技术。

8.2.1 干法烟气脱硝技术

干法脱硝技术主要有选择性催化还原法、选择性非催化还原法、联合脱硝法、电子束照射法和活性炭联合脱硫脱硝法。

选择性催化还原法是目前商业应用最为广泛的烟气脱硝技术。其原理是在催化剂存在的情况下，通过向反应器内喷入氨或者尿素等脱硝反应剂，将一氧化氮还原为氮气，脱硝效率可达 90%以上。主要由脱硝反应剂制备系统、反应器本体和还原剂喷淋装置组成。

选择性非催化还原法工艺原理是在高温条件下，由氨或其他还原剂与氮氧化物反应生成氮气和水。该工艺存在的问题是：由于温度随锅炉负荷和运行周期变化及锅炉中氮氧化物浓度的不规则性，使该工艺应用时变得较复杂。

联合烟气脱硝技术结合了选择性和非选择性还原法的优势，但是使用的氨存在潜在分布不均，目前没有好的解决办法。

活性炭法是利用活性炭特有的大表面积、多空隙进行脱硝。烟气经除尘器后在 90~150℃下进入炭床(热烟气需喷水冷却)进行吸附。优点是吸附容量大，吸附和催化过程动力学过程快，可再生，机械稳定性高。缺点是易形成热点和着火问题，且设备的体积大。

(1) 选择性催化还原法(SCR)

SCR 法是采用 NH_3(也可以是尿素、H_2、HC 和 CO 等)作为还原剂，将 NO_x 还原成 N_2和 H_2O。NH_3选择性地只与 NO 反应，而不与烟气中的 O_2反应，O_2又能促进 NH_3与 NO 的反应。

SCR 脱硝装置主要包括 SCR 反应器、辅助系统、氨储存及处理系统和氨注入系统。SCR 的核心是 SCR 脱硝催化剂，通常被制成蜂窝式、板式或波纹式。

SCR 催化剂分为高温(345~590℃)、中温(260~380℃)和低温(80~300℃)三种，不同催化剂适宜的反应温度不同，钒钨钛系催化剂的活性温度窗口为 320~420℃，最佳反应温度窗口集中在 340~380℃。

催化剂载体包括 TiO_2、TiO_2/SiO_2、TiO_2/硅酸盐、Al_2O_3/SiO_2和活性炭等，载体可以是单组分，也可以是多组分；其催化活性组分从 W、Mo 和 V 元素的氧化物向含 Fe、Ce、Mn、Bi 和 Cu 等元素的复合氧化物发展，同时，也有沸石分子筛、炭基催化剂、金属氧化物等催化剂。

SCR 脱硝技术是目前国际上应用最为广泛的烟气脱硝技术，优点是没有副产物、不形成二次污染、装置结构简单、技术成熟、脱硝效率高、运行可靠、便于维护；缺点是催化剂失活和尾气中残留 NH_3，在有氧条件下，SO_3与过量 NH_3反应生成具有腐蚀性和黏性的 NH_4HSO_4，可导致尾部烟道设备损坏。SCR 催化剂平均寿命约为 3 年。

(2) 选择性非催化还原法 SNCR

选择性非催化还原法技术是一种不用催化剂，在 850~1100℃范围内还原 NO_x

的方法，还原剂常用氨或尿素，最初由美国的 Exxon 公司发明并于 1974 年在日本成功投入工业应用，后经美国 Fuel Tech 公司推广，目前美国是世界上应用实例最多的国家。

SNCR 还原 NO 的反应对于温度条件非常敏感，炉膛上喷入点的选择，也就是所谓的温度窗口的选择，是 SNCR 还原 NO 效率高低的关键。一般认为理想的温度范围为 850~1100℃，并随着反应器类型的变化而有所不同。当反应温度低于温度窗口时，由于停留时间的限制，往往使化学反应进行不够充分，从而造成 NO 的还原率较低，同时未参与反应的 NH_3增加也会造成氨气的逃逸，遇到 SO_2会产生 NH_4HSO_4和$(NH_4)_2SO_4$，易造成空气预热器堵塞，并有腐蚀的危险。而当反应温度高于温度窗口时，氨的分解会使 NO_x 的还原率降低，NH_3的氧化反应开始起主导作用。

(3) 催化直接分解 NO 法

从净化 NO 的观点来看，最好的方法是将 NO 直接分解成 N 和 O，这在热力学上是可行的。迄今为止，得到广泛研究的催化体系有贵金属、金属氧化物、钙钛矿型复合氧化物以及金属离子交换分子筛等。有些催化剂的分解效率高但不能持久，主要是因为 NO 分解后产生的氧不易从载体上脱除造成催化剂中毒。因此，寻找一种适合技术、经济要求的催化剂还需做大量的研究工作。

8.2.2 湿法烟气脱硝技术

燃烧烟气中 95%以上的 NO_x 为 NO，难溶于水，湿法烟气脱硝技术是用水以外的溶解介质，例如酸，特别是硝酸来吸收 NO，或先将 NO 氧化为易溶于水或碱的 N_2O_5和 NO_2，再进行吸附或吸收。

(1) 氧化法

氧化法采用强氧化剂，如臭氧、双氧水、氯氧化物等，将烟气中的 NO 氧化为易溶于水或碱的 N_2O_5和 NO_2，并在后续湿法脱硫中实现脱除。目前广泛研究的液相氧化剂有 HNO_3、$KMnO_4$、$NaClO_2$、NaClO、H_2O_2、$KBrO_3$、K_2CrO_7、Na_2CrO_4、$(NH_4)_2CrO_7$等。氧化催化剂有 V_2O_5(酸性溶液中)、活性炭、分子筛等。

氧化法中尤以臭氧法的应用最为广泛，臭氧法氧化生成的 N_2O_5极易溶于水而生成 HNO_3，并在烟气脱硫的过程中与碱类物质反应生成 $NaNO_3$、$Mg(NO_3)_2$等无机盐。

氧化吸收脱硝存在一些缺点，如吸收过程产生的酸性废液难以处理、对设备要求高等。

(2) 络合吸收法

烟气中的 NO_x 主要以 NO 的形式存在，而 NO 又基本不溶于水，无法进入到液相介质中，为此，湿式络合吸收法的原理是利用一些金属螯合物，如 Fe(NTA)、Fe(Ⅱ)-EDTA、Fe(Ⅱ)-EDTA-Na_2SO_3以及 $FeSO_4$等与溶解的 NO_x，特别是 NO 迅速反应形成络合物，络合物加热释放出 NO，从而使 NO 富集回收或进一步作还原或氧化处理。

络合吸收法 NO_x 脱除率较高，但螯合物的循环利用比较困难，在反应中螯合物会有损失，吸收液易失活，再生困难，利用率低，废液处理复杂，运行费用很高。

(3) 酸吸收法

酸吸收法脱硝是用酸类物质(如硝酸)对烟气中的 NO_x 进行吸收，这是因为 NO_x 在酸中的溶解度远高于在水中的溶解度。NO_x 可充分地被浓硫酸吸收，利用此性质，可以把 NO 和 NO_2吸收到浓硫酸中，制成亚硝基硫酸($NOHSO_4$)并回收。酸吸收法的脱硝效率受吸收温度和压力等因素影响，技术上存在耗能高、吸收过程中对酸的循环量要求很大等问题。

(4) 碱吸收法

碱吸收法脱硝是用一些碱性溶液作为吸收剂，例如 NaOH、KOH 和 $NH_3 \cdot H_2O$溶液等。碱吸收法脱硝工艺比较简单，同时可回收脱硝产物(亚硝酸盐和硝酸盐等)，但也存在着脱硝效率不高、对烟气中 NO_x 的浓度有限制等缺点。

8.2.3 微生物法

微生物法的原理是：适宜的脱氮菌在有外加碳源的情况下，以 NO 为氮源，将其还原为无害的 N，而脱氮菌本身得到繁殖。与一般的有机废气处理不同，用生物法直接处理烟气中的 NO，存在明显的缺点。

主要原因是：由于烟气量很大，且烟气中 NO 主要以 NO 的形式存在，而 NO 又基本不溶于水，无法进入到液相介质中，难以被微生物转化；另外，微生物的表面吸附能力较差，使得 NO 的实际净化率很低。因此，直接用生物法处理烟气中 NO 很难有实际应用前景。采用生物法吸收处理 NO 是近年来研究的热点之一，但这种方法目前还不成熟，要用于工业实践还需做大量的研究工作。

8.3 烟气脱硫脱硝一体化技术

8.3.1 传统烟气脱硫脱硝一体化技术

当今国内外广泛使用的脱硫脱硝一体化技术主要是 WET-FGD+SCR/SNCR 组合技术，就是湿式烟气脱硫和选择性催化还原(SCR)或选择性非催化还原

(SNCR)技术脱硝组合。

湿式烟气脱硫常用的是石灰或石灰石的钙法，脱硫效率大于90%，其缺点是工程庞大，初投资和运行费用高，且容易形成二次污染。

选择性催化还原法脱硝反应温度为250~450℃时，脱硝率可达70%~90%。该技术成熟可靠，目前在全球范围尤其是发达国家应用广泛，但该工艺设备投资大，需预热处理烟气，催化剂昂贵且使用寿命短，同时存在氨泄漏、设备易腐蚀等问题。

选择性非催化还原法温度区域为870~1200℃，脱硝率小于50%，缺点是工艺设备投资大，需预热处理烟气，设备易腐蚀。

8.3.2 干法烟气脱硫脱硝一体化技术

8.3.2.1 固体吸附/再生法

(1) 碳质材料吸附法

根据吸附材料的不同，又可分为活性炭吸附法和活性焦吸附法两种，其脱硫脱硝原理基本相同。活性炭吸附法整个脱硫脱硝工艺流程分为两部分：吸附塔和再生塔。而活性焦吸附法只有一个吸附塔，塔分两层，上层脱硝，下层脱硫，活性焦在塔内上下移动，烟气横向流过塔。该方法的主要优点有：

① 具有很高的脱硫率(98%)和低温(100~200℃)条件下较高的脱硝率(80%)。

② 处理后的烟气排放前不需加热。

③ 不使用水，没有二次污染。

④ 吸附剂来源广泛，不存在中毒问题，只需补充消耗掉的部分。

⑤ 能去除湿法难去除的SO_3。

⑥ 能去除废气中的HF、HCl、砷、汞等污染物，是深度处理技术。

⑦ 具有除尘功能，出口排尘浓度小于$10mg/m^3$。

⑧ 可以回收副产品，如高纯硫磺、浓硫酸、液态SO_2、化学肥料等。

⑨ 建设费用低，运转费用经济，占地面积小。

(2) NO×SO法

美国的NO×SO公司在1982年开始进行活性氧化铝吸附法脱硫脱硝技术的研究。该法的吸附剂是以γ-氧化铝为载体，用碱或碱成分盐的溶液喷涂载体，然后将浸泡过的吸附剂加热、干燥，去除残余水分而制成。吸附剂吸附饱和后可以再生，再生过程是将吸附饱和的吸附剂送入加热器，在温度600℃左右加热使得NO_x被释放，然后将NO_x循环送回锅炉的燃烧器中。在燃烧器中NO_x的浓度达到一个稳定状态，且形成一个化学平衡，这样就不会再生成NO_x而只能生成N_2，

从而抑制 NO_x 生成。在再生器中加入还原气体，就会产生高浓度的 SO_2、H_2S 混合气体，利用 Claus 法可以进行硫磺的回收。

（3）CuO 吸附法

CuO 吸附脱硫脱硝工艺法采用 CuO/Al_2O_3或 CuO/SiO_2作吸附剂（CuO 含量通常在 4%～6%）进行脱硫脱硝，整个反应分两步：

① 在吸附器中：在 300～450℃的温度范围内，吸附剂与二氧化硫反应，生成 $CuSO_4$；由于 CuO 和生成的 $CuSO_4$对 NH_3还原氮氧化物有很高的催化活性，结合 SCR 法进行脱硝。

② 在再生器中：吸附剂吸收饱和后生成的 $CuSO_4$被送到再生器中再生，再生过程一般用 H_2或 CH_4对 $CuSO_4$进行还原，再生出的二氧化硫可通过 Claus 装置进行回收制酸；还原得到的金属铜或 Cu_2S 在吸附剂处理器中用烟气或空气氧化成 CuO，生成的 CuO 又重新用于吸收还原过程。该工艺能达到 90%以上的二氧化硫脱除率和 75%～80%的氮氧化物脱除率。

CuO 吸附法反应温度要求高，需加热装置，并且吸附剂的制备成本较高。近年来随着研究的进展，出现了将活性焦/炭（AC）与 CuO 结合的方法。二者结合后可制备出活性温度适宜的催化吸收剂，克服了 AC 使用温度偏低和 CuO/Al_2O_3 活性温度偏高的缺点。

（4）PAHLMAN 法

美国 Enviroscrub Technologies 公司开发了一种新工艺——PAHLMAN 工艺，采用一步法干式洗涤，可脱除烟气中 99%以上的硫氧化物，并可选择性地或同时除去 99%的氮氧化物，排放尾气完全符合环境标准。由于它采用无机化合物作吸收剂，而不是传统工艺中的氨，因此其副产物是可回收的硝酸盐和硫酸盐，而不是需要填埋的污染环境的石膏副产物。该工艺适用于以天然气或煤为燃料的发电厂，目前仍在实验阶段，未见诸工业应用。

8.3.2.2 气/固催化同时脱硫脱硝技术

此类工艺使用催化剂降低反应活化能，促进二氧化硫和氮氧化物的脱除，比起传统的 SCR 工艺，具有更高的氮氧化物脱除效率。

（1）SNOX 工艺

由丹麦 Haldor Topsor 公司开发的 SNOX（Sulfur and NO_x Abatement）联合脱硫脱硝技术，是将 SO_2氧化为 SO_3后制成硫酸回收，并用选择性催化还原法 SCR 去除 NO_x。此工艺可脱除 95%的 SO_2、90%的 NO_x 和几乎所有的颗粒物。

（2）Desonox 工艺

Desonox 工艺由 Degussa、Llentjes 和 Lurgi 联合开发，该工艺除了将烟气中的 SO_2转化为 SO_3后制成硫酸，以及用 SCR 除去 NO_x 外，还能将 CO 及未燃烧的烃

类物质氧化为 CO_2 和水。此工艺脱硫脱硝效率较高，没有二次污染，技术简单，投资及运行费用较低，适用于老厂的改造。

(3) SNRB 工艺

SNRB 工艺是一种新型的高温烟气净化工艺，由 B&W 公司开发。该工艺能同时去除二氧化硫、氮氧化物和烟尘，并且都是在一个高温的集尘室中集中处理。SNRB 工艺由于将三种污染物的脱除集中在一个设备上，从而降低了成本并减少了占地面积。其缺点是由于要求的烟气温度为 300~500℃，就需要采用特殊的耐高温陶瓷纤维编织的过滤袋，因而增加了成本。

(4) PARSONS 烟气清洁工艺

PARSONS 烟气清洁工艺已发展到中试阶段，燃煤锅炉烟气中的 SO_2 和 NO_x 的脱除效率能达到 99%以上。该工艺是在单独的还原步骤中同时将 SO_2 催化还原为 H_2S，NO_x 还原为 N_2，剩余的氧还原为水；从氢化反应器的排气中回收 H_2S；从 H_2S 富集气体中生产元素硫。

(5) 烟气循环流化床(CFB)联合脱硫脱硝工艺

循环流化床技术最初是由德国的 LLB(Lurgi Lentjes Bischoff)公司研究开发的一种半干法脱硫技术。该技术在最近几年得到了快速发展，不仅技术成熟可靠，而且投资运行费用也大为降低，为了开发更经济、高效、可靠的联合脱硫脱硝方法，人们将循环流化床引入烟气脱硫脱硝技术中。烟气循环流化床(CFB)联合脱硫脱硝技术是由 LURGI GMBH 研究开发，该方法用消石灰作为脱硫的吸收剂脱除二氧化硫，产物主要是 $CaSO_4$ 和 10%的 $CaSO_3$；脱硝反应使用氨作为还原剂进行选择催化还原反应，催化剂是具有活性的细粉末化合物 $FeSO_4 \cdot 7H_2O$，不需要支撑载体，运行温度为 385℃。

8.3.2.3　吸收剂喷射同时脱硫脱硝技术

将碱或尿素等干粉喷入炉膛、烟道或喷雾干式洗涤塔内，在一定条件下能同时脱除二氧化硫和氮氧化物。脱硝率主要取决于烟气中的二氧化硫和氮氧化物的比、反应温度、吸收剂的粒度和停留时间等。不过当系统中二氧化硫浓度低时，氮氧化物的脱除效率也低。因此，该工艺适用于高硫煤烟气处理。

(1) 炉膛石灰(石)/尿素喷射工艺

炉膛石灰(石)/尿素喷射同时脱硫脱硝工艺由俄罗斯门捷列夫化学工艺学院等单位联合开发。该工艺将炉膛喷钙和选择非催化还原(SNCR)结合起来，实现同时脱除烟气中的二氧化硫和氮氧化物。喷射浆液由尿素溶液和各种钙基吸收剂组成，总固含量为 30%，pH 值为 5~9，与干 $Ca(OH)_2$ 吸收剂喷射方法相比，浆液喷射增强了 SO_2 的脱除，这可能是由于吸收剂磨得更细、更具活性。Gullett 等人采用 14.7kW 天然气燃烧装置进行了大量的试验研究。该工艺由于烟气处理量太小，不能满足工业应用的要求，因而还有待改进。

(2) 整体干式 SO_2/NO_x 排放控制工艺

整体干式 SO_2/NO_x 排放控制工艺采用 Babcock & Wilcox 公司的低 NOXDRB-XCL 下置式燃烧器，这些燃烧器通过在缺氧环境下喷入部分煤和空气来抑制氮氧化物的生成。过剩空气的引入是为了完成燃烧过程，以及进一步除去氮氧化物。低氮氧化物燃烧器预计可减少 50%的氮氧化物排放，而且在通入过剩空气后可减少 70%以上的 NO_x 排放。无论是整体联用干式 SO_2/NO_x 排放控制系统，还是单个技术，都可应用于电厂或工业锅炉上，主要适用于较老的中小型机组。

8.3.2.4 高能电子活化氧化法

(1) 电子束照射法

利用阴极发射并经电场加速形成高能电子束，这些电子束辐照烟气时产生自由基，再和 SO_x 和 NO_x 反应生成硫酸和硝酸，在通入氨气(NH_3)的情况下，产生$(NH_4)_2SO_4$和 NH_4NO_3铵盐等副产品。日本茌原公司经过 20 多年的研究开发，已从小试逐步走向工业化，脱硫率 90%以上，脱硝率 80%以上。但耗电量大(约占厂用电的 2%)，运行费用高。

(2) 脉冲电晕等离子体法(PPCP)

Masuda 等人 1986 年发现电晕放电可以同时脱除二氧化硫和氮氧化物，该方法由于具有设备简单、操作简便、显著的脱硫脱硝和除尘效果以及副产物可作为肥料回收利用等优点而成为国际上脱硫脱硝的研究前沿。

脉冲电晕等离子体技术和电子束法均属于等离子体法，脉冲电晕与传统的液相(氢氧化钙或碳酸氢铵)吸收技术相结合，提高了烟气二氧化硫和氮氧化物的脱除效率，实现脱硫、脱硝的一体化。脉冲电晕放电脱硫脱硝有着突出的优点，在节能方面有很大的潜力，对电站锅炉的安全运行也没有影响。

8.3.3 湿法烟气脱硫脱硝一体化技术

(1) 碱液吸收法

碱液吸收法的原理是利用碱性溶液吸收烟气中的 SO_2和 NO_x，通过中和 SO_2和 NO_x 溶解所生成的亚硫酸、硝酸和亚硝酸的方式，使之变为亚硫酸盐、硝酸盐和亚硝酸盐。用于脱硫脱硝的碱液一般情况下是钾、钠、镁等碱金属离子的氢氧化物。

碱液吸收法的优点是：工艺流程和设备比较简单，技术路线成熟，脱硫率高，但其对 NO_2/NO 的比例有一定限制，只有在烟气中 NO_2/NO 的物质的量比大于或等于 1 的情况下，NO_2及 NO 才可以被有效吸收。而一般情况下，烟气中 NO 含量在 95%以上，直接碱液吸收，脱硝率很低。目前也有大量学者在烟道中注入

O_3、H_2O_2等强氧化性物质或者采用等离子氧化技术，将烟气中难溶于水的 NO 氧化为溶解度更高的高价态 NO_2，进而采用液相吸收的方式实现同步脱硫脱硝，可以获得90%以上的脱硫率和80%以上的脱硝率。由于脱硫脱硝产物为亚硫酸盐、亚硝酸盐或硝酸盐产品，在净化分离上有一定难度，难以资源化利用。

(2) 络合吸收法

湿法络合吸收的基本原理是：NO 和过渡金属络合物反应形成金属亚硝酰化合物，其中，过渡金属提供空轨道，配位体提供孤对电子。目前，能形成络合物并应用于湿法络合脱硝的过渡金属中心离子主要有 Fe^{2+}和 Co^{2+}，配体的选择主要有氨基羧酸类配体(如 EDTA)和巯基类配体(如半胱氨酸)。由于络合物可与溶液中吸收 SO_2而形成的 SO_3^{2-}/HSO_3^-发生反应，形成一系列 N-S 化合物，因而可以实现同步脱硫脱硝。

(3) 还原吸收法

还原法主要是利用尿素、氨水等具有还原性物质的溶液作为吸收剂，脱除烟气中的二氧化硫和氮氧化物，还原性物质可以将烟气中的氮氧化物还原为氮气，脱硫产物为硫酸铵。该方法工艺流程简单，产物硫酸铵具有一定的经济价值，使其投资和运行费用较低。但是脱硝效率不高，仅为 40%~75%，制约了其在工业上的应用。

(4) 氧化吸收法

氧化吸收法是在体系中加入强氧化剂，通过提高 NO_x 的溶解度或者液相反应速率的方式提高 NO_x 脱除效率，实现同步脱硫脱硝。

根据氧化反应类型，可分为氧化法和催化氧化法。

1) 氧化吸收法

液相氧化吸收法是以 $KMnO_4$、H_2O_2、$NaClO_2$等具有强氧化性的溶液作为吸收剂，将 SO_2氧化为硫酸盐的同时，将溶解于液相的 NO 快速氧化为硝酸盐，促进 NO 的溶解速率，进而提高同步脱硫脱硝率。此法具有反应速度快、脱硫脱硝率高的优点，但是由于 SO_2的溶解度和化学活性都远远高于 NO，湿法同步脱硫脱硝的目的在于提高同步脱硝率，而在液相氧化吸收法中，烟气中的 SO_2会消耗大量的氧化剂，增加了运行成本。同时，液相中大量的氧化剂容易引起设备腐蚀，提高了对设备防腐耐磨性能的要求。

2) 催化氧化法

液相催化氧化同步脱硫脱硝技术是在催化氧化脱硫的基础上发展而来的新型技术。其主要原理是在液相中加入催化剂，在 O_2存在的条件下，将 SO_2氧化为 H_2SO_4，将 NO 氧化为 NO_2，目前研究较多的催化剂为 Fe、Mn 等过渡金属离子和乙二胺合钴。

8.4 烟气脱白技术

我国火电、热力、工业等燃煤锅炉排烟大量采用湿法脱硫，通过采用低温电除尘器和/或末端湿式静电除尘器改造，可以满足国标要求，甚至实现超低排放。这两条超低排放的技术路线，不仅投资和运行成本高，因为允许直接排放湿烟气，而且不仅燃煤，钢铁、天然气、焦化、化工、水泥建材、气车尾气、餐饮油烟都不同程度增加人为排放水分，而现有的大气污染控制指标几乎都没有排放烟气湿度的控制指标。虽然人为排放水分多是导致雾霾的因素还有争议，但是增加大雾天气应该没有疑问，有效解决湿法脱硫的排烟除湿脱白，不仅能根除雾霾污染，还能低成本实现环保达标，真正真实地超低近零排放，特别是回收烟气中的水分和余热，年节水潜力几十亿吨，同步提高燃煤效率，是兼顾环境与发展矛盾的重要途径。

8.4.1 烟气脱白的目的和功能

(1) 除雾霾

烟气中水蒸气的密度是 0.804kg/m^3，比空气轻，离开烟囱后很容易上升，与环境低温空气混合降温后，水蒸气饱和冷凝为水滴，水滴的密度是 1000kg/m^3，颗粒极细、密度远比空气大的水滴在大气层中悬浮累积形成雾，浓雾影响飞行、高速公路交通，通过风、雨、雪可以刮走或凝结降落，遇静稳天气，浓雾就像一个大盖子，本身就有溶解性颗粒物析出，还吸收其他污染源颗粒物、阻隔其扩散，在雾层中累积，极易形成雾霾。以除湿为基础的烟气脱白可以去雾霾，减少大雾天气，特别重要的是可以协同、低成本实现粉尘、二氧化硫、氮氧化物、重金属、有机污染成分的达标和超低近零排放，使环保由纯投入转变为有效益。

(2) 节水

据估算：①煤电、热电行业：每燃烧 1t 标煤，湿烟气带走 1t 水分、循环水冷却塔排水 5t。②钢铁行业：每生产 1t 钢，放散 1.5t 水分。③煤焦化行业：每制备 1t 焦炭，排放 0.5t 水分，焦炉烟道气湿法脱硫、干法脱硫都排放水分。④天然气燃烧：每燃烧 1m^{3}天然气，会产生 2m^{3}水蒸气。此外，还有水泥、建材、有色金属、石油化工等行业。我国每年人为排放到大气约 160×10^8t 的水分，与大自然的水循环量相比，确是小数目，但这是在大自然正常循环基础上增加的，特别是我国经济发展不均衡，发达地区排放强度是全国平均值的 10 倍以上，极不均匀。我国能耗、排放巨量的国情决定，在中国做烟气脱白，必须充分重视节水。水分上天是雾霾，收回来就是资源，特别对西部缺水企业，回收水分更有意义。

(3) 节能

采用以除湿为基础的烟气脱白，通过回收水蒸气的热量，用于采暖、加热矿粉、煤粉，具有相当显著的节能效益。

(4) 处理利用废水

烟气脱白不仅不新产生废水，还有助于处理原来的难处理废水。湿法脱硫废水、焦化废水、综合污水处理产生的浓盐水都是难处理、投资处理成本均高的废水，采用膜处理为主的常规处理方法难以做到"零排放"或难以低成本"零排放"。采用烟气脱白后，阻隔了烟气中污染物从水中向大气中的转移，利用烟道气余热和残氧热解热氧化、无害化消解废水中COD有机成分、吸收稀释氨氮，用喷雾蒸发浓缩、干燥去除溶解盐，可以大幅度减少废水处理投资，特别是降低处理成本。

8.4.2 常用烟气脱白技术

(1) 加热升温

加热升温是将烟温提高至临界线温度。加热介质可采用烟气、热水或蒸汽等，能够在一定程度消除湿烟羽；但在外环境温度较低或湿度较高时，所消耗的热量也会提高，导致能耗大，经济性差。

(2) 降温冷凝

降温冷凝包括直接降温和间接降温两种。直接降温为烟气和冷却介质直接接触降温；间接降温为烟气和间接换热器接触降温。通过降低湿饱和烟气温度以降低含湿量。该技术核心为采取合理的冷却源，但要将烟温降低至环境温度难度较大。水冷、空冷方式在冬季和夏季效果差距较大，人工制冷虽能够保证效果，但能耗高、经济性差，单独的降温冷凝技术应用较少。

(3) 降温再热

单独的加热升温和降温冷凝技术都存在一定局限性，将两种技术的特点充分结合起来，可以一定程度上扩大烟羽消除对外环境的适应范围。首先对湿饱和烟气进行降温，降低含水量，同时对烟尘、SO_3及可溶解盐等污染物也起到一定的协同去除作用。然后对烟气进行再热，可采用烟气余热或蒸汽，使烟气在扩散降温时达不到湿饱和烟气的状态，达到消除湿烟羽的目的。

(4) 热风混合

传统的烟气再热技术存在投资、运行费用高及易腐蚀、堵塞、漏烟等问题，可采用热风混合技术提升烟气温度，热风温度越高、湿度越低，热风用量越小。将高温烟气引入净烟气中，直接接触后升温至合理温度。该技术投资及运行费用低，无堵塞和腐蚀问题，可一定程度消除白色烟羽。

（5）电磁脱白

电磁脱白装置采用特殊电磁发生器使整个电磁脱白空间充满磁场，当含雾滴的气体通过该磁场时，在磁场力的作用下，所有的雾滴、小液滴、$PM_{2.5}$等均会移动到电磁接受极，并形成动态液膜，回流至储水箱，供降温和脱硫使用，除此之外，仍然有大部分未结露的水分子以气态的形式排放到大气中，几乎所有的小液滴、细微粉尘颗粒物、硫酸雾、硝酸雾、$PM_{2.5}$和其他有害物质均被电磁脱白装置净化，从而实现了小液滴、细微粉尘颗粒物、硫酸雾、硝酸雾、$PM_{2.5}$和其他有害物质达到了接近于零排放的效果。

第 9 章　VOCs 治理技术

9.1　VOCs 的光催化治理技术

VOCs 是挥发性有机化合物(Volatile Organic Compounds)的英文缩写。普通意义上的 VOCs 就是指挥发性有机物；但是环保意义上的定义是指活泼的一类挥发性有机物，即会产生危害的那一类挥发性有机物。对于有毒、有害、不需回收的 VOCs，氧化法是一种较彻底的处理方法。它的基本原理是 VOCs 与 O_2发生氧化反应，生成 CO_2和 H_2O。

VOCs 排放行业有石油化工、制药行业、食品发酵、涂装行业、包装印刷、家具行业、汽车零部件等，产生含氯有机物、含氮有机物、含硫有机物、烷烃、烯烃、炔烃、芳香烃、醛、酮、醚等物质。

根据高、中、低的不同浓度，可以把 VOCs 处理工艺大致分为三大类，进而还可以衍生出多种处理 VOCs 的方法，如 UV 光解、低温等离子、吸附法、生物法、催化氧化法等。VOCs 废气处理工艺见图 9-1。

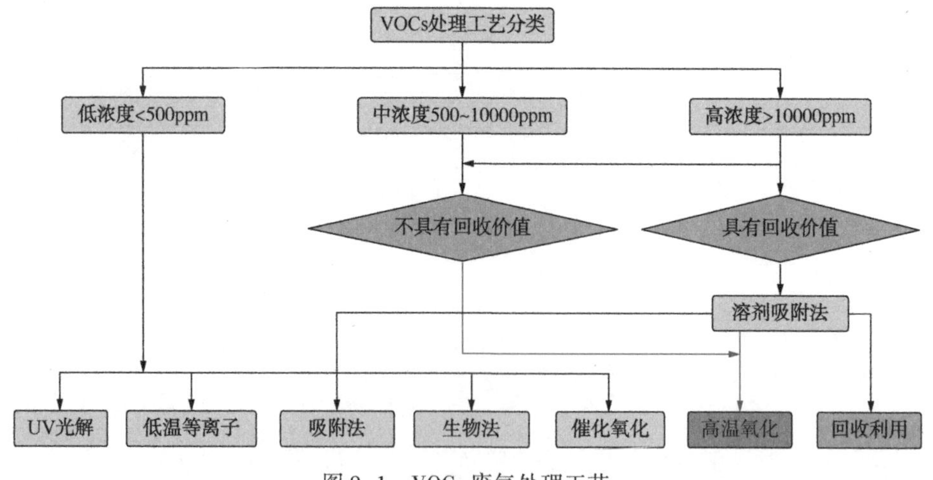

图 9-1　VOCs 废气处理工艺

从处理效果出发又可以把 VOCs 处理工艺分为回收技术和消除技术。

9.2 VOCs的低温等离子治理技术

近二十年来，低温等离子体技术因其较传统的废气治理技术具有适用范围广、处理流程短、效率高、能耗低，尤其对低浓度废气的去除有独特作用等优点，引起了国内外相关专家学者的重视，使其在脱硫脱硝、消除挥发性有机物、净化汽车尾气、治理有毒气体和消除气溶胶等废气净化方面得到了深入研究。

等离子体就是处于电离状态的气体，其英文名称是 Plasma，它是由美国科学 Muir 于 1927 年在研究低气压下汞蒸气中放电现象时命名的。根据状态、温度和离子密度的不同，等离子体通常可以分为高温等离子体和低温等离子体(包子体和冷等离子体)。其中高温等离子体的电离度接近 1，各种粒子温度几乎相同，处于热力学平衡状态，它主要应用在受控热核反应研究方面。而低温等离子体则处于非平衡状态，各种粒子温度并不相同。其中电子温度(T_e)≥离子温度(T_i)，可达 10^4K 以上，而其离子和中性粒子的温度却可低到 300~500K。一般气体放电子体属于低温等离子体。

常见的产生等离子体的方法是气体放电。所谓气体放电是指通过某种机制使电子从气体原子或分子中电离出来，形成的气体媒质称为电离气体，如果电离气体由外电场产生并形成传导电流，这种现象称为气体放电。根据放电产生的机理、电极的几何形状，气体放电等离子体主要分为以下几种形式：辉光放电；介质阻挡放电；射频放电；微波放电。无论哪一种形式产生的等离子体，都需要高压放电，容易打火产生危险。由于对诸如气态污染物的治理，一般要求在常压下进行。

反应器的设计是等离子体技术能够被研究和应用的前提之一，经过各国科学家的不断努力，设计出了各种各样的低温等离子体反应器：从结构上分，可分为线-筒式反应器、线-板式反应器、线-网式反应器、平行板式反应器、同轴式反应器以及填充式反应器；从放电方式上分，又可分为辉光放电反应器、射频放电反应器、微波放电反应器、电晕放电反应器和介质阻挡放电反应器。常温、常压下以电晕放电反应器和介质阻挡放电反应器的应用为主。

电晕放电是通过在曲率半径很小的电极上施加高电压而发生非均匀放电的一种放电形式。电晕放电反应器的电极结构主要有线-板式和线-筒式两种。随着研究的深入，又出现了针-板式、针-针式以及由针-板式演变形成的喷嘴式等多种结构形式。线-筒式和线-板式结构直流电晕放电的电晕区较小，仅限于电晕线附近，放电电流较弱，若提高外加电压则容易形成火花击穿。针阵列电极结构具有火花击穿电压高、放电稳定性好等优点，但由于对其施加高电压后仅有有限个点形成强烈的放电，整体放电效率低，因此较少采用。

9.3 VOCs的吸收与吸附技术

吸收法与活性炭吸附相结合的方法，废气首先通过二级吸收处理后再通过活性炭吸附处理提高废气的吸收效率。废气进入净化塔均匀地上升到第一级填料吸收，吸收的酸性气体继续上升进入第一级喷淋段，然后气体上升到第二级填料段、喷淋段进行与第一级类似的吸收过程。吸收后的气体再通过一套活性炭吸附装置进行净化排放。

吸收法采用低挥发或不挥发性溶剂对VOCs进行吸收，再利用VOCs和吸收剂物理性质的差异进行分离。

含VOCs的气体自吸收塔底部进入塔内，在上升过程中与来自塔顶的吸收剂逆流接触，净化后的气体由塔顶排出。吸收了VOCs的吸收剂通过热交换器后，进入汽提塔顶部，在温度高于吸收温度或压力低于吸收压力的条件下解吸。解吸后的吸收剂经过溶剂冷凝器冷凝后回到吸收塔。解吸出的VOCs气体经过冷凝器、气液分离器后以较纯的VOCs气体离开汽提塔，被回收利用。该工艺适合于VOCs浓度较高、温度较低的气体净化，其他情况下需要作相应的工艺调整。

固体表面吸附了吸附质后，一部分被吸附的吸附质可从吸附剂表面脱离。而当吸附进行一段时间后，由于表面吸附质的浓集，使其吸附能力明显下降而不满足吸附净化的要求，此时需要采用一定的措施使吸附剂上已吸附的吸附质脱附，以增加吸附能力，这个过程称为吸附剂的再生。因此在实际吸附工程中，正是利用吸附-再生-再吸附的循环过程，达到除去废气中污染物质并回收废气中有用组分的目的。

（1）活性炭吸附工艺原理及适用范围

活性炭是经过活化处理后的炭，其具备比表面积大、孔隙多的特点，具有较强的吸附能力。颗粒炭比表面积一般可达700～1200m^2/g，其孔径大小范围在1.5～5μm。其吸附方式主要通过两种途径：一是活性炭与气体分子间的范德华力，当气体分子经过活性炭表面，范德华力起主导作用时，气体分子先被吸附至活性炭外表面，小于活性炭孔径的分子经内部扩散转移至内表面，从而达到吸附的效果，此为物理吸附；二是吸附质与吸附剂表面原子间的化学键合成，此为化学吸附。活性炭吸附一般适用于大风量、低浓度、低湿度、低含尘的有机废气。

（2）影响活性炭吸附效果的因素

活性炭的吸附能力主要是受其本身的比表面积、孔隙大小、分子间力、化学键合成等因素影响；而在实际应用中，对活性炭装置的设计参数，主要是活性炭的过滤面积、过滤风速、活性炭的层厚等因素。

活性炭过滤风速在《吸附法工业有机废气治理工程技术规范》中可以查到，对于固定床吸附：采用颗粒状吸附剂，气体流速宜低于 0.6m/s；采用纤维状吸附剂气体流速宜低于 0.15m/s；采用蜂窝状吸附剂，气体流速宜低于 1.2m/s。过滤面积可根据处理风量和过滤风速计算得出。

炭层厚度的设计，需要结合废气的产生浓度、去除效率、活性炭的更换时长等因素进行。一般会采用两种方式计算炭层厚度：一是根据活性炭需要的更换周期来确定活性炭的总装填量，之后再根据过滤面积计算炭层厚度；二是在考虑吸附箱尺寸大小、炭层风阻、过滤风速的情况下，依照经验直接选定一个厚度值。

实际中影响炭层吸附速率的因素有吸附质浓度、风压、温度、活性炭比表面积等。

9.4 VOCs 的催化燃烧技术

（1）工艺原理及适用范围

催化燃烧是利用贵金属催化剂降低废气中有机物的活化能，使有机物在较低的温度（一般在 250～300℃左右，不同成分的有机物其催化燃烧温度不一样）下发生无火焰燃烧。其原理是废气经过催化剂时，先被吸附至催化剂表面，然后在一定的温度下发生催化燃烧，达到净化的目的。目前有机废气处理中常用的催化一般为蜂窝状钯金属催化剂和铂金属催化剂，催化燃烧方式有电加热和燃气加热，燃烧类型有直接催化燃烧（TO）和蓄热式催化燃烧（RTO）。催化燃烧一般适用于小风量、高浓度、高温的气态有机物（一般适合污染物浓度在 2000～6000mg/m^3 之间的有机废气处理，若废气温度大于 180℃，废气浓度可低于 2000mg/m^3），但废气中不能含有硫、铅、汞、砷及卤素等可使催化剂中毒的因子。

（2）设计注意点

① 能耗：催化燃烧需要在一定温度条件下进行，对于低温气体就必须进行加热，风量越大其耗能越大，运行成本也就提高，因此选择此工艺时，在确保收集效率的前提下，尽可能降低排风量，这样既可提升排气浓度提升废气单位热值，又可降低风量降低能耗；同时也要考虑热将尾气中热量进行回收。

② 设备开机预热：设计时设备预热应为动态，而非静态预热；初始预热阶段利用的气体一般为空气，而非废气，待系统达到设计温度后方可切换为废气。

③ 安全：有机废气一般属于易燃、易爆性气体，虽然浓度高可以回收利用有机物燃烧产生的部分热量，降低能耗，但在处理中必须将其浓度控制在爆炸限范围内。一般需要设置泄爆片、可燃气体探测仪、应急排空阀、稀释阀、防火阀等。

④ 热回收方式：在能耗可接受范围的情况下，小风量一般采用简易的列管直接热交换回收热；对于能耗超出接受范围的，大风量一般需要采用蓄热式催化燃烧，可提高热回收效率。

(3) 催化燃烧技术特点

① 起燃温度低，反应速率快，节省能源。催化燃烧过程中，催化剂起到降低 VOCs 分子与氧分子反应的活化能、改变反应途径的作用。相比热力燃烧，催化燃烧具有起燃温度低，反应速率快的优越性，节省了辅助能源的消耗，在某种情况下，甚至无需外界供热。

② 处理效率高，二次污染物和温室气体排放量少。采用催化燃烧处理 VOCs 废气的净化率通常在 95%以上，终产物主要为 CO_2 和 H_2O。由于催化燃烧温度低，大量减少 NO_x 的生成，辅助燃料消耗排放的 CO_2 量在总 CO_2 排放量中占很大比例，辅助能源消耗量减少，显著减少了温室气体 CO_2 排放量。

③ 适用范围广。催化燃烧几乎可以处理所有的烃类有机废气及恶臭气体，适合处理的 VOCs 浓度范围广。对于低浓度、大流量、多组分而无回收价值的 VOCs 废气，采用催化燃烧法处理是最经济合理的。

9.5 VOCs 的生物处理技术

(1) 生物处理原理

废气的生物处理技术首先应用于农业生产过程中异味气体的处理，例如养殖业中动植物加工产生的臭气、堆肥发酵和生物污泥废气处理等。随着工业生产中产生的挥发性有机气体的污染日益严重，这项技术逐步应用到工业废气净化领域。其净化的基本原理是：有机废气或异味气体流经带有液体吸收剂的处理器；在处理器中，由于废气中的污染物在气、液相之间存在浓度梯度，浓度差使其从气相转移到液相，被生存其中的微生物吸附；通过微生物的代谢作用，有机物被分解、转化为生物质和无机物。

(2) 反应处理工艺分类

生物处理技术的基本工艺流程(以生物过滤为例)如图 9-2 所示，废气经过一定的除尘、温度和湿度调节，进入生物处理单元，经过微生物的处理，气体可以达标排放。

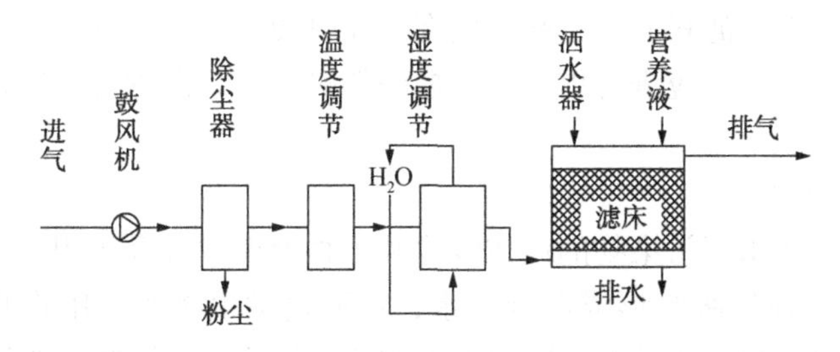

图 9-2 有机废气的生物处理工艺流程图

根据处理运行方式不同，生物处理工艺主要分为生物滤床工艺和生物洗提工艺两种。

1）生物滤床

废气流经生物滤床(见图 9-3)中的活性滤层，有机物被滤料上的湿润水膜吸收，通过滤料上生活的微生物的代谢作用而降解。

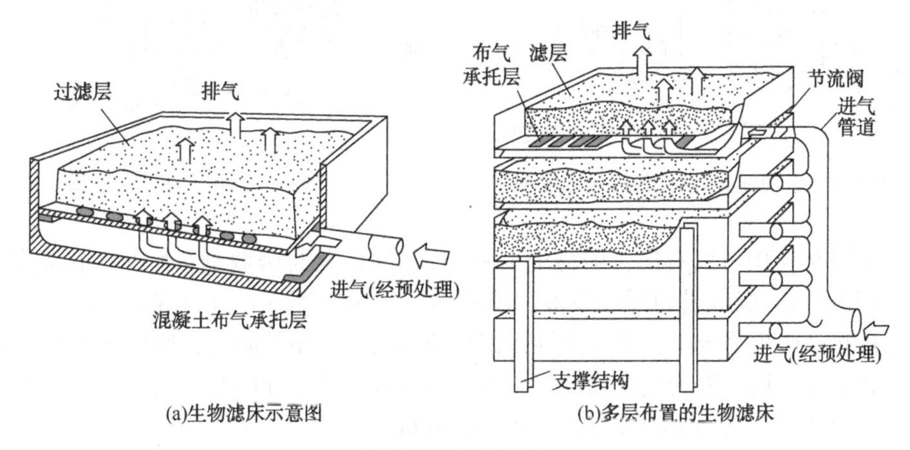

图 9-3 生物滤床

生物滤床主要由进气系统、布气承托层、生物滤层和维护装置组成。

在生物滤床处理废气过程中，微生物的活性和数量对处理效果具有决定意义，它们取决于如下因素：进气流量、温度和湿度；废气中物质组成；浓度的稳定性和水溶性；氧气和营养物的供给；滤床的布置和温度、湿度保持；滤料的选择；滤床中的 pH 值控制等。

滤料影响微生物的生长，从而直接影响净化效果。滤料选择必须考虑滤料的孔隙率、孔径分布、比表面积、亲水性、自身气味、pH 值等参数。在工程实践中，一般可选择有机滤料或无机滤料。无机滤料选择比表面积大、有一定强度的无机填料，如加气混凝土、多孔陶粒、熔岩颗粒或矿渣等。有机滤料主要有腐殖树皮、植物根须、枝杈、锯末、泥炭等及其混合物。由于有机滤料廉价易得，获得广泛的应用。有机滤料滤层一般高度在0.5~1.2m，运行3~5年后，由于密实度增大造成阻力增大，应进行更换；更换滤料时，宜分次进行，以保持滤料中微生物种群的稳定。

2）生物洗提工艺

生物洗提工艺采用污染物的液体吸收和生物处理的联合作用。废气首先被液体(吸收剂)有选择地吸收形成混合污水，再通过微生物的作用将其中的污染物降解。根据污水处理的方式(吸收剂再生方式)不同，可分为活性污泥法和生物膜法(生物滴滤池)，如图9-4、图9-5所示。

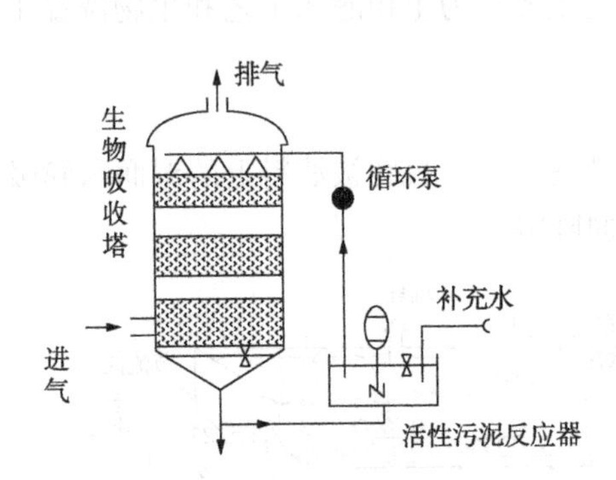

图9-4 生物洗提-活性污泥法示意图

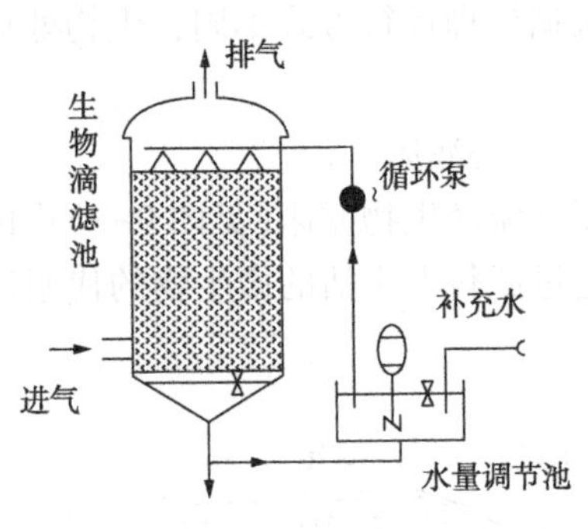

图9-5 生物滴滤池示意图

从图9-4中可以看出，生物洗提-活性污泥法是将吸收剂(水和微生物的混合液)和废气在吸收塔内通过喷淋、填料填充或曝气等方式进行混合，溶解于水的有机物被微生物吸附，排入活性污泥反应器后进一步被降解，吸收剂得到净化再生和重复使用。因为吸收剂的再生速度不受处理负荷和吸收速度的影响，所以这种方法适用于处理生物降解速度较慢的有机物。

图9-5所示滴滤池中的填料上生长有大量生物膜，当废气通过其间，有机物被生物膜表面的水层吸收后被微生物吸附和降解，得到净化再生的水被重复使用。

在生物洗滤过程中，吸收剂的再生效率影响废气的吸收、净化效果和系统的能耗高低。而影响生物洗提工艺处理效果的因素有：废气中有机物水溶性和生物降解难易程度；进气温度、粉尘和有毒物质含量；对微生物的曝气和营养物质供给(如N、P等)；水的温度、pH值、含盐量和新鲜淡水的补充情况。

第四篇

现代固体废弃物处理与处置工程

第10章　固废预处理装备

10.1　压缩

10.1.1　概述

随着城市居民数量的增加和居民生活质量的提高，生活固体废物量越来越大，城市生活固体废物收运方式也随之发生改变。小型生活固体废物压缩转运站的应用越来越广泛，环卫部门只要再配备少量车厢可卸式固体废物车，即可完成对各压缩转运站中固体废物的循环转运。这样不仅减少了环卫部门对固体废物车辆的投入，而且大大提高了固体废物转运效率，从而可满足城市生活固体废物日产量越来越高的要求，同时还有助于从根本上解决城市生活固体废物清运与城市发展不相称的局面，摆脱传统环卫作业的劳力型操作模式。

固体废物压缩处理具有下述优点：

① 便于运输。

② 减轻环境污染。固体废物中的有机物在高压压缩过程中，由于挤压和升温的影响，其 BOD_5 可从6000mg/L降低到200mg/L，其COD可从8000mg/L降低到150mg/L。高压垃圾块切片显微镜检查结果表明，它已成为一种均匀的类塑料结构。

③ 可快速安全造地。用惰性固体废物压缩块作为地基、填海造地材料，只需在上面覆盖很薄的土层，所填场地不必做其他处理或等待多年的沉降即可利用。

④ 节省填埋或储存场地。对于城市垃圾，目前国内外填埋用地日渐紧张，生活垃圾压缩后容积可减少60%～90%，从而大大节省填埋用地。废金属切削丝、废钢铁制品或其他废渣等压缩块在加工利用前，往往需要堆存保管；放射性废物要深埋于地下水泥堡或废矿坑等之中。压缩处理后，可大大节省储存场地。

大多数固体废物是由不同颗粒与颗粒孔隙组成的集合体。一堆自然堆放的固体废物，其表现体积是废物颗粒有效体积与孔隙占有的体积之和。因此压缩的原理是利用机械的方法减少垃圾的孔隙率，将空气挤压出来，增加固体废物的聚集程度。在压缩过程中，某些可塑性废物，当解除压力后不能恢复原状，而有些弹性废物在解除压力后的几秒钟内，体积膨胀20%，几分钟后达到50%。因此，固体废物中适合压缩处理的主要是压缩性能大而复原性能小的物质，如冰箱与洗衣机、纸箱和纸袋、纤维、废金属细丝等，有些固体废物如木头、玻璃、金属、塑料块等已经很密实的固体或是焦油、污泥等半固体废物不宜做压实处理。

固体废物压缩机有多种类型，以城市垃圾压缩机为例：小型的家用压缩机可安装在橱框下面；大型的压缩机可以压缩整辆汽车，每日可压缩成千吨的垃圾。不论何种用途的压缩机，其构造主要由容器单元和压缩单元组成。容器单元接受废物，压缩单元具有液压或气压操作，利用高压使废物致密化。压缩器有固定和移动两种形式，移动式压缩器一般安装在垃圾收集车上，接受废物后即进行压缩处理，随后送往处理处置场地。固定式压缩器一般设在废物中转站、高层住宅垃圾滑道底部以及其他需要压实废物的场合。按固体废物种类的不同，又可以分为金属类废物压缩设备和城市垃圾压缩设备两类。

10.1.2 固定式压缩设备

固定式压缩器主要有三向联合式和回转式两种。图10-1所示为适合于压实松散金属废物的三向联合式压缩器，它具有三个互相垂直的压头。金属类废物被置于容器单元内，而后依次启动1、2、3三个压头，逐渐使固体废物的空间体积缩小，容重增大，最终达到一定尺寸。压缩后，尺寸一般为200~1000mm。图10-2所示为回转式压缩器，废物装入容器单元后，先按水平式压头1的方向压缩，然后按箭头的运动方向驱动旋动压头2，最后按水平压头3的运动方向将废物压缩至一定尺寸后再排出。

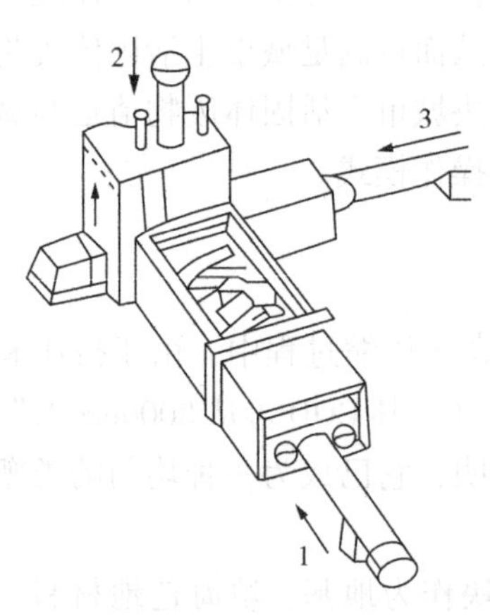

图10-1 三向联合式压缩器

10.1.3 移动式压实设备

(1) 车厢可分离的后装压缩式垃圾车

车厢可分离的后装压缩式垃圾车由后装压缩式垃圾车(车厢可分离)的填装器在垃圾转运站内压装垃圾。后装压缩式垃圾车驶入垃圾站内，将车倒入举升机工位，举升机举升车厢使车与车厢分离，垃圾车底盘驶出该工位，举升机将车厢卸在地上；垃圾站内液压泵站的油路与车厢接通后，环卫人员将收集来的垃圾倒入车厢填装器内，操纵填装器压缩机构压装垃圾，反复装料，直到车厢被装满；当车厢装满后，操纵举升机，举升车厢到一定高度，垃圾车底盘驶入该工位，放下车厢，使车厢在底盘上就位，最后垃圾车驶离垃圾站将垃圾转运到垃圾处理厂卸料。

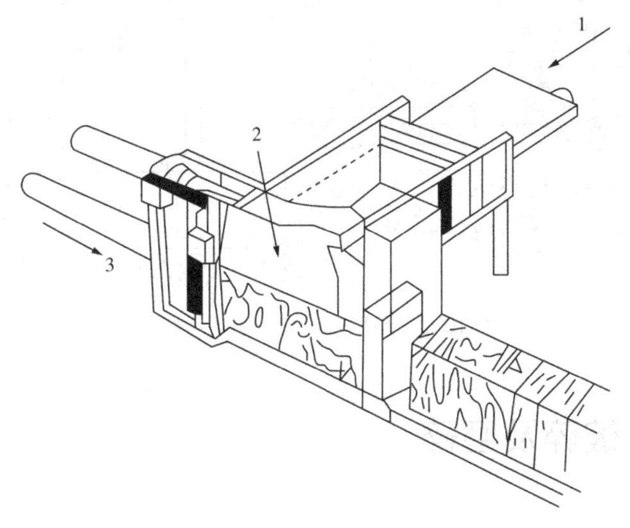

图 10-2 回转式压缩器

（2）横移水平式垃圾压缩机

通过机内压头将进入密闭压缩腔的垃圾直接压入垃圾集装箱，在集装箱内压实。压头设计独特，能舒缓推压垃圾时的巨大剪切力，提高满载率。压缩腔进料口尺寸大，不会出现垃圾堵塞情况。易损配件选用耐磨材料制造，方便更换。液压/电气系统可进行自动或手动控制，操作简易且易于维修。压缩比较大，压缩效率较高，处理垃圾能力较强。适合于中型垃圾转运站配套使用。

（3）预压式垃圾压缩机

垃圾在密封压缩腔内被压成块状，然后一次性或分多次推入垃圾集装箱。采用垂直压缩技术对收集来的松散生活垃圾进行压缩减容，排出垃圾中所含污水和气体，将垃圾压缩成块状后再用封闭式转运车转运。这种设备压缩力大，垃圾压缩比大，装载效率高，垃圾在压缩、储存和卸料等作业过程中始终处于封闭状态，基本上没有垃圾脱落现象，并减少了垃圾臭气的外逸，同时垃圾站还采取了喷雾降尘、生物除臭等环保措施，整个垃圾站周围的环境污染很小；另外转运车采用密封技术，在运输过程中不会产生二次污染，设备自动化程度高，减轻了环卫工人的劳动强度，实现了垃圾处理无害化、减量化、资源化。图 10-3 为预压式垃圾压缩站示意图。

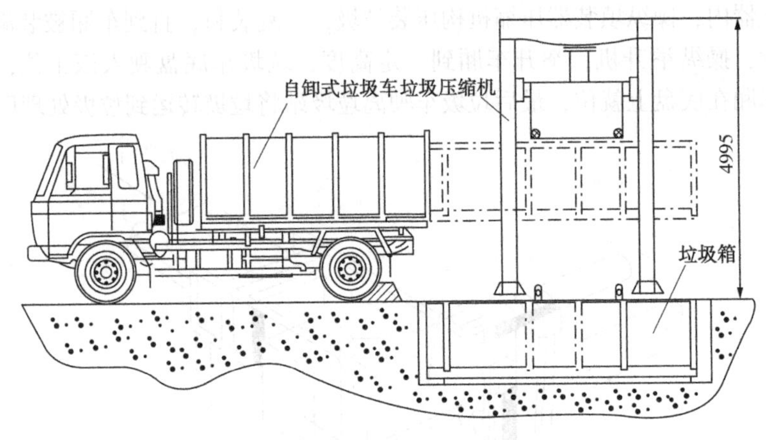

图 10-3 预压式垃圾压缩站示意图

10.2 破碎及磨碎

10.2.1 概述

复杂、不均匀、体积庞大是固体废物的特点，这对整个固体废物处理处置系统而言都是极为不利的。在许多情况下，减小最大颗粒尺寸对处理系统的可靠性是极为重要的。

为达到废物尺寸缩减，通常所用的方法就是破碎。破碎是通过人力或机械等外力的作用，破坏物体内部的凝聚力和分子间作用力而使物体破裂变碎的操作过程。若再进一步加工，将小块固体废物颗粒分裂成细粉状的过程称为磨碎。破碎是固体废物处理技术中最常用的预处理工艺。它不是最终处理的作业，而是运输、焚烧、热分解、熔化、压缩等其他作业的预处理作业。换言之，破碎的目的是为了使上述操作能够或容易进行，或者更加经济有效。

经破碎处理后，固体废物的性质改变，消除其中的较大空隙，使物料整体密度增加，并达到废物混合体更为均一的颗粒尺寸分布，使其更适合于各类后处理工序所要求的形状、尺寸与容重等。

破碎之所以成为几乎所有固体废物处理的必不可少的预处理工序，主要基于以下几项优点：①对于填埋处置而言，破碎后废物置于填埋场并施行压缩，其有效密度要比未破碎物高 25%~60%，减少了填埋场工作人员用土覆盖的频率，加快实现垃圾干燥覆土还原。与好氧条件相组合，还可有效去除蚊蝇、臭味问题，减少了昆虫、鼠类的疾病传播可能；②破碎后，原来组成复杂且不均匀的废物变得尺寸均一，比表面积增加，易于实现稳定、安全、高效的燃烧，尽可能回收其中的潜在热值，也有助于提高堆肥效率；③废物容重的增加，使得储存与远距离运输更加经济有效，易于进行；④为分选提供要求的入选粒度，使原来的联生矿物或联结在一起的异种材料等单体分离，从而更有利于提取其中的有用物质与材料；⑤防止不可预料的大块、锋利的固体废物损坏运行中的处理机械(如分选机、炉膛等)；⑥容易通过磁选等方法回收小块的贵重金属。

10.2.2 破碎设备

破碎固体废物常用的破碎机有颚式破碎机、锤式破碎机、冲击式破碎机、剪切式破碎机、辊式破碎机等几种类型。选择破碎设备的类型时，必须综合考虑下列因素：①破碎设备的破碎能力；②固体废物的性质，如破碎特性、硬度、密度、形状、含水率等；③对破碎产品粒度、组成及形状的要求；④设备的供料方式；⑤安装操作场所情况等。

10.2.2.1 颚式破碎机

(1) 简单摆动颚式破碎机

如图10-4所示，简单摆动颚式破碎机由机架、工作机构、传动机构、保险装置等部分组成，固定颚板、可动颚板构成破碎腔。工作时，由三角带和槽轮驱动偏心轴不停地转动，使得与之相连的连杆做上下往复运动，带动前肘板做左右往复运动，可动颚板就在前肘板的带动下呈往复摆动运动形式。此时如果废料由给料口进入破碎腔中，就会受到挤压作用而发生破裂和破碎。当可动颚板在拉杆和弹簧的作用下离开固定颚板时，破碎腔内下部已破碎到小于排料口的物料靠其自身重力从排料口排出，位于破碎腔上部的尚未充分压碎的料块当即下落一定距离，进一步被可动颚板挤压破碎。随着电动机连续转动，破碎机可动颚板做周期性的压碎和排料，实现批量生产。

(2) 复杂摆动颚式破碎机

图10-5是复杂摆动颚式破碎机结构图。复杂摆动颚式破碎机与简单摆动颚式破碎机从构造上看，前者没有动颚悬挂的心轴和垂直连杆，动颚与连杆合为一个部件，肘板只有一块。可见，复杂摆动颚式破碎机构造简单，但动颚的运动却比简摆型破碎机复杂，动颚在水平方向上有摆动，同时在垂直方向也有运动，是一种复杂运动，故称复杂摆动颚式破碎机。复摆颚式破碎机破碎方式为曲动挤压型，电动机驱动皮带和皮带轮通过偏心轴使动颚上下运动，当动颚板上升时，肘板和动颚板间夹角变大，从而推动动颚板向定颚板靠近，与此同时固体废物被挤

压、搓、碾等；当动颚下行时，肘板和动颚间夹角变小，动颚板在拉杆、弹簧的作用下离开定颚板，此时破碎产品从破碎腔下口排出，完成破碎过程。

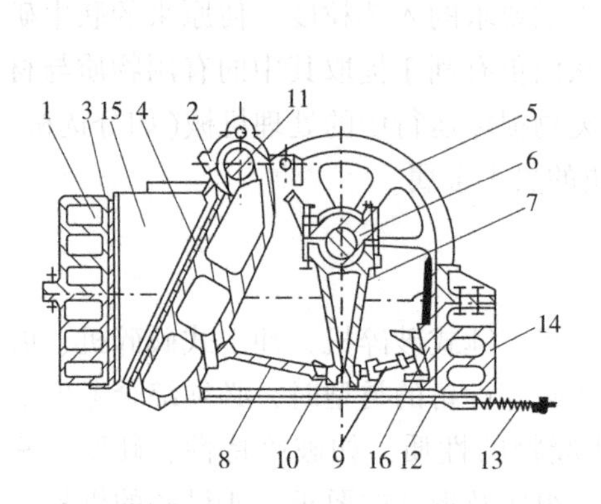

图 10-4　简单摆动颚式破碎机

1—固定颚板；2—可动颚板；3、4—破碎齿板；5—飞轮；6—偏心轴；7—连杆；8—前肘板；9—后肘板；10—肘板支座；11—悬挂轴；12—水平拉杆；13—弹簧；14—机架；15—破碎腔侧面肘板；16—楔块

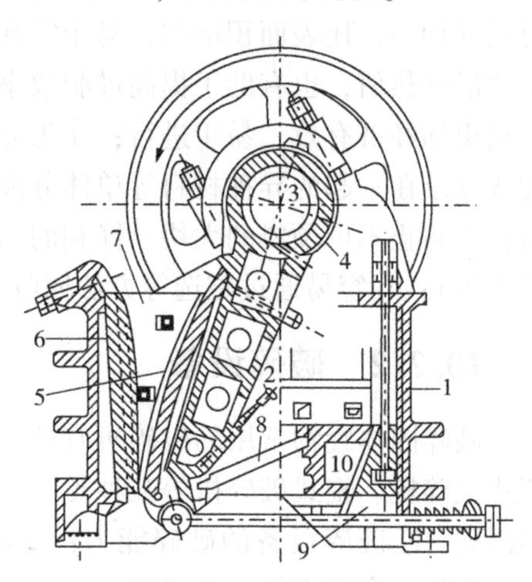

图 10-5　复杂摆动颚式破碎机

1—机架；2—可动颚板；3—偏心轴；4—滚珠轴承；5、6—衬板；7—侧壁衬板；8—肘板；9、10—楔块

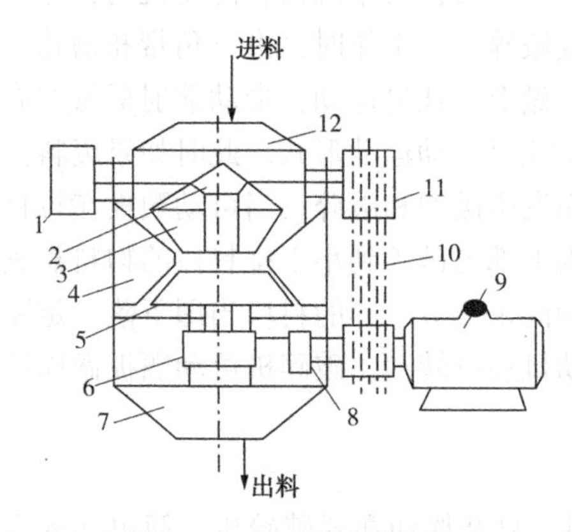

图 10-6　新型颚式破碎机

1—飞轮；2—偏心轴；3—动颚；4—定颚(机体)；5—转子；6—齿轮箱；7—下料斗；8—联轴器；9—电机；10—三角带；11—皮带轮；12—进料斗

复杂摆动颚式破碎机的优点是破碎产品较细，破碎比大(一般可达 4~8，简摆型只能达到 3~6)。规格相同时，复摆型颚式破碎机比简摆型破碎能力高 20%~30%。

(3) 新型颚式破碎机

随着破碎技术和制造技术的发展，也诞生了几种新型的具有新功能的颚式破碎机。图 10-6 为一种新型颚式破碎机构造简图。其工作原理是：物料由进料斗落入机内，经分离器将物料分散到四周下落，电动机带动偏心轴使动颚上下运动而压碎物料，达到一定粒度后进入回转腔；物料在回转腔内受到转子及定颚的研磨而破碎，破碎的物料从下料斗排出。该机通过松紧螺栓和加减垫片可调整进出料粒度。采用圆周给料，给料范围比传统颚式破碎机大，下料速度快而不堵塞。与同等规格的传统颚式破碎机相比，其生产能力大、产品粒度小、破碎比大。

10.2.2.2 锤式破碎机

锤式破碎机是利用冲击摩擦和剪切作用将固体废物破碎，其主要部件有大转子、铰接在转子上的重锤(重锤以铰链为轴转动，并随大转子一起转动)及内侧的破碎板。

按转子数目不同，锤式破碎机可分为两类：单转子锤式破碎机和双转子锤式破碎机。单转子锤式破碎机又分为不可逆式和可逆式两种，分别见图10-7(a)和图10-7(b)。

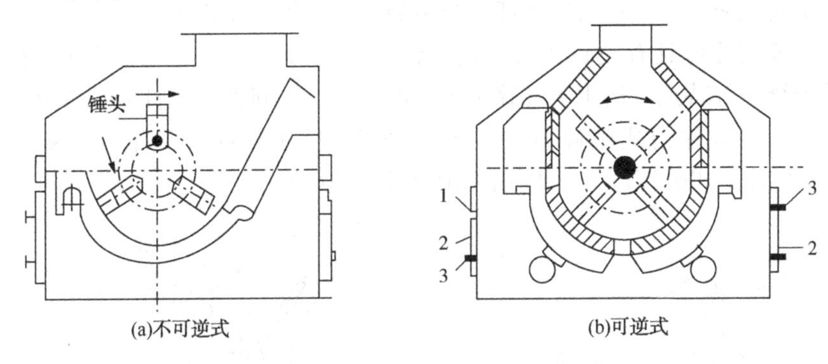

图10-7 单转子锤式破碎机示意图

1—检修孔；2—盖板；3—螺栓

目前普遍采用可逆单转子锤式破碎机。其工作原理是：固体废物自上部给料口给入机内，立即遭受高速旋转的锤子的打击、冲击、剪切、研磨等作用而破碎；锤子以铰链方式装在各圆盘之间的销轴上，可以在销轴上摆动，电动机带动主轴、圆盘、销轴及锤子做高速旋转运动，这个包括主轴、圆盘、销轴和锤子的部件称为转子。在转子的下部设有筛板，破碎物料中小于筛孔尺寸的细粒通过筛板排出；大于筛孔尺寸的粗粒被阻留在筛板上并继续受到锤子的冲击和研磨，最后通过筛板排出。

图10-7(a)是不可逆式锤式破碎机，转子的转动方向如箭头所示，只能一个方向运动，是不可逆的。图10-7(b)是可逆式锤式破碎机。转子首先向某一个方向转动，该方向的衬板、筛板和锤子端部就受到磨损。磨损到一定程度后，转子改为向另一个方向旋转，利用锤子的另一端及另一个方向的衬板和筛板继续工作，从而设备核心部件连续工作的寿命几乎提高一倍。

10.2.2.3 冲击式破碎机

冲击式破碎机大多是旋转式的，其工作原理与锤式破碎机很相似，都是利用冲击力作用进行破碎，只是冲击式破碎机锤子数较少，一般为2~4个不等，且废物受冲击的过程较为复杂。其工作原理是：进入破碎机的固体废物受到绕中心轴做高速旋转的转子猛烈冲撞后，被第一次破碎；同时破碎产品颗粒获得一定动能而高速冲向坚硬的机壁，受到第二次破碎；在冲击机壁后又被弹回的颗粒再次被转子击碎；难以破碎的一部分废物颗粒被转子和固定板挟持而剪断或磨损，破碎后的最终产品由下部排出。当要求破碎产品粒度为40mm，此时足以达到目的；若要求粒度更小，如20mm时，接下来还需经锤子与研磨板的作用进一步细化产品。若底部再设有筛板，可更为有效地控制出料尺寸。冲击板与锤子之间的距离以及冲击板倾斜度是可以调节的。合理设置这些参数，使破碎物存在于破碎循环中，直至其充分破碎，最后通过锤子与板间空隙或筛孔排出机外。

冲击式破碎机具有破碎比大、适应性强、构造简单、外形尺寸小、操作方便、易于维护等特点。适用于破碎中等硬度、软质、脆性、韧性及纤维状等多种固体废物。典型冲击式破碎机主要有两种类型：Universa型冲击式破碎机和Hazemag型冲击式破碎机，分别见图10-8和图10-9。

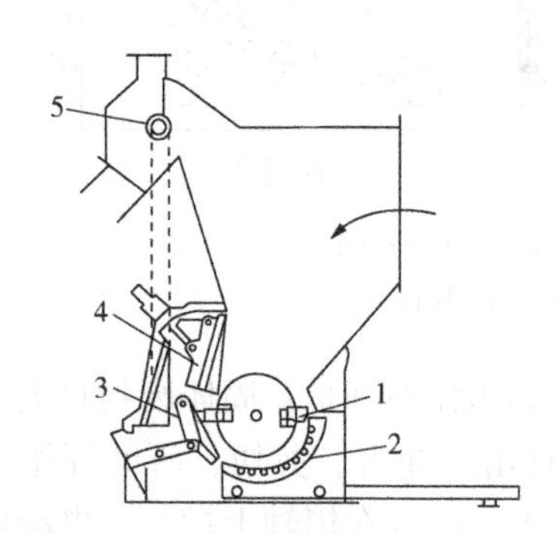

图10-8 Universa型冲击式破碎机

1—板锤；2—筛条；3—研磨板；4—冲击板；5—链幕

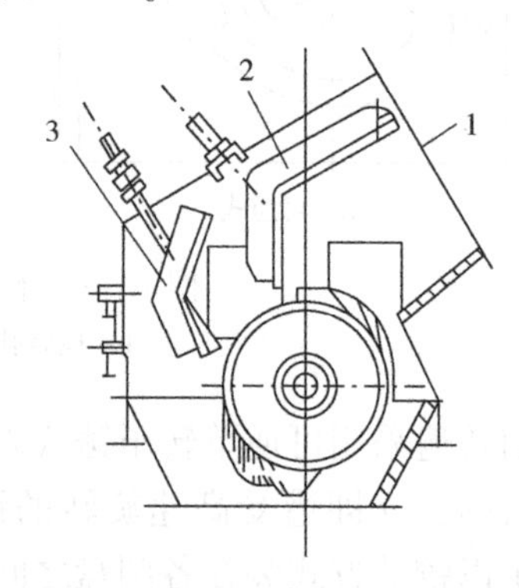

图10-9 Hazemag型冲击式破碎机

1—固体废物；2—一级冲撞板(固定刀)；3—二级冲撞板

10.2.2.4 剪切式破碎机

剪切式破碎机是以剪切方式为主对物料进行破碎的机械设备。剪切式破碎机是通过固定刀和可动刀(往复式刀或旋转式刀)之间的啮合作用将固体废物切开或割裂成需要的形状和尺寸，特别适合对二氧化硅含量低的松散废物进行破碎。

(1) Von Roll型往复剪切破碎机

图10-10是Von Roll型往复剪切破碎机构造图。该破碎机主要是由可动机架和固定框架两部分构成。在框架下面连接着轴，往复刀和固定刀交错排列。当处于打开状态时，从侧面看，往复刀和固定刀呈V形，此时可从上部供给大型废物；当V字形合拢时，废物受到挤压破碎的同时，主要依靠往复刀和固定刀的啮合而被剪切。往复刀和固定刀之间的宽度为30cm。往复刀靠油泵带动，驱动速

度很慢，但驱动力很大。当破碎阻力超过规定的最大值时，可动横杆会自动返回，以免损坏刀具。根据破碎废物种类的不同，处理量波动在80~150m^3/h。该机适用于城市垃圾焚烧厂的废物破碎。

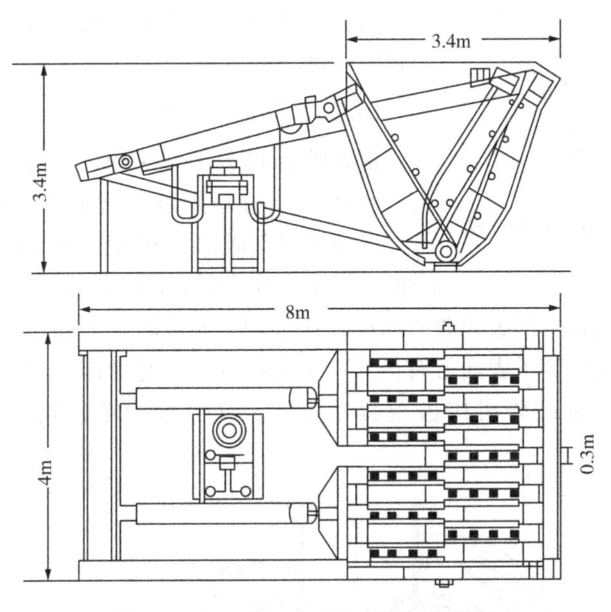

图10-10　Von Roll型往复剪切破碎机

（2）Lindemann型剪切破碎机

该机结构如图10-11所示，其由预压缩机和剪切机两部分组成。固体废物先进入预压缩机，通过一对钳形压块的开闭将固体废物压缩至合适体积后进入剪切机。剪切机由送料器、压紧器和剪切刀片组成。固体废物由送料器推到刀口下方，压紧器压紧后由剪切刀将其剪断。

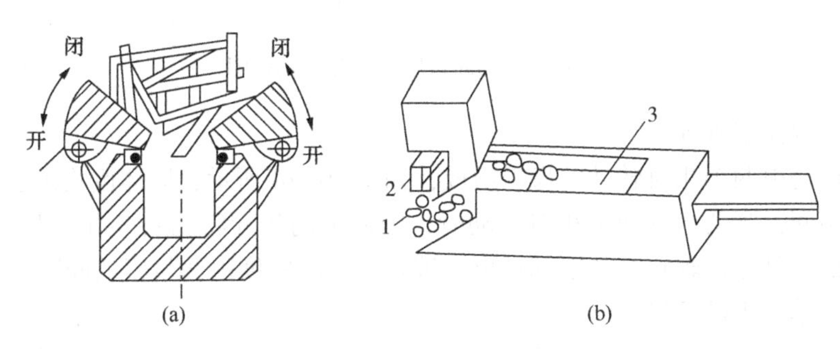

图10-11　Lindemann型剪切破碎机

1—剪切刀片；2—压紧器；3—送料器

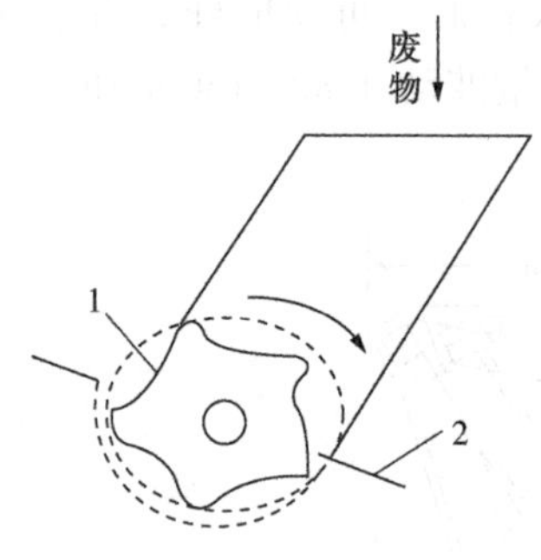

图 10-12 旋转剪切式破碎机
1—旋转刀；2—固定刀

(3) 旋转剪切式破碎机

旋转剪切式破碎机设备构造如图 10-12 所示，此种剪切机有旋转刀 3~5 片，固定刀 3~5 片，废物投入剪切装置后在间隙内被剪切破碎，该机不适于破碎硬度大的废物。

10.2.2.5 辊式破碎机

辊式破碎机具有能耗低、构造简单、工作可靠、产品过度粉碎程度小等特点。按照辊子的特点，可分为光辊破碎机和齿辊破碎机两种。光辊破碎机的辊子表面光滑，图 10-13 为光面双辊式破碎机构造图，该机靠挤压破碎兼有研磨作用，用于硬度较大的固体废物的中碎和细碎。齿辊破碎机的辊子表面带有齿牙，主要破碎形式是劈碎，用于破碎脆性和含泥黏性废物。齿辊破碎机按齿辊数目不同，又可分为单齿辊和双齿辊破碎机两种。

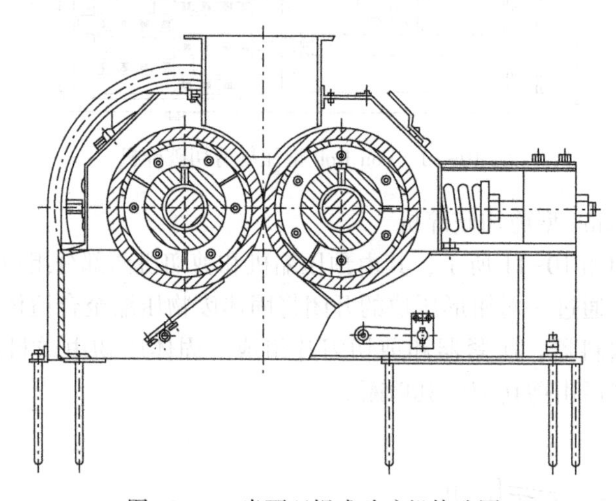
图 10-13 光面双辊式破碎机构造图

(1) 双齿辊破碎机

该机是由两个相对转动的齿辊组成，如图 10-14 所示，固体废物由上方给入两齿辊中间，当两齿辊同步相对转动时，辊面上的齿牙将物料咬住并加以劈碎，破碎后的产品随齿辊转动从下部排出。破碎产品的粒度由两齿辊的间隙决定。

(2) 单齿辊破碎机

单齿辊破碎机如图 10-15 所示，由一个旋转的齿辊和一个固定的弧形破碎板组成。破碎板与齿辊之间形成上宽下窄的破碎腔。固体废物由上方给入破碎腔，大块物料在破碎腔上部被长齿劈碎，随后继续落在破碎腔下部进一步被齿辊压碎，达到要求的破碎产品从下部缝隙排出。

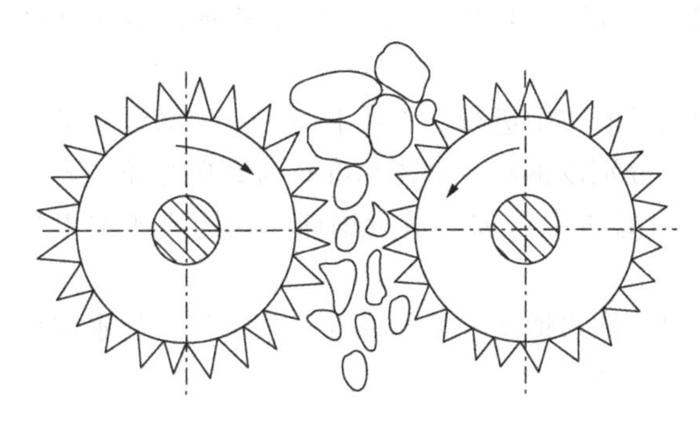

图 10-14 双齿辊破碎机

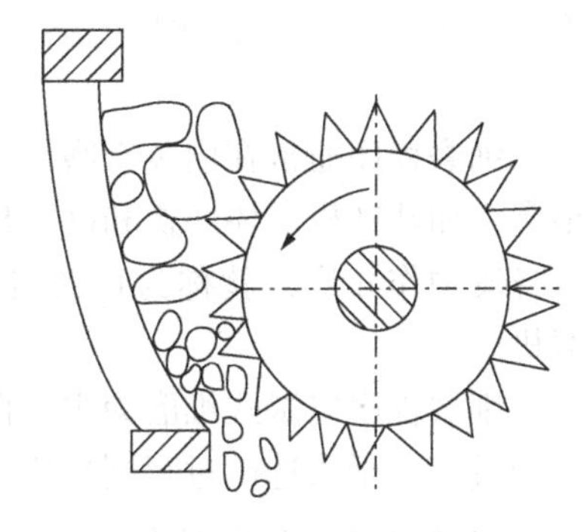

图 10-15 单齿辊破碎机

（3）颚辊破碎机

将高效节能的颚式破碎机和对辊破碎机有机结合在一起，研制出了颚辊破碎机，如图 10-16 所示。该设备采用电机或柴(汽)油机驱动，当整机放在拖车上被牵引拖动时，便成为移动式颚辊破碎机。颚辊破碎机的工作原理是：电机或柴(汽)油机驱动对辊破碎机的主动辊部，主动辊部经过桥式齿轮带动被动辊部反向运转。同时，主动辊部另一端经传动带带动上部预式破碎机工作。通过调整对辊破碎机的安全调整装置，调整两辊间的间隙，可得到最终要求的粒度。颚辊破碎机具有破碎比大(15~16)、高效节能、体积小、重量轻、驱动方式多样、移动灵活、可整机也可分开单独使用等特点，特别适于深山区中小型矿山和建筑工地材料的破碎。

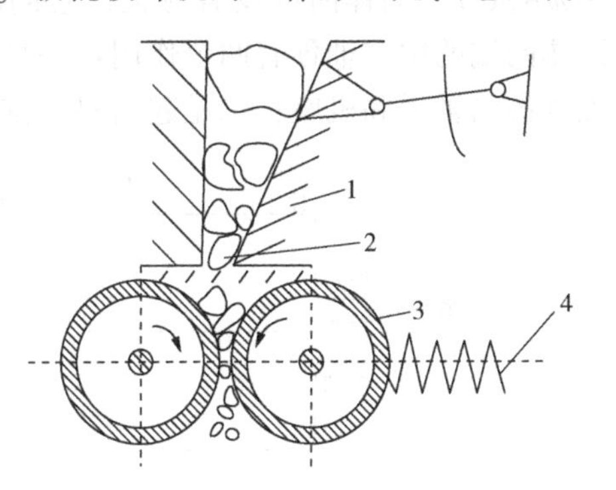

图 10-16 颚辊破碎机

1—颚式破碎机；2—破碎物料；3—对辊破碎机；4—减振弹簧

10.2.3 细磨设备

10.2.3.1 细磨原理和方法

细磨是固体废物破碎过程的后续，在固体废物处理与资源化中得到广泛的应用。细磨通常有三个目的：①对废物进行最后段粉碎，使其中各种成分单体分离，为下一步分选创造条件；②对多种废料、原料进行粉磨，同时起到把它们混合均匀的作用；③制造废物粉末，增加物料比表面积，加速物料化学反应速率。

因此，它既是固体废物分选前的准备工序，也是固体废物资源化利用的重要组成部分。例如，用煤矸石生产水泥、砖瓦、矸石棉、化肥和提取化工原料等，用钢渣生产水泥、砖瓦、化肥、溶剂以及对垃圾堆肥深加工等过程都离不开细磨工序。

细磨程序通常在内装有磨矿介质的磨机中进行。工业上应用的细磨设备类型很多，如球磨机、棒磨机和砾磨机，分别以钢球、钢棒和砾石为磨矿介质；若以自身废物作介质，就称为自磨机，自磨机中再加入适量钢球，就构成所谓半自磨机。

细磨程序以湿式细磨为主，但对于缺水地区和某些忌水工艺过程，如水泥厂生产过程、干法选矿过程则采用干式细磨。

10.2.3.2　细磨设备

(1) 球磨机

圆筒形球磨机在细磨中应用最为广泛。图 10-17 为球磨机的结构和工作原理示意图。它由圆柱形筒体、筒体两端端盖、中空轴颈、端盖轴承和传动大齿轮等主要部件组成。在筒体内装有钢球和被磨物料，其装入量为筒体有效容积的 25%~50%。筒体内壁设有衬板，它同时起到防止筒体磨损和提升钢球的作用。筒体两端的中空轴颈有两个作用：一是起到支撑作用，使球磨机全部重量经中空轴颈传给轴承和机座；二是起给料和排料的漏斗作用。

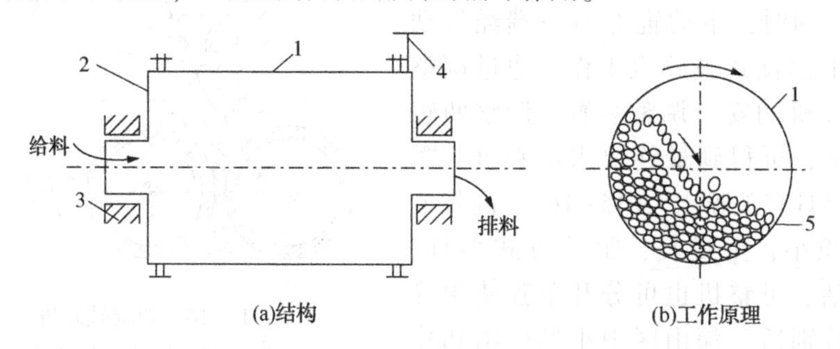

图 10-17　球磨机的结构和工作原理示意图

1—筒体；2—端盖；3—轴承；4—大齿轮；5—钢球

当筒体转动时，钢球和物料在摩擦力、离心力的共同作用下被衬板带动提升。在升到一定高度后，由于自身重力作用，钢球和物料呈抛物线落下或泻落而下，如图 10-17(b)所示，从而对筒体内底角区的物料产生冲击和研磨作用，物料粒径达到要求后排出。

球磨机中钢球被提升的高度与抛落的运动轨迹主要由筒体的转速和筒内的装载量决定。当装载量一定时，球磨机以不同转速回转时，筒体内的磨介可能出现三种基本运动状态(图 10-18)。筒体低速转动时，钢球被提升高度较低，随筒体上升一定高度后，钢球便离开筒体向下发生“泻落”，此时，冲击作用小，研磨作用较大，这种细磨过程称为泻落式细磨；当筒体转速提高时，钢球随筒体做圆周运动上升到一定高度后，会以一定的初速度离开筒体，并沿抛物线轨迹向下“抛落”，此时，钢球抛落的冲击作用较强，研磨作用相对较弱，这种细磨称为抛落式细磨，大多数球磨机都处于这种工作状态；当细磨机转速提高到某个极限数值时，磨介几乎随筒体做同心旋转而不下落，呈离心状态，称为“离心旋转”，此时，磨介在理论上已经失去细磨作用，通常生产中以最外层的细磨介质开始“离心旋转”时的筒体转速称为磨机的“临界转速”。目前，国内生产的球磨机工作转速一般是临界转速的 80%~85%，棒磨机的工作转速稍低。

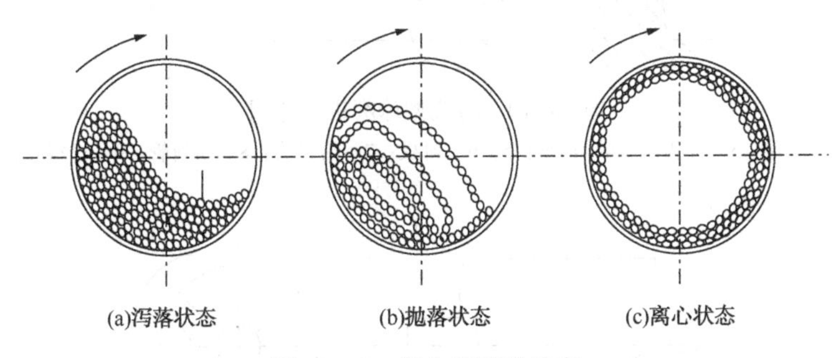

图 10-18　磨介的运动状态

球磨机由于规格、卸料和传动方式等不同分为多种类型，如溢流型球磨机、格子型球磨机和风力排料球磨机等，但它们的主要构造大体上是相同的。

1) 溢流型球磨机。如图 10-19 所示，由于筒体的旋转和磨介的运动，物料逐渐向右方扩散，最后从右方的中空轴颈溢流排出，该类型的球磨机称为溢流型球磨机。其构造由筒体、端盖、大齿圈、轴承、衬板、给料器、给料管、排料管和人孔等部分组成。筒体为卧式圆筒形，长径比(L/D)较大，给料端中空轴颈内有正螺旋，以便筒体旋转时给入物料；排料口中空轴颈内有反螺旋，以防止筒体旋转时球介质随溢流排出；给料端安装有给料器，排料端安装有传动大齿轮；筒体设有人孔，以便检修；筒体端盖及内壁上铺设衬板；筒体内装入大量研磨介质。由于筒体较长，物料在磨机中的停留时间较长，且排料端排料孔内的反螺旋能阻止球介质排出，故可以采用小直径球介质，因此，溢流型磨机更适合于物料的细磨。

2) 格子型球磨机。另一种球磨机在筒体右端(排料端)安装有格子板，称为格子型球磨机(工作原理如图 10-20 所示)。该机中右端的格子板由若干块扇形箅孔板组成，箅孔宽度一般为 7~8mm，物料通过箅孔进入格子板与端盖之间的空间内，然后由举板将物料向上提升，物料沿着举板滑落，再由中空轴颈排出机外。这种加速排料作用可保持筒体排料端物料面较低，从而使物料在磨碎筒体内的流动加速，可提高磨机生产能力。

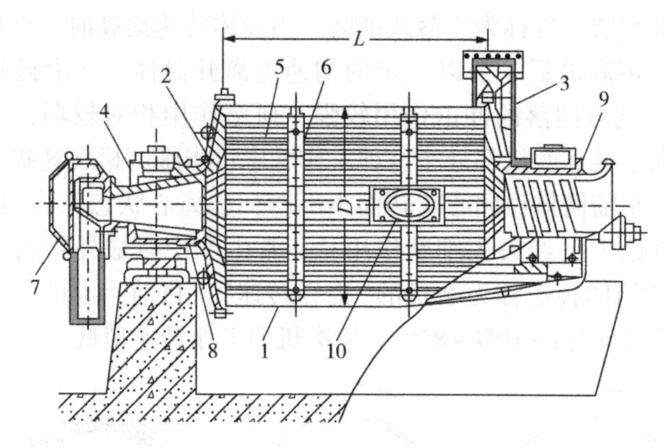

图 10-19 溢流型球磨机构造图

1—筒体；2—端盖；3—大齿圈；4—轴承；5，6—衬板；7—给料器；8—给料管；9—排料管；10—人孔

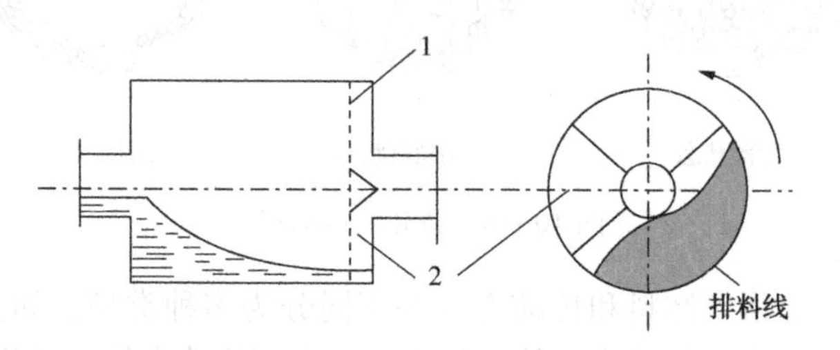

图 10-20 格子型球磨机工作原理示意图

1—格子板；2—举板

3）风力排料球磨机。第三种是采用风力排料，即风力排料球磨机，构造如图 10-21 所示。物料从给料口进入球磨机，随着磨机筒体的回转，钢球对物料进行冲击和研磨，机内的介质和物料同时从进口端向右移动，在移动过程中物料也经历破碎、细磨过程。球磨机的出口端与风管相连接，在管路系统中串接着分选机、旋风分离器、除尘器及风机的进口。当风力系统运行时，球磨机内部呈负压状态，随着磨机筒体回转而呈松散状的物料就会随着风力从出料口进入管道系统，粗颗粒由分选器分离后再送回球磨机，细颗粒由分离器分离回收，气体则由风机排入大气。

（2）棒磨机

棒磨机和溢流型球磨机结构基本类似，但是前者采用钢棒作为细磨介质。为了防止筒体旋转时钢棒歪斜而产生乱棒现象，棒磨机的锥形端盖敷上衬板后内表面是平直的。钢棒的长度一般比筒体长度短 20~50mm。

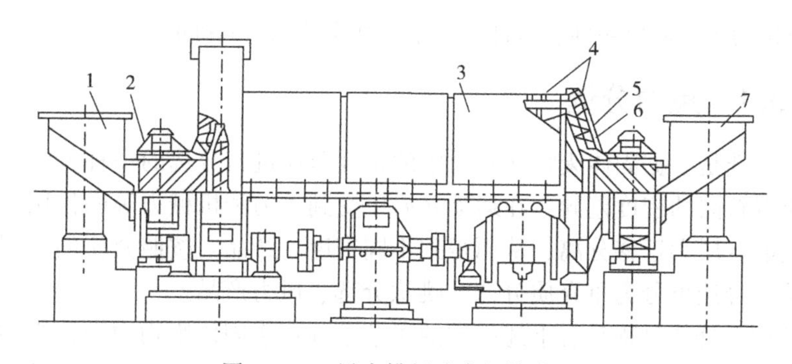

图 10-21 风力排料球磨机构造图

1—给料口；2—密封装置；3—筒体；4—石棉垫；5—毛毡；6—端盖；7—排料口

棒磨机的钢棒是通过“线接触”产生的压碎和研磨作用来粉碎固体，因此具有选择性的破碎作用，更减少了固体废物的过粉碎。其产品粒度均匀，钢棒消耗量低，它一般用于第一段的粗磨。在钨、锡或其他稀有金属矿的重选厂或磁选厂从尾矿中回收金属时，为了防止固废中的金属过粉碎，常采用棒磨机。

棒磨机工作转速通常约为临界转速的 60%~70%，充填系数一般为 35%~40%，固体废物粒度不宜大于 25mm。

(3) 砾磨机

砾磨机是一种用砾石或卵石作细磨介质的细磨设备，是古老的细磨设备之一。由于细磨机的生产率与细磨介质的密度成正比，因此砾磨机的筒体尺寸要比相同生产率的球磨机大。同时，其衬板一般要求能够夹住细磨介质形成“自衬”，以减少衬板磨损，加强提升物料的能力和固体废物间的粉碎作用。因此，采用网状衬板和梯形衬板或者两者的组合。使用砾磨机时，转速一般比球磨机略高，常为临界转速的 85%~90%，料浆浓度一般比球磨机低 5%~10%。

砾磨机具有单位处理能耗小、生产费用低、节省金属材料(如细磨介质)、能避免金属对物料的污染等特点，适用于对产品有某种特殊要求的场合。

10.3 分选

固体废物的分选就是把固体废物中可回收利用或不利于后续处理、处置工艺要求的颗粒分离出来，它是固体废物处理工程的一个重要环节。

由于垃圾的组成复杂且不稳定，根据其粒度、密度、磁性、电性、光电性、摩擦性、弹性和表面润湿性等物理、化学性质的不同，可分别采用筛选、重力分选、浮选、磁力分选、电力分选、光电分选、摩擦及弹性分选等不同的分选技术进行分选。大体上，适用于城市垃圾的分选技术是以粒度、密度差等颗粒物理性质差别为基础的分选为主，而以磁性、电性、光学等性质差别为基础的分选方法为辅。

10.3.1 重力分选

重力分选是根据固体废物在介质中的密度差而进行分选的一种方法，它利用不同物质颗粒间的密度差异，在运动介质中受到重力和机械力等的作用，使颗粒群产生松散分层和迁移分离，从而得到不同密度的产品。按照介质的不同，固体废物的重力分选可分为重介质分选、跳汰分选、风力产品。

各种重力分选过程具有下述共同的工艺条件：①固体废物中颗粒必须存在密度差异；②分选过程都在运动介质中进行；③在重力、介质动力及机械力的综合作用下，使颗粒群松散并按密度分层；④分好层的物料在运动介质流的推动下互相迁移，彼此分离，并获得不同密度的最终产品。

10.3.1.1 重介质分选

通常将密度大于水的介质称为重介质，在重介质中使固体废物中的颗粒群按密度分开的方法就是重介质分选。为使分选过程有效进行，需使重介质密度介于固体废物中轻物料密度和重物料密度之间。凡颗粒密度大于重介质密度的重物料均下沉，集中于分选设备的底部成为重产物，颗粒密度小于重介质密度的轻物料均上浮，集中于分选设备的上部成为轻产物，它们分别排出，从而达到分选的目的。

重介质应具有密度高、黏度低、化学稳定性好(不与处理的废物发生化学反应)、无毒、无腐蚀性、易回收再生等特性。重介质一般分为重液和重悬浮液，其中重悬浮液较为常用。重悬浮液是由高密度的固体微粒和水构成的固液两相分散体系，是密度高于水的非均匀介质。高密度固体微粒起加大介质密度的作用，故称为加重质。选择的加重质应具有足够高的密度，且在使用过程中不易泥化和氧化，来源丰富，价廉易得，便于制备和再生。一般要求加重质的粒度小于200目，能够均匀地分散于水中，浓度一般为10%~15%。最常用的加重质有硅铁、磁铁矿等。

重悬浮液的黏度不应太大，黏度增大使颗粒在其中运动的阻力增大，从而降低分选的精度和设备生产率。但是黏度低会影响悬浮液的稳定性。保持悬浮液稳定的方法有：①选择密度适当、能造成稳定悬浮液的加重质，或在黏度要求允许的条件下，把加重质磨碎一些；②加入胶体稳定剂，如水玻璃、亚硫酸盐、铝酸盐、淀粉、烷基硫酸盐、膨润土和合成聚合物等；③适当的机械搅拌促使悬浮液更加稳定。

重介质分选设备一般分为鼓形重介质分选机和深槽式、浅槽式、振动式、离心式分选机，比较常用的是鼓形重介质分选机。

如图10-22所示为目前最常用的鼓形重介质分选机的构造。该设备外形是一圆筒形转鼓，由4个辊轮支撑，通过圆筒腰间的大齿轮由传动装置带动旋转。在圆筒的内壁沿纵向设有扬板，用以提升重产物到溜槽内。圆筒水平安装，固体废物和重介质一起由圆筒一端给入，在向另一端流动过程中，密度大于重介质的颗粒沉于槽底，由扬板提升落入溜槽内，被排出槽外成为重产物；密度小于重介质的颗粒随重介质流入圆筒溢流口排出而成为轻产物。鼓形重介质分选机适用于分离粒度较粗的固体废物，具有结构简单、紧凑、便于操作、动力消耗低、分选机内密度分布均匀等特点，其缺点是轻重产物调节不方便。

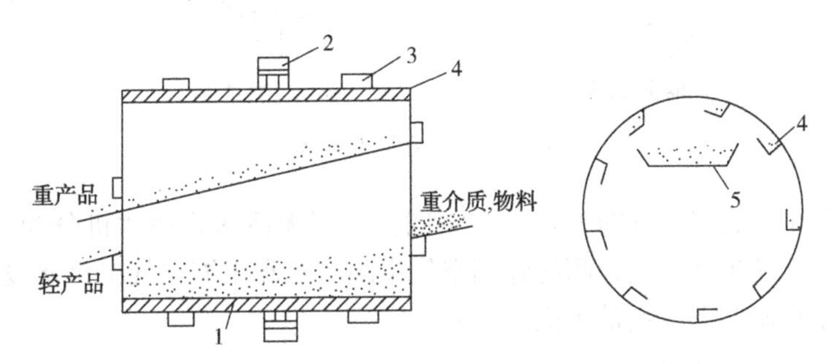

图10-22 鼓形重介质分选机的构造和原理

1—圆筒形转鼓；2—大齿轮；3—辊轮；4—扬板；5—溜槽

10.3.1.2 跳汰分选

(1) 简介

跳汰分选是古老的选矿方式，已有400多年的历史。在固体废物分选方面，作为混合金属的分离、回收综合流程中的一个分选工序，已在国内外得到广泛应用。跳汰分选是在垂直变速介质流中按密度分选固体废物的一种方法。根据分选介质分为两种：分选介质是水，称为水力跳汰：分选介质为空气，称为风力跳汰。目前，固体废物分选多用水力跳汰。

(2) 跳汰分选设备

跳汰分选装置机体的主要部分是固定水箱，它被隔板分为二室，右边为活塞室，左边为跳汰室。活塞室中的活塞由偏心轮带动做上下往复运动，使筛网附近的水产生上下交变水流。在运行过程中，当活塞向下时，跳汰室内的物料受上升水流作用，由下而上升，在介质中呈松散的悬浮态。随着上升水流的逐渐减弱，粗重颗粒开始下沉，而轻质颗粒还可能继续上升，此时物料达到最大松散状态，形成颗粒按密度分层的良好条件。当上升水流停止并开始下降时，固体颗粒按密度和粒度的不同作沉降运动，物料逐渐转为紧密状态。下降水流结束后，一次跳汰完成。每次跳汰，颗粒都受到一定的分选作用。

按推动水流运动方式，跳汰机分为隔膜跳汰机和无活塞跳汰机两种，如图 10-23所示。隔膜跳汰是利用偏心连杆机构带动橡胶隔膜做往返运动，借以推动水流在跳汰室内做脉冲运动；无活塞跳汰机采用压缩空气推动水流。

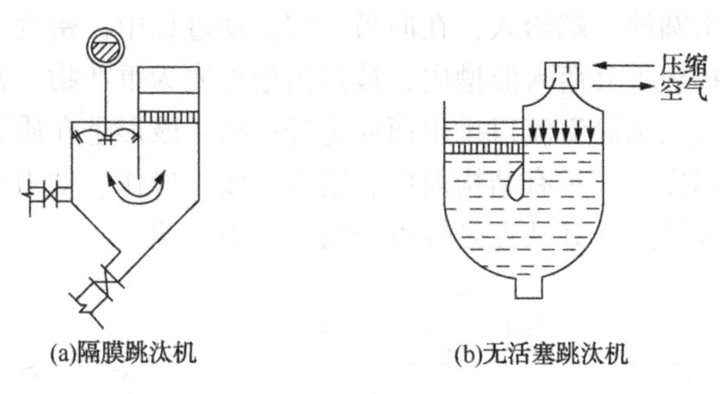

图 10-23　跳汰机分类

按跳室和压缩空气室的配置方式不同，可将无活塞式跳汰机分为两种类型：压缩空气室配置在跳汰机旁侧的筛侧空气室跳汰机和压缩空气室直接设在跳汰室的筛板下方的筛下空气室跳汰机。

10. 3. 1. 3　风力分选

风力分选简称风选，又称气流分选，是以空气为分选介质，在气流作用下使固体废物颗粒按密度和粒度大小进行分选。风力分选过程是以各种固体颗粒在空气中的沉降规律为基础的。固体颗粒在静止介质中的沉降速度主要取决于自身所受的重力和介质的阻力。

通常认为，介质作用在颗粒上的阻力可分为惯性阻力和黏性阻力两种。当物料颗粒较大或以较大速度运动时，介质会形成紊流，产生惯性阻力；颗粒较小或以较慢速度运动时，介质会形成层流从而产生黏性阻力。介质的惯性阻力跟物料颗粒与介质的相对运动速度平方、颗粒粒度的平方及介质的密度成正比，与介质的黏度无关。介质的黏性阻力与粒度、相对速度和介质黏度成正比，与介质密度无关。此外，颗粒在介质中沉降时所受介质阻力还与颗粒朝向地面的形状有关，因此，在阻力公式中需引入形状系数来体现颗粒形状对阻力的影响。因此，不同密度、粒度和形状的颗粒在介质中运动时，所受阻力的大小是不相同的，从而导致不同颗粒在介质中自由下落的速度各不相同，而这正是风力分选的理论基础。计算出不同颗粒在各种介质中沉降的末速度，就可以判定不同颗粒在介质中沉降速度的差异。

颗粒的沉降末速度出现在重力和介质阻力的平衡状态，从而可求出在静止介质中的沉降末速度。在同一种介质中，颗粒的粒度及密度越大，沉降末速度就越大。如果粒度相同，则密度大的、形状系数大的颗粒的沉降速度就大。对于粒度小、沉降速度小的颗粒，其沉降末速度还随介质黏度的不同而变化。上述沉降末速度为静止介质中颗粒的沉降末速度，但在实际的风力分选过程中，介质是运动的，且颗粒在沉降时还会受到周围颗粒或器壁的干涉，因此其实际沉降末速度通常都要小一些。

风力分选装置在国外的垃圾处理系统中已得到广泛应用，用于将城市垃圾中的有机物与无机物分离，以便分别回收利用或处置。各种风力分选装置都有相当的数量，但它们的工作原理是相同的。按工作气流的主流向不同，可将风力分选装置分为水平、重直和倾斜三种类型，其中垂直气流分选装置应用最为广泛。

（1）水平气流分选机

水平气流分选机构造简单，维修方便，但分选精度不高，一般很少单独使用，常与破碎、立式风力分选机等组成联合处理工艺。

图 10-24 为两种水平气流分选机的构造示意图。该气流分选机从侧面送风，固体废物经破碎机破碎和圆筒筛筛分使其粒度均匀后，定量给入机内。当废物在机内落下时，被鼓风机鼓入的水平气流吹散，固体废物中各种组分沿着不同的运动轨迹分别落入重质组分、中重组分和轻质组分收集槽中。当分选城市垃圾时，水平气流速度为 5m/s，在回收的轻质组分中废纸占 90%，重质组分主要为黑色金属，中重组分主要是木块、硬塑料等。

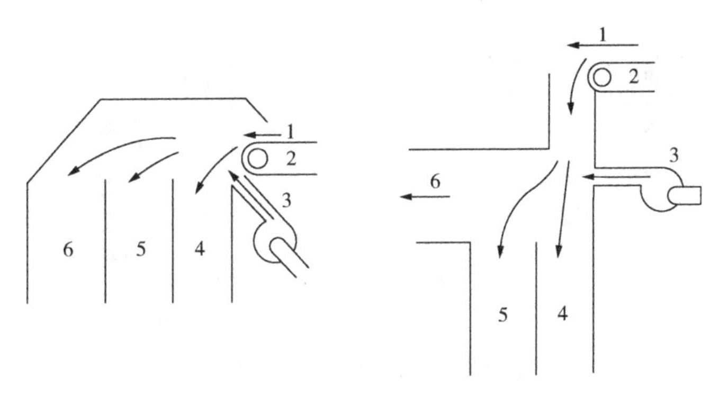

图 10-24 两种典型的水平气流分选机构造示意图

1，2—给料；3—风机；4—重质组分；5—中重组分；6—轻质组分

（2）垂直气流分选机

垂直气流分选机主要有直筒形风道和曲折形风道两种结构形式（如图 10-25 所示），这两种形式的主要区别在于垂直风道一为曲折形，另一为直筒形（也可是由下至上渐缩形的）。

（3）倾斜式气流分选机

图 10-26 为两种典型的倾斜式气流分选机的结构示意图。这两种装置的工作

室都是倾斜的，为使工作室内的物料保持松散状态，并使其中的重质组分较容易排出，工作室的底板有较大的倾角，且处于振动状态；或者工作室为一种倾斜的滚筒。因此倾斜式气流分选机既有垂直分选器的一些特点，又具有水平分离器的某些特点。

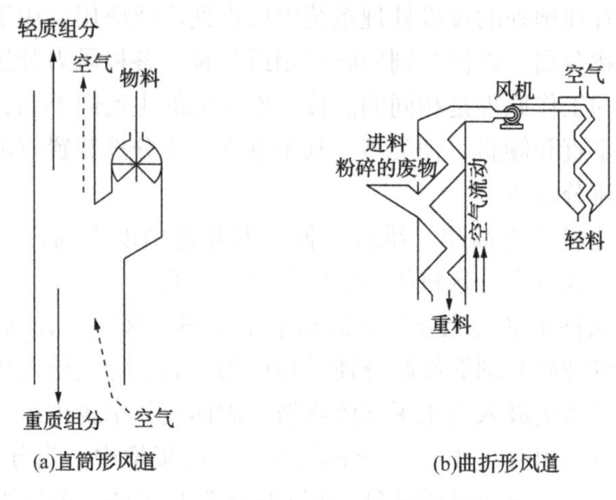

图 10-25　垂直气流分选机的两种风道

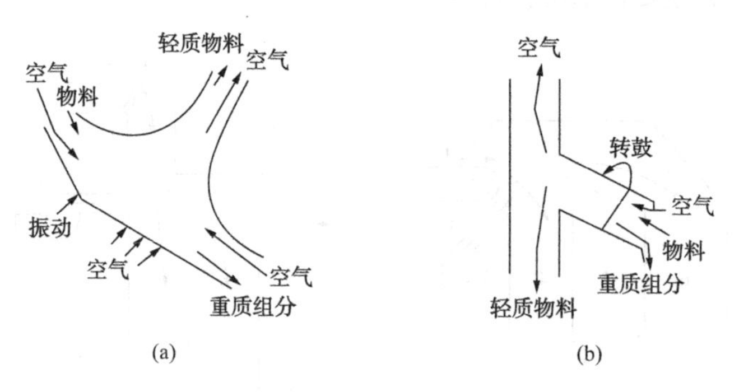

图 10-26　倾斜式气流分选机

（4）立式多段垃圾风力分选机

图 10-27 为一种获得美国专利的立式多段垃圾风力分选机的结构示意图。垃圾投入料斗 2 后，由有叶片 4 的输送机 3 投入垂直分离室 5。由风机 1 产生的气流将轻质物料升起并进入渐缩通道 6，垃圾从颈部 8 进入第一分离柱 7，利用风机 13 由下面生成的上升气流进行轻质物料的第一次分离。在分离柱 7 中轻质组分再起，经缩颈部 9 进入第二分离柱 10，进行第二次分离。重组分则经格栅 12、11 落到集料斗中，由输送机输出。分离柱的数量可根据物料所需分离的纯度而定，这种分离器与其他分离器相比，效率高、操作简便。

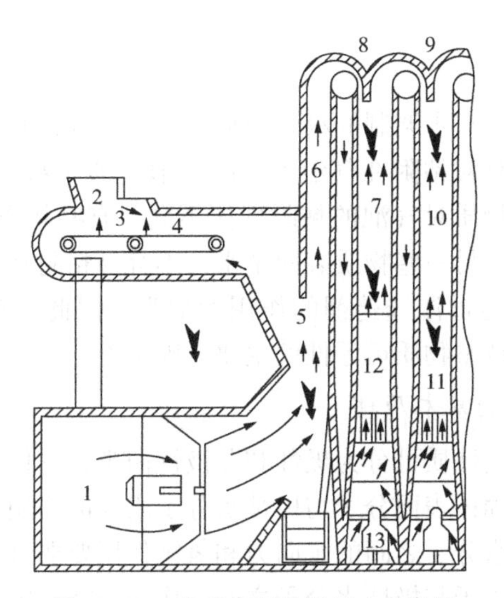

图 10-27 立式多段垃圾风力分选机

1，13—风机；2—料斗；3—输送机；4—叶片；5—垂直分离室；6—渐缩通道；7—第一分离柱；8—颈部；9—缩颈部；10—第二分离柱；11，12—格栅

10.3.1.4 摇床分选

摇床分选是细粒固体物料分选应用最为广泛的方法之一。图 10-28 是常用的摇床结构示意图。当固体废物通过给料槽进入床面时，颗粒群在重力、摇床产生的惯性力及水流冲力等的作用下产生松散分层和运动，且不同密度的颗粒沿床面纵向运动和横向运动的速度不同。大密度颗粒具有较大的纵向移动速度和较小的横向移动速度，其合速度方向趋向于重产物端；而小密度颗粒具有较大的横向移动速度和较小的纵向移动速度，其合速度方向趋向于轻产物端。于是使不同密度颗粒在床面上呈扇形分布，从而达到分选的目的。摇床分选主要用于分选细粒和微粒物料。在固体废物处理中主要用于从煤矸石中回收硫铁矿，是一种分选精度很高的单元操作。

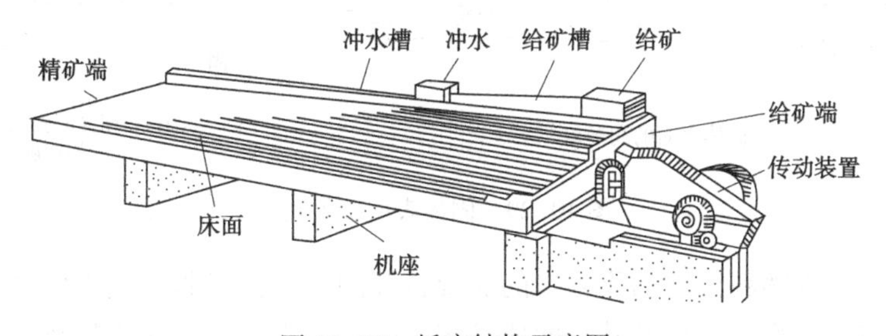

图 10-28 摇床结构示意图

10.3.2 浮选

浮选是在固体废物与水调制的料浆中加入浮选药剂，并通入空气形成无数细小气泡，使欲选物质颗粒粘附在气泡上，随气泡上浮于料浆表面，成为泡沫层，然后刮出回收。欲选物质对气泡的粘附性能不同，有些物质表面的疏水性较强，容易粘附在气泡上；而另一些物质表面亲水，不容易粘附在气泡上。物质表面的亲水、疏水性能可以通过浮选药剂的作用而加强。因此，在浮选工艺中正确选择、使用浮选药剂是调整物质可浮性的主要外因条件。

10.3.2.1 浮选的基本原理

固体废物根据表面性质可分为极性和非极性两类，它们与强极性水分子作用的程度不同，非极性固体表面分子与极性水分子之间的作用力属于诱导效应和色散效应的作用力，比水分子之间的定向力和氢键作用要弱许多；极性固体颗粒表面与水分子的作用是离子与极性水分子之间的作用，在一定范围内作用力超过水分子之间的作用力。因此，非极性固体颗粒表面吸附的水分子少而稀疏，其水化膜薄而易破裂；而极性固体颗粒表面吸附的水分子量大而密集，其水化膜厚且很难破裂。非极性固体表面所具有的这种不易被水润湿的性质称为疏水性，极性固体表面所具有的这种易被水润湿的性质称为亲水性。疏水性和亲水性只是定性表示物质的润湿性。固体表面润湿性可用气-液-固三相的接触角 ϕ 来定量表示。

固体表面接触角如图 10-29 所示。若固体表面极亲水，气相不能排开液相，接触角为 0°；反之，若固体表面极疏水，则接触角为 180°。但实际上，固体表面的接触角还未发现有超过 180°，所以各种固体表面的接触角都在 0°~180°之间。接触角的大小决定于气泡、固体表面和水三相界面张力的平衡状态。

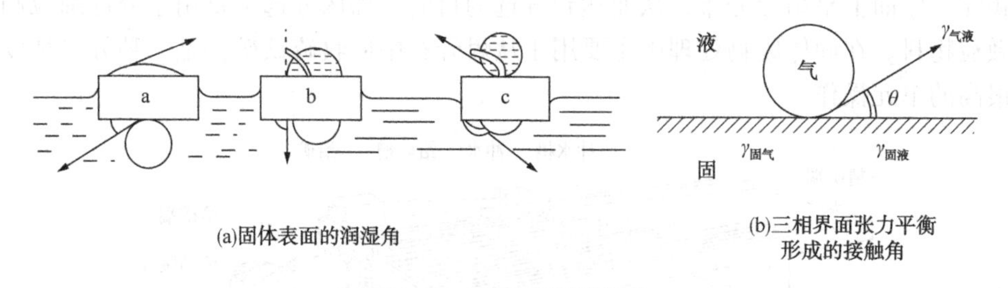

(a)固体表面的润湿角

(b)三相界面张力平衡形成的接触角

图 10-29 固体表面接触角

由于固体废物料浆中物质各自的润湿特性的差异，当非极性固体颗粒与气泡发生碰撞时，气泡易于排开其表面薄且容易破裂的水化膜，使废物颗粒粘附到气泡表面，从而进入泡沫产品；极性物质表面与气泡碰撞时，颗粒表面的水化膜很难破裂，气泡很难附着到物质颗粒的表面上，因此极性物质留在料浆中，从而实现分离。

浮选工艺过程包括浮选前料浆的调制、加药调整和充气浮选。浮选前料浆的调制主要包括废物的破碎、研磨等。加药调整时，添加药剂的种类和数量应根据欲选物质颗粒的性质通过试验确定。将调制好的料浆引入浮选机内，由于浮选机的充气搅拌作用，形成大量的弥散气泡，并提供可以与气泡碰撞接触的机会，可浮性好的颗粒附于气泡上面上浮形成泡沫层，经刮出收集、过滤脱水即为浮选产品；不能黏附在气泡上的颗粒仍留在料浆内，经适当处理后废弃或另作它用。固体废物中含有两种或两种以上的有用物质时，可采用优先浮选和混合浮选两种浮选方法。采用优先浮选法时，将固体废物中有用物质依次逐种选出，成为单一物质产品。采用混合浮选法时，将固体废物中有用物质共同选出为混合物，然后再把混合物中的有用物质逐种分离。

泡沫浮选就是浮选技术中的一种，在此基础上开发的泡沫分选机曾获得了专利。泡沫浮选过程如下：将调制好的固体悬浮液加到泡沫层上，疏水性物质粒子吸附在气泡上，富集于泡沫层中，刮出而成为泡沫产品；亲水性物质粒子在重力作用下从分选机下部排出而成为非泡沫产品。因此，本方法实质上是一种泡沫层过滤法。粒子能否通过泡沫层不在于粒度大小，而在于其浮选性能。疏水性颗粒被泡沫截留，亲水性颗粒则穿过泡沫层而被除去，此过程连续进行，从而实现分选。

10.3.2.2 浮选药剂

根据在浮选过程中作用的不同，浮选药剂可分为捕收剂、起泡剂和调整剂三大类。

捕收剂够选择性地吸附在欲选物质颗粒的表面上，使其疏水性增强，提高可浮性，并牢固地粘附在气泡上而上浮；常用的捕收剂有异极性捕收剂和非极性油性捕收剂两类：典型的异极性捕收剂有黄药、油酸等，从煤矸石中回收黄铁矿时，常用黄药作捕收剂；非极性油类捕收剂主要成分是脂肪烷烃和环烷烃，最常用的是煤油。从粉煤灰中回收炭时，常用煤油作捕收剂。

起泡剂是一种表面活性物质，主要作用是在水气界面上使其界面张力降低，促使空气在料浆中弥散，形成小气泡，防止气泡兼并，增大分选界面，提高气泡与颗粒在粘附和上浮过程中的稳定性，以保证气泡上浮形成泡沫层。常用的起泡剂有松油、松醇油、脂防醇等。

调整剂的作用主要是调整其他药剂（主要是捕收剂）与物质颗粒表面之间的作用，还可调整料浆的性质，提高浮选过程的选择性。调整剂包括活化剂、抑制剂、介质调整剂、分散剂与混凝剂等。活化剂能促进捕收剂与欲选颗粒之间的作用，从而提高欲选物质颗粒的可浮性，常用的活化剂多为无机盐。抑制剂的作用是削弱非选物质颗粒和捕收剂之间的作用，抑制其可浮性，增大其与欲选物质颗粒之间的可浮性差异，常用的抑制剂有水玻璃等无机盐和单宁、淀粉等有机物。介质调整剂主要作用是调整料浆的性质，使料浆对某些物质颗粒的浮选有利，而对另一些物质的浮选不利，常用的介质调整剂有酸和碱类。分散剂与混凝剂主要调整料浆中泥的分散、团聚与絮凝，以减小细泥对浮选的不利影响，改善和提高浮选效果。常用的分散剂有苏打、水玻璃等无机盐类和各类聚合磷酸盐等高分子化合物。常用的混凝剂有石灰、明矾、聚丙烯酰胺等。

10.3.2.3 浮选设备

浮选设备包括浮选机和浮选柱。浮选机根据充气方式不同，可以分为机械搅拌式浮选机和非机械搅拌式浮选机。浮选柱包括传统浮选柱和新型浮选柱。

(1) 浮选机

我国使用最多的浮选机是机械搅拌式浮选机，它属于一种带辐射叶轮的空气自吸式机械搅拌浮选机，其构造见图 10-30。

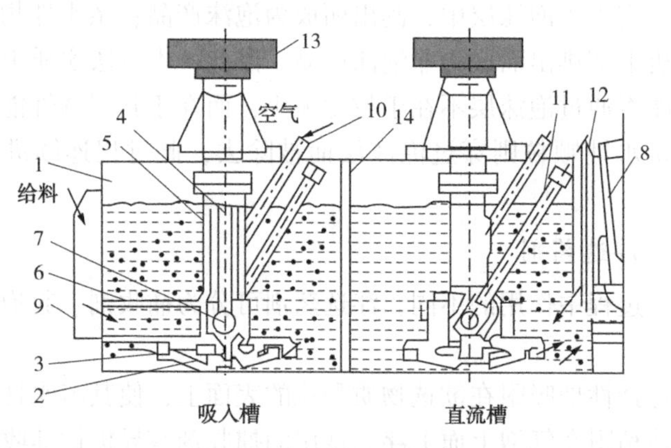

图 10-30　固体表面接触角

1—槽子；2—叶轮；3—盖板；4—轴；5—套管；6—进浆管；7—循环孔；8—闸门；9—受浆箱；10—进气管；11—调节循环量的闸门；12—闸门；13—带轮；14—槽间隔板

大型浮选机每 2 个槽为 1 组，第 1 个槽为吸入槽，第 2 个为直流槽。小型浮选机多以 4~6 个槽为 1 组，每排可以配置 2~20 个槽。每组有 1 个中间室和料浆调节装置。浮选工作时，料浆由进浆管进入，给到盖板与叶轮中心处，由于叶轮的高速旋转，在盖板与叶轮中心处造成一定的负压，空气由进气管和套管吸入，与料浆混合后一起由叶轮甩出。在强烈的搅拌下气流被分割成无数微细气泡。欲选物质颗粒与气泡碰撞粘附在气泡上，浮升至料浆表面形成泡沫层，经刮泡机刮出成为泡沫产品，再经消泡脱水即可回收。

(2) 浮选柱

1) 传统浮选柱

图10-31是国产传统浮选柱结构示意图。该浮选柱为高6~7m的圆柱体，底部装有一组微孔材料制成的充气器，上部设有给料分配器，给入的料浆均匀分布在柱体的横断面上，缓缓下降，在颗粒下降过程中与上升的气泡碰撞，实现粘附分选。浮选柱内浮选区的高度远大于其他浮选机，因此废物颗粒与气泡碰撞粘附的几率大。浮选区内料浆气流的流动强度较低，附在气泡上的疏水性废物颗粒不易脱落。浮选柱的泡沫层可达数十厘米，二次富集作用特别显著，且可向泡沫层加水以强化，往往一次粗选便可获得高质量的最终精料。浮选柱在我国应用已有多年，选择性好，适于对细粒废物进行有效分选，但充气器易堵塞是其推广应用的主要障碍。

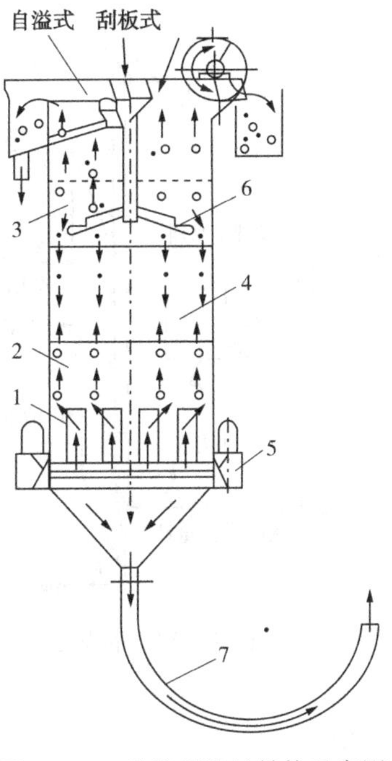

图10-31 传统浮选柱结构示意图

1—竖向充气管；2—下体；3—上体；4—中间圆筒；5—风室；6—给料器；7—尾料管

2) 新型浮选柱

近年来，国内外对浮选柱进行了深入广泛的研究，新型充气器和新型结构已用于工业生产，其中最引人注目的有静态浮选柱、微泡浮选柱和旋流浮选柱。

① 静态浮选柱如图10-32所示。其特点是在柱中充填波纹板，形成众多孔道。当空气通过众多孔道时被粉碎成气泡。两层波纹板在堆放时呈直角相交，同一层中相邻两块板也是交叉的，这样可使气泡及混合物均匀地分布在整个断面上，延长了废物颗粒和气泡的停留时间。上升的气泡被强制地与废物颗粒接触，增加了粘附概率。顶部给入的淋洗水顺着孔道向下流，不断带走杂质，尾料从底部阀门排出。

② 微泡浮选柱结构如图10-33所示。其特点是采用新型的微泡发生器。这种多孔管微泡发生器是在压力管道上设一微孔材质的喉管，喉管通过密封的套管同压缩空气相连，当料浆快速经过喉管时，压缩空气经过套管从多孔材质喉管的壁进入料浆，形成微泡，并立即被流动的料浆带走。微泡浮选柱的高度与直径比值在10~15之间，由所需的浮选时间而定。料浆由上部柱高2/3处给入，泡沫层厚度0.6~0.8m，与柱高和直径无关。淋洗水加入泡沫中间(可由试验确定)，水量按断面计算约为20cm^3/(cm^2 · min)。

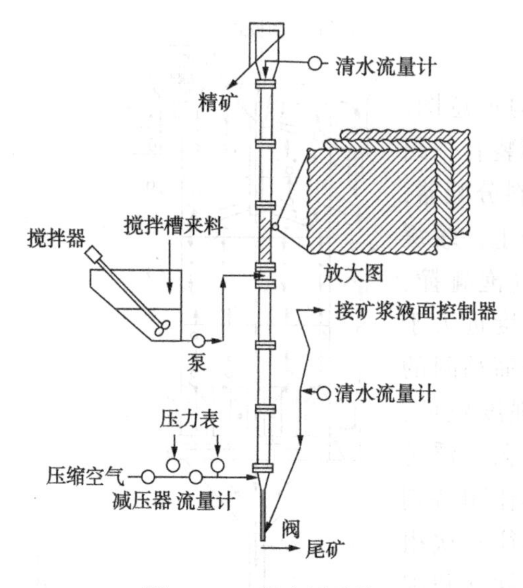

图 10-32 静态浮选柱

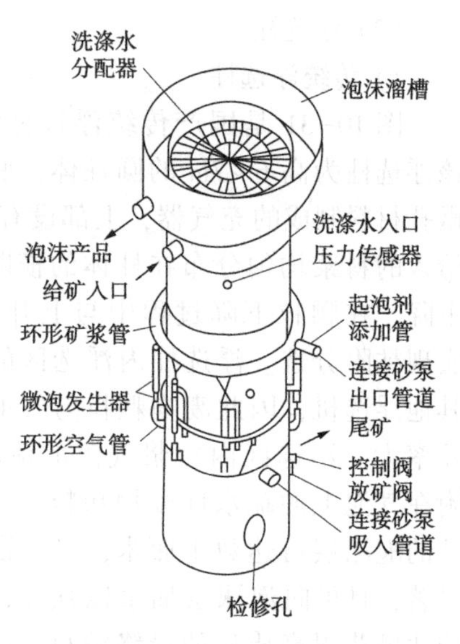

图 10-33 微泡浮选柱

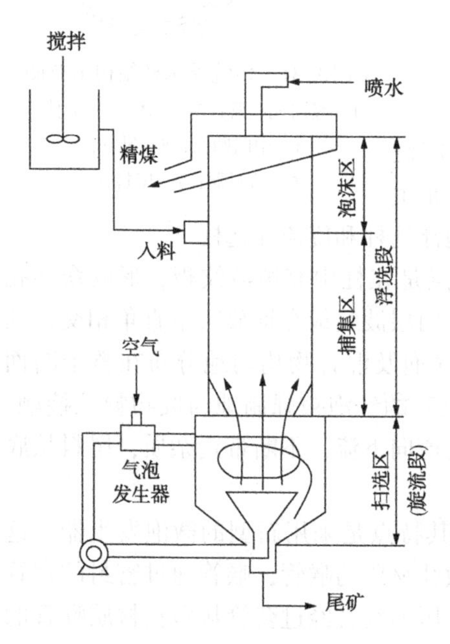

图 10-34 旋流微泡浮选柱结构及原理

③ 旋流微泡浮选柱。旋流微泡浮选柱自投入工业应用以来已形成直径 1m、1.5m、2m、3m 等系列规格。旋流微泡浮选柱的结构和原理如图 10-34 所示，包括浮选段、旋流段和气泡发生器三部分。浮选段又分为两个区：旋流段与入料点之间的捕集区(又称矿化区)，入料点与溢流口之间的泡沫区(又称精选区)。在浮选段顶部设有冲水装置和泡沫料浆收集槽。给料管位于柱顶约 1/3 处，最终尾料从旋流器的底流口排出。气泡发生器位于柱体外部，沿切线方向与旋流段相衔接。气泡发生器上设有空气入管和起泡剂添加管，气泡发生器利用循环料浆加压喷射的同时吸入空气与起泡剂，进行混合和粉碎气泡，并通过压力降低释放、析出大量微泡，然后沿切线方向进入旋流段。

气泡发生器在产生合适气泡的同时，也为旋流段提供旋流力场。含气、固、液三相的循环料浆沿切线高速进入旋流段后，在离心力作用下做旋流运动，气泡和已矿化的气固絮团向旋流中心运动，并迅速进入浮选段。气泡与从上部给入的料浆反向运动、碰撞并矿化实现分选。旋流段的作用是对在浮选段未分选的废物颗粒进行扫选，以提高回收率。

10.3.3 磁力分选

磁力分选有两种类型，一类是通常意义上的磁选，它主要应用于给料中磁性杂质的提纯、净化以及磁性物料的精选。前者是清除磁性杂质以保护后续设备免遭损坏，产品为非磁性物料；而后者用于铁磁矿石的精选和从生活垃圾中回收铁磁性黑色金属材料。另一类是近年来发展起来的磁流体分选法，可应用于生活垃圾焚烧厂焚烧灰以及堆肥厂产品中铝、铜、铁、锌等金属的提取与回收。

10.3.3.1 *磁选原理*

磁选是利用固体废物中各种物质的磁性差异在不均匀磁场中进行分选的一种处理方法。固体废物按其磁性大小可分为强磁性、弱磁性、非磁性等不同组分，磁选过程(图10-35)是将固体废物输入磁选机，其中的磁性颗粒在不均匀磁场作用下被磁化，受到磁场吸引力的作用。除此之外，所有穿过分选装置的颗粒都受到诸如重力、流动阻力、摩擦力和惯性力等机械力的作用。若磁性颗粒受力满足以下条件：

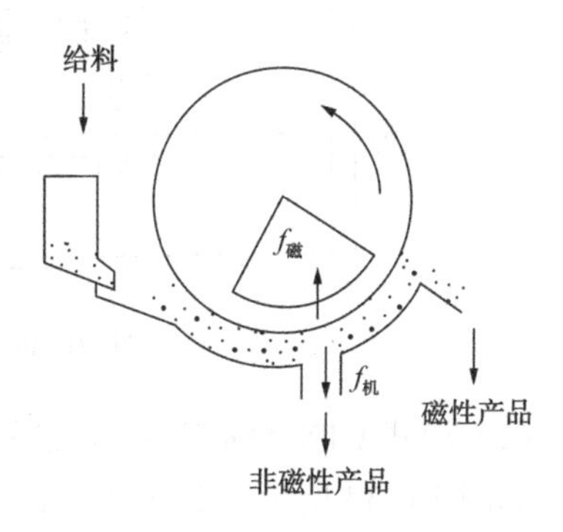

图10-35 磁选原理图

$$F_m > \sum F_i$$

式中 F_m——作用于磁性颗粒的磁力；

$\sum F_i$——与磁性引力方向相反的各机械力的合力。

则该磁性颗粒就会沿磁场强度增加的方向移动，直至被吸附在滚筒或带式收集器上，而后随着传输带的运动而被排出。其中的非磁性颗粒所受到的机械力占优势；对于粗粒，重力、摩擦力起主要作用；而对于细粒，流体阻力则较明显。在这些力的作用下，它们仍会留在废物中而被排出。因此，磁选是基于固体废物各组分的磁性差异，作用于各种颗粒上的磁力和机械力的合力不同，使它们的运动轨迹也不同，从而实现分选作业。

10.3.3.2 *磁选设备*

磁选机中使用的磁铁有两类：电磁，即用通电方式磁化或极化铁磁材料；永磁，即利用水磁材料形成磁区。最常见的几种设备介绍如下。

(1) 磁力滚筒

又称磁滑轮，有永磁和电磁两种。应用较多的是永磁滚筒，如图 10-36 所示。该设备的主要组成部分是一个回转的多极磁系和套在磁系外面的用不锈钢或铜、铝等非导磁材料制成的圆筒。磁系与圆筒固定在同一个轴上，安装在皮带运输机头部。将固体废物均匀地给在皮带运输机上，当废物经过磁力滚筒时，非磁性或磁性很弱的物质在离心力和重力作用下脱离皮带面；而磁性较强的物质受磁力作用被吸在皮带上，并由皮带带到磁力滚筒的下部，当皮带离开磁力滚筒伸直时，由于磁场强度减弱而落入磁性物质收集容器。这种设备主要用于工业固体废物或生活垃圾的破碎设备或焚烧炉前，用于除去废物中的铁器，以防止损坏破碎设备或焚烧炉。

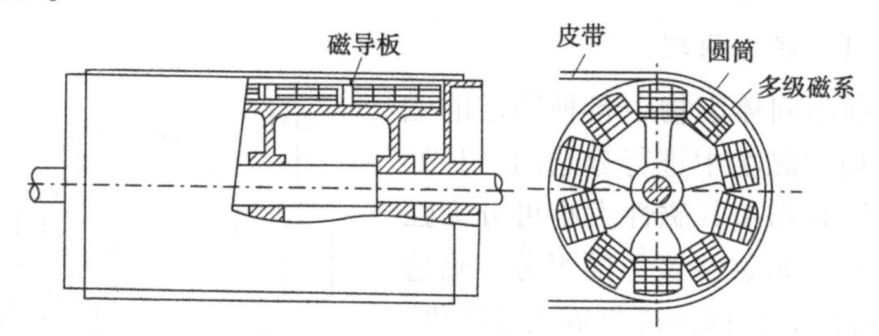

图 10-36 CT 型永磁磁力滚筒

(2) 湿式 CTN 型永磁圆筒式磁选机

如图 10-37 所示，其构造形式为逆流型。它的给料方向和圆筒旋转方向或磁性物质的移动方向相反。物料由给料箱直接进入圆筒的磁系下方，非磁性物质由磁系左边下方底板上的排料口排出，磁性物质随圆筒逆着给料方向移到磁性物质排料端，排入磁性物质收集槽中。这种设备适于粒度≤0.6mm 的强磁性颗粒的回收及从钢铁冶炼排出的含铁尘泥和氧化铁皮中回收铁，以及回收重介质分选产品中的加重质。

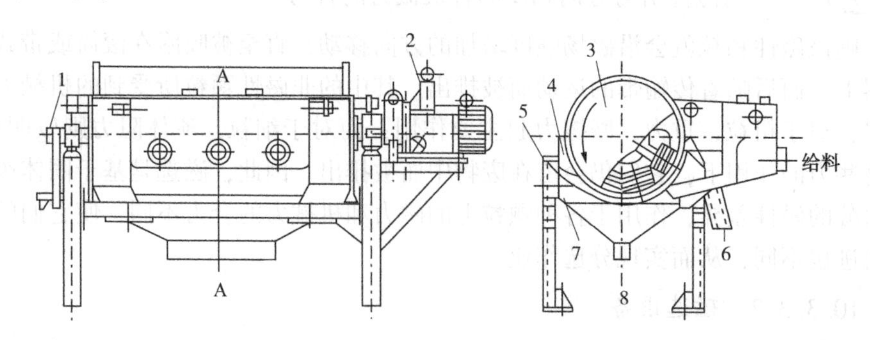

图 10-37 湿式 CTN 型永磁圆筒式磁选机

1—磁偏角调整部分；2—传动部分；3—圆筒；4—槽体；5—机架；6—磁性物质；7—溢流堰；8—非磁性物质

(3) 悬吊除铁器

主要用于去除生活垃圾中的铁器，保护破碎设备及其他设备免受损坏。悬吊除铁器有一般式除铁器和带式除铁器两种(图 10-38)。当铁物数量少时采用一般式，铁物数量多时采用带式。一般式除铁器是通过切断电磁铁的电流排除铁物，带式除铁器通过胶带装置排除铁物。作业时，物料由输送带传送经过悬吊分选机下方，非磁性物料不受影响继续前行，磁性物料则被吸附在磁选机下方，然后被吸附的铁磁性物质被分选机上的输送皮带带到上部，当铁磁性物料脱离磁场落下时被收集起来。

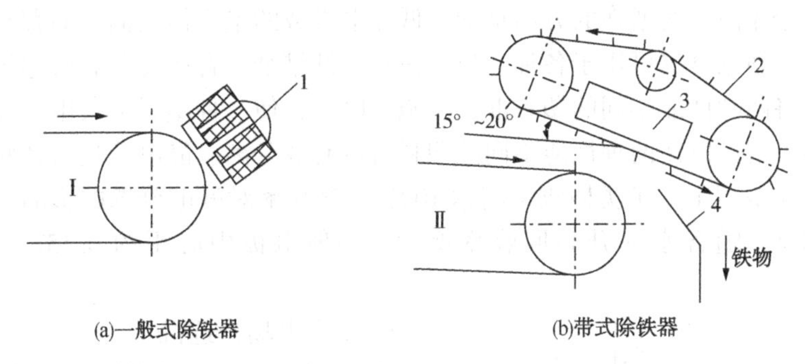

图 10-38 悬吊除铁器

1—电磁铁；2—胶带装置；3—吸铁箱；4—接铁箱

10.3.4 电力分选

电力分选简称电选，是利用生活垃圾中各个组分在高压电场中电性的差异而实现分选的一种方法。一般物质大致可分为电的良导体、半导体和非导体，它们在高压电场中有着不同的运动轨迹，加上机械力的共同作用，即可将它们互相分开。电力分选对于塑料、橡胶、纤维、废纸、合成皮革、树蜡等与某些物料的分离，各种导体、半导体和绝缘体的分离等都十分简便有效。

10.3.4.1 电选机分类

目前使用的电选机，按照电场特征主要分为静电分选机和复合电场分选机两种。复合电场分选机的电场为电晕-静电复合电场。目前大多数电选机应用的是电晕-静电复合电场。

(1) 静电分选机

静电分选机中废物的带电方式为直接传导带电。废物直接与传导电极接触，导电性好的将获得和电极极性相同的电荷而被排斥，导电性差的废物或非导体与带电滚筒接触被滚筒吸引，从而实现不同电性的废物分离。

静电分选机既可以从导体与绝缘体的混合物中分离出导体，也可以对含不同介电常数的绝缘体进行分离。对于导体(如金属类)和绝缘体(如玻璃、砖瓦、塑料与纸类等)，混合颗粒静电分选装置的主要部件是由一个带负电的绝缘滚筒与靠近滚筒和供料器的一组正电极组成，当固体废物接近滚筒表面时，由于高压电场的感应作用，导体颗粒表面发生极化作用而带正电荷，被滚筒的聚合电场所吸引。而接触后，由于传导作用又使之带负电荷，在库仑力的作用下又被滚筒排斥，脱离滚筒而下落。绝缘体因不产生上述作用，被滚筒迅速甩落，达到导体与绝缘体的分离。对于不同介电常数的绝缘体，静电分选是将待分离的混合颗粒悬浮于介电常数介于两种绝缘体间的液体中，在悬浮物间建立电场，介电常数高于液体的绝缘体向电场增强的方向移动，低介电常数的绝缘体则向反向移动，达到分离目的。静电分选可用于各种塑料、橡胶、纤维纸、合成皮革和胶卷等物质的分选，如将两种性能不同的塑料混合物施以电压，使一种塑料荷负电，另一种塑料荷正电，就可以使两种性能不同的塑料得以有效分离。静电分选可使塑料类回收率达到99%以上，纸类回收率高达100%。含水率对静电分选的影响与其他分选方法相反，随含水率升高回收率增大。一般电极中心距约0.15m，电压约35～50kV。

(2) 复合电场分选机

复合电场电选分离过程是在电晕-静电复合电场电选设备中进行的，分离过程如图10-39所示。废物由给料斗均匀地给入辊筒上，随着辊筒的旋转，废物颗粒进入电晕电场区，由于空间带有电荷，使导体和非导体颗粒都获得负电荷(与电晕电极电性相同)，导体颗粒一面荷电，一面又把电荷传给辊筒(接地电极)，其放电速度很快，因此，当废物颗粒随辊筒旋转离开电晕电场区而进入静电场区时，导体颗粒的剩余电荷少，而非导体颗粒则因放电速度慢，剩余电荷多。

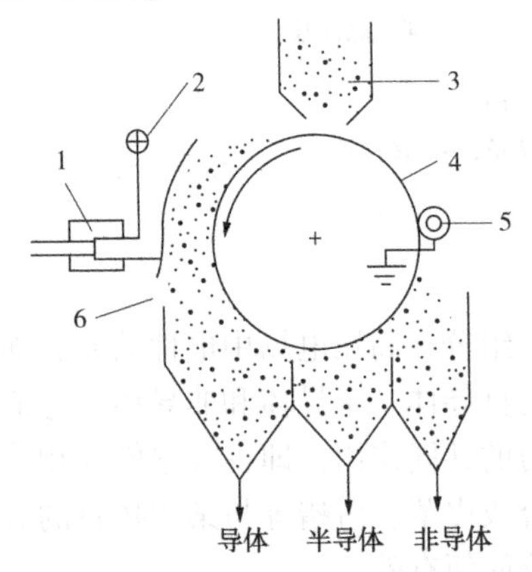

图10-39 复合电场电力分选示意图
1—高压绝缘子；2—偏向电极；3—给料斗；4—辊筒电极；5—毛刷；6—电晕电极

导体颗粒进入静电场区后不再继续获得电荷，但仍继续放电，直至放完全部负电荷，并从辊筒上得到正电荷而被辊筒排斥，在电力、离心力和重力分力的综合作用下，其运动轨迹偏离辊筒，而在滚筒前方落下。偏向电极的静电引力作用更增大了导体颗粒的偏离程度。非导体颗粒由于有较多的剩余负电荷，将与辊筒相吸，被吸附在辊筒上，带到辊筒后方，被毛刷强制刷下；半导体颗粒的运动轨迹则介于导体与非导体颗粒之间，成为半导体产品落下，从而完成电选分离过程。

10.3.4.2 电力分选设备

(1) 静电分选机

静电分选技术可用于各种塑料、橡胶、纤维纸、合成皮革、胶卷、玻璃与金属的分离。图10-40是辊筒式静电分选机的构造和原理示意图。将含有铝和玻璃的废物通过电振给料器均匀地给到带电辊筒上，铝为导体，从辊筒电极获得相同符号的大量电荷，因被辊筒电极排斥落入铝收集槽内；玻璃为非导体，与带电辊筒接触被极化，在靠近辊筒一端产生相反的束缚电荷，被辊筒吸住，随辊筒带至后面被毛刷强制刷落，进入玻璃收集槽，从而实现铝与玻璃的分离。

(2) 高压电选机

构造如图10-41所示。该机特点是具有较宽的电晕电场区、特殊的下料装置和防积灰漏电措施。其整机密封性能好，采用双筒并列式，结构合理、紧凑，处理能力大，效率高，可作为粉煤灰分选专用设备。粉煤灰均匀给到旋转接地辊筒上，带入电晕电场后，炭粒由于导电性良好，很快失去电荷，进入静电场后从辊筒电极获得相同符号的电荷而被排斥，在离心力、重力及静电斥力综合作用下落入集炭槽成为精煤。而灰粒由于导电性较差，能保持电荷，与带符号相反电荷的辊筒相吸，并牢固地吸附在辊筒上，最后被毛刷强制刷下落入集灰槽，从而实现炭灰分离。粉煤灰经二级电选分离而成为脱炭灰，其含炭率小于8%，可作建材原料。精煤含炭率大于50%，可作为型煤原料。

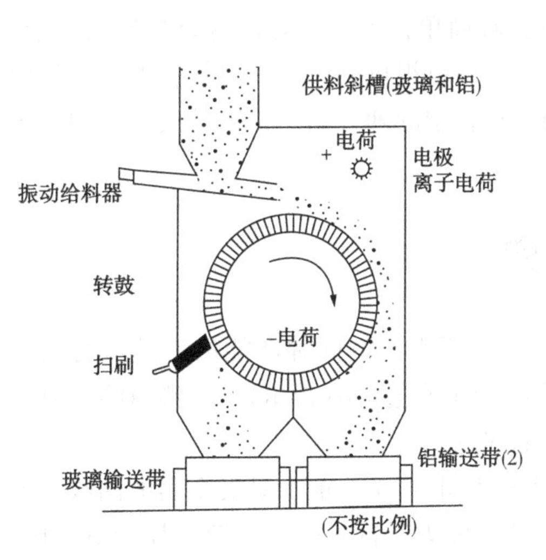

图10-40 辊筒式静电分选机

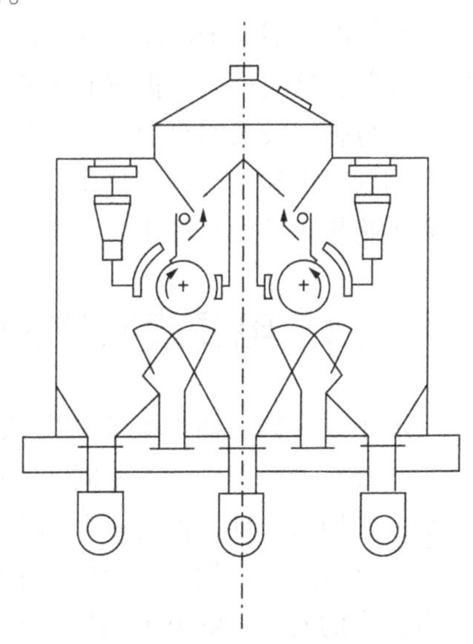
图10-41 YD-4型高压电选机

第11章　电子废弃物处理与处置

11.1　电子废弃物的分类

电子废弃物俗称“电子垃圾”，是指被废弃不再使用的电器或电子设备，主要包括电冰箱、空调、洗衣机、电视机等家用电器和计算机等通讯电子产品等电子科技的淘汰品。电子垃圾需要谨慎处理，在一些发展中国家，电子垃圾的现象十分严重，造成的环境污染威胁着当地居民的身体健康。广东的贵屿镇是我国民间电子垃圾回收分解最为集中的地区，当地人由此获得丰厚收益的同时也面临着极为严重的污染威胁。

电子废弃物种类繁多，大致可分为两类：一类是所含材料比较简单，对环境危害较轻的废旧电子产品，如电冰箱、洗衣机、空调机等家用电器以及医疗、科研电器等，这类产品的拆解和处理相对比较简单；另一类是所含材料比较复杂，对环境危害比较大的废旧电子产品，如电脑、电视机显像管内的铅，电脑元件中含有的砷、汞和其他有害物质，手机的原材料中的砷、镉、铅以及其他多种持久性和生物累积性的有毒物质等。

11.2　电子废弃物的处理

电子废弃物品种类型非常复杂，各厂家所生产的同种功能的产品从材料选择、设计、生产上也各不相同，一般拆分为印刷电路板(PCB)、电缆电线、显像管等，其回收处理一直是一个相当复杂的问题。

20世纪70年代以前，废电路板的回收技术主要着重于对贵金属的回收。但随着技术的发展和资源再利用的要求，已发展为对铁磁体、有色金属、贵金属、有机物质等的全面回收利用。许多国家都对它的处理处置做了很多的研究，开发出了很多的资源化处理处置工艺，以回收其中的有用组分，稳定或去除有害组分，以减少对环境的影响。处理处置电子废弃物的方法主要有化学处理、火法处理、机械处理、电化学法或几种方法相结合。

（1）化学处理和火法处理

化学处理是将破碎后的电子废弃物颗粒在酸性或碱性条件下浸出，浸出液再经过萃取、沉淀、置换、离子交换、过滤以及蒸馏等一系列过程最终得到高品位及高回收率的金属。但在化学处理的过程中要使用强酸和有剧毒的氰化物等，产生的废液对环境危害较大，无害化成本较高。火法处理是将电子废弃物焚烧、熔炼、烧结、熔融等，去除塑料和其他有机成分，富集金属的方法。化学处理和火法处理都适用于对贵金属的回收，但随着电子工业的发展，电子产品中贵金属的用量正在逐渐减少；同时化学处理中产生的废液和火法处理释放的有害气体都对环境存在严重的危害，所以从资源化回收、生态环境以及可持续发展战略来看，这些方法都难以推广。

（2）机械处理

利用各组分间的物理性质差异进行分选的机械处理方法，存在着成本低、操作简单、不易造成二次污染、易实现规模化等优势。目前的机械处理方法主要包括拆解、破碎、分选等，处理后物质再经过冶炼、填埋、焚烧等处理后即可获得金属、塑料、玻璃等再生原材料。因此，机械处理可以使电子废弃物中的有价物质充分地富集，减少后续处理的难度，提高回收效率。

① 拆解。

电子废弃物中含有多种电子元器件，如变压器、电池、电容、晶体管等，这些元器件中含有铅、汞、镉等多种重金属和有害物质，处理时可预先将其拆解下来，对于可靠性检测后不可回收再利用的元器件可以进行单独处理，这样不仅能富集有价物质，还可以防止其对后续工艺的污染，减少处理成本。目前，电子废弃物的拆解一般由手工完成，机械设备作为辅助，但随着电子工业的飞速发展，电子废弃物的数量日益增多，为提高处理效率，机械化处理方法势在必行。

② 破碎。

即单体的充分解离，是实现高效机械分选的前提，破碎是实现单体解离的有效方法。因此，根据物料的物理特性选择有效的破碎设备，并根据所采用的分选方法选择物料的破碎程度，不仅可以提高破碎效率，减少能源消耗，而且能为不同物料的有效分选提供前提和保证。

③ 分选。

即机械分选，主要是利用物质间的物理性质（如密度、电性、磁性、形状及表面性质等）差异来实现分离。机械分选包括湿法分选和干法分选。湿法分选有水力摇床、浮选、水力旋流分级等；而干法分选包括空气摇床、电选、磁选和气流分选等。按各组分的密度差异进行分选的技术成熟地应用于选矿行业中。由于电子废弃物中含有大量的金属和塑料，它们的密度差异较大，容易按密度分离，所以密度分选法处理电子废弃物也具有一定优势。空气摇床是一种按密度分选的设备，现已广泛应用于电子废弃物的分选过程中。其分选机理是：不同密度的颗粒混合物料给到床面上，与从床面缝隙吹入的空气混合，颗粒群在重力、电磁激振力、风力等综合作用下，按密度差异产生松散分层，重颗粒受板的摩擦和振动作用向上移动，轻颗粒浮在床面上向下漂移，从而实现了金属和塑料的分离。磁选和电选磁选是利用电子废弃物中各组分的磁性差异实现分选的，多用于除去废弃电路板中的铁磁性物质。静电分选是利用物质在高压电场中的电性差异实现分选的，对废弃物再生处理十分有效。其荷电机理有两种：①通过离子或电子碰撞荷电，如电晕圆筒型分选机；②通过接触和摩擦起电荷电，如摩擦电选，能够分选多种不同物料，尤其对两种混合塑料分选十分有效。

目前，我国大量的电子产品超期服役和废旧产品任意处置的现象较为普遍，由此产生的安全隐患、能源浪费和环境污染等问题也越来越严重。同时，由于没有便捷的回收利用渠道，还在很大程度上影响了用户更新的欲望，从而制约了新产品的开发和生产。由于发达国家立法支持废家电资源回收，规定再商品化率，我国出口的家电必然受到进口国的法律约束，如果不按照当地法律及时对报废家电进行合理回收，家电出口亦可能受阻。同样，大量从国外进口的家电产品，几年后也将是废物，如何对其回收利用，也应在进口时进行评价和约束。因此，应尽快建立废旧电子产品回收处理体系，完善相应的管理机制。我们建议做好以下几方面的工作：

① 建立相应的法律法规制度，保证废旧电子产品回收再利用有法可依，并建立规范的市场机制。明确生产企业、销售商、消费者及政府部门的相关责任和任务，规定产生废旧电子产品的单位和企业的责任。

② 制定有关政策措施，使废旧电子产品的回收再利用具有可操作性。应规定超过使用寿命的废旧电子产品禁止使用。

第 12 章　城市污泥的处理与处置

12.1　污泥的分类

污水处理厂所生产的污泥(下文简称污泥)是指污水处理厂在污水净化处理过程中产生的含水率不同的半固态或固态物质，主要由有机残片、细菌菌体、无机颗粒、胶体组成的极其复杂的非均质体，含有大量有机物、氮磷营养物、病原菌、寄生虫及重金属等，若处理不当，会对环境造成严重的二次污染，给人类造成很大的危害。面对我国日趋严峻的城镇污水处理厂污泥处理处置问题，寻找符合我国国情及各地实际情况的处理方式迫在眉睫。

(1) 污泥处置项目污泥分类方式

污泥的分类方法繁多，可按来源分类、按污泥成分及性质分类及按污泥从污水中分离的过程分类等。由于污泥的组分及性质对污泥处置工艺的影响非常大，因而理论上污泥分类方式以其性质分类为佳。但是在实际工作中，污泥接收工作是以污水厂划分的，而且同类型污水来源的污水厂其污泥组成及性质相近，适合采用同类型的污泥处置工艺，即使其污泥在成分构成比例上会有一定的差异，但可以通过调整工艺参数的方式修正其影响。因而对于污泥处置项目来说，以来源分类是符合其工作实际的分类方式。

(2) 按来源分类的污泥分类方式

按污水的来源特性不同，可将污泥分为生活污泥及工业污泥。其中，生活污泥是指生活污水处理过程中产生的污泥，其有机物含量一般相对较高，毒害性物质的浓度相对较低；工业污泥是指工业废水处理过程中产生的污泥，其特性受工业性质的影响较大，其中含有的有机物及各种污染物成分也变化较大。对工业污泥进一步根据来源细分，可分为印染污泥、造纸污泥、皮革污泥、电镀污泥、食品加工污泥、金属加工污泥等。

12.2 污泥的脱水

污水污泥是污水处理厂产生的液态或泥浆状副产物，初沉污泥的固体浓度一般为3%~5%，剩余活性污泥的固体浓度小于1%。通过浓缩和脱水，污泥浓度将会进一步增加。多数污泥浓缩装置能达到5%~10%的固体浓度，脱水装置能达到20%~50%的固体浓度。影响脱水污泥固体浓度的因素有污泥性质、调质类型、脱水装置类型等。

污泥脱水工艺主要包括机械脱水和自然脱水。对于机械脱水而言，主要有机械过滤和离心脱水等。

机械过滤脱水是以过滤介质两边的压力差为推动力，使水分强制通过过滤介质成为滤液，固体颗粒被截留成为滤饼，达到固液分离的目的。

真空抽滤是连续性操作，效率高，操作稳定，易于维修，适于各类污泥脱水。脱水后泥渣含水率为75%~80%。这种机械的缺点是运行费高，建筑面积大，开放性槽气味较大。

真空抽滤机过滤段工作真空度在300~600mmHg，脱水段为500~700mmHg，滚筒转速为0.75~1.1mm/s。

（1）板框压滤机

板框压滤机结构简单，处理污泥含水率范围较大，适应性好，滤饼含水率与滤出液含悬浮物相对都比较低，滤布寿命较长，因而得到广泛应用。缺点是操作比较繁琐。

（2）带式压滤机

带式压滤机是由上下两组同向运动的传动滤布组成，泥浆由双带之间通过，经上下压辊挤压，滤液透过滤布而排出。这种压滤机是连续操作的，适用于真空抽滤难于脱水的各种污泥，生产能力大，占地面积较小，滤饼含水率可达到70%~80%。

（3）离心脱水机

离心脱水是利用高速旋转作用产生的离心力，将密度大于水的固体颗粒与水分离的操作。离心脱水机具有操作简便、设备紧凑、运行条件良好、脱水效率高等优点，适用于各种不同性质泥渣的脱水。脱水后泥渣含水率可降低到70%。缺点是能耗较大。

（4）自然干化脱水

自然干化脱水是城市污水厂污泥常采用的利用自然蒸发和底部滤料、土壤过滤脱水的一种方法，称为污泥干化场或晒泥场。

干化场运行时，一次集中放满一块区段面积，放泥厚度约30~50cm。污泥干化周期随季节而异，在良好条件下，约为10~15天。脱水后污泥含水率可降低到60%。自然脱水设备简单，干化污泥含水率低，但占用土地面积大，环境卫生条件差，适于小规模应用。

12.3 污泥的资源化

污泥资源化技术即是通过各种物理、化学和生物工艺，改善污泥的成分和某些性质，提取污泥中有价值的组分，将其重组或转化为其他能量形式，在回收资源和能源的同时消除二次污染。如何将污泥中的有用资源经过科学系统的处理，使其变废为宝，是我国乃至世界环境界的一个重要研究课题。

污泥常见的能源化利用主要有四种形式：厌氧消化制沼气；通过焚烧回收热量；低温热解制油；建材化利用。

(1) 厌氧消化

是利用无氧环境下生长于污水、污泥中的厌氧菌菌群的作用，使有机物经液化、气化而分解成稳定物质，病菌、寄生虫卵被杀死，使固体达到减量和无害化的方法。

(2) 焚烧

污泥中含有大量的有机物和部分纤维木质素，脱水后具有一定的热值。污泥焚烧是指对脱水污泥或干燥后的污泥，依靠其自身的热值或辅助燃料，送入焚烧炉内进行热处理的过程。这不仅是一种有效降低污泥体积的方法，通过焚烧，污泥还可达到最大程度的减容，所有的病原物被杀灭，有毒物质被氧化，重金属活性降低，同时可以通过热交换装置(如余热锅炉)回收热量。设计良好的焚烧炉不但能够自动运行，还能够提供多余的能量和电力，产生的蒸汽用来供热、采暖或发电。

(3) 污泥低温热解制油技术

是通过无氧加热污泥干燥至一定温度(<500℃)，由干馏和热分解作用使污泥转化为油、反应水、不凝性气体(NGG)和炭等四种主要产品，不同类型的污泥其产油率有所不同。

(4) 污泥的建材利用

是一种经济有效的资源化方法，主要针对污泥中除了有机物之外含有20%~30%的无机物，主要是硅、铁、铝和钙等。污泥的建材化利用大致有制砖、制轻质陶粒、制熔融资材和熔融微晶玻璃、生产水泥等。

第 13 章　农业废弃物的处置

13.1　农业废弃物的分类

农业废弃物是指农业生产和农村居民生活中必然生产的非产品产出，数量大、品种多、分布广泛、可再利用、易污染环境，从广义上来讲就是农业生产和再生产链环中资源投入与产出在物质和能量上的差额，是资源利用过程中产生的物质能量流失份额。狭义的农业废弃物是指整个农业生产过程中被丢弃的有机类物质，主要有四种类型：一是农业生产废弃物，如农作物秸秆、杂草、谷壳、果壳、林木枯枝落叶、残留的农药和化肥、废旧农膜等；二是农副产品加工废弃物，如豆饼粕、木屑、糟渣、玉米芯、甘蔗渣、动物皮毛等；三是畜禽的排泄物，即畜禽粪便和畜栏垫料等；四是农村居民生活废弃物，如人类粪尿及生活垃圾等。通常说的农业废弃物主要指前三种。据统计，中国作为世界上农业废弃物产出量最大的国家，每年大约产出约 40 多亿吨，农作物秸秆 7 亿吨，其中稻草 2. 3 亿吨，玉米秸秆 2. 2 亿吨，豆类和杂粮作物秸秆 1. 0 亿吨，花生、薯类蔓藤和甜茶叶等蔬菜废弃物 1. 8 亿吨，废弃农膜等塑料 2. 5 万吨；畜禽粪便量 26. 1 亿吨，其中牛粪 12. 7 亿吨，猪粪 4. 7 亿吨，羊粪 5. 4 亿吨，家禽粪 3. 3 亿吨；乡镇生活垃圾和人粪便 2. 5 亿吨；肉类加工厂和农作物加工场废弃物 1. 5 亿吨，饼粕类 0. 25 亿吨，林业废弃物(不包括薪炭柴)0. 5 亿吨，其他类有机废弃物约有 0. 5 亿吨，折合 7 亿吨的标准煤。随着农村人口的增加和农村经济的巨大发展，预计到 2020 年，我国农业废弃物产出量将超过 50 亿吨，这些“放错位置的资源”具有巨大的资源容量和潜力。

13.2　农业废弃物的处置

农业秸杆可制取沼气和成为农用有机肥料，也是饲养牲畜的粗饲料和栏圈铺垫料。将禽畜粪便和栏圈铺垫物，或将切碎的秸秆混掺以适量的人畜粪尿作高温堆肥，经过短期发酵，可大量杀灭人畜粪便中的致病菌、寄生虫卵，各种秸杆中隐藏的植物害虫以及各种杂草种籽等，然后再投入沼气池，进行发酵，产生沼气。这种处理方法既能提供沼气燃料，又可获得优质有机肥料；粪肥经过密封处理，还可以防止苍蝇孳生。这种处理方法，在中国农村已经广泛应用，并受到世界各国的重视。蚯蚓含蛋白质丰富，是家禽、鱼类的优质饲料，蚯蚓粪是综合性的有机肥料。可以把农业秸秆、禽畜粪便及其铺垫物作为蚯蚓食料，推广到蚯蚓人工养殖业。

（1）植物废弃物利用技术

植物纤维性废弃物在农业废弃物中占有相当大的比例，同时也是农业生产的主要非产品性产出。目前，在植物废弃物处理方法中，普遍采用的技术有：废物还田技术、气化技术、固化技术等。

① 废物还田技术。是投入最小，同时也是最简便的一种资源化利用技术，是将农作物秸秆等直接退还土壤，在补充土壤有机质的同时，还能丰富土壤的微量元素，提高土壤活力。

② 气化技术。是利用气化原理将植物废弃物在有限供氧条件下转化为可燃气体的技术。秸秆等植物废弃物由 C、H、O 等元素组成，这些成分被点燃之后可以变为可燃性气体。这些气体可以作为城乡管道的供气能源或直接取代传统燃料发挥作用，从而创造更多的清洁能源。采用气化技术进行植物废弃物再利用具有较高的利用效率，将是未来农业废弃物资源化利用的一个重要发展方向。

③ 固化技术。是将松散的植物废弃物等通过压缩工艺制成固体物质的工艺技术，产出的固体物质可以是复合材料用于建筑生产，也可以是化学制品用于工业生产。

除上述技术外，还可以将多种植物废弃物按照一定比例混合后栽培食用菌或用于污染治理，在此不做赘述。

（2）动物废弃物利用技术

动物废弃物主要指禽畜饲养中所产生的粪便。在禽畜粪便处理方面，目前所采用的技术主要包括肥料化技术、燃料化技术和饲料化技术三种。

① 肥料化技术。分为堆肥技术和制肥技术。堆肥技术是利用微生物在特殊环境下将禽畜粪便转化为腐殖质土壤的技术，是一种化学降解技术。制肥技术则是运用特殊工艺处理高温堆肥产品产出颗粒化复合肥的技术。经制肥技术所产出的复合肥不仅可以为作物生长提供均衡的养分，而且使用起来也更加方便，与化学肥料相比优势显著。

② 燃料化技术是指通过厌氧菌发酵过程将禽畜粪便转化为沼气的技术。沼

气可以直接作为燃料，剩余的沼液、沼渣则可以用来肥沃土壤或者渔业养殖。因此，该项技术将禽畜饲养、农作物种植及渔业养殖等产业有机结合起来，构建出了一种可以往复循环的生态模式。

③ 饲料化技术。禽畜粪便中含有丰富的养分，比较适合禽畜反刍，禽畜粪便只要经过适当的灭菌处理，就可以用于动物商品化饲料生产。我国在禽畜粪便饲料化处理及研究方面已积累了丰富的经验。

13.3 农业废弃物的资源化

近年来，国内外农业废弃物的资源化利用技术与研究得到较大的进步，其资源化利用日益呈现多样化趋势。从总体来看，农业废弃物的资源化利用方式主要集中在肥料化、饲料化、能源化、基质化、工业原料化及生态化等几个方向。

(1) 农业废弃物肥料化应用

农业废弃物肥料化利用是一种非常传统的应用方式，分为直接利用和间接利用。

① 直接利用。就是将秸秆或粪便直接还田，该技术优点是易于操作，省工省事。有关研究表明，直接还田的废弃物在土壤中经过微生物作用进行缓慢分解，释放其中的矿物质养分，供植物吸收利用。其分解出来的有机质和腐殖质也可为土壤中的微生物及其他生物提供食物，这在一定程度上起到了改土培肥、提高农作物产量的作用。但是其缺点是自然分解速度慢、秸秆腐熟发酵过程中有可能会损坏作物根部，从而影响农作物生长。

② 间接利用。主要是废弃物通过堆沤腐解(堆肥)、过腹、烧灰等方式进行还田，这些也是几千年来农民提高土壤肥力的重要手段。但是间接利用方式也存在堆放腐解时间长，占据空间大等弊端，使得农业废弃物总量不断增加与环境承载能力不断下降的矛盾日渐突出。

随着科技水平的提高，利用催腐剂、速腐剂、酵素菌等生物制剂，将传统的发酵工艺与现代工业化设备相结合，使得农业废弃物肥料化利用迅速朝着机械化、规模化和专业化方向发展，而产业化开发利用废弃物生产有机肥产品具有产量高、周期短、肥效高、污染小、宜运输等诸多优点，但应用时也需解决能耗高、菌剂成本高等问题。

(2) 农业废弃物饲料化应用

农业废弃物中含有大量的蛋白质和纤维类物质，经过适当技术处理便可作为畜禽饲料应用，包括植物纤维性废弃物的饲料化和动物性废弃物的饲料化。

① 植物纤维性废弃物主要指农作物秸秆类物质，其中含有纤维类物质和少

量的蛋白质，利用机械加工粉碎、氨化、氧化、青储、发酵、酶解等理化方法和生物学方法进行复合处理，把动物难以高效吸收利用的秸秆类物质深加工，提高其适口性和营养价值利用率。

② 动物性废弃物的饲料化主要指畜禽粪便和加工下脚料的饲料化，其中含有未消化的粗蛋白、消化蛋白、粗纤维、粗脂肪和矿物质等，经过热喷、发酵、干燥等方法加工处理后掺入饲料中饲喂利用。但是，动物性废弃物的饲料化技术目前发展还不完善，仍存在太多的安全隐患，所以目前不是农业废弃物利用的主要发展方向。

第五篇

现代环境工程前沿热点

第14章 城市黑臭水体治理

14.1 黑臭水体治理的意义

14.1.1 黑臭水体的定义

由于我国城市发展速度不断加快，部分城市中的河道出现严重的黑臭水体，对城市居民的生活产生较大影响，降低环境质量。在城市运行过程中，如果黑臭水体现象比较严重，会污染水质、散发恶臭气味、影响空气质量。另外，由于我国部分城市中的基础设施比较落后，而水体的自我净化能力比较弱，在富营养环境下，很容易形成黑臭水体。

《城市黑臭水体整治工作指南》中对于城市黑臭水体给出了明确定义：城市黑臭水体是指城市建成区内，呈现令人不悦的颜色和(或)散发令人不适气味的水体的统称。

14.1.2 黑臭水体的判定

(1) 技术判定

当水体的透明度水深不足10cm、溶解氧<0.2mg/L、氧化还原电位(ORP)<-200mV、氨氮浓度>15mg/L时，表明水体呈重度黑臭；

当水体的透明度水深在25~10cm、溶解氧0.2~2.0mg/L、氧化还原电位(ORP)-200~50mV、氨氮浓度8.0~15mg/L时，表明水体呈轻度黑臭。

当某检测点四项理化指标中，一项指标60%以上数据或不少于二项指标30%以上数据达到“重度黑臭”级别的，该检测点应认定为“重度黑臭”，否则可认定为“轻度黑臭”。

连续三个以上检测点认定为“重度黑臭”的，检测点之间的区域应认定为“重度黑臭”；水体60%以上的检测点被认定为“重度黑臭”的，整个水体应认定为“重度黑臭”。

(2) 非技术判定

对于可能存在争议、预评估结果为无黑臭的城市水体，主管部门可委托专业机构对城市水体周边社区居民、商户或随机人群开展调查问卷，进一步判别水体黑臭状况。原则上每个水体的调查问卷有效数量不少于100份，如认为有“黑”或“臭”问题的人数占被调查人数的60%以上，则应认定该水体为“黑臭水体”。

14.1.3 黑臭水体治理的意义

通过对城市黑臭水体进行科学处理，能够对城市的水资源起到良好的保护作用，有效提升城市的生态环境质量，促进城市的可持续发展。城市黑臭水体中含有大量的有毒物质，能够散发出大量对人体有害的气味，严重污染空气环境，影响城市居民的正常生活。城市黑臭水体中含有大量的 CH_4 与 H_2S，当外界温度较高时，会产生大量的有害物质，严重污染周围的生态环境。城市水体发黑的主要原因是由于其内部的有机物比较多，水体富营养化严重。

为了推动城市的高速发展，治理城市黑臭水体特别重要。相关治理人员在实际工作中，要结合城市发展现状，运行先进的治理技术，从根本上保证城市黑臭水体得到更加科学的治理。我国的城市黑臭水体主要位于南方城市，如上海的苏州河、南京的秦淮河等。想要保证城市黑臭水体得到有效治理，国家政府有关部门需要适当加大治理力度，找到城市黑臭水体的产生原因，采取针对性治理措施。

14.2 黑臭水体形成原因及机理

14.2.1 黑臭水体形成原因

(1) 根据来源不同，造成水体黑臭的主要原因

① 点源污染：排放口直排污废水、合流制管道雨季溢流、分流制雨水管道初期雨水或旱流水、非常规水源补水等。

② 面源污染：降水所携带的污染负荷、城乡结合部地区分散式畜禽养殖废水的污染等。

③ 内源污染：底泥污染、生物体污染、漂浮物、悬浮物、岸边垃圾、未清理的水生植物、水华藻类等。

④ 其他污染：城镇污水厂尾水超标、工业企业事故排放、秋季落叶等。

(2) 根据污染因素不同，造成黑臭的主要原因

① 有机物、氮、磷等外源污染物的排放。大量有机污染物、有机还原氮、

磷等外源污染物进入水体后，在氧化分解过程中耗氧速率大于复氧速率，导致水体溶解氧浓度降低，水体转化成缺氧或厌氧状态。随后，厌氧微生物大量繁殖，促进有机物分解、腐败、发酵，同时产生甲烷、硫化氢等恶臭气体逸出水面进入大气，造成水黑发臭。

② 底泥等内源污染物的影响。底泥是排入河流中各种污染的主要归属是城市水体的主要内源污染物。沉积底泥在水体冲刷和人为影响下再悬浮，随后，吸附在底泥颗粒上的污染物在一系列物理、化学、生物作用下释放回水体，造成水体二次污染。同时，大量的底泥也是各种微生物繁殖的温床，其中，放线菌和蓝藻通过代谢作用使得底泥甲烷化、反硝化，导致底泥上浮及水体黑臭。

③ 水动力学条件不足。水动力学条件不足、水循环不畅也是引起水体黑臭的原因之一。河道水量不足、流速低缓导致污泥淤积、污水滞留、垃圾沉淀、水体复氧速率衰减、河道的渠道化、硬质化导致河道系统生态环境异质性降低，污染物积累，水体自净能力减弱，生态系统退化，最终形成黑臭水体。

④ 水体热污染。水体热污染通常来源于工业冷却水及居民生活污水，它不仅影响到水体中动植物的生存和繁殖，而且会促使微生物活动异常，溶解氧浓度大幅度降低。当水体温度低于8℃或高于35℃时，放线菌分解有机污染物的活动受到抑制，水体几乎不产生黑臭。而在25℃时放线菌的繁殖率最高，水体的黑臭也最严重。在较高水温下，硫酸盐还原菌活性显著增强，导致水体中更多的硫酸根被还原成硫化氢，使得水体发臭。

(3) 造成城市水体黑臭的其他原因

① 治理机制不健全。由于城市黑臭水体治理机制不够健全，在一定程度上影响城市黑臭水体的治理效果。在城市发展过程中，水环境具有非常重要的作用，如果城市中的城市黑臭水体比较多，水环境污染严重，则会降低城市的发展速度，严重影响城市的发展进程。现阶段，我国有关部门已经意识到城市黑臭水体治理的重要性，并制定了相应的治理方案，但是，部分城市的城市黑臭水体治理机制仍然不够完善，严重影响生态环境质量。

② 缺乏相关规范。我国大部分城市中的河道缺少监测断面，河道的水质较差，影响城市黑臭水体的治理效果。由于国家缺乏城市黑臭水体治理规范，很多地方政府在治理城市黑臭水体的过程当中缺乏合理的治理依据，影响城市黑臭水体的治理进度与质量。另外，由于城市水资源需求量逐年增加，大部分地方政府对城市黑臭水体治理缺乏足够的重视，降低城市水资源的利用率，严重影响城市的发展速度。

③ 治理方法不科学。由于城市黑臭水体治理方法不科学，严重降低城市黑臭水体治理质量，影响城市的快速发展。很多城市在治理城市黑臭水体的过程当

中，由于缺乏合理的黑臭水体治理方法，城市黑臭水体没有得到科学治理，影响城市的空气质量与环境质量。例如，有些城市采用“河渠加盖”的方式进行治理，虽然在短时间内减少了臭味的散发，但是城市水质会不断下降，降低城市居民的生活质量。

14.2.2 黑臭水体形成机理

(1) 致黑机理

基于目前国内外研究结果，水体致黑机理大致分为：①水中的 Fe、Mn 元素在缺氧条件下被还原，与水中的硫化物反应生成的 FeS、MnS 等带负电胶体，这些胶体悬于水中或浮于水体表面，使水体呈现黑色；②有机物只要达到一定负荷水平就对水体有致黑作用，尤其是含硫有机物，能使水体在 7~13 天就变黑，且含硫有机物能使原本黑臭的水体颜色变得更深；③水体中的不溶性物质和溶于水的带色有机化合物(主要是腐殖类物质)也是造成水体颜色加深的重要因素。

(2) 致臭机理

水体中的致臭物质主要有以下几种：①硫化氢、氨：大量有机物在厌氧菌作用下会分解产生硫化氢、氨、硫醇等发臭物质；②硫醚类物质：腐殖酸、富里酸的水解产物在水体中脱氨基、脱羧酸或在细菌分解作用下会产生游离氨臭气和具有相当臭味的硫醚类物质；③土臭素和异莰醇：厌氧条件下，厌氧放线菌分泌产生土臭素和异莰醇；④乔司脒和 2-二甲基异莰醇：蓝藻、硅藻等产生的乔司脒和 2-二甲基异莰醇在低浓度下就能导致水体发臭；⑤DMTS：底泥释放的硫化氢与死亡藻类在缺氧腐败过程中产生的 DMTS 具有臭味。

目前对黑臭水体产生的原因及机理的研究已经有了一定的进展，但依然存在较多不足，形成机理还未全面明确。黑臭水体的形成是一个复杂的过程，对具体河道的黑臭原因，应结合具体情况和环境因素进行综合分析。对不同地区、不同类型、不同污染源、不同水体功能类别进行区分，明确湖、塘、江河以及城市沟渠等不同类型水体在黑臭形成中的差异，才能有针对性地确定治理对策。黑臭水体的形成是多因素共同作用的结果，各因素是如何作用以及影响的，都是下一步应该深入研究的问题。

14.3 黑臭水体治理技术

14.3.1 黑臭水体治理的总体设计

① 黑臭水体的治理必须同城市开发和建设协同推进，避免新增城市黑臭水

体。黑臭水体的形成与城市的无序开发和建设密切相关，黑臭水体的治理需融入新型城镇化建设过程中，与生态城市建设、海绵城市建设以及地下综合管廊城市建设等相融合。编制《城市环境总体规划》引导和优化城市开发建设，严格城市水域空间的蓝线管控，为城市河湖保护提供生态屏障。加强城市良好水体保护，防止水质退化，避免新增城市黑臭水体。

② 黑臭水体治理必须坚持综合施策和系统治理，实现河畅、水清、岸绿、景美的目的。国家层面应制定和出台“黑臭水体评定技术标准”，“黑臭水体综合整治方案编制技术指南”，“黑臭水体消除验收标准”等技术文件，加强黑臭水体环境综合整治的全过程管理，指导地方各级政府开展环境综合整治工作。首先是要减少污染物排放，强化城市管网等基础设施建设，切断直排入河的污染通道；重视城市面源治理，减少初期雨水污染对河道水体的冲击；实施河道生态疏浚，减少内源污染；城市污水处理厂尾水通过人工湿地、净化塘等进行深度处理和回补河流，给城市水体进一步减负。其次是重视河道补水，及时将再生水、雨水等补充到河道，保证河道生态流量，维持河道水体流动性。最后是重视河道的生态化改造，通过跌水以及曝气设施建设等改善水动力条件，解决河道流速慢、水动力不足的问题，提高水体的自净能力。

③ 黑臭水体治理需发挥公众监督，将“互联网+”融入黑臭水体治理。公众是消除黑臭水体的最大利益相关者，对黑臭水体具有知情权、表达权和监督权。移动互联时代为创新环境保护公众参与方式、方法和途径提供了机遇和契机。借助移动互联平台的便捷性，搭建黑臭水体信息平台，有利于公众举报和参与黑臭水体治理。公众对黑臭水体治理对象、治理进程和治理效果的监督管理，有利于倒逼地方政府加快治理进度，早日消除黑臭水体。

④ 黑臭水体治理应当发挥社会资本的作用，破解治水融资难的困局。目前，黑臭水体综合整治的市场化机制不足，资金筹集以地方财政收入为主，未充分调动社会资本的参与。将黑臭水体整治融入城市建设中，挖掘与黑臭水体治理相关周边土地开发、生态旅游等收益创造能力较强的配套项目资源，实施行业“打包”，实现组合开发，吸引社会资本参与，鼓励采用PPP等模式，达到加快黑臭水体治理的目的。

黑臭水体治理工作流程见图14-1。

14.3.2 黑臭水体治理的“七字法”

如何综合、系统、具有联动机制地对城市黑臭水体进行治理，可以采取“七字法”方法进行系统、全面、有针对性的治理，其分别是“截、引、净、减、调、养、测”。

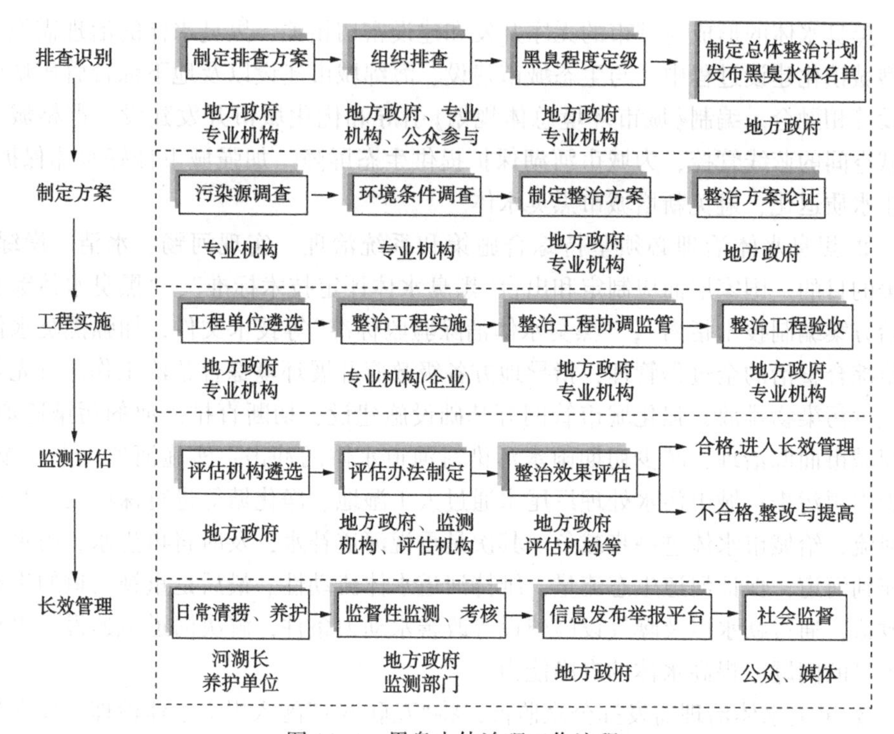

图 14-1　黑臭水体治理工作流程

截：切断点源污染产生的污水；

引：将点源污染与面源污染产生的污水通过对应手段引入湿地或生态岸带等功能体；

净：通过湿地、生态岸带以及其他净化功能体处理污染水体与降水、径流；

减：将水体中的有机质成分降低，淤泥减量；

调：调入新水体补入水道、湖体等；

养：整治内源污染，通过微生物复合菌进行水体营养结构恢复、稳定或重建生态系统和食物链结构；

测：数据检测与水体实时监测，应对突发状况，保证水体治理的数据精准。

黑臭水体的形成是多因素共同作用的结果，各因素是如何作用以及影响的，都是下一步应该深入研究的问题。

14.3.3　黑臭水体常用治理技术

根据《城市黑臭水体整治工作指南》，城市黑臭水体的治理应该按照“控源截污、内源治理；活水循环、清水补给；水质净化、生态修复”的基本技术路线具体实施。

(1) 控源截污

控源截污是从源头控制外源污染物进入水体，是黑臭水体整治的基础和前提。该方法直接有效，但工程量大、投资大、工期长，需同时兼顾点源与面源的污染控制，并结合城市规划建设统筹考虑。

① 点源控制。点源控制的主要方式是截污纳管，即通过沿河道敷设污水截流管线，将污水收集后排放至市政污水管道系统，从而减少直接入河的污水。在条件许可的情况下，城市河道主要采用沿河边敷设截污管道的方式，施工方便，截污效果最佳。如果遇到河道两侧建筑临河而建，无空间敷设截污管道，可以考虑在河道内侧敷设。

② 面源控制。通常所说的面源污染，是指污染物进入水体的方式是广泛的、随机的、偶然的，没有固定的排放口。城市面源污染主要由初期雨水、禽畜废水、固体废弃物等组成。我国城市面源污染的特征是：污染严重，污染物以SS、COD和营养物质为主，且污染呈现出一定的地域性和时间性。面源污染控制主要从三方面入手：一是对源头的控制；二是对污染物扩散途径的控制；三是终端治理。目前在城市面源污染控制中应用较广泛的工程措施有植被过滤带、滞留/持留系统、雨水收集处理系统、人工湿地、渗透系统、过滤系统等。

(2) 内源治理

内源治理除了对水体中的生物残体、垃圾进行清理，主要指对污染底泥进行处理。

① 清淤疏浚。是指对悬浮于淤泥表层的污染底泥进行清除，以利于水生生物种群的恢复。但是需注意控制清淤的深度，保护下层底泥不被破坏，避免破坏水体原有生态系统。此外，疏浚底泥的数量大、成分复杂，若处理不善，可能会对周围的环境造成二次污染。目前已成功开发高效脱水、制建材、制陶粒等底泥资源化利用技术，为实现疏浚底泥的妥善管理提供了新思路。

② 底泥原位修复。污染底泥的原位修复技术，是指不通过疏浚，直接在原地进行底泥治理的技术。水体中溶解氧和营养盐的缺乏导致许多土著微生物对水体的自然净化过程缓慢。底泥原位修复即是通过向水体投加底质改良剂，在提高土著微生物活性和繁殖能力的同时，引入多种特效微生物及微生物生长所需的营养物质，加速微生物对污染物的分解。达到于原地快速分解底泥中的污染物、净化水质的目的。

(3) 活水循环与清水补给

活水循环与清水补给都是通过改善水体的水动力条件来缩短水体交换周期，修复受损生态系统。目前最直接有效的方法是调水引流。太湖水环境治理实践证明，科学合理的调水引流增强了太湖流域平原水网河湖水体的有序流动，显著提高了水环境容量。但是，此方法的投资较大，持续性不强，对引水水体和引入水体还可能产生负面影响，引起两水体的生态系统发生变化。实践证明，想要有效治理水体黑臭，需要坚持长期的调水引流工作，同时结合污染源控制和彻底清淤。

(4) 水质净化与生态修复

① 絮凝沉淀。絮凝沉淀净化水质的方法包括向水体投加絮凝剂促进悬浮物絮凝、投加铁盐促进磷沉淀、加入脱氨剂。这类方法一般不受气候条件影响，短期内见效快。此方法实际上只实现了污染物的转移，并没有将污染物彻底去除。化学药剂成本较高对水体的生态环境和生物生长都有一定的影响，容易产生二次污染，因此一般只作为应急或辅助措施使用。

② 岸带修复。传统的“三面光”、不透水的硬质护岸割裂了土壤与水体的渗透关系，破坏了生物多样性，影响了河流的自净能力。岸带修复是指为防止岸带受冲刷，在坡面上所做的各种铺砌和栽植，将硬质护岸改造成梯田式软质生态护岸，从而在保持边坡稳定的基础上，提高边坡的生物多样性，增加岸带与水文的沟通联系，形成水-土-生物之间良性循环，构建一个平衡多样的边坡生态系统。

具体修复措施包括：以石块和植被代替传统的浆砌石或钢筋混凝土挡墙；改变河岸带的曲度，以缓解河岸被过度冲刷的现象；丰富水生植物的种类和数量；减少硬化坡面和直立式护坡，减缓坡度大量种植乔木、草本和灌木植被等。

采用生态护岸，能够有效保持水土并对地面径流截污，在保证河道行洪功能的同时，打造秀美岸带景观。

③ 生态净化。生态净化即是利用微生物-植物生态系统有效去除水体中的有机物、氮、磷等污染物。主要净化机理包括以下几方面：植物直接吸收水体中的氮、磷作为营养物质；植物根系对氮、磷和有机物的截留吸附作用；植物与藻类生长，部分植物还能分泌抑藻物质，在一定程度上抑制了藻类的快速繁殖；植物根系表面形成的生物膜可以降解水中的污染物；植物分泌的生化酶有助于促进有机污染物的降解和转化。常用的植物净化技术有人工湿地、水生植物氧化塘、生态浮床、人工浮岛等。水生植物的选择应该从植物生长期、生存能力、当地环境、经济性和景观性几方面考虑，尽量选择繁殖能力强、抗逆性强、根系发达、易栽培管理和具有观赏性的当地物种，避免外来物种入侵而导致的生态问题。人工湿地、生态浮岛和水生植物修复技术不仅能有效减轻水体黑臭，而且具有良好的景观功能，有效增加城市的绿化面积，同时提高水体内部和周围环境的生物多样性。与调水引流、清淤疏浚等物理方法相比，成本低，易于管理和维护。此类技术对严重污染河道的改善效果不显著，且易受水文和气候等外部条件影响。

④ 人工增氧。人工增氧作为一种投资适中、见效快、无二次污染的生态修

复技术，对消除水体黑臭具有显著的效果。英国的泰晤士河、德国的鲁尔河和澳大利亚的天鹅河等在治理中都先后利用曝气增氧作为快速改善河流水质、改善环境的手段。但是该方法耗能较大，有噪音，在低水位或者通航的航道不适用。研究表明，不同的曝气方式对水体黑臭的治理效果有显著影响。其中采用对底泥曝气的方式对改善黑臭底泥的理化性质和黑臭现象的消除明显优于上覆水曝气方式。

(5) 组合工艺

由于黑臭水体的形成是由多方面的原因共同造成的，同时各水体的外部环境、内部污染水平不相同，因此，单一技术措施往往无法满足黑臭水体的治理。例如：多数情况下，黑臭水体本身有益微生物量太少，仅仅依靠人工曝气，污染物降解速率有限，因此，投加外源微生物是提高曝气处理效果的较为廉价、有效的方法；水生植物有着其自身的承受极限，若水质过度恶化超过极限，会威胁到水生植物的生存，因此，将生态净化技术应用于治理严重污染的水体时，需要结合其他辅助工艺。

第15章　海绵城市建设

15.1　海绵城市的概念

15.1.1　海绵城市的定义

近年我国城市“看海”窘况频现，引发了对城市水危机的新一轮关注和对传统城市排水系统建设反思的热潮。在相关行业和学术领域，对城市雨洪综合管理利用方面先进理念的呼吁和中央政府对新型城镇化建设的生态思想指导下，住房和城乡建设部正式提出了海绵城市的概念，并发布相关指南，全国各省市纷纷响应出台相关建设计划，这是我国继园林城市、森林城市、生态城市、低碳城市等一系列政策引导的城市理念后出现的新概念。

我国《海绵城市建设技术指南——低影响开发雨水系统构建》中对海绵城市的概念进行了明确定义：指城市能够像海绵一样，在适应环境变化和应对自然灾害等方面具有良好的“弹性”，下雨时吸水、蓄水、渗水、净水，需要时将蓄存的水“释放”并加以利用。该概念的深层内涵可以具体分解为：一是海绵城市面对洪涝或者干旱时能灵活应对和适应各种水环境危机的韧力，体现了弹性城市应对自然灾害的思想；二是海绵城市要求基本保持开发前后的水文特征不变，主要通过低影响开发(LID)的开发思想和相关技术实现；三是海绵城市要求保护水生态环境，将雨水作为资源合理储存起来，以解城市不时缺水之需，体现了对水环境及雨水资源可持续的综合管理思想。

15.1.2　海绵城市和雨洪管理的关系

雨洪管理(Storm Water Management)的概念是一个舶来词，也可译为暴雨管理，一般是指对城市雨水的控制和利用。西方发达国家在20世纪70年代开始了该理论的实践与研究，并经历了一个不断完善的过程，最终形成了较完善的城市雨洪管理体系，较典型的主要有美国的最佳管理措施(BMP)及低影响开发(LID)

体系、澳大利亚的水敏感城市设计(WSUD)、英国的可持续排水系统(SUDS)、新西兰的低影响城市设计和开发(LIUDD)等。

相对而言，我国雨洪管理体系研究起步较晚，且现有城市雨洪规划和管理体系较为落后。21世纪初，面对我国城市化带来的越来越严峻的雨洪问题，不少学者开始借鉴发达国家成熟的城市雨洪管理先进技术和理念，结合我国国情展开相关研究和实践，取得了一定的成果，但是并未形成适合于我国城市雨洪综合管理问题的系统理论，难以推广和普及。

究其原因，如车伍教授所言："雨洪管理被直译为暴雨管理，从该领域的发展及内涵看这显然都不够准确且容易引起误解"，即"雨洪管理"作为外来词汇的中文直译，对其词义的理解具有一定的语境局限性。从字面概念来看，中文的"雨洪"或者"暴雨"特指较大强度的降雨而形成的洪水。但是对于雨洪管理理论而言，其研究对象则不仅限于暴雨，还包含中、小级别的所有降雨形成的雨水。另，"管理"一词在中文语境，也是特指非工程性的计划、组织、控制等活动过程。但是对应雨洪管理理论内涵，则包含着相关的工程性技术和非工程性管理两者。可见，单纯雨洪管理的概念，不能准确体现城市雨洪管理可持续发展要求的完整内涵，适用性有限，难以在我国学术和实践领域广泛推广和传播。

为了更清晰全面地反映该理论研究的内涵，许多学者尝试提出新的概念来替代，比如雨洪控制利用、生态海绵城市、绿色海绵。经过不断实践和发展，海绵城市概念脱颖而出，其形象的字面意义展现了城市如海绵般自由控制雨水的能力，被大家广为传之。如前文所述，《指南》的定义，更是较完整地诠释了城市雨洪管理体系的生态内涵，在指导我国城市建设实践的有效性方面具有相对较大优势。

因此，海绵城市是城市雨洪管理理论上的内涵发展和进步，明确了生态型城市雨洪综合管理思想和途径。海绵城市理念的确立和推广，为推动我国城市雨洪管理体系建设和有效解决城市发展过程中的水生态问题指明了道路，意义重大。

15.1.3 海绵城市与生态城市、低碳城市的关系

城市的快速发展常伴随着诸多生态环境问题，为了探索理想城市发展模式，我国学者和政府相继提出园林城市、生态城市、低碳城市、智慧城市等城市概念，现在又推陈出新海绵城市。通过对海绵城市与生态城市、低碳城市概念的异同进行辨析，有利于提高各概念实践的有效性，发挥综合效益。

三者概念内涵各有侧重。生态城市(Eco-city)的概念最早从生态学角度提出，是全球生态危机下的产物，侧重人与自然关系的反思，协调城市人工系统和自然生态系统的关系，是人类城市化进程中里程碑的发展理念，标志着人类从工

业文明进入现代生态文明阶段。生态城市内涵丰富，属于自然、社会、经济的复合生态系统。低碳城市(Low-carboncity)的概念在21世纪初从经济领域扩展到社会和城市领域，侧重城市交通、建筑、生产与消费等领域的发展与化石能源消耗所产生的温室气体(主要是二氧化碳)排放形成脱钩(Decoupling)的目标，强调降低城市能源消耗，减少二氧化碳排放，以应对全球温室效应和气候异常带来的生态环境问题。海绵城市的概念如前文所述，侧重于城市建设与水文生态系统的关系，强调城市应对水文自然灾害的弹性和低影响开发的城市雨洪综合管理思路。

从三者概念来看，生态城市具有最为宽泛的可持续发展内涵，是一切生态系统关系和谐发展的总和。低碳城市是以二氧化碳排放为量度，阐述人类经济社会活动(社会经济系统)与化石能源消耗(自然系统)的可持续发展内涵，强调生态的资源利用和产出。海绵城市较具体地从城市与雨洪管理角度探讨人与自然生态系统的可持续关系发展，其低影响开发和雨水资源循环利用不同于传统高碳型排放工程，在很大程度上减少碳排放，体现了低碳城市理念。

因此，海绵城市和低碳城市都属于生态城市范畴，是城市发展的具体生态途径。同时，海绵城市践行了低碳型建设理念，属于低碳城市范畴。三者存在理论递进的紧密联系，相辅相成，促进城市可持续发展理论的发展完善，成为政府实施可持续建设事业的得力抓手。

15.1.4 海绵城市建设的意义

(1) 避免和减少城市内涝的必要手段

一方面，全球气候变暖，与内涝有关的高强特大暴雨、台风等极端气候频现，城市高楼林立、循环不畅，城市上空的热气流无法疏散，城市热岛产生的局地气流上升有利于对流性降雨的发生，同时城市空气中的凝结核多，也会促进降雨，由此形成的“雨岛效应”是城市内涝的诱因之一。另一方面，在城市开发过程中，大量的硬质铺装改变了原有的生态本底和水文特征，由于降雨不能及时渗下，形成地表径流，传统的城市排水体系难以适应强降雨时形成的径流量洪峰，导致产生城市内涝。海绵城市建设的实质是控制径流，降低汇流是海绵城市控制的关键。“滞、蓄、渗、净、用、排”六字方针中的“渗”是减少屋面、路面和地面的硬质铺装，充分采用渗透和绿地技术，从源头减少径流；“滞”是通过植草沟、滞留带等工程措施，降低雨水汇集速度，延缓洪峰出现时间，降低排水强度，缓解降雨时的排水压力。通过各类绿色雨水基础设施的建设和海绵措施联合作用，达到降低地表径流量、控制城市内涝的目的。

(2) 海绵城市建设是降低径流污染的重要途径

我国的地表水资源污染形式严峻，面源污染是其主要来源之一。面源污染自

20世纪70年代被提出和证实以来，在水污染中所占比重呈上升趋势，城市面源污染是除了农业面源污染的第二大面源污染类型。城市面源污染主要由降雨径流的淋浴和冲刷作用产生。特别是在暴雨初期，由于降雨径流将地表的、沉积在下水管网的污染物在短时间内突发性冲刷入受纳水体，而引起水体污染。据观测，在降雨初期(降雨前20min)，污染物浓度一般都超过平时污水浓度，城市面源是引起水体污染的主要污染源之一。海绵城市建设六字方针中的“净”是通过人工湿地、生态湿地等措施过滤和降解汇流雨水中的污染物，达到净化水体、控制面源污染、保护城市水环境的目的。同时，雨水通过“蓄”、“滞”的过程也能对大颗粒污染物达到截留和初步净化的目的。

(3) 缓解水资源短缺的有效措施

我国水资源匮乏，淡水总量为28000亿立方米，占全球水资源的6%，人均淡水量不足世界平均水平的1/4。城市快速发展对水资源需求大，城市开发建设过度硬化造成降雨形成径流外排，导致地下水补给不足；水体污染降低了水资源的质量和数量，也加重了水资源的紧缺程度。缺水制约着经济的发展，应对水源短缺危机，一方面要治理源头污染、节约用水，另一方面要探寻新的水源管理。雨水污染程度轻，处理成本相对较低，是再生水的优质水源。在降雨时，利用自然水体和地下雨水调蓄池收集雨水，实现“器”的目的，再通过各类净化设施的处理和各级管网的辅送，将处理达标的雨水回用于市政浇洒、景观水补充等用途，不但节省了大量的自来水，而且充分、有效地“用”雨水，实现水资源的开源节流，既节约了水资源，同时也降低了污水的排放。

15.2 海绵城市建设基本原则及构建途径

15.2.1 基本原则

海绵城市建设——低影响开发雨水系统构建的基本原则是规划引领、生态优先、安全为重、因地制宜、统筹建设。

(1) 规划引领

城市各层级、各相关专业规划以及后续的建设程序中，应落实海绵城市建设、低影响开发雨水系统构建的内容，先规划后建设，体现规划的科学性和权威性，发挥规划的控制和引领作用。

(2) 生态优先

城市规划中应科学划定蓝线和绿线。城市开发建设应保护河流、湖泊、湿地、坑塘、沟渠等水生态敏感区，优先利用自然排水系统与低影响开发设施，实现雨水的自然积存、自然渗透、自然净化和可持续水循环，提高水生态系统的自然修复能力，维护城市良好的生态功能。

(3) 安全为重

以保护人民生命财产安全和社会经济安全为出发点，综合采用工程和非工程措施提高低影响开发设施的建设质量和管理水平，消除安全隐患，增强防灾减灾能力，保障城市水安全。

(4) 因地制宜

各地应根据本地自然地理条件、水文地质特点、水资源禀赋状况、降雨规律、水环境保护与内涝防治要求等，合理确定低影响开发控制目标与指标，科学规划布局和选用下沉式绿地、植草沟、雨水湿地、透水铺装、多功能调蓄等低影响开发设施及其组合系统。

(5) 统筹建设

地方政府应结合城市总体规划和建设，在各类建设项目中严格落实各层级相关规划中确定的低影响开发控制目标、指标和技术要求，统筹建设。低影响开发设施应与建设项目的主体工程同时规划设计、同时施工、同时投入使用。

15.2.2 构建途径

海绵城市——低影响开发雨水系统构建需统筹协调城市开发建设各个环节。在城市各层级、各相关规划中均应遵循低影响开发理念，明确低影响开发控制目标，结合城市开发区域或项目特点确定相应的规划控制指标，落实低影响开发设施建设的主要内容。设计阶段应对不同低影响开发设施及其组合进行科学合理的平面与竖向设计，在建筑与小区、城市道路、绿地与广场、水系等规划建设中，应统筹考虑景观水体、滨水带等开放空间，建设低影响开发设施，构建低影响开发雨水系统。低影响开发雨水系统的构建与所在区域的规划控制目标、水文、气象、土地利用条件等关系密切，因此，选择低影响开发雨水系统的流程、单项设施或其组合系统时，需要进行技术经济分析和比较，优化设计方案。低影响开发设施建成后，应明确维护管理责任单位，落实设施管理人员，细化日常维护管理内容，确保低影响开发设施运行正常。低影响开发雨水系统构建途径示意图如图 15-1所示。

海绵城市建设强调综合目标的实现，注重通过机制建设、规划统领、设计落实、建设运行管理等全过程、多专业协调与管控，利用城市绿地、水系等自然空间，优先通过绿色雨水基础设施，并结合灰色雨水基础设施，统筹应用“滞、蓄、渗、净、用、排”等手段，实现多重径流雨水控制目标，恢复城市良性水文循环。

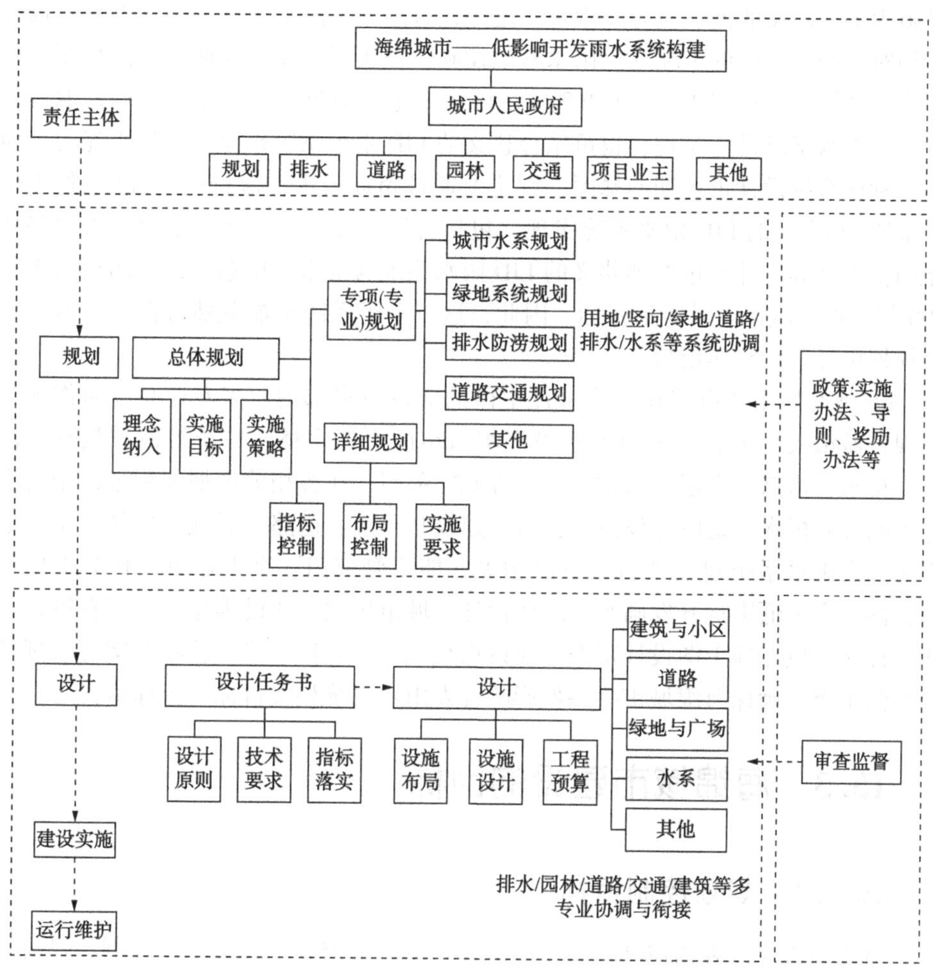

图 15-1　海绵城市——低影响开发雨水系统构建途径示意图

① 海绵城市建设应采用优先保护和科学开发相结合的低影响开发方法。首先，应最大限度地保护城市开发前的海绵要素，如原有的河流、湖泊、湿地、坑塘、沟渠等水生态敏感区，并留有足够涵养水源和应对较大强度降雨的林地、草地、湖泊、湿地，维持城市开发前的自然水文特征。其次，合理控制开发强度，并通过低影响开发设施建设，控制城市不透水面积比例，促进雨水的渗透、储存和净化，最大限度地维持或恢复城市开发前的自然水文循环。

② 海绵城市建设应统筹低影响开发雨水系统、城市雨水管渠系统及超标雨水径流排放系统。狭义的低影响开发雨水系统主要控制高频率的中小降雨事件，以生物滞留设施(雨水花园)、绿色屋顶等相对小型、分散的源头绿色雨水基础

设施为主，广义的低影响开发雨水系统还包含湿塘、雨水湿地、多功能调蓄设施等相对大型、集中的末端绿色雨水基础设施，以实现对高重现期暴雨的控制。雨水管渠系统主要控制 1~10 年重现期的降雨，主要通过管渠、泵站、调蓄池等传统灰色雨水基础设施实现，也可结合狭义的 LID 雨水系统来提升其排水能力。而高于管渠系统设计重现期的暴雨，则主要通过超标雨水径流排放系统（也称大排水系统）和广义的 LID 雨水系统实现，包括自然水体、地表行泄通道和大型多功能调蓄设施等，并通过叠加狭义的 LID 雨水系统与雨水管渠系统，共同达到 20~100 年一遇的城市内涝防治目标。因此，这三个子系统不能截然分割，需通过综合规划设计进行整体衔接。

③ 海绵城市建设应在明确责任主体的前提下多部门、多专业高度协作才能实现。城市人民政府作为落实建设海绵城市的责任主体，应统筹协调规划、国土、排水、道路、交通、园林、水文等职能部门，在各相关规划编制过程中落实低影响开发雨水系统的建设内容；城市建筑与小区、道路、绿地与广场、水系低影响开发雨水系统建设项目，应以相关职能主管部门、企事业单位作为责任主体，落实有关低影响开发雨水系统的设计。城市规划、建设等相关部门在进行具体设计时，应在施工图设计审查、建设项目施工、监理、竣工验收备案等管理环节加强审查，确保海绵城市——低影响开发雨水系统相关目标与指标落实。

15.3 海绵城市建设的目标

15.3.1 规划控制目标

海绵城市建设规划控制目标一般包括径流总量控制、径流峰值控制、径流污染控制、雨水资源化利用等，由于径流污染、雨水资源化多通过径流总量控制实现，且通过源头总量减排有助于实现径流峰值控制目标，因此可将径流总量控制作为重要的规划控制目标，并采用年径流总量控制率及其对应的设计降雨量作为控制指标。但鉴于我国地域辽阔，气候特征、土壤地质等天然条件和经济条件差异较大，径流总量控制目标需考虑以下因素因地制宜地确定：

① 考虑设计降雨量的地域分布特征。

② 考虑不同地区对雨水资源化利用及排水防涝的特殊需求。

③ 考虑 80%~85%的径流总量控制率最佳目标，以及不同地区自然条件的不同，如土壤渗透性等。

④ 考虑绿地空间与布局对低影响开发设施实施难易程度的影响。

为便于各地因地制宜地制定径流总量控制目标，《指南》给出了我国大陆地区径流总量控制区域划分图，并给出了各分区的年径流总量控制率最低与最高限值，各地可参照确定本地区的年径流总量控制率目标。

各地区应通过合理的规划设计，尽量达到各地区年径流总量控制率最高限值，当有特殊排水防涝需求时，也可突破最高限值，以综合实现径流总量减排及内涝防治目标。对于受土地利用布局、绿地率、建筑密度、土壤渗透性能、当地经济条件等因素制约，确实无法达到控制要求的特殊地区或建设项目，可适当降低径流总量控制目标。重要的是，目标的确定需要符合科学性和经济合理性，不能盲目地取大或取小。

15.3.2 规划设计落实

在城市总体规划阶段，应加强相关专项(专业)规划对总体规划的有力支撑作用，提出城市低影响开发策略、原则、目标要求等内容；在控制性详细规划阶段，应确定各地块的控制指标，满足总体规划及相关专项(专业)规划对规划地段的控制目标要求；在修建性详细规划阶段，应在控制性详细规划确定的具体控制指标条件下，确定建筑、道路交通、绿地等工程中低影响开发设施的类型、空间布局及规模等内容；最终指导并通过设计、施工、验收环节实现低影响开发雨水系统的实施。

城市规划、建设等相关部门应在建设用地规划或土地出让、建设工程规划、施工图设计审查及建设项目施工等环节，加强对海绵城市——低影响开发雨水系统相关目标与指标落实情况的审查。

15.4 海绵设施的设计要点

15.4.1 透水铺装

透水砖铺装、透水水泥混凝土铺装和透水沥青混凝土铺装，嵌草砖、园林铺装中的鹅卵石、碎石铺装等也属于渗透铺装。

① 透水铺装对道路路基强度和稳定性的潜在风险较大时，可采用半透水。

② 土地透水能力有限时，应在透水铺装的透水基层内设置排水管或排水板。

③ 当透水铺装设置在地下室顶板上时，顶板覆土厚度不应小于600mm，并应设置排水层。

15.4.2 下沉式绿地

下沉深度指下沉式绿地低于周边铺砌地面或道路的平均深度。下沉深度小于

100mm 的下沉式绿地面积不参与计算(受当地土壤渗透性能等条件制约，下沉深度有限的渗透设施除外)，对于湿塘、雨水湿地等水面设施系指调蓄深度。

透水铺装率=透水铺装面积/硬化地面总面积

绿色屋顶率=绿色屋顶面积/建筑屋顶总面积

① 下沉式绿地的下凹深度应根据植物耐淹性能和土壤渗透性能确定，一般为 100~200mm。

② 下沉式绿地内一般应设置溢流口(如雨水口)，保证暴雨时径流的溢流排放，溢流口顶部标高一般应高于绿地 50~100mm。

15.4.3 生物滞留设施

生物滞留设施见图 15-2。

图 15-2 生物滞留设施

① 对于污染严重的汇水区应选用植草沟、植被缓冲带或沉淀池等对径流雨水进行预处理，去除大颗粒的污染物并减缓流速；应采取弃流、排盐等措施防止融雪剂或石油类等高浓度污染物侵害植物。

② 屋面径流雨水可由雨落管接入生物滞留设施，道路径流雨水可通过路缘石豁口进入，路缘石豁口尺寸和数量应根据道路纵坡等经计算确定。

③ 生物滞留设施应用于道路绿化带时，若道路纵坡大于 1%，应设置挡水堰/台坎，以减缓流速并增加雨水渗透量；设施靠近路基部分应进行防渗处理，防止对道路路基稳定性造成影响。

④ 生物滞留设施内应设置溢流设施，可采用溢流竖管、盖箅溢流井或雨水口等，溢流设施顶一般应低于汇水面 100mm。

⑤ 生物滞留设施宜分散布置且规模不宜过大，生物滞留设施面积与汇水面面积之比一般为 5%~10%。

⑥ 复杂型生物滞留设施结构层外侧及底部应设置透水土工布，防止周围原土侵入。如经评估认为下渗会对周围建(构)筑物造成塌陷风险，或者拟将底部出水进行集蓄回用时，可在生物滞留设施底部和周边设置防渗膜。

⑦ 生物滞留设施的蓄水层深度应根据植物耐淹性能和土壤渗透性能来确定，一般为 200~300mm，并应设 100mm 的超高；换土层介质类型及深度应满足出水水质要求，还应符合植物种植及园林绿化养护管理技术要求；为防止换土层介质流失，换土层底部一般设置透水土工布隔离层，也可采用厚度不小于 100mm 的砂层(细砂和粗砂)代替；砾石层起到排水作用，厚度一般为 250~300mm，可在其底部埋置管径为 100~150mm 的穿孔排水管，砾石应洗净且粒径不小于穿孔管的开孔孔径；为提高生物滞留设施的调蓄作用，在穿孔管底部可增设一定厚度的砾石调蓄层。

15.4.4 渗透塘(洼地，主要是下渗和净化，没有雨水调用)

渗透塘见图 15-3。

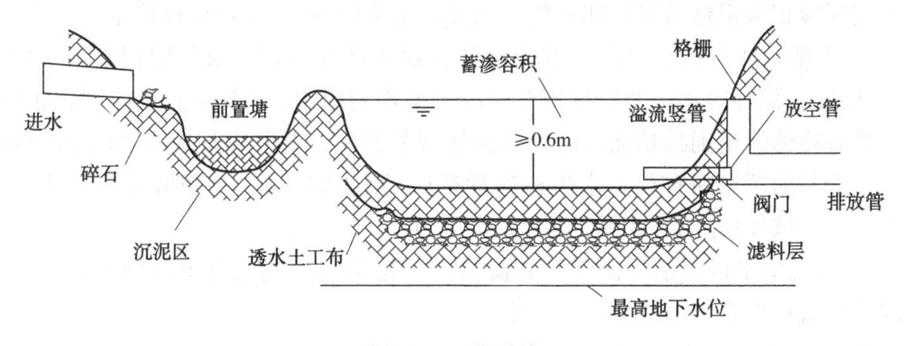

图 15-3 渗透塘

① 渗透塘前应设置沉砂池、前置塘等预处理设施，去除大颗粒的污染物并减缓流速；有降雪的城市，应采取弃流、排盐等措施防止融雪剂侵害植物。

② 渗透塘边坡坡度(垂直∶水平)一般不大于 1∶3，塘底至溢流水位一般不小于 0.6m。

③ 渗透塘底部构造一般为 200~300mm 的种植土、透水土工布及 300~500mm 的过滤介质层。

④ 渗透塘排空时间不应大于 24h。渗透塘应设溢流设施，并与城市雨水管渠系统和超标雨水径流排放系统衔接，渗透塘外围应设安全防护措施和警示牌。

15.4.5 湿塘

湿塘见图 15-4。

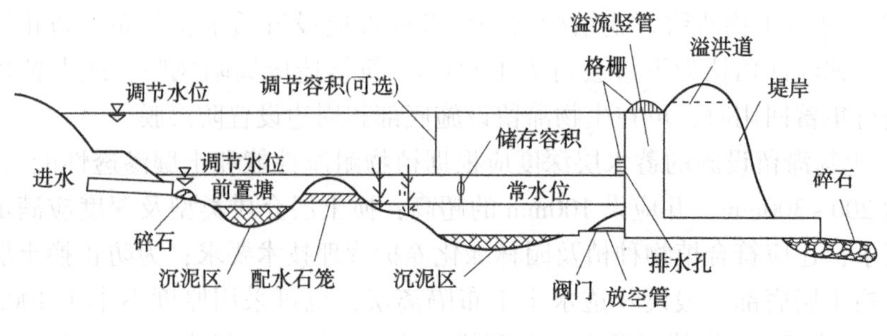

图 15-4 湿塘

① 进水口和溢流出水口应设置碎石、消能坎等消能设施，防止水流冲刷和侵蚀。

② 前置塘为湿塘的预处理设施，起到沉淀径流中大颗粒污染物的作用；池底一般为混凝土或块石结构，便于清淤；前置塘应设置清淤通道及防护设施，驳岸形式宜为生态软驳岸，边坡坡度(垂直：水平)一般为(1：2)~(1：8)；前置塘沉泥区容积应根据清淤周期和所汇入径流雨水的 SS 污染物负荷确定。

③ 主塘一般包括常水位以下的永久容积和储存容积，永久容积水深一般为 0.8~2.5m；储存容积一般根据所在区域相关规划提出的“单位面积控制容积”确定；具有峰值流量削减功能的湿塘还包括调节容积，调节容积应在 24~48h 内排空；主塘与前置塘间宜设置水生植物种植区(雨水湿地)，主塘驳岸宜为生态软驳岸，边坡坡度(垂直：水平)不宜大于 1：6。

④ 溢流出水口包括溢流竖管和溢洪道，排水能力应根据下游雨水管渠或超标雨水径流排放系统的排水能力确定。

⑤ 湿塘应设置护栏、警示牌等安全防护与警示措施。

15.4.6 雨水湿地

雨水湿地见图 15-5。

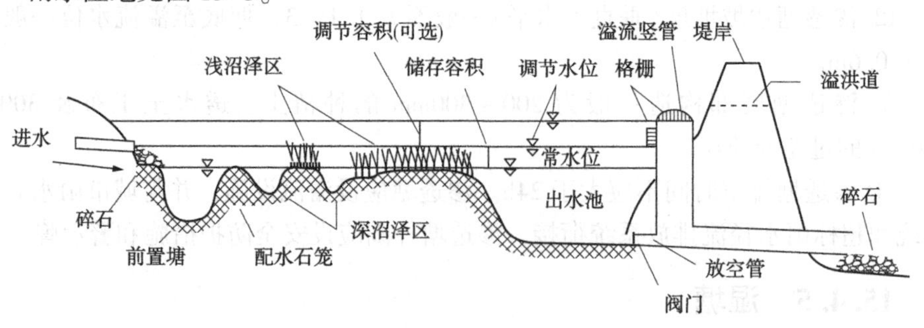

图 15-5 雨水湿地

① 进水口和溢流出水口应设置碎石、消能坎等消能设施，防止水流冲刷和侵蚀。

② 雨水湿地应设置前置塘对径流雨水进行预处理。

③ 沼泽区包括浅沼泽区和深沼泽区，是雨水湿地主要的净化区。其中浅沼泽区水深范围一般为 0~0.3m，深沼泽区水深范围为一般为 0.3~0.5m，根据水深不同种植不同类型的水生植物。

④ 雨水湿地的调节容积应在 24h 内排空。

⑤ 出水池主要起防止沉淀物的再悬浮和降低温度的作用，水深一般为 0.8~1.2m，出水池容积约为总容积(不含调节容积)的 10%。

15.4.7 植草沟

植草沟见图 15-6。

① 浅沟断面形式宜采用倒抛物线形、三角形或梯形。

② 植草沟的边坡坡度(垂直：水平)不宜大于 1：3，纵坡不应大于 4%。纵坡较大时宜设置为阶梯形植草沟或在中途设置消能台坎。

③ 植草沟最大流速应小于 0.8m/s，曼宁系数宜为 0.2~0.3。

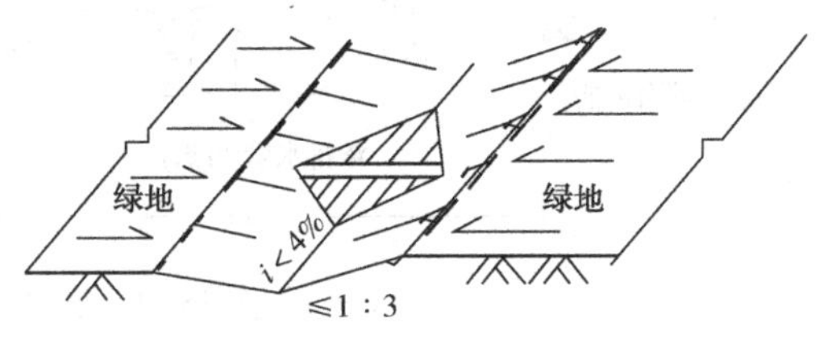

图 15-6 植草沟

④ 转输型植草沟内植被高度宜控制在 100~200mm。

15.4.8 渗管/渠

渗管/渠见图 15-7。

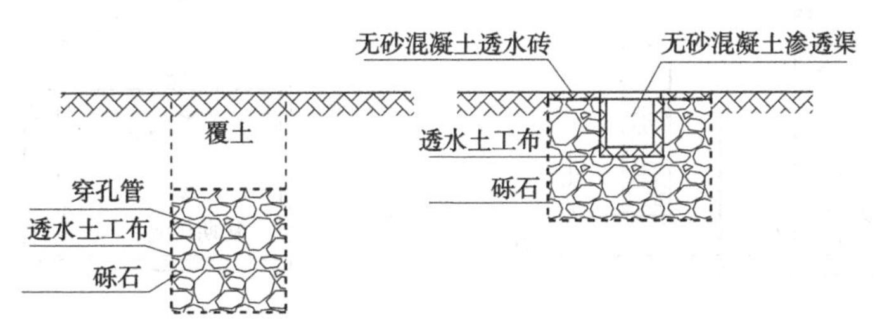

图 15-7 渗管/渠

① 渗管/渠应设置植草沟、沉淀(砂)池等预处理设施。

② 渗管/渠开孔率应控制在 1%~3%，无砂混凝土管的孔隙率应大于 20%。

③ 渗管/渠的敷设坡度应满足排水的要求。

④ 渗管/渠四周应填充砾石或其他多孔材料，砾石层外包透水土工布，土工布搭接宽度不应少于 200mm。

⑤ 渗管/渠设在行车路面下时覆土深度不应小于 700mm。

15.4.9 植被缓冲带

植被缓冲带为坡度较缓的植被区，经植被拦截及土壤下渗作用减缓地表径流流速，并去除径流中的部分污染物，植被缓冲带坡度一般为 2%~6%，宽度不宜小于 2m。植被缓冲带见图 15-8。

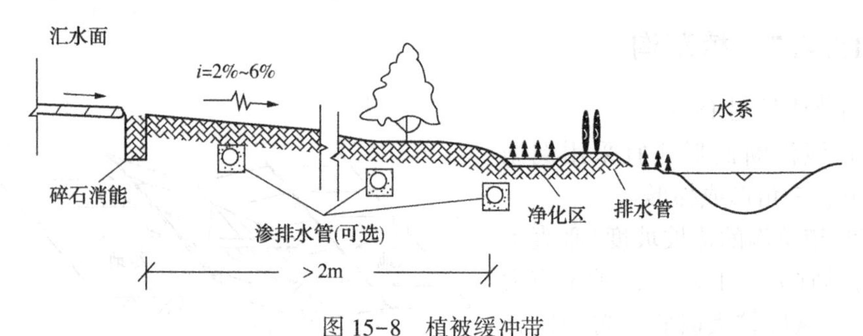

图 15-8 植被缓冲带

15.4.10 初期雨水弃流设施

常见的初期弃流方法包括容积法弃流、小管弃流法(水流切换法)等，弃流形式包括自控弃流、渗透弃流、弃流池、雨落管弃流等。适用于屋面雨水的雨落管、径流雨水的集中入口等低影响开发设施的前端。初期雨水弃流设施见图 15-9。

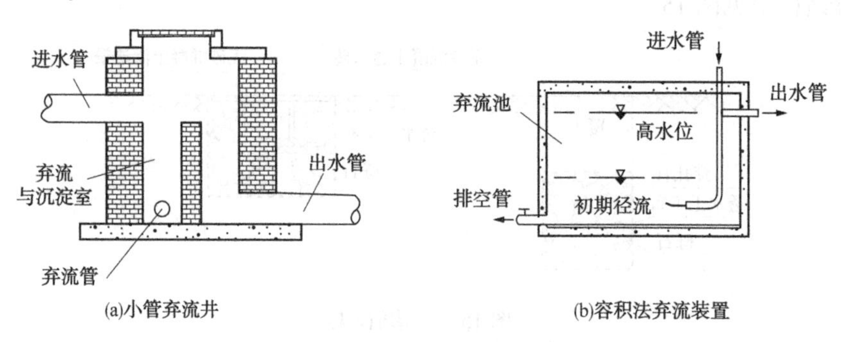

图 15-9 初期雨水弃流设施

第 16 章　雾霾治理

16.1　雾霾的定义

16.1.1　雾霾的定义

雾霾，顾名思义是雾和霾的统称。但是雾和霾的区别很大。

雾是由大量悬浮在近地面空气中的微小水滴或冰晶组成的气溶胶系统。多出现于秋冬季节，是近地面层空气中水汽凝结(或凝华)的产物。雾的存在会降低空气透明度，使能见度恶化，如果目标物的水平能见度降低到1000m以内，就将悬浮在近地面空气中的水汽凝结(或凝华)物的天气现象称为雾(Fog)。形成雾时大气湿度应该是饱和的(如有大量凝结核存在时，相对湿度不一定达到100%就可能出现饱和)。由于液态水或冰晶组成的雾散射的光与波长关系不大，因而雾看起来呈乳白色或青白色和灰色。

霾，也称灰霾(烟雾)，空气中的灰尘、硫酸、硝酸、有机碳氢化合物等粒子也能使大气混浊。将目标物的水平能见度在1000~10000m的这种现象称为轻雾或霭(Mist)。

雾霾天气是一种大气污染状态，雾霾是对大气中各种悬浮颗粒物含量超标的笼统表述，尤其是$PM_{2.5}$(空气动力学当量直径小于等于2.5μm的颗粒物)被认为是造成雾霾天气的“元凶”。随着空气质量的恶化，阴霾天气现象出现增多，危害加重。中国不少地区把阴霾天气现象并入雾一起作为灾害性天气预警预报。统称为雾霾天气。

16.1.2　雾霾的组成

霾是由空气中的灰尘、硫酸、硝酸、有机碳氢化合物等粒子组成的。它也能使大气浑浊，视野模糊并导致能见度恶化，如果水平能见度小于10000m时，将这种非水成物组成的气溶胶系统造成的视程障碍称为霾(Haze)或灰霾

(Dust-haze)，香港天文台称烟霞(Haze)。

二氧化硫、氮氧化物以及可吸入颗粒物这三项是雾霾的主要组成，前两者为气态污染物，最后一项才是加重雾霾天气污染的罪魁祸首。它们与雾气结合在一起，使天空瞬间变得灰蒙蒙的。颗粒物的英文缩写为PM，北京监测的是$PM_{2.5}$，也就是空气动力学当量直径小于等于2.5μm的污染物颗粒。这种颗粒本身既是一种污染物，又是重金属、多环芳烃等有毒物质的载体。

霾粒子的分布比较均匀，而且灰霾粒子的尺度比较小，0.001～10μm，平均直径大约在1～2μm，肉眼看不到空中飘浮的颗粒物。由于灰尘、硫酸、硝酸等粒子组成的霾，其散射波长较长的光比较多，因而霾看起来呈黄色或橙灰色。

16.1.3 雾霾的鉴别方法

雾和霾相同之处都是视程障碍物。但雾与霾的形成原因和条件却有很大的差别。雾是浮游在空中的大量微小水滴或冰晶，形成条件要具备较高的水汽饱和因素。

一般相对湿度小于80%时的大气混浊，视野模糊导致的能见度恶化是霾造成的；相对湿度大于90%时的大气混浊，视野模糊导致的能见度恶化是雾造成的；相对湿度介于80%～90%之间时的大气混浊，视野模糊导致的能见度恶化是雾和霾的混合物共同造成的，但其主要成分是霾。霾的厚度比较大，可达1～3km。

出现雾时空气相对湿度常达100%或接近100%。雾有随着空气湿度的日变化而出现早晚较常见或加浓，白天相对减轻甚至消失的现象。出现雾时有效水平能见度小于1km。当有效水平能见度1～10km时称为轻雾。霾在发生时相对湿度不大，而雾中的相对湿度是饱和的(如有大量凝结核存在时，相对湿度不一定达到100%就可能出现饱和)。霾是由汽车尾气等污染物造成的。当水汽凝结加剧、空气湿度增大时，霾就会转化为雾。

其实雾与霾从某种角度来说是有很大差别的。比如：出现雾时空气潮湿；出现霾时空气则相对干燥，空气相对湿度通常在60%以下。其形成原因是由于大量极细微的尘粒、烟粒、盐粒等均匀地浮游在空中，使有效水平能见度小于10km的空气混浊的现象。符号为“∞”。霾的日变化一般不明显。当气团没有大的变化，空气团较稳定时，持续出现时间较长，有时可持续10天以上。由于雾霾、轻雾、沙尘暴、扬沙、浮尘等天气现象，都是因浮游在空中大量极微细的尘粒或烟粒等影响致使有效水平能见度小于10km，即使是气象专业人员都难于区分，必须结合天气背景、天空状况、空气湿度、颜色气味及卫星监测等因素来综合分析判断，才能得出正确结论，而且雾和霾的天气现象有时可以相互转换。霾在吸入人的呼吸道后对人体有害，如长期吸入，严重者会导致死亡。

16.2 雾霾的形成

16.2.1 形成要素

雾霾的源头多种多样，比如汽车尾气、工业排放、建筑扬尘、垃圾焚烧，甚至火山喷发等等，雾霾天气通常是多种污染源混合作用形成的。但各地区的雾霾天气中，不同污染源的作用程度各有差异。

雾霾天气自古有之，刀耕火种和火山喷发等人类活动或自然现象都可能导致雾霾天气。不过在人类进入化石燃料时代后，雾霾天气才真正威胁到人类的生存环境和身体健康。急剧的工业化和城市化导致能源迅猛消耗、人口高度聚集、生态环境破坏，都为雾霾天气的形成埋下伏笔。

雾霾的形成既有“源头”，也有“帮凶”，这就是不利于污染物扩散的气象条件，一旦污染物在长期处于静态的气象条件下积聚，就容易形成雾霾天气。雾霾形成有三个要素：

一是生成颗粒性扬尘的物理基源。我国有世界上最大的黄土高原地区，其土壤质地最易生成颗粒性扬尘微粒。

二是运动差造成扬尘。例如，道路中间花圃和街道马路牙子的泥土下雨或泼水后若有泥浆流到路上，一小时后干涸，被车轮一旋就会造成大量扬尘，即使这些颗粒性物质落回地面，也会因汽车不断驶过，被再次甩到城市上空。

三是扬尘基源和运动差过程集聚在一定空间范围内，颗粒最终与水分子结合集聚成霾。

目前来看，在我国黄土平高原地区350多座城市中，雾霾构造三要素存量相当丰裕。

16.2.2 主要来源

（1）人为因素

城市有毒颗粒物来源：

第一，汽车尾气。使用柴油的大型车是排放PM_{10}的“重犯”，包括大公交、各单位的班车以及大型运输卡车等。使用汽油的小型车虽然排放的是气态污染物，如氮氧化物等。但碰上雾天，也很容易转化为二次颗粒污染物，加重雾霾。

机动车尾气是雾霾颗粒组成的最主要成分，最新数据显示，北京雾霾颗粒中机动车尾气占22.2%，燃煤占16.7%，扬尘占16.3%，工业占15.7%。但随着汽车技术进步以及油品质量的上升，环境管理者发现机动车尾气对雾霾天气形成并不起决定性作用，但作为一些汽车拥有量较大的城市，管理者仍然需要控制机动车排放标准，避免雾霾天气的形成。

第二，北方冬季烧煤供暖所产生的废气。

第三，工业生产排放的废气。如冶金、窑炉与锅炉、机电制造业，还有大量汽修喷漆、建材生产窑炉燃烧排放的废气。

第四，建筑工地和道路交通产生的扬尘。

第五，可生长颗粒，细菌和病毒的粒径相当于 $PM_{0.1} \sim PM_{2.5}$，空气中的湿度和温度适宜时，微生物会附着在颗粒物上，特别是油烟的颗粒物上，微生物吸收油滴后转化成更多的微生物，使得雾霾中的生物有毒物质生长增多。

第六，家庭装修中也会产生粉尘“雾霾”，室内粉尘弥漫，不仅有害于工人与用户健康，增添清洁负担，粉尘严重时，还给装修工程带来诸多隐患。

除了气象条件，工业生产、机动车尾气排放、冬季取暖烧煤等导致的大气中的颗粒物(包括粗颗粒物 PM_{10} 和细颗粒物 $PM_{2.5}$)浓度增加，是雾霾产生的重要因素。如今很多城市的污染物排放水平已处于临界点，对气象条件非常敏感，空气质量在扩散条件较好时能达标，一旦遭遇不利天气条件，空气质量和能见度就会立刻下滑。

(2) 气候因素

“雾”和“霾”实际上是有区别的。雾是指大气中因悬浮的水汽凝结、能见度低于 1 公里时的天气现象；灰霾的形成主要是空气中悬浮的大量微粒和气象条件共同作用的结果，成因有三：

① 在水平方向静风现象增多。城市里大楼越建越高，阻挡和摩擦作用使风流经城区时明显减弱。静风现象增多，不利于大气中悬浮微粒的扩散稀释，容易在城区和近郊区周边积累。

② 垂直方向上出现逆温。逆温层好比一个锅盖覆盖在城市上空，这种高空气温比低空气温更高的逆温现象，使得大气层低空的空气垂直运动受到限制，空气中悬浮微粒难以向高空飘散而被阻滞在低空和近地面。

③ 空气中悬浮颗粒物和有机污染物的增加。随着城市人口的增长和工业发展、机动车辆猛增，导致污染物排放和悬浮物大量增加。

16.3 雾霾的控制

16.3.1 主要技术措施

16.3.1.1 汽车尾气排放后处理技术——三元催化净化技术

尾气后处理技术是指在发动机的排气系统中，通过催化转化、吸附或过滤及再生的方法，减少污染物排放的技术。现在最为成功的排气后处理装置就是三效催化转化器，它可以同时将汽车尾气中主要的有害物质 CO、HC 和 NO_x 氧化还原为无害物质再排出，是汽油车上必不可少的装置。

(1) 三元催化转化器结构及原理

三元催化转化器的主要组成部分为壳体、减振密封垫、陶瓷载体及催化剂。

陶瓷载体表面的催化剂可以氧化和还原汽车尾气中的有害污染物 CO、HC 和 NO_x，将这些污染物转化为无害的 H_2O、CO_2和 N_2等，从而净化尾气。

催化剂分为氧化催化剂、还原催化剂和助催化剂三种。工程实践表明，铂(Pt)、钯(Pd)、铑(Rh)等贵金属是汽车尾气净化效果最好的催化剂。尾气中的 CO 和 HC 的还原性比较强，铂(Pt)可以催化 CO 和 HC 发生氧化反应，生成 H_2O 和 CO_2；NO_x 具有一定氧化性，铑(Rh)可以催化 NO_x 的还原反应，生成 N_2。主要方程式如下：

$$2CO+O_2 \longrightarrow 2CO_2$$

$$CO+H_2O \longrightarrow CO_2+H_2$$

$$2C_xH_y+(2x+1/2y)O_2 \longrightarrow yH_2O+2xCO_2$$

$$2NO+2CO \longrightarrow 2CO_2+N_2$$

$$2NO+2H_2 \longrightarrow 2H_2O+N_2$$

$$C_xH_y+(2x+1/2y)NO \longrightarrow 1/2yH_2O+xCO_2+(x+1/4y)N_2$$

在三元催化转化器工作时，要严格控制汽油的喷射量，确保排气中氧浓度一定，保证排气中 CO、HC 和 NO_x 的浓度成一定比例，才能将这三种有害气体同时被高效清除。

(2) 三元催化净化技术的展望

目前，三元催化转化器一般安装在汽车发动机出口处 1.2m 左右，在发动机开始工作前 200s 内，催化剂的床体温度低于 250℃，达不到催化剂的起燃温度，无法对这期间排放的尾气进行净化，因此研发新型催化剂、高效低成本的新型技术是这一技术的发展方向。

16.3.1.2 建筑扬尘控制技术

(1) 技术内容

包括施工现场道路、塔吊、脚手架等部位自动喷淋降尘和雾炮降尘技术、施工现场车辆自动冲洗技术。

① 自动喷淋降尘系统：由蓄水系统、自动控制系统、语音报警系统、变频水泵、主管、三通阀、支管、微雾喷头连接而成，主要安装在临时施工道路、脚手架上。

塔吊自动喷淋降尘系统是指在塔吊安装完成后通过塔吊旋转臂安装的喷水设

施，用于塔臂覆盖范围内的降尘、混凝土养护等。喷淋系统由加压泵、塔吊、喷淋主管、万向旋转接头、喷淋头、卡扣、扬尘监测设备、视频监控设备等组成。

② 雾炮降尘系统：主要有电机、高压风机、水平旋转装置、仰角控制装置、导流筒、雾化喷嘴、高压泵、储水箱等装置，其特点为风力强劲、射程高(远)、穿透性好，可以实现精量喷雾，雾粒细小，能快速将尘埃抑制降沉，工作效率高、速度快，覆盖面积大。

③ 施工现场车辆自动冲洗系统：由供水系统、循环用水处理系统、冲洗系统、承重系统、自动控制系统组成。可采用红外、位置传感器启动自动清洗及运行指示的智能化控制技术。水池采用四级沉淀、分离处理水质，确保水循环使用；清洗系统由冲洗槽、两侧挡板、高压喷嘴装置、控制装置和沉淀循环水池组成；喷嘴沿多个方向布置，无死角。

④ 土方现场及裸露地面需铺设防尘网。

(2) 技术指标

扬尘控制指标应符合现行《建筑工程绿色施工规范》中的相关要求。

地基与基础工程施工阶段施工现场每小时 PM_{10}平均浓度不宜大于 150μg/m^3或工程所在区域的每小时 PM_{10}平均浓度的 120%；结构工程及装饰装修与机电安装工程施工阶段施工现场每小时 PM_{10}平均浓度不宜大于 60μg/m^3或工程所在区域的每小时 PM_{10}平均浓度的 120%。

16.3.1.3 餐厨油烟净化技术

(1) 静电沉积法

静电沉积法的作用原理主要是借助电场力，促使油烟中的相关物质失去挥发性，从而实现沉积。从作用原理上来看，其与静电除尘有着类似之处。在采用静电沉积法对油烟中相关颗粒进行作用时，气体分子的电离、油烟微粒获得离子而荷电、荷电微粒向电极移动和油水混合液利用重力作用顺排泄孔排进收集器。最终可达到与气体相分离的目的。

影响静电式油烟净化设备的关键因素包括电极栅结构、尺寸、高压电源及电场数量等。理想的高压静电油烟净化器的电极栅结构能把油烟颗粒充分极化和收集，并且净化器的极化区和收集区要分开。高压静电技术应用过程中，一些直径较小的粉体颗粒物将会被有效捕获，从而能够实现对一些油雾颗粒的处理。此外，该技术的应用还能够对烟油的气味产生作用，从而去除一些刺激性气味。

(2) 过滤法

过滤法的工作原理是利用纤维垫等材料作为滤层，使油烟颗粒物在碰撞、拦截和扩散作用下被捕集于滤料中得到净化。过滤技术影响去除效率的主要因素有滤料孔隙大小、厚度、颗粒物粒径以及过滤风速等。

过滤技术的净化效率一般在80%~90%。并且技术所需要花费的资金较少，在操作上具有便捷性，能够高效地吸附颗粒物。但是在该技术应用过程中，所需要占据的空间较大，同时，设备容易损坏，尤其体现在滤网上，容易堵塞，并且不能清洗，故只能用新的滤料将其替换，这不仅增加了滤料的用量，同时设备滤网更换也会较为频繁。对于更换下来的滤网，还需要对上面的沉积物进行清除，而这需要花费一定的人力和清洁原料，故而也会增加过滤成本。正因为这样，过滤技术在小型餐饮单位中不会被采用，而对于一些大型餐饮单位，则往往会考虑该种技术。

（3）湿式法

1）水溶液吸收法

该方法的主要原理是通过除油剂、去味剂作用，促使油烟中的油性物质能够得到溶解，并且对油烟中的味道进行处理，该种水溶液在使用过程中可以反复利用。在当前的餐饮行业中，采用较多的是运用水烟罩，其处理效果较好，并且成本不高。为了保证该种净化方法的净化效果，操作人员还需要对相关因素进行控制，从而促使效果达到最佳，一般来说可控制的因素主要有喷水量、水滴直径等。研究发现，当水滴直径控制在200~450μm范围时，除油效果最好、效率最高，除油效率还随喷水量的增加而提高。

采用水溶液吸收法设计而成的油烟净化器在造型上并没有固定性，可以根据餐饮单位的具体情况对其造型进行设计。基于该种净化方法在油烟净化中的广泛应用，相关技术已经足够成熟，在技术工艺上也得到了优化，净化效果也得到了明显的提升。同时，人们还将各种净化方法进行结合，从而促使净化效果更佳，水溶液吸收法也曾与其他的方法进行结合使用，一般多与过滤技术结合，即在水淋之前加过滤网，从而对烟油进行先行净化；还可以与超声波发生器进行结合使用，从而增大吸收率。

与其他净化方法相比，水溶液吸收法具有抽风阻力较小（通常为250~500Pa）、耗费资金较少、操作简单、维修成本低等优势，其不足之处主要是运行成本大，不能够有效清除直径超小的颗粒。水溶液吸收式油烟净化器需要定期更换洗涤液，洗涤液由于吸收了油烟烟气中的污染物不能直接排入下水道，需要经过油水分离装置处理后循环使用，否则会出现二次污染问题。

2）水膜湿法

采用该技术方法对油烟净化时，其从筒下进入，烟油上升成螺旋趋势，在此过程中，一些大颗粒物质在离心力作用下将会被清除，吸附在筒壁之上，最后流经筒底，被排出。该技术中的水膜实际就是高压之下喷嘴喷出的水流或水雾，在持续作用之下，这种水膜处于流动状态，能够有效地清除油烟中的颗粒。

该净化方法相对来说能够对油烟进行高效净化，并且技术成本不高，能够为中小型餐饮单位所接受。但该技术在具体应用过程中对场地具有一定的要求，小面积场地不能够满足安装要求，此外，该技术应用时还可能会产生二次污染。就目前的应用情况来看，该技术应用较为广泛，但是基于设备的差别，在不同餐饮单位该技术的净化效果也各不相同。

(4) 氧化焚烧法

该净化方法的主要原理是对油烟中的一些毒害成分进行氧化，从而致使其生成安全性较强的物质。基于作用原理，该净化方法的实施较为复杂，作用过程也较繁琐。氧化焚烧法根据技术的不同，还可以进行分类，最为常见的就是直燃式燃烧炉技术，该技术主要是将油烟和其他物质进行混合随后通入炉内进行充分燃烧，从而使油烟中的颗粒能够得到一定程度的控制，促使油烟的气味能够得到改善。

需要注意的是，采用该技术进行油烟净化时，必须要保证燃烧过程中氧气量的充足性，从而改善作用效果，保证燃烧的完全性。在一些餐饮单位中，为了促使燃烧过程中的热量能够得到充分利用，对设备进行改善，从而形成了多级燃烧系统。

该净化方法的应用具有一定的局限性，一般多用于油炸类餐饮单位，因此，更加适合西餐，而中餐则不尽然。中餐的烹调方式多种多样，决定着与西方餐饮油烟性质存在很大的差异，因此，这种技术总体上不大适合我国的国情，适用范围比较狭窄。

16.3.1.4 燃煤锅炉超低排放技术

超低排放是指燃煤锅炉采用多种污染物高效协同脱除集成系统技术，使其大气污染物排放浓度基本符合燃气机组排放限值，即二氧化硫不超过 $35mg/m^3$、氮氧化物不超过 $50mg/m^3$、烟尘不超过 $5mg/m^3$。

(1) 二级串联吸收塔石灰石-石膏湿法脱硫技术原理及特点

① 原理：采用价廉易得的石灰石作为脱硫吸收剂，石灰石小颗粒经磨细成粉状与水混合搅拌制成吸收浆液。在两级吸收塔内，吸收浆液分两次分别与锅炉烟气接触混合，烟气中的二氧化硫与浆液中的碳酸钙及鼓入的空气进行化学反应被脱除，最终反应产物为石膏。脱硫后的烟气经除雾器除去携带的细小液滴，再经换热器加热升温后排入烟囱。脱硫石膏浆液经脱水装置脱水后回收，脱硫石膏和脱硫废水经处理后供电厂综合利用。

② 特点：石灰石-石膏湿法脱硫工艺由于具有脱硫效率高(脱硫效率可达95%~98%)、吸收剂利用率高、技术成熟、运行稳定等特点，因而是目前世界上应用最多的脱硫工艺。

（2）高效低氮燃烧器+SCR脱硝技术原理及特点

① 原理及工艺：改变通过燃烧器的风煤比例，使燃烧器内部或出口射流空气分级，以控制燃烧器中燃料与空气的混合过程，尽可能降低着火区的温度和氧浓度，在保证煤粉着火和燃烧的同时有效抑制氮氧化物生成。在富燃料燃烧条件下，选择合适的停留时间和温度可使氮氧化物最大限度地转化成氮气。

选择性催化还原(Selective-Catalytic-Reduction，SCR)脱硝技术的工艺流程为：烟气在锅炉省煤器出口处被平均分为两路，每路烟气并行进入一个垂直布置的SCR反应器里，烟气经过均流器后进入催化剂层，然后进入空预器、电除尘器、引风机和脱硫装置后，排入烟囱。在进入烟气催化剂前设有氨注入系统，烟气与液氨蒸发产生的氨气充分混合后进入催化剂层发生反应，脱去氮氧化物。

② 特点：SCR的化学反应机理比较复杂，但主要的反应是在一定的温度和催化剂作用下，有选择地把烟气中的氮氧化物还原为氮气。SCR技术具有技术成熟、运行可靠、脱除率高等特点，我国近几年也已在燃煤发电机组中大面积推广使用SCR脱硝系统。

（3）五电场静电除尘器+湿式静电除尘器原理及特点

① 原理：与常规干式电除尘器除尘相同，而工作的烟气环境不同。都是向电场空间输送直流负高压，通过空间气体电离，烟气中粉尘颗粒和雾滴颗粒荷电后在电场力的作用下，收集在收尘极表面，但干式电除尘器是利用振打清灰的方式将收集到的粉尘去除，而湿式电除尘器则是利用在收尘极表面形成的连续不断的水膜将粉尘冲洗去除。

② 特点：湿式静电除尘器除具有极高的除尘效率外，对微细颗粒物PM_{10}、$PM_{2.5}$和石膏颗粒的去除效率较高，一个电场的除尘效率能够大于90%。湿式电除尘器对烟气中雾滴的去除效果较高，去除效率可达60%。湿式电除尘器对二氧化硫的去除效率能够超过60%。同时，湿式电除尘器能够有效控制重金属汞排放，汞脱除效率能够达到40%。

16.3.2 管理措施

（1）对污染源进行分类以提高治理效率

空气污染源一般分为固定源、移动源和面源。固定源是工厂等以固定排气筒排放污染物的污染源，该类污染源的治理需要通过排污许可证来管理。移动源主要包括路上和路下两类，路上移动源主要是指机动车，路下移动源包括汽柴油发电机、推土机、剪草机等。移动源还包括飞机、火车和轮船，对该类污染源主要是通过技术进步设定排放标准和达标排放等来控制，本文对此不再继续讨论。面源包括除固定源和移动源外的全部污染源，包括小型固定源(如居民燃煤)、道路、工地、裸露地表等。

(2) 固定源治理实施排污许可证管理

2016 年国务院重新颁布《控制污染物排放许可制实施方案》，对排污许可证重新进行了规定。新排污许可证成为固定源排放的唯一行政许可，包含了对企业空气污染物排放控制的全部法规要求，审核内容包括该企业的固定源污染物排放和面源污染物排放，但一般不包括移动源。根据排污许可证的要求，企业有责任对自身的排放控制状况实施监测、保存守法记录，并对自身的守法状况进行报告。政府环保部门的主要责任包括以下几个方面：

首先，根据企业申请报告，依据法规起草排污许可证，根据行政许可法的相关规定发放排污许可证，同时根据该规定，行政许可需要清晰的告诉排污者需要遵守的相关法规及其要求。

其次，政府环保部门还要负责执行排污许可证，即通过审核守法报告、合规监测、现场核查、接受举报等方式，确保排污企业遵守了排污许可证的要求。总之，“达标排放”需要证据，而不是表格式的数字。

最后，将排污许可证、执法记录等信息向社会公开，接受社会监督，确保环保执法可核查。

一般来说，固定源是主要污染源，因其污染物产生量大，必须确保排放得到有效控制，已有的控制技术、管理技术也主要针对固定源污染排放。排污许可证制度，也是发达国家迄今为止最有效的污染控制经验。

(3) 以机动车辆为主的移动源治理

机动车辆由于分散、技术固化等特点，需要多样性和综合性的政策措施。概而言之，可分为以下三方面政策：

① 更干净的车辆：主要是指机动车尾气排放的干净程度。该类政策包括，淘汰排放标准低的老旧车辆、对柴油车安装黑烟净化装置等。尾气排放最干净的车辆是纯电动车，其运行不直接排放污染物，其次还包括氢燃料、混合动力等新能源车。

② 更快的行驶速度：是指通过加快机动车行驶速度减少污染物的排放。这类政策牵涉较广，包括道路建设、轨道交通、公共交通、城市布局、机动车停车政策、灵活上下班等。

③ 更短的行驶距离：包括城市布局、自行车出行等等。

以上政策应当在具体排放核算工具的支持下，经过成本效益分析优化，制定相应政策体系。北京等以机动车为主要污染源的大城市，由于固定源的减少，雾霾治理应把更多的资源用到移动源的排放控制上。

（4）推动社会经济发展，提高面源排放控制能力

对面源的排放控制，我国一直没有予以足够重视，也没有确定最佳实践技术路线，采取的主要措施主要包括行政直接干预、部分补贴等。北京、石家庄等城市采取的拆除锅炉、禁止燃煤等均属此类措施。这类措施虽然见效快，可是社会成本高。此外面源排放规模小、监测困难，所以对面源的排放控制既缺乏高效的技术手段，也不适合制定排放标准或者实施排污许可证制度。

我国社会经济发展的不平衡，尤其是城乡"二元"经济结构特征，使得面源已经成为一些小城市、镇以及北方区域性空气污染的重要污染源。中小型法人机构和规模以上企业，应该一并纳入监管范围。而对于居民住户等中小型燃煤污染源，目标是用清洁能源替代，减煤直至不燃煤，最清洁和方便的是电，需要解决的问题是居民的经济承受能力问题。综合以上政策措施，才能制定长期、有效的减煤计划。

对于中小燃煤污染源，可以通过直接控制燃煤量替代控制污染物的排放量，避免陷入固定源排放监测的思路。措施包括集中供热、天然气替代、其他可再生能源替代、节能等等。对于建筑工地、道路扬尘、裸露地表等实际产生量很小的面源，也不必要采用更严格的控制措施。

雾霾治理迫在眉睫。政府专业化的管理模式，可以实现环境保护和经济发展的良性循环。而具有较强针对性的专业化政策措施，也可以最快实现雾霾治理，并最终保卫我们来之不易的财富和广大人民群众的切身利益。

第 17 章　老旧垃圾填埋场修复

17.1　老旧垃圾填埋场修复的意义

我国生活垃圾无害化处理是从 20 世纪 80 年代起步的。长期以来，我国大多数城市解决生活垃圾的出路，大多以填埋作为最主要方法。由于受经济发展水平的限制和技术的制约，很多大中城市初期投资建设的填埋场未按卫生填埋场的标准进行设计，后期亦未采取有效的防护措施，因此出现了一个中国专有的概念——存量垃圾，即堆放于非正规生活垃圾堆放点和不达标的生活垃圾处理设施中的生活垃圾。

根据有关统计数据，国内已有卫生填埋场、简易填埋场和以填埋为主的综合处理场共计 2000 余座，在未来的 5~15 年，将有 1469 座填埋场陆续被填满，除此之外，各地还存在着大量小规模垃圾堆放点。这些“存量垃圾”正在引发严重的环境污染和生态安全问题。比如，填埋气中含有甲烷和硫化氢等，不但带有难闻的恶臭，还会引发温室效应、污染大气、带来爆炸和火灾等安全隐患；垃圾渗滤液中更是含有氨氮、重金属等有毒有害物质，污染地下水、地表水及土壤，严重威胁周围居民的健康。而随着国内城市化进程的加速发展，城区面积扩大，原来的填埋场已从城市边缘转变为城市的中心或居住区，占用大量土地资源，正在成为中国可持续发展和城市化进程中的突出制约因素。

国家技术标准《生活垃圾卫生填埋处理技术规范》规定：“填埋场土地利用前应做出场地稳定化鉴定、土地利用论证”。但是自然状态下，老填埋场的存量垃圾稳定是一个漫长的过程，通常至少需要 50~100 年。因此，如何对老填埋场进行有效的治理，使其在短期内快速转化为安全稳定可以利用的建设用地是一项亟待解决的重要问题。

17.2 好氧修复技术

17.2.1 技术原理

对垃圾填埋场加速稳定化所采用的好氧降解技术，也被称为好氧生物反应器技术。工作原理是：通过一定的设备或设施，向垃圾填埋场中注入空气。生活垃圾中的可降解有机物在有氧条件下发生降解。降解的最终产物是稳定组分、二氧化碳和水。由于垃圾填埋场中的垃圾具有不均一性，好氧降解的反应过程比较复杂。

好氧降解期间排放出的垃圾填埋气体的主要成分是 CO_2和过量的 O_2、极少量的 CH_4，同时还有少量可挥发有机物排出。当降解率(理论值)达到100%时，不再产生 CO_2和 CH_4。为了使好氧降解达到较好的反应条件，需要使垃圾的含水率达到40%~60%。而当含水率不足时，采用渗滤液回灌和向垃圾填埋场中注水的方式补充水分。垃圾降解产生的气体可以自然扩散排出垃圾堆体，也可以采取强制抽取的方式将其抽出并排放。

17.2.2 技术特点

(1) 缩短垃圾中有机物的降解时间

好氧生物反应器技术比传统的厌氧降解法的降解速度提高30倍以上。治理周期短，一般为2~4年。相当于自然降解的50~100年。

(2) 减少垃圾填埋场对环境的影响

由于有机物经好氧处理的产物是 CO_2、H_2O 等，取代了传统厌氧反应的 CH_4、NH_3、H_2S 等，垃圾渗滤液又回流到垃圾堆体中，因此将垃圾中的有害物质对土壤、大气、水体(地表水、地下水)环境的影响减少到最低程度。同时由于减少了甲烷气(CH_4)的排放(CH_4的吸热量是 CO_2的21倍)，可以降低温室效应，保护大气层。由于好氧生物反应是放热反应，使垃圾堆体中的温度升高，可以有效杀灭垃圾中的病原菌，减少对环境的危害。

(3) 减少渗滤液处理费用

垃圾渗滤液由于其成分复杂，污染地下水和地表水，收集后单独处理的难度大，投资和运行费用高，是目前垃圾填埋场问题的焦点所在。通过将渗滤液循环，分散在填埋场中，增加固体的湿度，不仅可以提高垃圾中有机物的降解速率，而且可以大大降低渗滤液处理的难度，从而节省投资和运行费用。同时由于垃圾堆体中的温度升高，水分的蒸发量大，渗滤液的量减少。在渗滤液回灌的过程中，渗滤中的污染物被垃圾吸附，特别是对氨氮和重金属难降解的污染物有良好的吸附作用，降低相关污染物在渗滤液中的浓度。

(4) 可增大填埋场的有效库容

通过渗滤液的回流，加速了垃圾中有机物尽快降解和向腐殖质化方向的转化，堆体稳定时间较短，便于填埋场的稳定、修复。进而促进了垃圾堆体提前沉实，缩小了体积，延长了垃圾填埋场的服务年限，可增大填埋场的有效库容。好氧填埋体的表面沉降量显著高于厌氧填埋体($P<0.05$)，渗滤液回灌可造成填埋体表面明显的不均匀沉降。

(5) 有利于硝化脱氮渗滤液回流

可使垃圾填埋场上层干湿交替，使填埋层处于好氧、厌氧、兼氧状态。实验室模拟试验表明，通过渗滤液回流，能使好氧填埋场在较短时间内利用自身的处理功能去除垃圾中的氮元素。

(6) 有利于碳减排

通过渗滤液的回灌，可使填埋垃圾中的有机污染物大多转成为CO_2、CH_4、N_2等填埋气体(LFG)。传统填埋方法填埋气中的甲烷含量较高(40%~60%)，而好氧填埋方法填埋气中的甲烷含量只有10%~20%。对于中小型的填埋场，由于同当量CH_4的温室效应是CO_2的21倍，因此，准好氧填埋垃圾处理工艺可有效控制温室效应。由于技术和成本的制约，建立准好氧填埋场，不仅有利于加快垃圾的稳定化进程，还可以减少甲烷的生成量，减轻对环境所造成的污染。

(7) 降低填埋场封场后维护费用和风险

由于垃圾在短时间内可以达到稳定化，这样就可以减少封场后填埋场维护的工作量，降低运行成本，同时可以减少甲烷等危险气体爆炸的风险。

17.2.3 好氧修复工艺组成

(1) 气体系统

包括注气风机(泵)、气体换热器、抽气风机、气水分离器、空气管道、注气井、抽气井、冷凝水收集器、气体过滤器、配套阀门、配套仪表等。注气风机(泵)将空气压缩，经过气体换热器换热降温，通过空气管道、注气井注入垃圾填埋场中。垃圾中的可降解有机物在有氧条件下发生好氧降解，生成以CO_2为主要成分的垃圾填埋气体，该气体被抽气风机从抽气井中抽出，经气水分离器后进入气体过滤器，最后排放到大气中。管道中的冷凝水进入冷凝水收集器。

(2) 水系统

包括蓄水池、水泵、水管道、渗水沟渠、渗滤液井、渗滤液泵、空气压缩机、配套阀门、配套仪表等。水泵将水从蓄水池中抽出，送入注水井或渗水沟槽，从而增加垃圾堆体的湿度。垃圾渗滤液由空气压缩机提供动力的渗滤液泵从渗滤液井中抽出并直接回灌。

(3) 监测系统

包括各种监测井、气体监测仪、温度传感器、湿度传感器、配套的型号处理组件等。对主要气体成分 CO_2、CH_4、H_2S、CO、O_2、温度、湿度等参数进行监测和检测。

(4) 控制系统

包括计算机、信号处理装置及软件等对系统进行控制管理。采用集中控制方式，对气体系统的运行、水系统的运行进行控制，对监测系统的数据进行收集和处理。

(5) 动力及辅助系统

① 配电系统：根据系统要求配置动力、维护系统，包括配电室(含变压器)等；

② 维护维修系统；

③ 办公建筑和设施；

④ 围墙；

⑤ 垃圾场边界防渗及导水系统；

⑥ 地面平整及绿化。

17.2.4 好氧修复工艺设计

(1) 理论计算

通风抽气系统的理论需氧量应根据现状调查的垃圾中可生物降解物含量经计算得出。通风装置的注气量设计宜根据理论注气量、堆体密闭性和压实度、气体传输效果等因素综合确定。

(2) 通风抽气系统的通风装置要求

① 通风装置的注气井数量和分布应根据垃圾填埋场可降解垃圾分布特点进行布置。

② 分布特点差异不大的填埋场，可采取等间距布置注气井。

③ 在设置注气井时，应考虑垃圾堆体的压实度、气体传输效果等因素，注气井的影响半径宜分区域进行现场试验确定。

(3) 注气井的设置规定

① 注气井的直径宜为 20~30cm。

② 注气井的井深宜达到垃圾层底界以上 20~50cm。

③ 注气井内应设置防腐套管，套管的直径可为10~15cm，且套管中部以下应具有圆孔或条孔，保证空气能有效迁移。

④ 套管和井壁间应填充导气性良好的沙砾，宜选用粒度均匀的沙砾，沙砾最小粒度应大于套管圆孔或条孔。

⑤ 注气井井口处宜进行密封处理。

(4) 通风抽气系统的抽气装置要求

① 应根据填埋气体产生的量和好氧反应的进程，选择自然抽取方式或强制抽取方式。

② 抽气系统宜通过抽气井将填埋堆体中气体引出，抽气井的结构可与注气井一致。

(5) 抽气系统

应包括空气过滤装置，所有抽出气体均应经过空气过滤装置后排放，抽气初期的气体应进入填埋气体收集装置或焚烧装置。

抽气系统的输送管路上应设置冷凝液收集装置，收集填埋气体在输送过程中产生的冷凝水，收集后进入污水处理设施处理达标后回用或排放。

(6) 抽气井与注气井的布置

宜保证气体的循环流动，可采用等间距的网格式布置方式。运行过程中，可采取抽气井、注气井功能对换的方式强化好氧反应效果。

17.2.5 好氧修复工艺实施步骤

① 前期工作：收集分析垃圾填埋场原始资料，包括填埋过程资料、垃圾成分记录、填埋深度、垃圾成分及分布，并通过地质、水文勘查及取样分析达到评估目标，为设计提供依据。

② 设计：包括注气井、抽气井、注水井、管的布置和数量；温度检测井、湿度检测井、地下水观测井、渗滤液提升井的布置和数量；注气系统、抽气系统、水调节系统等的管路选择和布置。各系统参数的确定和设备的选型、设计。

③ 工程施工：包括钻井和井位安装，管路安装，设备仪表安装。

④ 设备调试和试运行：保证机电设备和控制系统仪器仪表达到设计要求，能正常联合运行。

⑤ 治理运行：系统设备调试完毕即可进行正式治理运行。通过监测治理区域堆体内的温度、湿度、气体成分的变化，调节和控制进气、排气、水分的含量，使堆体内的垃圾有机物始终保持在一个最佳的好氧工作状态，同时密切关注监测垃圾温度、排气的变化，保证其在安全的运行范围。

17.3 异位开采修复技术

17.3.1 填埋场开采技术的发展历史

生活垃圾填埋场的开采实践始于 20 世纪 50 年代。以色列对特拉维夫市的生活垃圾填埋场进行开采，填埋场开采的概念也因此而产生。填埋场开采，就是利用传统的表面挖掘技术将填埋场内的垃圾挖出来，回收利用其中的金属、玻璃、塑料、土壤和土地等的过程。自此以后，在美国和欧洲陆续开展了开采工作，较成功的一些案例有：美国弗罗里达的 Naples 卫生填埋场、纽约的 Edinburgh 卫生填埋场、Frey Farm 卫生填埋场、德国斯图加特 Burghof 卫生填埋场。在中国，只有上海老港生活垃圾填埋场和深圳盐田生活垃圾填埋场在此方面做了一些初步的尝试。

17.3.2 填埋场开采原因及目的

(1) 开采原因

① 城镇生活垃圾的产生量越来越大，需要更多的填埋容量，占用更多的土地，这在土地资源紧张的今天实现起来较为困难。

② 填埋场封场后，若不进行持续长期的监测、管理，其产生的渗滤液会对地下水构成威胁。

(2) 开采目的

① 回收金属、土壤等可利用的物质，腾出可观的填埋容量，接受更多的新的垃圾，使填埋场使用年限增长。陈腐垃圾开采、筛分后，可以得到 50%~60% 的有机细料，10%~15% 的可回收利用的物品(塑料、玻璃、金属等)，大约有 20%~25%的粗料需回填到填埋场中去，腾出 75%~80%的填埋空间用于填埋新鲜生活垃圾。

② 提高填埋场的建设标准。对那些污染控制不达标的填埋场，开采后可进行改造，增加防渗层，从根本上解决渗滤液对地下水的污染。

③ 可以改变填埋场用地性质，适应城市化的发展需求。

17.3.3 填埋场开采方案的实施

(1) 开采的必要前提条件

填埋场开采的前提条件概括起来就是填埋场必须达到稳定化。所谓的稳定化主要指：垃圾场封场数年后，垃圾已降解完全或接近完全降解；垃圾填埋场表面沉降量非常小；不再产生异味；垃圾自然产生的渗滤液很少或不产生；垃圾中的可生物降解物质(BDM)下降到3%以下。此时，便可认为垃圾基本上稳定了。

(2) 基础资料的收集

① 填埋场场地及周围环境的调查。包括地理位置、地形、地貌特征等，周围环境的稳定性、水文和气候资料、当地居民生活饮食和习惯、燃料结构、初步确定填埋垃圾的主要成分。现场确认可用土壤、可回用物料、可燃垃圾以及危险废物的比例。

② 向有关部门询问城市区域规划计划和土地征用计划。大多数填埋场都在近郊，按现有的城市发展速度，近郊地区很有可能在城市发展规划之列。

③ 城市环境卫生专项规划资料。通过走访环境卫生机构，了解生活垃圾的产生量及其变化情况、垃圾的主要成分、垃圾的收集和处理处置方式。

④ 查阅相关的法律法规，了解填埋场开采的实施细则。

⑤ 调查垃圾资源化利用的途径以及国家对此是否有特殊的扶持政策。

经过这一环节，可以初步确定适合开采的填埋场，但这个数量可能会比较大，因此还需要利用费用-效益分析方法来降低数量。

(3) 费用-效益分析

填埋场开采的主要经济效益有：①增加了填埋场的接纳容量；②避免了填埋场封场后的管理监测费用；③降低了对周围环境的修复责任；④获得土地资源；⑤避免新建和扩建费用；⑥出售可回收利用的物料获得的收益。

填埋场开采利用的费用主要有：①场地调查费用；②租用或购买开采设备的费用；③租用或购买安全设备费用；④支付劳动力的费用；⑤设备燃料和维修费用；⑥不可回收利用物料的再处置费用；⑦工作人员安全培训的费用；⑧其他不可预见的费用，如事故风险的处理。

(4) 开采过程

填埋场的开采主要是以采矿和选矿技术为基础，由于开采目的和场地特征的不同，开采方式有多种方式，但总体来说，填埋场的开采主要有以下几个步骤：

① 挖掘。先用挖掘机将填埋场中的稳定化垃圾挖出来，再由前装式装载机将垃圾堆成堆条，并分离出其中的大块物质。堆成堆条的目的是将挖出来的垃圾进行二次发酵，便于后续的运输和处理。

② 筛分。物料经传送带进入滚筒筛，初次筛分，筛上物被运走，筛下物则进入振动筛，二次筛分。在筛分的过程中可进行部分物料的回收利用。

③ 可再生物料的利用和不可再生物料的填埋。

17.3.4 开采过程对环境影响分析及安全控制措施

(1) 环境影响的指示因子

评价开采过程对环境影响的指示因子有TSP、噪声、有毒有害气体对大气的污染、对地下水和饮用水的污染、滑坡、塌陷、病原体引起的流行疾病等。

(2) 环境影响及安全控制措施

由于填埋场多年来完全处于一个封闭的厌氧环境，沼气和硫化氢等气体积累，在开采的过程中就会将这些气体释放出来。CH_4在空气中的浓度达到15%就会爆炸；H_2S是具有恶臭且有剧毒的气体，人体吸收少量的H_2S气体，就会使人体产生中毒现象，吸入浓度过高时甚至可导致死亡。在开采的过程中要随时对这些气体进行监测。对于开采出来的有毒有害物质要避免操作人员直接接触，应采用机械设备将其运往特定场所处置。另外，某个单元的填埋场的开采活动可能会破坏周边填埋单元的结构完整性，从而引起不均匀的沉降或塌方。

(3) 建立操作人员安全保护机制及措施

在进行填埋场开采工程之前，必须建立一套完整的安全保护机制和突发事件的应急预案措施，保证操作人员的人身安全。所有的操作人员也都必须接受安全和突发事件应急反应培训，一般包括：①危险废物的知情权；②呼吸防护设备；③工作空间的安全保障；④粉尘和噪声的控制；⑤事故预防和处理培训；⑥坚持工作记录。

17.3.5 矿化垃圾的综合利用

开采出来的矿化垃圾能否得到有效的利用，直接关系到填埋场开采的经济效益。矿化垃圾的利用途径一般有以下几个方面：

(1) 废弃物料的回收利用

矿化垃圾中的塑料、玻璃等物质可占到2%~5%，将这些物料销售给有关部门，作为工业原料进行再生产，可获得一定的经济效益。砖头、石块等大块物质约占30%左右，可用作建筑材料和铺路材料等。

(2) 用作填埋场的日覆盖土和封场用土

目前我国大部分填埋场的覆盖土都购买郊区的农田土壤。这不仅增加了填埋场的运营成本，还降低了农业生产力。开采出来的矿化垃圾经过筛分后得到细料土壤。若能就地取材，循环利用，将细料土壤用作日覆盖土和最终覆土，既能实现资源的有效利用，又大大降低了填埋场的操作成本。另外，矿化垃圾具有疏松的多孔结构，是一种类似堆肥的腐殖土，有很强的吸附和生物脱臭作用。将矿化垃圾用作覆盖土材料，能有效地去除新鲜垃圾产生的臭气。Claire等还发现，除臭速率随垃圾堆积密度的提高而增加，在堆积密度为740kg/m^{3}时，恶臭的去除率达到了97%。

(3) 用作城市绿化的营养土

矿化垃圾经过多年的厌氧发酵，除一些金属、玻璃、砖头、石块等无机物和纤维素等难降解的有机物之外，大部分有机物得到充分的降解，使矿化垃圾成为一种含有丰富有机质和多种营养元素的类似腐殖土的颗粒状土壤物质。经过筛分后便可得到有机肥料。这些有机肥料可用作城市绿化的营养用土，种植花草树木，这样就在一定程度上缓解了城市土壤缺乏的压力。

(4) 作为生物反应床的填料

通过对填埋龄为13年和9年的矿化垃圾的基本特性进行了研究表明，矿化垃圾呈疏松多孔结构，有机质的质量分数高达10%，每100g干垃圾中的阳离子交换量更是高达0.069mol以上，比一般的土壤高出好几倍。比表面积大，小于0.25mm细粒的质量分数也较一般的沙土高出近十倍。饱和水力渗透系数很高，与中砂土和砂、砾混合土相近。微生物种类丰富，数量多。所以，矿化垃圾可作为废水处理的填料介质。

第18章　土壤污染修复技术

18.1　土壤修复技术概述

土壤污染修复技术是指采用化学、物理学和生物学的技术与方法以降低土壤中污染物的浓度、固定土壤污染物、将土壤污染物转化为低毒或无毒物质、阻断土壤污染物在生态系统中的转移途径的技术总称。

目前，理论上可行的修复技术有植物修复技术、微生物修复技术、化学修复技术、物理修复技术和综合修复技术等几大类。部分修复技术，如可降解有机污染物和重金属污染土壤的修复等技术已进入现场应用阶段，并取得了较好的效果。对污染土壤实施修复，阻断污染物进入食物链，防止对人体健康造成危害，促进土地资源保护和可持续发展具有重要意义。

18.2　土壤污染修复技术的分类与选择

18.2.1　土壤污染修复技术的分类

(1) 按修复土壤的位置分

土壤污染修复技术可分为原位修复技术(In-Situ Technologies)和异位修复技术(Ex-Situ Technologies)。

① 原位修复技术：指对未挖掘的土壤进行治理的过程，对土壤没有太大扰动。其优点是比较经济有效，就地对污染物进行降解和减毒。无需建设昂贵的地面环境工程基础设施和远程运输，操作维护较简单。此外，原位修复技术可以对深层次土壤污染进行修复。缺点是控制处理过程中产生的“三废”处理比较困难。

② 异位修复技术：指对挖掘后的土壤进行修复的过程。异位修复分为原地(On Site)处理和异地(Off Site)处理两种。原地处理指发生在原地的对挖掘出的土壤进行处理的过程；异地处理指将挖掘出的土壤运至另一地点进行处理的过

程。其优点是对处理过程的条件控制较好、与污染物接触较好。容易控制处理过程中产生的“三废”；缺点是在处理之前需要挖土和运输，会影响处理过的土壤的再使用，且费用通常较高。

(2) 根据操作原理分类

Adriano(1997)将修复技术分为物理修复技术、化学修复技术和生物修复技术。

物理修复技术和化学修复技术是利用污染物或污染介质的物理或化学特性，以破坏(如改变化学性质)、分离或同化污染物，具有实施周期短、可用于处理各种污染物等优点。但均存在处理成本高、处理工程偏大的缺点。

微生物修复技术指利用微生物的代谢过程将土壤中的污染物转化为二氧化碳、水、脂肪酸和生物体等无毒物质的修复过程。植物修复技术是利用植物自身对污染物的吸收、固定、转化和积累功能，以及通过为根际微生物提供有利于修复进行的环境条件而促进污染物的微生物降解和无害化过程，从而实现对污染土壤的修复。微生物修复和植物修复均具有处理费用较低、可达到较高的清洁水平等优点，但均存在所需修复时间较长、受污染物类型限制等不足。

18.2.2 土壤污染修复技术的选择

根据土壤污染类型，在选择土壤污染修复技术时必须考虑修复的目的、社会经济状况、修复技术的可行性等方面。就修复的目的而言，有的是为了使污染土壤能够再次安全地被农业利用，而有的则是限制土壤污染物对其他环境组分(如水体和大气等)的污染，而不考虑修复后能否被农业利用。不同修复目的可选择的修复技术不同，就社会经济状况而言，有的修复工作可以在充足的经费支撑下进行，此时可供选择的修复技术较多；有的修复工作只能在有限的经费支撑下进行，此时可供选择的修复技术就有限。土壤是一个高度复杂的体系，任何修复方案都必须根据当地的实际情况而制定，不可完全照搬其他国家、地区和其他土壤的修复方案。因此，在选择修复技术和制定修复方案时应考虑如下原则：

(1) 因地制宜原则

土壤污染修复技术的选择受到很多因素影响：环境条件、污染物来源和毒性、污染物目前和潜在的危害、土壤的物理化学性质、土地使用性质、修复的有效期、公众接受程度以及成本效益等。所以，在实际应用时要根据实际情况选择适合的技术方法。

(2) 可行性原则

针对不同类型的污染土壤在选择修复方法时应考虑两方面可行性：①经济可行性，应考虑污染地的实际情况和经济承担能力，花费不宜太高；②技术可行性，所采用的技术必须可靠、可行，能达到预期的修复目的。

(3) 保护耕地原则

我国地少人多，耕地资源紧缺，选择修复技术时，应充分考虑土壤的二次污染和持续利用问题，避免处理后土壤完全丧失生产能力，如玻璃化技术、热处理技术和固化技术等。

18.3 土壤污染修复技术

18.3.1 物理修复

物理修复是指将污染物经过各种物理作用从污染土壤中去除或者分离的技术。当前应用较为广泛的物理修复主要是热处理技术，主要包括污染土壤蒸汽浸提、微波/超声加热、热脱附等技术。

(1) 蒸汽浸提技术

蒸汽浸提技术是一种可以有效去除土壤中挥发性有机污染物(VOCs)的原位修复技术。该技术是经过注射井将新鲜空气注入污染区域，利用真空泵产生负压，空气流经污染区域过程中解吸并夹带土壤孔隙中的VOCs，经过抽取井流返地面。抽取出的气体经过活性炭吸附法以及生物处理法等净化处理之后可排放到大气中或重新注入地下循环使用。该方法有很多优点，如成本低、可操作性强、可采用标准设备、处理有机物的范围广泛、不破坏土壤结构和不引起二次污染等。

(2) 超声/微波加热技术

超声/微波加热技术是利用超声空化现象所产生的机械效应、热效应和化学效应对污染物进行物理解吸、絮凝沉淀和化学氧化作用，将污染物从粒状土壤上解吸，并在液相中发生氧化反应降解成 CO_2 和 H_2O 或环境易降解的小分子化合物的一种修复技术。超声波除了能对土壤有机污染物进行物理解吸，还可以通过氧化作用将有机污染物彻底清除。张文等利用超声波净化石油污染土壤，研究结果表明，超声波技术对石油污染土壤有很好的修复作用。

(3) 热脱附技术

热脱附技术是指通过直接或间接的热交换，将土壤中有机污染组分加热到足够高的温度，使其从土壤介质相蒸发出来的过程。热脱附技术具有污染物处理范围广、设备可移动、修复后土壤能够二次利用等优点，而对于PCBs等含氯有机污染物，使用非氧化燃烧的处理方式可以显著减少二氧化碳的产生。目前土壤热脱附技术在高浓度污染场地的有机物污染土壤的离位或原位修复过程中被广泛应用，但因其脱附时间过长、相关设备价格昂贵、处理成本过高等问题在一定程度上没有解决，所以热脱附技术在持久性有机物污染土壤修复的应用中受到限制。

(4) 电动力学修复技术

电动力学修复是指利用电化学和电动力学的复合作用驱使污染物富集到电极区，再进行集中处理或分离的过程。就是通过向污染土壤两侧施加直流电压形成电场梯度，土壤中的污染物质在电场的作用下通过电迁移、电渗流或电泳的方式被富集在电极两端，从而实现土壤修复。目前，电动修复技术已进入现场修复应用阶段，我国也前后进行了菲和五氯酚等有机污染土壤的电动修复技术研究。电动修复速率较快、成本低，适宜小范围的、黏质的可溶性有机物污染土壤的修复，且不需要化学药剂的投入，修复过程中对环境几乎没有负面影响。与其他技术相比，电动修复技术也易于被大众接受，但电动修复技术对电荷缺乏的非极性有机污染物去除效果不好。

(5) 阻隔填埋技术

将污染土壤或经过治理后的土壤置于防渗阻隔填埋场内，或通过敷设阻隔层阻断土壤中污染物迁移扩散的途径，使污染土壤与四周环境隔离，避免污染物与人体接触和随降水或地下水迁移进而对人体和周围环境造成危害。按其实施方式，可以分为原位阻隔覆盖和异位阻隔填埋。原位阻隔覆盖是将污染区域通过在四周建设阻隔层，并在污染区域顶部覆盖隔离层，将污染区域四周及顶部完全与周围隔离，避免污染物与人体接触和随地下水向四周迁移。也可以根据污染场地实际情况结合风险评估结果，选择只在场地四周建设阻隔层或只在顶部建设覆盖层。异位阻隔填埋是将污染土壤或经过治理后的土壤阻隔填埋在由高密度聚乙烯膜(HDPE)等防渗阻隔材料组成的防渗阻隔填埋场里，使污染土壤与四周环境隔离，防止污染土壤中的污染物随降水或地下水迁移，污染周边环境，影响人体健康。该技术虽不能降低土壤中污染物本身的毒性和体积，但可以降低污染物在地表的暴露及其迁移性。

18.3.2 化学修复技术

污染土壤的化学修复技术相对于其他修复技术来说是发展最早的，其特点是修复周期短。目前比较成熟的化学修复技术有固化/稳定化修复技术、氧化还原修复技术、淋洗/浸提修复技术、光催化降解技术、电动修复技术等。

(1) 氧化还原修复技术

氧化还原修复技术是指通过向污染土壤中添加化学氧化剂(Fenton 试剂、O_3、H_2O_2、K_2MnO_4等)或还原剂(SO_2、FeO、气态 H_2S 等)，使之与重金属、有机物等污染物发生化学反应，产生毒性更低或易降解的小分子物质，实现土壤净化的过程。

（2）淋洗/浸提技术

淋洗/浸提技术是把水或者混着冲洗助剂的水溶液、带酸性或者碱性的溶液以及表面活性剂等淋洗液与污染土壤混合，从而达到洗脱污染物质的效果。这种离位修复技术被许多国家运用在工业中的存在重金属污染或者复杂污染物的土壤处理。淋洗/浸提技术的优点在于这种方法能够净化解决土壤中的有机污染物，因为本技术方法是水溶液，用水量特别多，所以设置的修复场所尽可能在水源附近。

（3）水泥窑焚烧固化

利用水泥回转窑内的高温、气体长时间停留、热容量大、热稳定性好、碱性环境、无废渣排放等特点，在生产水泥熟料的同时，焚烧固化处理污染土壤。有机物污染土壤从窑尾烟气室进入水泥回转窑，窑内气相温度最高可达1800℃，物料温度约为1450℃，在水泥窑的高温条件下，污染土壤中的有机污染物转化为无机化合物，高温气流与高细度、高浓度、高吸附性、高均匀性分布的碱性物料（CaO、$CaCO_3$等）充分接触，有效地抑制酸性物质的排放，使得硫和氯等转化成无机盐类固定下来；重金属污染土壤从生料配料系统进入水泥窑，使重金属固定在水泥熟料中。

18.3.3 生物修复技术

（1）植物修复技术

植物修复技术包括利用植物超积累或积累性功能的植物吸取修复、利用植物根系控制污染扩散和恢复生态功能的植物稳定修复、利用植物代谢功能的植物降解修复、利用植物转化功能的植物挥发修复、利用植物根系吸附的植物过滤修复等技术；可被植物修复的污染物有重金属、农药、石油和持久性有机污染物、炸药、放射性核素等。其中，重金属污染土壤的植物吸取修复技术在国内外都得到了广泛研究，已经应用于砷、镉、铜、锌、镍、铅等重金属以及与多环芳烃复合污染土壤的修复，并发展出包括络合诱导强化修复、不同植物套作联合修复、修复后植物处理处置的成套集成技术。这种技术的应用关键在于筛选具有高产和高去污能力的植物，摸清植物对土壤条件和生态环境的适应性。近年来，中国在重金属污染农田土壤的植物吸取修复技术应用方面在一定程度上开始引领国际前沿研究方向。但是，虽然开展了利用苜蓿、黑麦草等植物修复多环芳烃、多氯联苯和石油烃的研究工作，但是有机污染土壤的植物修复技术的田间研究还很少，对炸药、放射性核素污染土壤的植物修复研究则更少。

植物修复技术不仅应用于农田土壤中污染物的去除，而且同时应用于人工湿地建设、填埋场表层覆盖与生态恢复、生物栖息地重建等。近年来，正在研究以下技术：植物稳定修复技术被认为是一种更易接受、大范围应用并利于矿区边际土壤生态恢复的植物技术，也被视为是一种植物固碳技术和生物质能源生产技术；为寻找多污染物复合或混合污染土壤的净化方案，分子生物学和基因工程技术应用于发展植物杂交修复技术；利用植物的根圈阻隔作用和作物低积累作用，发展能降低农田土壤污染的食物链风险的植物修复技术。

(2) 微生物修复技术

微生物能以有机污染物为唯一碳源和能源或者与其他有机物质进行共代谢而降解有机污染物。利用微生物降解作用发展的微生物修复技术是农田土壤污染修复中常见的一种修复技术。这种生物修复技术已在农药或石油污染土壤中得到应用。在中国，已构建了农药高效降解菌筛选技术、微生物修复剂制备技术和农药残留微生物降解田间应用技术。也筛选了大量的石油烃降解菌，复配了多种微生物修复菌剂，研制了生物堆修复、生物修复预制床和生物泥浆反应器、生物通风修复技术，提出了生物修复模式。总体上，微生物修复研究工作主要体现在筛选和驯化特异性高效降解微生物菌株，提高功能微生物在土壤中的活性、寿命和安全性，修复过程参数的优化和养分、温度、湿度等关键因子的调控等方面。微生物固定化技术因能保障功能微生物在农田土壤条件下种群与数量的稳定性和显著提高修复效率而受到青睐。通过添加菌剂和优化作用条件发展起来的场地污染土壤原位、异位微生物修复技术有：生物堆沤技术、生物预制床技术、生物通风技术和生物耕作技术等。运用连续式或非连续式生物反应器、添加生物表面活性剂和优化环境条件等可提高微生物修复过程的可控性和高效性。目前，正在发展微生物修复与其他现场修复工程的嫁接和移植技术，以及针对性强、高效快捷、成本低廉的微生物修复设备，以实现微生物修复技术的工程化应用。

18.3.4 联合修复技术

(1) 微生物/动物-植物联合修复技术

微生物(细菌、真菌)-植物、动物(蚯蚓)-植物联合修复是土壤生物修复技术研究的新内容。筛选有较强降解能力的菌根真菌和适宜的共生植物是菌根生物修复的关键。种植紫花苜蓿可以大幅度降低土壤中多氯联苯浓度。根瘤菌和菌根真菌双接种能强化紫花苜蓿对多氯联苯的修复作用。利用能促进植物生长的根际细菌或真菌，发展植物-降解菌群协同修复、动物-微生物协同修复及其根际强化技术，促进有机污染物的吸收、代谢和降解将是生物修复技术新的研究方向。

（2）化学/物化-生物联合修复技术

发挥化学或物理化学修复的快速优势，结合非破坏性的生物修复特点，发展基于化学-生物修复技术是最具应用潜力的污染土壤修复方法之一。化学淋洗-生物联合修复是基于化学淋洗溶剂作用，通过增加污染物的生物可利用性而提高生物修复效率。利用有机络合剂的配位溶出，增加土壤溶液中重金属浓度，提高植物有效性，从而实现强化诱导植物吸取修复。化学预氧化-生物降解和臭氧氧化-生物降解等联合技术已经应用于污染土壤中多环芳烃的修复；电动力学-微生物修复技术可以克服单独的电动技术或生物修复技术的缺点，在不破坏土壤质量的前提下，加快土壤修复进程；电动力学-芬顿联合技术已用来去除污染黏土矿物中的镄；硫氧化细菌与电动综合修复技术用于强化污染土壤中铜的去除。总体上，这些技术还多处于室内研究的阶段。

（3）物理-化学联合修复技术

土壤物理-化学联合修复技术是适用于污染土壤离位处理的修复技术。溶剂萃取-光降解联合修复技术是利用有机溶剂或表面活性剂提取有机污染物后进行光解的一项新的物理-化学联合修复技术。

（4）固化-稳定化技术

土壤固化-稳定化技术包含了两个概念。其中，固化是指将污染物包裹起来，使之呈颗粒状或大块状存在，进而使污染物处于相对稳定的状态。在通常情况下，它主要是将污染土壤转化成固态形式，也就是将污染物封装在结构完整的固态物质中的过程。稳定化是指将污染物转化为不易溶解、迁移能力或毒性小的状态和形式，即通过降低污染物的生物有效性，实现其无害化或者降低其对生态系统危害性的风险。许多情况下，稳定化过程与固化过程不同，稳定化结果使污染土壤中的污染物具有较低的泄漏、淋失风险。

常见固化-稳定化工艺方法有：

① 药剂稳定化：利用化学药剂通过化学反应将有毒有害物质转化为无毒/低毒化学性质稳定的组分，具有相对持久性。

② 水泥固化：废物被掺入水泥的基质中，水泥与废物中的水分或另外添加的水分发生水化反应后，生成坚硬的水泥固化体。

③ 石灰固化：以石灰和具有火山灰活性的物质（如粉煤灰、垃圾焚烧灰渣、水泥窑灰等）为固化基材，对危险废物进行稳定化与固化处理的方法。

④ 沥青固化；以沥青类材料作为固化剂，与危险废物在一定的温度、配料比、碱度和搅拌作用下发生皂化反应，使有害物质包容在沥青中并形成稳定固化体的过程。沥青是憎水性物质，具有良好的黏结性、化学稳定性和较高的耐腐蚀性。石油蒸馏的残渣，其化学成分包括沥青质、油分、游离碳、胶质、沥

青酸和石蜡等。

⑤ 塑料固化：以塑料为固化剂，与危险废物按一定的比例配料，并加入适量催化剂和填料进行搅拌混合，使其共聚合固化，将危险废物包容形成具有一定强度和稳定性固化体的过程。

⑥ 玻璃固化：玻璃原料为固化剂，将其与危险废物以一定的配料比混合后，在1000~1500℃的高温下熔融，经退火后形成稳定的玻璃固化体。

⑦ 自胶结固化：利用废物自身的胶结特性来达到固化目的的方法。该技术主要用来处理含有大量硫酸钙和亚硫酸钙的废物，如磷石膏、烟道气脱硫废渣等。

固化技术具有工艺操作简单、价格低廉、固化剂易得等优点，但常规固化技术也具有以下缺点：固化反应后土壤体积都有不同程度的增加，固化体的长期稳定性较差等。而稳定化技术则可以克服这一问题，如近年来发展的化学药剂稳定化技术，可以在实现废物无害化的同时，达到废物少增容或不增容，从而提高危险废物处理处置系统的总体效率和经济性；还可以通过改进螯合剂的结构和性能，使其与废物中的重金属等成分之间的化学螯合作用得到强化，进而提高稳定化产物的长期稳定性，减少最终处置过程中稳定化产物对环境的影响。

18.4 土壤污染修复技术的发展趋势

(1) 向绿色的土壤生物修复技术发展

利用太阳能和自然植物资源的植物修复、土壤中高效专性微生物资源的微生物修复、土壤中不同营养层食物网的动物修复、基于监测的综合土壤生态功能的自然修复，将是21世纪土壤环境修复科学技术研发的主要方向。农田耕地土壤污染的修复技术要求能原位地有效消除影响到粮食生产和农产品质量的微量有毒有害污染物，同时既不能破坏土壤肥力和生态环境功能，又不能导致二次污染的发生。发展绿色、安全、环境友好的土壤生物修复技术能满足这些需求，并能适用于大面积污染农地土壤的治理，具有技术和经济上的双重优势。从常规作物中筛选合适的修复品种，发展适用于不同土壤类型和条件的根际生态修复技术已成为一种趋势。应用生物工程技术(如基因工程、酶工程、细胞工程等发展土壤生物修复技术)，有利于提高治理速率与效率，具有广阔的应用前景。

(2) 从单项向联合、杂交的土壤综合修复技术发展

土壤中污染物种类多，复合污染普遍，污染组合类型复杂，污染程度与厚度差异大。地球表层的土壤类型多，其组成、性质、条件的空间分异明显。一些场

地不仅污染范围大、不同性质的污染物复合、土壤与地下水同时受污染，而且修复后土壤再利用方式的空间规划要求不同。这样，单项修复技术往往很难达到修复目标，而发展协同联合的土壤综合修复模式就成为场地和农田土壤污染修复的研究方向。

(3) 从异位向原位的土壤修复技术发展

将污染土壤挖掘、转运、堆放、净化、再利用是一种经常采用的离场异位修复过程。这种异位修复不仅处理成本高，而且很难治理深层土壤及地下水均受污染的场地，不能修复建筑物下面的污染土壤或紧靠重要建筑物的污染场地。因而，发展多种原位修复技术以满足不同污染场地修复的需求就成为近年来的一种趋势。例如，原位蒸汽浸提技术、原位固定-稳定化技术、原位生物修复技术、原位纳米零价铁还原技术等。另一趋势是发展基于监测的发挥土壤综合生态功能的原位自然修复。

(4) 基于环境功能修复材料的土壤修复技术发展

黏土矿物改性技术、催化剂催化技术、纳米材料与技术已经推广到土壤环境和农业生产领域，并应用于污染土壤环境修复，例如利用纳米铁粉、氧化钛等去除污染土壤和地下水中的有机氯污染物。目标土壤修复的环境功能材料的研制及其应用技术还刚刚起步，具有发展前景。但是，对这些物质在土壤中的分配、反应、行为及生态毒理等尚缺乏了解，对其环境安全性和生态健康风险还难以进行科学评估。基于环境功能修复材料的土壤修复技术的应用条件、长期效果、生态影响和环境风险有待回答。

(5) 基于设备化的快速场地污染土壤修复技术发展

土壤修复技术的应用在很大程度上依赖于修复设备和监测设备的支撑，设备化的修复技术是土壤修复走向市场化和产业化的基础。植物修复后的植物资源化利用、微生物修复的菌剂制备、有机污染土壤的热脱附或蒸汽浸提、重金属污染土壤的淋洗或固化、稳定化、修复过程及修复后环境监测等都需要设备。尤其是对城市工业遗留的污染场地，因其特殊位置和土地再开发利用的要求，需要快速、高效的物化修复技术与设备。开发与应用基于设备化的场地污染土壤的快速修复技术是一种发展趋势。一些新的物理和化学方法与技术在土壤环境修复领域的渗透与应用将会加快修复设备化的发展，例如，冷等离子体氧化技术是一种有前景的有机污染土壤修复技术（未见发表资料），将带动新的修复设备的研制。

(6) 向土壤修复决策支持系统发展

污染土壤修复决策支持系统是实施污染场地风险管理和修复技术快速筛选的工具。污染土壤修复技术筛选是一种多目标决策过程，需要综合考虑风险削减、环境效益与修复成本等要素。欧美许多土壤修复研究组织(如CLARINET、EU-GRIS、NATOPCCMS等)针对污染场地管理和决策支持进行了系统研究和总结。一些辅助决策工具(如文件导则、决策流程图、智能化软件系统等)已陆续开发,并在具体的场地修复过程中被采纳。基于风险的污染土壤修复后评估也是污染场地风险管理的重要环节,包括修复后污染物风险评估、修复基准及土壤环境质量评价等内容。土壤污染类型多种多样,污染场地错综复杂,需要发展场地针对性的污染土壤修复决策支持系统及后评估方法与技术。

第19章　污泥高干脱水技术

19.1　概述

当前，城市污泥处理的方法主要有无害化填埋、污泥焚烧、污泥建材利用等，其中，污泥的焚烧具有减量化与无害化等特点，是当前城市污泥处理的主流方法，但污泥的直接焚烧因为污泥本身的热值不高且含有大量水分等原因，导致焚烧时需要添加大量煤或天然气等化石能源，所以受到环保政策的影响，项目难以落地。

污泥是由水中的悬浮固体经各种方式胶结凝聚而成的，结构松散，形状不规则，比表面积与孔隙率极高，含水量高，脱水性差。污水处理厂产生的污泥含水率可高达99%，质量和体积巨大，不利于运输和处理处置，需要降低其含水率。污泥含水率从95%降至80%，污泥体积减少75%；污泥含水率从80%降至50%，体积将再减少60%。污泥的含水率越高，它的热值越低，当含水率低于50%时，污泥才适合焚烧。而污泥中含有大量微生物细胞和有机胶体物质，机械脱水困难。污泥的含水率是制约污泥处置和利用的关键问题，而污泥的干化环节是污泥处理处置系统耗能的主要环节。

国内外应用实践表明，传统的污泥浓缩和脱水工艺基本无法使污泥含水率降低到60%以下，要达到对污泥的深度脱水，比较可行的办法是引入污泥高干脱水技术。污泥高干脱水技术是一种常用的进一步降低污泥含水率的技术，可以将污泥中的含水率降低至40%或者更低。高干脱水后的污泥水分进一步降低，体积可降低1/5~1/3，形成颗粒和粉状稳定产品，使得污泥性状大大改善。高干脱水后的污泥可进行焚烧处理，以实现废弃物的能源化利用，并最大限度地实现减量化、无害化的处理要求。

19.2 污泥的热干化

19.2.1 污泥热干化的原理

目前应用最广泛也是最成熟的是热干化技术。污泥热干化是指利用热能将脱水污泥加温干化，使之成为干化产品。通常指利用热能使物料中的湿分汽化，并将产生的蒸汽排除的过程。其本质是被除去的湿分从固相转移到气相，固相为被干化的物料，气相为干化介质。

污泥热干化的传热传质主要表现在下面两个过程：一是蒸发过程：物料表面的水分汽化，介质中的水蒸气分压高于物料表面的水蒸气压，因此水分从物料表面移入介质；二是扩散过程：扩散过程是与汽化密切相关的传质过程。当物料表面水分被蒸发掉，物料表面的湿度低于物料内部湿度，此时，需要热量的推动力将水分从内部转移到表面。上述两个过程的持续、交替进行，最终达到干化的目的。

19.2.2 污泥热干化设备分类

干化设备传递热能的方式有直接加热和间接加热两种，又称为对流式加热和热传导式(接触式)加热。

(1) 热干化设备分类

按传质方式可分为直接加热、间接加热、直接和间接联合加热三类。

① 直接加热干化设备：直接干化的实质是对流干燥技术的运用，即将燃烧室产生的热气与污泥直接进行接触混合，使污泥得以加热，水分得以蒸发并最终得到干污泥产品。常用设备为转筒式等。

② 间接加热干化设备。间接干化实质上就是传导干燥，即将燃烧炉产生的热气通过蒸汽、热油介质传递，加热器壁，从而使器壁另一侧的湿污泥受热、水分蒸发而加以去除。常用设备为圆盘式等。

③ 直接-间接加热联合干化设备。直接-间接联合式干燥系统则是对流-传导技术的整合。常用设备为流化床等。

(2) 热干化设备(系统)生产能力表示

① 蒸发量表示：湿物料被干燥后成为干物料时，从湿物料中去除的水分量为：

$$E=D(1/d_i-1/d_0)$$

式中 E——蒸发量，单位时间内蒸发的水的质量，kgH_2O/h；

D——污泥干重，kg；

d_i——进入干燥设备的污泥的初始含固率，%TS；

d_0——排出干燥设备的污泥的初始含固率，%TS。

② 生产量表示：每天生产处理多少吨湿污泥。

③ 比蒸发速率（SER）：用于间接干燥器。

$$SER = E/S$$

式中 SER——单位时间单位热表面上蒸发的蒸汽量，kg/（$m^2 \cdot h$）；

E——系统的总蒸发量，单位时间干化设备蒸发的蒸汽量，kg/h；

S——间接干燥器的热表面积，m^2。

（3）备性能评价指标

干化设备单位耗热量（STR）：

$$STR = Q_T/E$$

式中 Q_T——干化系统所需的总热能，kcal/h；

E——干化设备的蒸发量，kg/h。

19.2.3 污泥热干化脱水技术的要点及要求

设计或选择污泥热干化设备应重点考察以下几个方面：能耗、安全性、环境友好、适应性。

（1）能耗

高干化意味着水的蒸发，水分从环境温度（假设20℃）升温至沸点，每升水需要吸收大约80kcal的热量；之后从液相转变为气相，需要吸收大量的热量，每升水大约需要吸收539kcal热量（环境压力下）。两者之和，相当于620kcal/L水蒸发量的热能，几乎可以说是所有干化系统必须付出的“基本热能”代价。

然而，根据高干化对象的性质，这一“基本热能”之外还会产生一定的消耗，这主要是工艺及其相关条件造成的。这些工艺相关条件可以概括为三大类：

① 热源。加热方式不同，热损失不同。无论是热传导还是热对流，通过热交换器的换热均形成一定的热损失，一般来说在8%～15%。这部分的热损失很难再降低。涉及热源的传输、存储的一些关键条件，如管线的大小、输送距离、压力、保温条件、环境温度等，都会对热源利用的最终效率起到重要影响。

减少热损失原则：优化热源、换热器选择和组合，缩短传输距离，加强保温。

② 物料。包括污泥的粒度、黏度、污染物含量和含水率等。稳定的污泥含水率，在干燥过程较好的搅拌、粉碎工艺，都能减少热损耗。此外，干燥水蒸气

和工艺气体经洗涤后分离，洗涤前后气体的温差大小以及气量本身的大小，决定了干燥系统的热损失。

减少热损失原则：合理降低最终产品含固率(使之优化适应最终处置要求)，改善冷凝条件(如减少气量、分步冷凝降低干燥蒸汽温度等)。

③ 工艺。从工艺角度了解干化在能耗方面的特点，就是研究干化系统的干化效率。

热传导：含水率较高时热传导的干化效率较高，而要将最后的20%~30%水分去除，则显得力不从心。据研究，半干化的1升水蒸发量热能净耗一般要低于全干化20~30kcal。

热对流：由于大量气体能够与已经失去表面水的颗粒紧密接触，在其周围形成稳定的汽化条件，为湿分在给定的传质条件下能够持续进行提供了极好的条件，因此热对流方式对于含水率小于50%的污泥干燥效率更高。

两种干燥方式的传热效率的差别受湿物料本身的性质和搅拌、混合状态影响至巨。

减少热损失原则：减少工艺步骤、缩短工艺路线，优化运行参数以提高干燥效率。

以上三个方面条件的不同，就形成了干化系统在能耗方面的差别。这一差别有时是如此之大，不经分析是很难判断一个干化系统的实际运行效果的。

(2) 安全性

对工艺安全性具有重要影响的要素包括粉尘浓度、工艺允许的最高含氧量、温度(点燃能量)、湿度(气体的湿度和物料的湿度对提高粉尘爆炸下限具有重要影响)。目前常采用的控制措施有：

① 控制粉尘浓度：热传导工艺较热对流工艺气体量小，粉尘浓度低，污泥温度低，氧气含量小。对流式干燥系统一般是闭环回路，气体进入干燥器前通过冷却水洗涤降低粉尘浓度。

② 控制含氧量：实时监控干燥器内氧气浓度，自动采取措施控制氧气浓度在合理范围。

(3) 环境友好

避免大量污染气体释放或/和臭气外逸，造成二次污染。

措施：采用间接加热或/和闭路循环，将必须外排的废气量和气载污染物量降到最小；控制干燥温度，降低有毒有害气体的挥发量；对排出气体进行必要处理。

(4) 适应性

① 污泥干燥产品要求：不同干燥产品对污泥最终含水率要求不同，污泥干

燥设备要尽可能适应不同干燥含水率产品要求。

② 初始含水率要求：含水率因污泥来源不同(可能来自几个不同的污水处理厂)、脱水机的运行情况(机械故障、机械效率降低、更换絮凝剂或改变添加量)等原因导致进料含水率出现波动。污泥干燥工艺应能适应进料含水率的变化。

19.3 污泥的电渗透干化

19.3.1 工作原理

电渗透脱水干化技术是一种新开发的污泥脱水技术，它将固液分离技术和污泥自身具有的电化学性质的物理化学处理技术有机地结合起来，利用“电力”进行脱水。

泥饼进入电渗透干化设备的滚筒和履带之间，通电后，滚筒(带正极)和履带(负极)之间产生电位差，这导致强制迁移性的现象发生，因此使得污泥颗粒向正极移动而水向负极移动。在污泥细胞上开始电刺激，使电解水的负极和正极移动，电解水开始布朗运动，布朗运动开始后，细胞内部产生高压，污泥细胞破碎后细胞水流出，这样使污泥实现高效脱水干化，污泥得到改性，污泥含水量从80%降低到约60%。电渗透干化原理见图19-1。

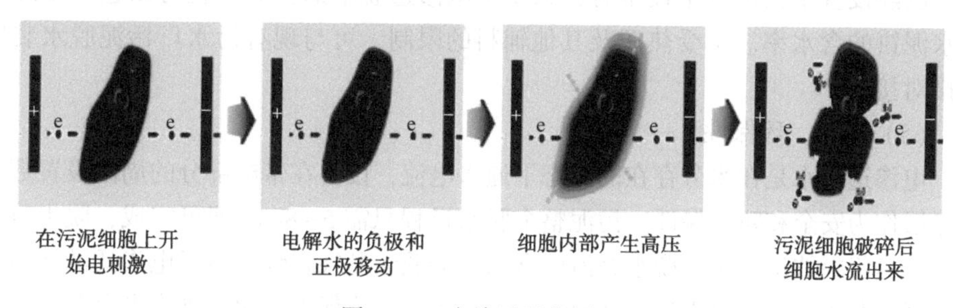

图19-1 电渗透干化原理

电渗透脱水是给污泥施加一定的直流电压，利用污泥粒子和水分子相互向相反的极性方向分离移动的现象进行脱水。

19.3.2 电渗透污泥脱水机的技术特点

(1) 脱水效率高、系统操作弹性大

以前的脱水处理法大多是污泥的浓度和性质变化，反映到脱水泥饼含水率的变化上，即使调整压力等机械条件，也只能在很小的范围调节其脱水性；而电渗透脱水，可以在污泥脱水性很广的范围内，进行电气性的调整与设定，其脱水性可根据施加的电流强度进行调整。电渗透脱水技术是根据“电泳”理论，结合一定的机械脱水原理，使污泥中的“自由水”和“结合水”(细胞水)同时从污泥中分离出来，实现了高效率脱水。由于电渗透可以使污泥中最难被分离的“结合水”彻底分离，从而使脱水后的污泥干度大大提高，而脱水以后的污泥自身还有一定余热，更能带走一部分水分，最终的污泥干度比其他污泥脱水方式的污泥干度至少提升30%。特别是针对生化污泥、有机质含量高的污泥，脱水效果更加显著，污泥干度可达50%以上。

(2) 脱水泥饼的特性——后续资源化处置途径多

经电渗透脱水的泥饼含水率很低，对污泥的后续焚烧或者堆肥化处理很有利。对活性污泥一类的脱水泥饼，由于电渗透过程中污泥温度上升，致使低温杂菌死灭，得到了堆肥化处理所必需的残留中高温菌的灭菌效果。

(3) 运行成本低

在脱水过程中，电渗透脱水虽然使用“电力”，但由于脱水效率好，污泥处置综合经济效益高。每吨污泥脱水(80%含水率降低至55%)仅消耗70~80kW，电解热产生的无用电耗低于1%，冲洗水量小于1t/h，压缩空气量0.2m^3/h，大大节约了能源。

(4) 独立性

已经设置了其他脱水设备时，只要使电渗透脱水部独立，就可以进一步降低脱水泥饼的含水率。不受热源及其他辅料的限制，可与现有污水厂污泥脱水装置直接对接。

(5) 安全、环保性

电渗透脱水是在水分存在的状态下通入电流，设备在带电部分的周围设置数道绝缘层作为安全和防臭保证。污泥整个脱水过程只需5~8min即可完成，脱水过程中污泥臭气释放量很小。脱水滤渣中含水率降低、臭气减轻，所以电渗透的泥渣臭气较轻。脱水后滤液可直接返回至污水处理系统，确保无二次污染隐患存在。

(6) 工艺简单

已经设置了其他脱水设备时，只要使电渗透脱水部独立，就可以进一步降低城市生活污泥脱水含水率，不需要其他的辅助设备来配套完成。可方便实现与现有脱水工艺对接，大大减少系统的整体投资。电渗透污泥脱水设备可以直接对接在污水厂带式压滤机后，无需再建厂房及相关辅助设备，也无需添加任何药剂，只需要提供电源。电渗透污泥脱水机自动化程度高，操作简便，维护低，无需再增加人工成本。

(7) 投资小

由于该工艺装置简单、辅助系统少，只需要一台主机接通电源即可完成整个脱水干化过程，总体投资比其他脱水工艺的总体投资小很多。吨污泥投资在(8~10)万元。

19.3.3 电渗透污泥干化系统构成

(1) 电极

电渗透脱水装置中最重要的是电极材料和形状，阳极材料需要满足通电后的电解消耗和脱水的苛刻使用状态。

(2) 滤布

电渗透脱水后的泥饼含水分低，宜选泥饼剥离性、绝缘性、耐热性好的滤布。

(3) 电渗透电荷发生装置

电荷须通入污泥中，采用整流方式，一般方法如下：

① 直流波形自身有特性变化，考虑到交流电源的变换效率和电源设备费用等因素，波形对脱水性影响不大。

② 周波数可用一般商用周波数。

(4) 机械压力和滤渣厚度

在电渗透脱水中，污泥可视为一种电阻或电容器，而且其性质随脱水的进行而变化，对电力消耗的影响很大。因此，滤渣的厚度是脱水的重要因素。

19.4 生物干化

生物干化是由美国 Cornel 大学 Jewell 教授于 1984 年报道牛粪干燥处理时提出来的。其基本原理是好氧微生物分解污泥中的有机质产生热量，利用此热量，并配以适宜的通风，达到物料的水分去除的目的。生物干化基本原理示意图见图 19-2。

生物干化过程中，水分在堆体内流动迁移的主要机制为空气流动和水分子扩散。利用堆体物料和通过堆体间的气流之间的热力学平衡控制水分去除。

在强制通风的情况下，利用污泥中微生物发酵产热加速水分蒸发，显着降低垃圾含水率。生物干化的目的就是快速降低污泥含水率，提高低位热值。

生物干化与好氧堆肥有相似之处，均是利用微生物的好氧生物降解作用对污泥进行处理；而两者最大的区别为目标不同。生物干化的目的是短时间内低有机物消耗的情况下脱除尽可能多的水分，实现污泥减量化；好氧堆肥的目的是利用微生物好氧降解有机物为稳定的腐殖质类物质，并杀死寄生虫卵和病原菌，限制水分散失，将污泥资源化、无害化、稳定化。

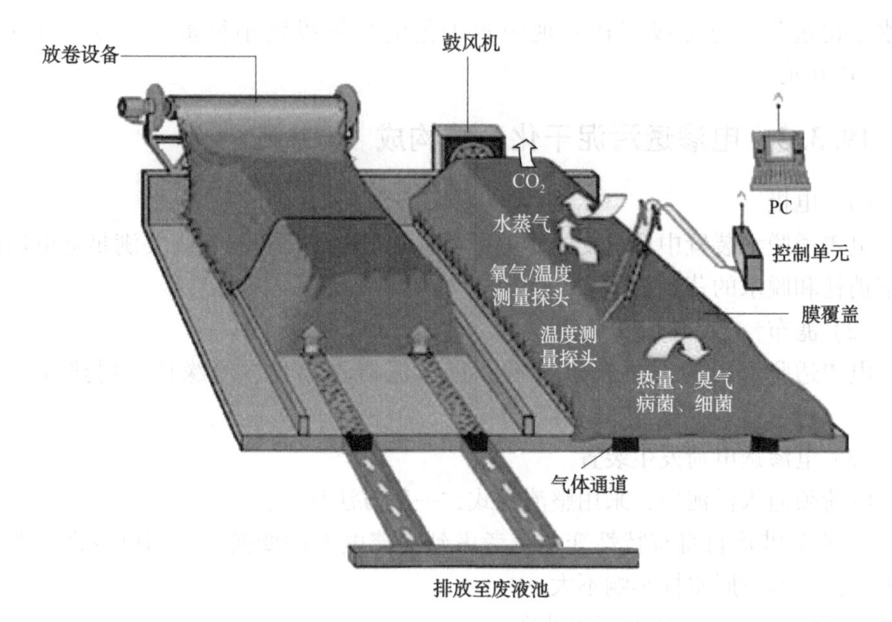

图 19-2　生物干化基本原理示意图

影响污泥生物干化的主要因素有物料性质、温度、湿度、调理剂、通风等，通过对这些因素进行控制优化，找到一个最适宜的环境操作条件，得到最优的生物干化效果。

① 物料性质。VS 含量影响微生物的繁殖，生物干化也需要一个合适的 VS 范围。研究表明，适合污泥好氧堆肥的 VS 含量为 20%～80%。郭广慧等发现，城市污泥中 VS 平均含量为 280g/kg，由此可见，污泥 VS 含量符合污泥堆肥和生物干化的需要。

水分是微生物活动的基础，是生物干化过程中的重要参数。水分含量过高时，由于在水中氧气的扩散能力远低于其在空气中的扩散能力（约为其 1/10000），因而会阻碍氧气向堆肥颗粒内扩散，会导致厌氧发酵而使微生物活动停止。因此堆体物料的初始含水率是生物干化工艺中的主要控制参数，堆肥化最适含水率为 50%～70%。虽然生物干化过程和堆肥有很大相似之处，但关于生物干化的适宜水分含量仍然没有全面的报导。

pH 值是影响细菌生长繁殖的重要因素。研究表明，堆肥的适宜 pH 值为 5.2～8.8，最佳 pH 值为 7.6～8.7。通常脱水污泥 pH 值无需调节。同时，孔隙率、粒径和压实度等也会对生物干化的物料性质产生一定的影响。

② 温度。Miller 等研究表明，温度是微生物生长的关键控制因素，还会影响微生物可降解的有机质类型。生物干化中，升温水分蒸发，理论上高温有利于水

分蒸发，但并非温度越高越好。由于温度影响着微生物的生长和繁殖，温度过高可能会杀死它们，使系统稳定性降低。

微生物好氧发酵分为三个阶段：升温、高温和降温阶段，研究表明，高温阶段（50~60℃）微生物对有机质降解效果更好，水分蒸发更快，因此应尽可能维持较高的温度较长的时间以获得更高的水分去除率。

③ 调理剂。生物干化前，向堆体中添加调理剂可起到增加堆体蓬松度、提高孔隙率的作用，同时适量的调理剂可调节物料的营养结构，有利于微生物的降解进而提高生物干化效果。

④ 通风条件。通风是影响堆体温度和水分的重要控制因素。它的主要作用是提供维持微生物活性所需的氧气、促进水分蒸发去除、转移热量促使热量再分配，使温度更均匀。较高的通风速率可带走更多的水分但会降低温度，较低的通风速率使氧气不足，抑制微生物活动和产热。常见的通风方式主要有连续通风、间歇通风、温度控制通风、氧含量控制通风等。相对于连续通风，间歇通风更能促进堆体温度的上升，有更好的干化效果。温度控制通风与氧含量控制通风等方式更能精确地控制通风，可通过反馈调节提高干化效率，更适于大规模的生产调控。因此，选择合适的通风方式并对生物干化过程进行实时监测和反馈调节非常重要。

参 考 文 献

[1] 乔晶晶．我国城市大气污染现状及防治措施研究[J]．企业技术发展，2016(2)：40-43.

[2] 朱莹，李静静．我国大气污染治理存在的问题与解决分析[J]．四川化工，2015，3：10-12

[3] 马经安，李红清．浅谈国内外江河湖库水体富营养化状况[J]．长江流域资源与环境，2002(6)：575-578.

[4] 曾莉．我国大气污染防治的形势与对策[J]．低碳世界，2016(6)：3-4.

[5] 美国水环境联合会．生物膜反应器设计与运行手册[M]．北京：中国建筑工业出版社，2013.

[6] 房睿．我国固废处理行业的发展与机遇[J]．科学与财富，2012(11)：122-122.

[7] 章晓飞，梁峙，马捷，等．论固废处理"三化"原则在底泥问题上的应用[J]．水资源研究，2014(1)：1-2.

[8] 徐长勇，陈昊，段怡彤，等．循环经济在城市固废处理园区中的应用研究[J]．环境卫生工程，2014(4)：78-80.

[9] 白术波，王彦伟．固体废物的处理与利用[J]．广东化工，2011(2)：38.

[10] 于永庆．固体废弃物资源化利用现状和措施[J]．黑龙江科技信息．2009(17)：85.

[11] 薛文源．城市污水污泥处理与处置的途径[J]．中国给水排水，1992，8(1)：41-46.

[12] 唐建国，马远东，李波，等．污水处理厂污泥处理处置技术介绍[C]．污泥处理处置技术与装备国际研讨会论文集．北京，2003.

[13] 沈耀良，王宝贞．废水生物处理新技术一理论与应用[M]．北京：中国环境科学出版社，2006.

[14] 李涛．沉砂池的设计及不同池型的选择[J]．中国给水排水，2001，17(9)：37-42.

[15] 吕炳南，陈志强．污水生物处理新技术[M]．哈尔滨：哈尔滨工业大学出版社，2005.

[16] 董育萍，傣强．沼气净化技术处理农村中小学公厕污水工艺探讨[J]．中国沼气，2010，28(4)：34-38.

[17] 肤俊，吴浩汀，程寒飞．曝气生物滤池污水处理新技术及工程实例[M]．北京：化学工业出版社，2003.

[18] 邓征宇，杨春平，曾光明，等．曝气生物滤池技术进展[J]．环境科学技术与技术．2010，33(8)：88-93.

[19] Metcalf，Eddy Inc. Wastewater Engineering：Treatment and Reuse[M]. 4th. Beijing：Tsinghua University Press，2003.

[20] 张杰，曹相生，孟雪征．曝气生物滤池的研究进展[J]．中国给水排水，2002，18(8)：26-29.

[21] 刘云根，江映翔，周平．污水化学除磷技术的现状和进展[J]．云南环境科学，2005，24(增刊)：45-48.

[22] 魏维利．MBBR 污水处理脱氮机理及关键技术研究[D]．淮南：安徽理工大学，2013.

[23] Lettinga，Field J，Van Lier J，et al. Advanced Anaerobic Wastewater Treatment in the Near Fu-

ture [J]. Wat Sci Tech., 1997, 35(1): 5-12.
[24] 周明，施永生，吕其军．厌氧折流板反应器的技术探讨[J]．有色金属设计，2006，33(1)：59-64.
[25] 王建龙，韩英健，钱易．厌氧折流板反应器(ABR)的研究进展[J]．应用与环境生物学报，2000，6(5)：490-498.
[26] 王丽丽，王丽萍．电袋复合式除尘器的工业化应用研究[J]．电力环境保护，2008，5(24)：1-4.
[27] 赵毅，陈周燕．电除尘器改造成电-袋复合式除尘器的可行性[J]．粉煤灰，2008(5)：46-48.
[28] 王海斌．烟气同时脱硫脱硝技术工艺及其特点[J]．云南化工，2019(06)：143-144.
[29] 刘震．火电厂烟气脱硫脱硝技术应用与节能环保[J]．价值工程，2019，38(23)：169-170.
[30] 薛振华．烟气脱硫脱硝技术现状与发展趋势探讨[J]．中国设备工程，2019(15)：172-174.
[31] 赵清刚．燃煤烟气脱硫脱硝一体化技术研究进展[J]．天津化工，2019，33(4)：48-49.
[32] 陈少奇．VOC 废气处理技术研究[J]．山东工业技术，2019(13)：17.
[33] 梁晓琳．关于 VOC 的排放以及控制措施探讨[J]．西部资源，2019(4)：183-184.
[34] 戴云强．VOC 废气治理工程技术方案分析[J]．中小企业管理与科技(上旬刊)，2019(6)：171-172.
[35] 陈金祖．基于工业生产 VOC 的危害分析及治理方案研究[J]．企业科技与发展，2019(7)：116-117.
[36] 黄万金，詹爱平，姜宗海，等．某大型生活垃圾填埋场生态修复项目总体设计理念[J]．环境卫生工程，2019，27(3)：61-64，68.
[37] 卢鸣．环卫行业现状与智能垃圾分类前景分析[J]．网络新媒体技术，2019，8(1)：9-17.
[38] 严峥．垃圾分类各细分流程的难点与分选技术痛点初探[J]．城乡建设，2018(9)：10-14.
[39] 冉昊，李敬韩．农业废弃物资源化与农村生物质能源利用的现状与发展[J]．节能与环保，2019(6)：75-76.
[40] 黄禹铭，陈利洪，唐甜，等．乡村振兴战略背景下农业废弃物利用典型模式分析——以马庄模式为例[J]．经济研究导刊，2019(19)：26-28.
[41] 严铠，刘仲妮，成鹏远，等．中国农业废弃物资源化利用现状及展望[J]．农业展望，2019，15(7)：62-65.
[42] Zhang Liming, Geng Yong, Zhong Yongguang, Dong Huijuan, Liu Zhe. A Bibliometric Analysis on Waste Electrical and Electronic Equipment Research. [J]. Environmental Science and Pollution Research International, 2019, 26(21).
[43] 吴吉权．电子废弃物资源循环利用现状与对策分析[J]．资源节约与环保，2019(7)：88.
[44] 叶智毅．关于电子废弃物循环再利用的分析与探究[J]．中国资源综合利用，2019，37(7)：63-65.

[45] 仇保兴．海绵城市(LID)的内涵、途径与展望[J]．给水排水，2015(3)：1-7.
[46] 柯善北．破解“城中看海”的良方：《海绵城市建设技术指南》解读[J]．中华建设，2015(1)：22-25.
[47] Saveyn H，Curvers D, Schoutteten M，et al. Improved Dewatering by Hydrothermal Conversion of Sludge[J]. Journal of Residuals Science & Technology，2009，6(1)：51-56.
[48] Gomezrico M F, Fullana A，Font R，et al. Volatile Organic Compounds Released from Thermal Drying of Sewage Sludge. [J]. Wit Transactions on Ecology & the Environment，2008，111：425-433.
[49] Stasta P，Boran J, Bebar L，et al. Thermal Processing of Sewage Sludge[J]. Applied Thermal Engineering，2006，26(13)：1420-1426.
[50] Zhan T L，Zhan X, Lin W，et al. Field and Laboratory Investigation on Geotechnical Properties of Sewage Sludge Disposed in a Pit at Changan Landfill，Chengdu，China[J]. Engineering Geology，2014，170(4)：24-32.
[51] Bennamoun L, Chen Z，Salema A A，et al. Moisture Diffusivity During Microwave Drying of Wastewater Sewage Sludge[J]. Transactions of the Asabe，2015，5(2).
[52] 薛玲丽．污泥脱水及干燥研究[D]．杭州：浙江大学，2012.
[53] 李强．浅析城市黑臭水体成因及其治理方法与策略[J]．资源节约与环保，2019(7)：73.
[54] 樊亮亮．城市河道黑臭水体污染治理技术探析[J]．环境与发展，2018(6) ：62-63.
[55] 傅翔宇，李亚峰，王群．城市黑臭河道治理方法的研究与应用现状[J]．建筑与预算，2016(4)：37-41.
[56] 王海萍，耿国．垃圾填埋场修复技术应用[J]．绿色科技，2019(12)：144-146.
[57] 高博，叶明强，朱春游，等．垃圾填埋场场地修复技术浅谈[J]．中国环保产业，2018(5)：68-70.
[58] 骆永明．污染土壤修复技术研究现状与趋势[J]．化学进展，2009，23 (2/3)：558-565.
[59] 周启星．污染土壤修复的技术再造与展望[J]．环境污染治理技术与设备，2002，3(8)：36-40.
[60] 于颖，周启星．污染土壤化学修复技术研究与进展[J]．环境污染治理技术与设备，2005，6(7)：1-7.